AF342955

L'Alliance incertaine

Georges-Henri SOUTOU

L'ALLIANCE INCERTAINE

Les rapports politico-stratégiques
franco-allemands 1954-1996

Fayard

Pour mes parents,
pour Jacqueline.

Introduction

L'Allemagne, comme chacun sait, est aujourd'hui le principal partenaire de la France, sur le plan économique et dans le domaine de la construction européenne. Ce qui est moins connu, c'est que les deux pays entretiennent également des rapports importants dans le domaine de la défense, et qu'il a même été question entre eux, à plusieurs reprises depuis les années 50, d'aller très loin dans ce sens et d'établir une véritable communauté stratégique franco-allemande. D'une certaine façon, dans le cadre de la politique extérieure et de sécurité commune européenne dont le principe a été posé par le traité de Maastricht en 1992, il en est toujours question.

Quel étonnant retournement historique, politique et psychologique, quand on pense que les deux pays se sont fait trois fois la guerre depuis 1870 — et quelles guerres ! — et que l'affrontement franco-allemand, depuis Napoléon, a tant contribué à façonner la conscience nationale des deux peuples et à les durcir dans une inimitié longtemps qualifiée d'« héréditaire ».

Bien entendu, il n'a pas été question d'un tel rapprochement dès 1945. A ce moment-là, pour les dirigeants comme pour l'opinion, ce qui l'emportait était la peur obsessionnelle du danger allemand, d'un rétablissement rapide et d'une nouvelle revanche de l'Allemagne, comme après 1919. Le Reich, l'État allemand centralisé, n'existait d'ailleurs plus ; conformément aux décisions de la conférence de Potsdam, l'Allemagne était divisée en quatre zones d'occupation, dont une française de part et d'autre de la partie sud du Rhin, et les vainqueurs, Américains, Soviétiques, Britanniques et Français, s'apprêtaient à l'administrer. Par la suite, sans que le délai fût précisé, un gouvernement allemand serait reconstitué et les Quatre concluraient avec lui un traité de paix.

Le Comité français de la libération nationale à Alger à partir de 1943 puis le Gouvernement provisoire en 1944-1945 avaient défini des objectifs très durs à l'égard de l'Allemagne : rattachement de la Sarre à la France, protectorat français très étendu sur la Rhénanie, internationalisation de la Ruhr, fin du Reich centralisé remplacé tout au plus par une vague confédération pour le reste de l'Allemagne, également dépouillée à l'est d'une partie des provinces prussiennes au profit de l'URSS et de la Pologne. Au fond, c'était un programme très traditionnel : la France, contrôlant directement la Rhénanie et en partie la Ruhr, prenant la tête d'un regroupement de l'Europe occidentale comprenant les pays du Benelux et les régions rhénanes, aurait réalisé les objectifs géopolitiques français traditionnels, encore poursuivis pendant la guerre de 1914-1918 et l'après-guerre, jusqu'à la crise de l'occupation de la Ruhr en 1923-1924[1]. La participation de la France au Conseil de contrôle de Berlin, chargé de gouverner l'Allemagne au nom des quatre puissances occupantes, ainsi que la possession d'une zone d'occupation devaient permettre, dans l'esprit des dirigeants français, la réalisation de ce programme.

Comment en vint-on à abandonner celui-ci entre 1945 et 1948 ? Pour trois raisons. D'abord, tout simplement, parce que l'on ne parvint pas à le réaliser : les Alliés, même Staline

---

1. Georges-Henri Soutou, « Frankreich und die Deutschlandfrage 1943 bis 1945 », *in* Hans-Erich Volkmann (éd.), *Ende des Dritten Reiches — Ende des Zweiten Weltkrieges*, Munich, Piper, 1995 ; Georges-Henri Soutou, *L'Or et le Sang. Les buts de guerre économiques de la Première Guerre mondiale*, Paris, Fayard, 1989.

avec qui pourtant de Gaulle avait signé le 10 décembre 1944 un pacte énergiquement tourné contre l'Allemagne, refusèrent en effet d'accepter les projets français. Les Soviétiques parce qu'ils misaient sur l'Allemagne par priorité et donc qu'ils voulurent tout de suite utiliser le nationalisme allemand ; les Anglais et les Américains parce qu'ils estimaient que les projets français n'étaient pas viables économiquement et aussi parce que dès 1946-1947 ils entrèrent eux aussi, face aux Soviétiques, dans la course pour gagner le cœur et l'esprit des Allemands. En particulier, les Américains furent furieux du refus des Français d'accepter la reconstitution d'administrations centrales allemandes pour les affaires économiques, pourtant prévue à Potsdam, mais dans lesquelles Paris voyait l'embryon d'un futur gouvernement allemand centralisé, chose inconcevable pour le gouvernement et l'opinion français à la fin de la guerre et pendant encore deux ou trois ans.

La deuxième raison fut que certains responsables français avaient tiré dès la guerre la leçon des conflits précédents, et compris les conséquences de l'évolution de l'économie européenne et de l'interdépendance toujours plus grande des économies du Continent, en particulier de la française et de l'allemande. Tout en étant convaincus de la nécessité d'un programme rigoureux à l'égard de l'Allemagne (même, à l'époque, quelqu'un comme Jean Monnet), ils estimaient que la première priorité était de reconstruire l'économie européenne. Dès le très dur hiver 1946-1947, au cours duquel l'Europe occidentale, frigorifiée, manqua cruellement de charbon, les dirigeants français admettaient en privé que la priorité n'était plus au programme français de 1943-1945, pourtant maintenu officiellement à l'égard des Alliés, mais à l'utilisation de l'économie allemande pour reconstruire la France et l'Europe occidentale.

La troisième raison fut bien sûr la prise de conscience progressive, à Paris, de la menace soviétique [2]. Ce fut un phéno-

---

2. Georges-Henri Soutou, « Les dirigeants français et l'entrée en Guerre froide : un processus de décision hésitant (1944-1950) », *Le Trimestre du Monde*, 3ᵉ trimestre 1993.

mène complexe, plus ou moins rapide selon les responsables. De Gaulle éprouva des inquiétudes à l'égard des objectifs de l'URSS en Europe et au Moyen-Orient dès 1945, mais le gouvernement Félix Gouin qui lui succéda à la suite de son départ en janvier 1946, et auquel participaient d'ailleurs des ministres communistes, poursuivit une politique officielle de bonne entente avec l'URSS et refusa de prendre parti dans les tensions qui, dès le printemps 1946, se multiplièrent entre Soviétiques et Anglo-Saxons. Néanmoins, le ministre des Affaires étrangères, Georges Bidault, et les ministres démocrates-chrétiens du MRP commencèrent à comprendre dès l'été 1946 que Staline ne voulait pas coopérer avec les Occidentaux pour régler le problème allemand mais cherchait en fait à soviétiser toute l'Allemagne, y compris les zones d'occupation occidentales. Du coup, Paris commençait à passer de la crainte du danger allemand à celle d'une conjonction germano-soviétique, d'un immense bloc germano-slave dirigé par Moscou, crainte traditionnelle d'ailleurs depuis 1919 et le traité germano-soviétique de Rappalo en 1922, ou celui de 1939. Ce fut un moment dialectique très important dans le passage progressif de la perception d'un danger allemand à celle d'une menace soviétique, passage qui caractérisa toute cette période.

En 1947, l'aggravation des tensions Est-Ouest, le désaccord croissant entre Soviétiques et Anglo-Saxons sur le règlement de la question allemande, le plan Marshall et la réaction soviétique à celui-ci (conférence des partis communistes à Skzlarska Poreba et création du Kominform, mise au pas définitive de l'Europe orientale) amenèrent progressivement Paris à se rapprocher des thèses anglo-américaines. Les grandes grèves insurrectionnelles de novembre-décembre 1947 et le coup de Prague de février 1948 achevèrent le processus : les responsables français non communistes (le PCF avait d'ailleurs été écarté du gouvernement en mai 1947), y compris les socialistes longtemps hésitants, étaient désormais convaincus de la réalité prioritaire de la menace soviétique. C'était une condition nécessaire pour que les Français acceptent de changer de politique envers l'Allemagne, encore que la crainte de celle-ci n'ait pas disparu tout de suite, loin de là, et ait coexisté de façon complexe pendant encore des années avec la peur que suscitait l'URSS. L'opinion et même la plupart des responsables, au fond d'eux-mêmes, étaient encore très partagés.

Ce qui fut déterminant pour amorcer le changement d'orientation de Paris, ce fut la décision prise en 1948, sous une très forte pression américaine, de créer un État ouest-allemand, puisque l'on ne parvenait pas à se mettre d'accord avec l'URSS sur un règlement d'ensemble pour toute l'Allemagne. Et, en 1949, la République fédérale était créée, mais avec une souveraineté encore très limitée et soumise à un rigoureux statut d'occupation, étroitement contrôlé par les États-Unis, la Grande-Bretagne et la France. Malgré tout, c'était la fin définitive des projets français de 1943-1945 : il fallait abandonner le rêve d'une Allemagne occidentale contrôlée directement par la France.

L'idée vint alors aux responsables français d'utiliser le thème européen qui devenait populaire depuis la guerre : un rassemblement, voire une fédération européenne serait le meilleur cadre pour une réconciliation franco-allemande, donc la meilleure garantie contre une nouvelle guerre et aussi, appuyée sur l'Amérique, un moyen de résister à l'impérialisme soviétique. Cette idée séduisait de nombreux milieux et trouvait un écho dans l'opinion. A partir de 1948, Paris comprit que la seule façon acceptable désormais de conserver un minimum de contrôle sur l'Allemagne serait d'insérer celle-ci dans un ensemble européen dont la France prendrait la tête. Et ce d'autant plus que les Américains souhaitaient l'unification de l'Europe et que la nouvelle politique française serait beaucoup plus facile à leur faire comprendre. C'est sur ces bases que fut lancé par Robert Schuman, le 9 mai 1950, le projet de Communauté européenne charbon-acier (CECA), dont l'auteur était Jean Monnet. Projet européen incontestable, la CECA était aussi destinée à permettre un contrôle indirect de l'Allemagne par l'intermédiaire d'une intégration de son industrie lourde au service de l'Europe occidentale, tout en s'assurant l'appui américain [3].

Au printemps 1950, la politique allemande de la France avait trouvé son équilibre : on avait accepté la création de la RFA, puisque l'on ne pouvait faire autrement, mais la souveraineté de celle-ci était étroitement limitée. D'autre part, on commençait à poser les bases d'une Europe économique intégrée avec la RFA, l'Italie et le Benelux. Pour sa sécurité, la France comptait sur les États-Unis et sur le Pacte atlantique signé en 1949. Celui-ci, notons-le, garantissait la France, aux yeux des dirigeants français, non seulement contre l'URSS, mais aussi contre une éventuelle résurgence de nationalisme de la part de la RFA qui n'en faisait pas partie. Et il n'était pas question pour Paris de réarmer l'Allemagne, même si certains, aux États-Unis, y pensaient depuis 1948, et même si les chefs militaires français étaient convaincus, comme leurs homologues anglais et américains, que ce réarmement serait rapidement indispensable pour permettre de faire face aux considérables forces soviétiques stationnées en RDA et en Europe orientale.

Même pour un homme comme Robert Schuman, ministre des Affaires étrangères de 1948 à 1953 et beaucoup plus convaincu que la plupart de ses collègues de la nécessité d'une réconciliation franco-allemande en profondeur, cette situation était satisfaisante et aurait dû perdurer. Mais cet équilibre fut remis en cause par l'attaque de la Corée du Nord contre celle du Sud en juin 1950 : on crut alors que le même scénario allait se reproduire en Europe, l'Allemagne de l'Est, avec l'appui de l'URSS, attaquant la RFA. Les Occidentaux décidèrent alors de renforcer leurs défenses, les Américains acceptèrent d'envoyer en Europe des divisions supplémentaires et de prendre la tête d'un état-major atlan-

---

3. Georges-Henri Soutou, « Georges Bidault et la construction européenne 1944-1954 », *in* Serge Berstein, Jean-Marie Mayeur, Pierre Milza (éd.), *Le MRP et la construction européenne*, Bruxelles, Complexe, 1993.

tique intégré en Europe. Mais ils y mirent une condition : que l'on réarme l'Allemagne.

C'était pour les responsables parisiens, cinq ans seulement après la fin de la guerre, une exigence inacceptable. Mais les Américains étaient décidés à réarmer l'Allemagne, et on avait besoin de leur aide militaire (les Britanniques et les Français, empêtrés dans leurs problèmes coloniaux, étaient hors d'état de consacrer plus de quelques divisions à la défense de l'Europe). La solution pour Paris fut de proposer une armée européenne, baptisée Communauté européenne de Défense (CED), avec les mêmes six participants que la CECA : les contingents allemands seraient intégrés dans cette armée, il n'y aurait pas d'armée nationale allemande, point essentiel pour Paris, et la France contrôlerait en fait l'ensemble.

De très difficiles négociations commencèrent. En effet, outre les problèmes techniques très considérables que posait ce projet d'armée européenne intégrée, outre les exigences des Américains qui voulaient un aboutissement rapide et efficace, Bonn posait aussi ses conditions : elle n'accepterait de participer à l'armée européenne que sur un pied d'égalité, et si en échange elle recouvrait sa pleine souveraineté. Mais, du coup, le projet perdait beaucoup de son intérêt aux yeux des Français. Finalement, en mai 1952, deux traités furent signés, l'un instituant la CED, l'autre rendant à la RFA sa souveraineté, les trois Alliés occidentaux conservant néanmoins des « droits réservés » pour la question allemande dans son ensemble, c'est-à-dire en fait pour le problème de la réunification, qui ne pourrait être réglé éventuellement qu'avec les Soviétiques.

Le traité de la CED était un monstre juridique et militaire. Il n'avait aucune chance de conduire à la création d'une armée européenne un tant soit peu efficace. Il avait été préparé par des juristes et des diplomates, pas par des militaires. C'était une affaire essentiellement politique, et ce ne fut nullement l'occasion d'un dialogue stratégique franco-allemand approfondi. Les arrière-pensées, à Paris (maintien d'un contrôle étroit sur l'Allemagne) et à Bonn (reconquête de la souveraineté), l'emportaient dans cette affaire sur les considérations objectives de défense face à l'URSS, que l'on abandonnait en fait volontiers aux États-Unis et à leur armement nucléaire. D'ailleurs, les rapports franco-allemands pendant toute cette période n'étaient pas bons : outre les problèmes constants liés à la CED, outre les soupçons toujours présents et la réticence des opinions publiques des deux côtés du Rhin, il y avait la question de la Sarre que les Français voulaient toujours détacher définitivement de l'Allemagne et réunir à la France par une union économique et monétaire et par un protectorat politique.

D'autre part, il fallait maintenant ratifier les traités de 1952. Or il apparut très vite que, en France, la ratification serait très difficile : outre l'opposition très répandue à tout réarmement allemand et au rétablissement de la souveraineté de la RFA, il y avait un refus très général de voir l'armée française intégrée dans la CED et perdre sa personnalité. De plus, à partir de la mort de Staline en 1953 et de quelques gestes de détente faits par ses successeurs, beaucoup d'hommes politiques français pensaient qu'il fallait tenter une ultime négociation avec Moscou sur la question allemande avant de se résigner à la CED dont on craignait qu'elle n'aggrave considérablement les tensions Est-Ouest. De nombreux responsables français n'abandonnaient pas une arrière-pensée que nous retrouverons souvent dans cette histoire : que Moscou et Paris avaient intérêt à s'entendre pour contrôler l'Allemagne et pour éviter une entente germano-américaine trop poussée. En 1953-1954, des hommes politiques issus d'horizons très divers mais marqués par l'antiaméricanisme, l'antigermanisme, le progressisme et un nationalisme français très traditionnel se retrouvèrent aux côtés du PCF dans la « querelle de la CED » qui eut l'âpreté d'une nouvelle affaire Dreyfus [4].

---

4. Georges-Henri Soutou, « France and the German Rearmament Problem 1945-1955 », *in* R. Ahmann, A. M. Birke, M. Howard (éd.), *The Quest for Stability. Problems of West European Security 1918-1957*, Oxford Oxford University Press, 1993.

C'est ainsi qu'échoua la CED devant le Parlement, le 30 août 1954. Mais les problèmes restaient, dont les partenaires de la France persistaient à exiger le règlement rapide : le réarmement allemand, le rétablissement de la souveraineté allemande. Finalement, dans des conditions que nous verrons dans le premier chapitre et fondamentalement parce que maintenant la majorité des responsables et de l'opinion admettait malgré tout que le danger soviétique l'emportait sur la menace allemande, tout fut réglé dès le mois d'octobre 1954. Désormais la RFA était souveraine, désormais il y avait une armée allemande, placée sous le commandement de l'OTAN. Après la crise de la CED, les relations franco-allemandes étaient maintenant assainies. Bien sûr, les arrière-pensées subsistaient, mais le contentieux était réglé, en particulier, nous le verrons, l'affaire sarroise, et maintenant le dialogue politico-stratégique franco-allemand direct, bilatéral, allait pouvoir commencer. C'est ce dialogue, qui ne s'est pas interrompu depuis, qui est l'objet du livre.

*
* *

Pourquoi parler de rapports politico-stratégiques ? Parce que, à l'ère nucléaire et dans le contexte de la Guerre froide, politique extérieure et stratégie sont plus liées que jamais, parce que la Guerre froide a été d'abord une guerre politique, parce que l'atome, par son horreur même, rétablit la politique au cœur de la stratégie. Cette étude ne porte pas uniquement sur les aspects militaires du sujet et évitera d'ailleurs d'entrer dans des détails trop techniques ; elle ne porte pas non plus seulement sur les aspects politiques et diplomatiques mais sur l'interface des deux, là où s'élaborent les décisions essentielles. Ces décisions sont en effet prises en fonction d'un projet, d'une vision politique, mais aussi des menaces existantes ou potentielles. Comme nous le verrons, les deux ont été indissociables, car c'est d'abord la perception d'une menace soviétique commune qui a permis le rapprochement franco-allemand en profondeur à partir de 1954, y compris dans ses aspects les plus politiques, dans une vision du devenir européen qui encore aujourd'hui contribue tant à orienter le continent. Et, dans cette vision, les aspects stratégiques, moins bien perçus en général que les aspects économiques ou purement politiques, ont joué et jouent un rôle essentiel.

C'est aussi cette dimension stratégique de l'histoire de la construction européenne que j'ai cherché à résumer, sans oublier le rôle essentiel des autres acteurs : les États-Unis, l'URSS et, dans une moindre mesure, la Grande-Bretagne.

Ce point de vue politico-stratégique permettra d'autre part de repérer certaines structures permanentes de la politique extérieure de la France comme de la RFA, et de leurs rapports, en particulier le poids des questions nucléaires, les problèmes de l'Alliance atlantique, ceux d'une défense européenne, les arrière-pensées à long terme à Bonn et à Paris. C'est à une mise à plat décapante des relations franco-allemandes depuis les années 50 que j'invite le lecteur.

Étant donné les règles qui président à l'ouverture des archives, j'ai disposé d'une documentation très complète jusqu'en 1969, suffisante jusqu'en 1974. Ensuite, il faut se contenter des mémoires, témoignages, publications officielles et travaux contemporains des spécialistes des relations internationales et des questions de défense. C'est évidemment moins satisfaisant, même si dans des sociétés ouvertes on peut savoir très vite beaucoup de choses, et je prétends encore moins à l'exhaustivité et à l'exactitude après 1974, sachant trop de combien de recul l'historien a besoin. Mais j'ai tenu à poursuivre le livre jusqu'à la période actuelle, en fonction de la continuité que j'ai cru voir se dégager de la problématique du sujet. Puisse-t-il contribuer à éclairer les débats actuels sur l'avenir des relations franco-allemandes et de l'Europe.

Été 1996.

CHAPITRE PREMIER

1954 : le point de départ du rapprochement franco-allemand bilatéral

A la Libération, la plupart des Français pensaient que le premier partenaire de leur pays, son premier allié serait désormais la Grande-Bretagne. Cela ne devait pas se produire : d'abord parce que les désaccords des deux pays au Levant et à propos du règlement du problème allemand amenèrent de Gaulle à refuser en 1945 de conclure une alliance franco-britannique dont il était pourtant encore partisan en 1944. Par la suite le traité franco-britannique de Dunkerque de mars 1947, le traité de Bruxelles de mars 1948 conclu entre les deux pays et ceux du Bénélux auraient pu constituer les bases d'une étroite collaboration franco-britannique : dans la réalité, ce ne fut finalement pas le cas à cause du refus britannique, en 1949, de collaborer réellement avec la France sur le plan économique et, plus généralement, de participer au processus de construction européenne qui, à partir de 1948, inspira de plus en plus les dirigeants français [1].

Une autre option très sérieusement envisagée en 1947-1949 à Paris et à Rome — même si aujourd'hui on l'a bien oubliée — fut celle d'une union étroite économique et politique, avec l'Italie. Il s'agissait pour ce pays de sortir de l'isolement où le fascisme et la défaite l'avaient plongé, et pour la France de conforter son rôle international en prenant en quelque sorte

---

1. Pierre Gerbet, *Le Relèvement 1944-1949*, Paris, Imprimerie nationale, 1991.

la direction de l'Europe « latine » et aussi démocrate-chrétienne. Cette affaire ne se comprend que dans le contexte de l'époque : poids du problème allemand quand Paris comprend, en 1947, que l'Allemagne sera inévitablement réinsérée dans le concert des nations ; compétition avec Londres pour le *leadership* en Europe ; poids croissant de l'Amérique dans les affaires du continent.

L'affaire alla loin, puisqu'un traité d'union douanière fut signé en mars 1949 entre les deux pays. Mais ce traité ne fut jamais ratifié, le gouvernement français n'ayant pas osé le présenter à un Parlement très hostile. Il fut définitivement enterré dans les commissions de l'Assemblée française en février 1951 et n'entra donc pas en vigueur [2]. Néanmoins, nous aurons l'occasion de reparler de l'Italie qui, à différentes reprises, joua son rôle dans nos affaires jusque dans les années 60.

A partir de 1950 le plan Schuman de Communauté européenne charbon-acier (CECA) commença à dessiner les lignes d'une Europe très différente, reposant sur une intégration à objectif fédéral, fondée en fait sur une relation étroite entre la France et l'Allemagne, mais étant entendu que la France assurerait le *leadership* de l'ensemble. Cette Europe des Six (France, RFA, Italie, Bénélux), née en 1950, répondait certes à un idéal européen et à une volonté de réconciliation franco-allemande, mais elle correspondait d'abord à un souci français évident de contrôle étroit de l'Allemagne [3].

En effet, pour Paris, ce contrôle était un objectif fondamental depuis la fin de la guerre. En 1943-1945, de Gaulle avait défini ses objectifs : fin de l'unité allemande, détachement de la Sarre, de la Rhénanie et de la Ruhr et très vague confédération tout au plus pour le reste du pays, quasi rattachement

---

2. Bruna Bagnato, *Storia di una illusione europea. Il progetto di unione doganale italo-francese*, avec une préface d'Ennio Di Nolfo, Londres, Lothian Foundation Press, 1995.

3. R. Poidevin, *Robert Schuman homme d'État, 1886-1963*, Paris, Imprimerie nationale, 1986.

de la Rhénanie et de la Sarre à la France, régime international pour la Ruhr [4]. Mais il fut tout de suite évident que les partenaires de la France n'étaient pas prêts à entériner ces projets. Dès 1948, devant la volonté américaine de créer ce qui allait être en 1949 la République fédérale, il devint clair pour les responsables français les plus lucides que la seule façon de conserver une certaine influence sur l'évolution du problème allemand serait de l'inscrire dans un ensemble européen continental, dont la France pourrait prendre la tête [5]. Retenons cette idée fondamentale d'un contrôle de l'Allemagne grâce à la construction européenne : elle éclaire toute la politique française, malgré ses variations par ailleurs, jusqu'à la réunification allemande et peut-être au-delà...

La première période de la construction européenne fut très audacieuse, très supranationale et intégrationniste : la CECA en 1950 ; la tentative d'armée européenne ou Communauté européenne de défense apparue en 1950 à la suite de la guerre de Corée, qui fit l'objet d'un traité entre les Six en mai 1952, mais qui échoua devant le Parlement français en 1954 ; un projet d'union politique d'inspiration très fédérale en 1953.

Arrêtons-nous un instant sur le cas de la CED. Dès 1948, devant la menace militaire soviétique, certains responsables occidentaux commençaient à envisager la nécessité du réarmement allemand. En juin 1950, avec la guerre de Corée, souvent perçue à l'époque comme la première phase d'un conflit qui pourrait s'étendre rapidement à l'Europe, les États-Unis décidèrent de réarmer l'Allemagne : on créerait 12 divisions allemandes, placées sous le commandement de l'Alliance atlantique. Cette décision posait évidemment aux

---

4. Georges-Henri Soutou, « Frankreich und die Deutschlandfrage 1943 bis 1945 », *in* Hans-Erich Volkmann (éd.), *Ende des Dritten Reiches — Ende des Zweiten Weltkrieges*, Munich, Piper, 1995.

5. Georges-Henri Soutou, « Georges Bidault et la construction européenne 1944-1954 », *in* Serge Berstein, Jean-Marie Mayeur, Pierre Milza (éd.), *Le MRP et la construction européenne*, Bruxelles, Complexe, 1993.

partenaires européens de l'Amérique et d'abord à la France, cinq ans après la fin de la guerre, un douloureux problème. Devant l'insistance de Washington, Paris dut accepter le principe du réarmement allemand mais proposa le concept d'armée européenne : il n'y aurait pas d'armée nationale allemande (c'était pour les Français le point essentiel) mais des contingents allemands intégrés dans l'armée européenne des Six. Il est clair que, pour Paris, cette armée serait en fait à direction française, mais il apparut vite que ce ne serait pas si simple : en effet, le principe intangible de l'égalité des droits faisait qu'aucune restriction ne pouvait être imposée à l'Allemagne sans s'appliquer également à la France qui allait perdre dans cette affaire sa souveraineté militaire. D'autre part, la guerre d'Indochine risquait d'empêcher la France de fournir des contingents suffisants à l'armée européenne : du coup, par les règles de vote au sein de la CED, c'était la RFA qui pourrait en fait en prendre la tête ! Les oppositions à la CED montèrent donc très vigoureusement en France, et il apparut rapidement qu'il s'agissait là d'une impasse.

Mais notons bien qu'il s'agissait alors beaucoup plus, avec ces différentes organisations comme la CECA et la CED, d'une entreprise européenne multilatérale que véritablement d'un exercice bilatéral franco-allemand. En particulier la préparation de la CED, limitée aux problèmes politiques et juridiques considérables qu'elle posait, ne s'accompagna d'aucune discussion stratégique un tant soit peu sérieuse entre Français et Allemands. En fait, les relations entre les deux pays n'étaient pas bonnes dans cette période, marquées qu'elles étaient par les soupçons toujours très forts à Paris à l'égard du voisin et par le poids du problème sarrois. En effet, la France n'avait pas renoncé à détacher la Sarre de l'Allemagne et à se la rattacher économiquement, à établir en fait un véritable protectorat sur cette région, ce qui était inacceptable pour les Allemands. Si l'Europe avançait, c'était surtout parce que Paris y voyait un instrument utile, c'était aussi grâce à l'engagement du Bénélux et de l'Italie, et grâce à la pression américaine, beaucoup plus qu'à cause d'un couple franco-allemand alors inexistant, malgré les relations personnelles entre le chancelier Adenauer et certains dirigeants français, et malgré la vision d'un Robert Schuman, probablement le seul dirigeant français de l'époque à croire vraiment à une réconciliation franco-allemande en profondeur.

Cependant, cette Europe multilatérale et intégrée devait échouer en 1954 avec l'échec de la CED devant le Parlement français le 30 août. Pour quelles raisons l'échec de la CED en 1954 ? Pas tellement à cause du réarmement allemand en lui-même, considéré comme inévitable face à l'URSS, mais parce que l'intégration de l'armée française dans la CED conduisait à sa disparition en tant qu'armée nationale (il faut insister ici sur le maximalisme de la CED telle que le traité de 1952 l'avait finalement fixée, alors que les projets français initiaux étaient moins rigides). On s'était rendu compte à Paris que c'était politiquement et psychologiquement inacceptable [6].

Mais ce qui mit vraiment le feu aux poudres, ce fut le projet d'union politique de 1953, qui découlait du traité de la CED signé en 1952 : il fut ressenti par beaucoup de responsables, même jusque-là prêts à accepter la CED, comme conduisant à la perte de la souveraineté nationale. En outre, à la même époque, avec les difficultés croissantes que rencontrait la France en Indochine, on comprenait que l'idée de contrôler l'Allemagne par l'intégration était très discutable : en plein redressement économique, sans guerres coloniales, c'était l'Allemagne qui risquait de conduire l'intégration européenne, ce qui remettait en cause l'arrière-pensée essentielle des Français depuis 1950...

L'échec de la CED a donc marqué un tournant politique capital et la fin de l'intégration européenne comme instrument primordial de la politique française. Même s'il resta tou-

---

6. Georges-Henri Soutou, « France and the German Rearmament Problem 1945-1955 », *in* R. Ahmann, A.-M. Birke, M. Howard (éd.), *The Quest for Stability. Problems of West European Security 1918-1957*, Oxford Oxford University Press, 1993.

jours des partisans convaincus de l'intégration, on passait désormais à une conception plus modérée de la construction européenne, et ce bien avant le retour de De Gaulle en 1958. L'accent serait mis, désormais, sur une conception intergouvernementale de l'Europe, sur l'Europe des États. Avec des hauts et des bas, et certainement un durcissement avec de Gaulle, surtout en 1964-1969, on note à partir de 1954 un nouvel équilibre et une certaine continuité dans la politique européenne de la France ; cet équilibre s'est maintenu jusqu'à et y compris le traité de Maastricht.

Dans l'immédiat, l'échec de la CED conduisit à la conclusion des accords de Paris du 23 octobre 1954. Ces accords, nous allons le voir, réglaient le problème du réarmement allemand, dans le cadre de l'OTAN et non plus d'une armée européenne, et restituaient à la RFA sa pleine souveraineté en mettant fin au statut d'occupation. Les Alliés américains, britanniques et français conservaient seulement leurs « droits réservés » pour les questions concernant l'Allemagne dans son ensemble et Berlin, c'est-à-dire en fait le problème de la réunification. En effet, les Alliés tenaient à conserver la haute main sur cette question essentielle, si un jour les Soviétiques acceptaient d'en discuter.

Mais les accords de Paris marquent aussi le début des véritables rapports bilatéraux franco-allemands. C'est à partir de là que les deux pays vont se parler directement, sans le truchement de l'Europe des Six ou des États-Unis. Ce sera vrai sur le plan politique, sur le plan économique mais aussi sur le plan stratégique. C'est de là que date véritablement la relation bilatérale franco-allemande. Bien entendu cela n'empêchera pas, de part et d'autre, les arrière-pensées. En particulier la France ne renoncera pas, dans le nouveau cadre bilatéral de ses rapports avec l'Allemagne, à poursuivre ses projets de contrôle et d'utilisation à son profit du potentiel allemand.

Les forces profondes des rapports franco-allemands au milieu des années cinquante

Des forces profondes et des intérêts communs considérables ont poussé la France et l'Allemagne l'une vers l'autre à partir du début des années 50. Certes, au point de départ, du côté français, la perception de l'Allemagne restait encore négative pour la plus grande partie de l'opinion. Cependant, la fin du projet de CED et les accords de Paris de 1954 apportèrent un début d'amélioration, et désormais on admit que l'Allemagne menaçait moins la sécurité de l'Europe que l'URSS. Mais la relation franco-allemande était encore loin d'être ressentie comme aussi vitale et dans l'ensemble positive qu'elle le serait progressivement à partir de De Gaulle et surtout à partir des années 70 et 80.

Dans les milieux cultivés, on assistait à la lente percolation du travail de compréhension effectué par des hommes comme Alfred Grosser, Joseph Rovan et l'organisme franco-allemand Bild, avec la revue *Documents*. Raymond Aron, dans *Le Figaro*, expliquait à ses lecteurs la nécessité de l'entente franco-allemande dans le cadre européen et atlantique [7]. Mais leur influence restait limitée, et toute une partie des élites restait marquée par la guerre et l'occupation et par les thèses de la plupart des spécialistes universitaires de l'Allemagne, selon lesquelles le national-socialisme était l'aboutissement de toute l'histoire allemande depuis Luther.

D'autre part, tout un courant politique et intellectuel, où se retrouvaient nationalistes (gaullistes ou non), communistes, progressistes, « neutralistes » (en fait des nationalistes à la fois antiallemands et antiaméricains) plaidait en faveur d'une

---

7. Raymond Aron, *Les Articles du Figaro*, tome premier, *La Guerre froide 1947-1955*, présentation et notes par Georges-Henri Soutou, Paris, éditions de Fallois, 1990.

entente franco-soviétique, afin de contrôler l'Allemagne et d'empêcher une collusion germano-américaine.

Sur le plan économique, en revanche, le rapprochement est déjà considérable en 1955 : dès cette année-là, l'Allemagne est le premier client de la France et son deuxième fournisseur, juste derrière les États-Unis ; le mouvement a commencé au début des années 50, la Grande-Bretagne a été dépassée comme premier partenaire commercial de la France en 1953 ; en 1960, la RFA devait représenter 15 % du total du commerce extérieur français, et elle serait le premier partenaire commercial de Paris ; la France quant à elle était le deuxième partenaire de l'Allemagne, après les Pays-Bas [8]. Cela dit, il faut noter que les exportations allemandes en général, et vers la France en particulier, progressaient plus vite que les exportations françaises.

Il convient de rappeler ici que le poids économique relatif des deux pays était encore assez équilibré : le PNB allemand dépassait certes le français en 1955, mais de peu, et ce n'est qu'à partir de 1960 qu'il commença à l'emporter vraiment. Dans des domaines importants, l'Allemagne était en retard sur la France, comme pour le nucléaire, l'électronique professionnelle, l'aviation : autant d'atouts que Paris pensait pouvoir utiliser. Mais l'économie allemande progressait plus vite, ses structure industrielles (en particulier dans le secteur essentiel des industries mécaniques) étaient meilleures. Ces éléments contrastés ne sont pas sans importance pour comprendre la politique française de l'époque.

Dès le début des années 50, la France témoignait d'un grand intérêt pour l'Allemagne comme débouché de ses excédents agricoles (en particulier le blé et le sucre) et comme source potentielle d'investissements en Afrique du Nord et en Afrique noire française ; on comptait en fait sur ces investissements pour contribuer au développement éco-

---

8. H.-J. Küsters, « Deutsch-französische Wirtschaftsbeziehungen in den Anfangsjahren der Europäischen Gemeinschaft », *Revue d'Allemagne*, 1988/3.

nomique de l'Union française et donc faciliter le maintien de la présence politique française dans l'ancien empire [9].

On le voit, des tendances lourdes poussaient les deux économies l'une vers l'autre ; en même temps, les termes de la collaboration étaient moins évidents qu'ils n'auraient pu l'être : l'Allemagne ne tenait pas à devenir le débouché des produits agricoles français, mais voulait conserver ses fournisseurs traditionnels afin de continuer à leur vendre ses produits finis. Sur le plan technologique, pour se remettre au niveau mondial aussi bien pour le nucléaire que pour l'aviation, la RFA préféra finalement, au lieu de se rapprocher de la France, se lier aux État-Unis ; ajoutons que si les Français étaient prêts à collaborer avec les Allemands dans le domaine aéronautique [10], ils s'y refusèrent dans le domaine nucléaire civil, plus « sensible [11] ». Donc, si l'économie a été un facteur de rapprochement, elle a pu être aussi un facteur de tension entre les deux pays.

Du côté allemand, l'opinion publique est peu chaleureuse à l'égard de la France au début de notre période : la SPD (dans l'opposition) est même méprisante et hostile. Seul le règlement de l'affaire sarroise en octobre 1954, à l'occasion des accords de Paris, permettra une amélioration : le plébiscite d'octobre 1955 ouvrira en fait la voie au retour pur et simple de la Sarre à l'Allemagne ; l'accord en ce sens sera conclu sans difficulté en octobre 1956, et la réintégration de la Sarre sera effective le 1er janvier 1957, marquant ainsi la fin

---

9. On attend sur ces questions la prochaine thèse de Mlle Sylvie Lefèvre, à propos des rapports économiques franco-allemands de 1945 à 1955.

10. Gustav Bittner, « La coopération franco-allemande en matière d'armement classique », in Karl Kaiser et Pierre Lellouche (éd.), *Le Couple franco-allemand et la défense de l'Europe*, Paris, IFRI, 1986.

11. Georges-Henri Soutou, « La logique d'un choix : le CEA et le problème des filières électro-nucléaires, 1953-1969 », *Relations internationales*, 68, hiver 1991.

d'un lourd contentieux bilatéral qui a jusque-là étroitement limité tout rapprochement [12].

Mais le chancelier Adenauer, malgré les réserves et le scepticisme de beaucoup de ses compatriotes, compte sur la France : à ses yeux, l'entente franco-allemande est indispensable pour permettre la réhabilitation internationale de l'Allemagne ; l'égalité de statut avec Paris est pour la RFA un objectif essentiel, et d'ailleurs psychologiquement habile vis-à-vis des Anglo-Saxons ; Paris joue un rôle crucial dans l'unification européenne et l'organisation occidentale. Or, pour Adenauer une intégration très étroite de la RFA à l'Ouest est indispensable pour assurer sa sécurité face à l'URSS mais aussi pour bannir le retour des mauvais démons du nationalisme allemand [13]. En outre, Adenauer soutient la politique française en Afrique et en Algérie [14]. Dans une vision très marquée par le XIXe siècle, il compte en effet sur le Commonwealth et l'Union française pour permettre à l'Europe d'équilibrer à terme les États-Unis et l'URSS [15].

Les accords de Paris : l'aspect franco-allemand

Les accords de Paris du 23 octobre 1954 ont constitué la base du système occidental jusqu'à la réunification de l'Allemagne. En effet, ils restituaient à la République Fédérale sa souveraineté, la réarmaient, l'intégraient dans l'OTAN, lui promettaient l'appui des Occidentaux en vue de sa réunifica-

---

12. Bruno Thoss, « Die Lösung der Saarfrage 1954/55 », *Vierteljahres-hefte für Zeitgeschichte*, 1990/2.

13. Hans-Peter Schwarz, *Adenauer*, t. Ier, DVA, 1986.

14. Klaus-Jürgen Müller, « Die Bundesrepublik Deutschland und der Algerienkrieg », *Vierteljahreshefte für Zeitgeschichte*, 4/1990.

15. Hans-Peter Schwarz, *Adenauer, op. cit.*

tion pacifique. Ainsi l'Allemagne fédérale devenait-elle un membre essentiel, et réhabilité, du monde atlantique.

Mais les accords de Paris ont été aussi l'occasion d'un véritable rapprochement franco-allemand très peu de temps après la grave crise provoquée par l'échec de la CED. Tout d'abord, le chancelier Adenauer et le président du Conseil français, Pierre Mendès France, réussirent à établir un rapport personnel convenable, alors que leurs premières rencontres, après l'arrivée de Mendès France au pouvoir en juin 1954, avaient été très froides, voire hostiles. En particulier Adenauer soupçonnait au départ Mendès d'être disposé à s'entendre avec l'URSS sur le dos de la RFA. Mais la rencontre des deux hommes à La Celle-Saint-Cloud le 19 octobre 1954, juste avant la conférence qui aboutit aux accords du 23, fut très positive. Quant aux accords de Paris, la France, avec l'aide de Londres, avait rapidement mis sur pied une solution de remplacement à la CED. L'Allemagne ne serait pas réarmée dans le cadre d'une armée européenne mais dans celui de l'Alliance atlantique. Cela convenait parfaitement à Adenauer qui au fond préférait l'intégration de l'armée allemande dans le cadre du commandement atlantique à la formule de l'Armée européenne : en effet, cette solution garantissait mieux l'égalité des droits de la RFA et lui assurait un rôle international plus important, en particulier en la mettant en rapport direct avec les États-Unis.

Ce qui restait des aspirations européennes dans les accords de Paris, c'était la création de l'Union de l'Europe occidentale (UEO). Celle-ci reprenait le traité de Bruxelles de 1948 en l'élargissant à la RFA et à l'Italie. Les Français avaient beaucoup tenu à l'UEO, pour trois raisons : d'abord, la Grande-Bretagne en faisait partie, ce qui permettait de mieux l'amarrer à la défense du continent. Ensuite, le texte de l'UEO, reprenant celui du pacte de Bruxelles, prévoyait un *casus foederis* beaucoup plus rigoureux que l'article V du Pacte atlantique : là où celui-ci ne fait pas obligation d'apporter à un pays membre une assistance *militaire*, l'UEO prévoit que, en cas d'agression contre un pays membre, l'assistance militaire — et pas seulement politique, économique, etc. — est obligatoire.

Et enfin l'UEO, par le biais de l'Agence de contrôle des armements, allait veiller à ce que les forces des pays membres ne dépassent pas certains niveaux fixés dans le traité. En particulier, un protocole annexe prenait acte de l'engagement de l'Allemagne de ne pas fabriquer d'armes nucléaires, bactériologiques ou chimiques, ni certains armements lourds (navires au-dessus d'un certain tonnage par exemple) ou modernes (missiles). Bonn acceptait le contrôle de ces engagements par l'UEO. On voit comment Paris avait réussi à maintenir certaines modalités de contrôle du réarmement allemand. On comprend également pourquoi, jusqu'à ces toutes dernières années, Bonn considéra l'UEO avec beaucoup de réserve, lui préférant, et de beaucoup, l'Alliance atlantique qui ne comportait pas pour elle le même genre de discriminations.

Disons tout de suite que les Français croyaient en 1954 que l'UEO allait jouer un rôle nettement plus important qu'elle ne devait en fait le faire. En particulier, ils pensaient qu'elle allait être le lieu d'une politique européenne d'armements dont l'industrie française d'armements aurait pris la tête. Mais, dès le début de 1955, il était déjà clair que les partenaires, notamment les Britanniques et les Allemands, n'avaient aucune intention de suivre les Français dans cette voie. D'autre part, pour toutes les questions militaires opérationnelles, en particulier pour la planification et le commandement, le traité de l'UEO renvoyait systématiquement aux organes de l'OTAN et à SACEUR, le commandant des forces de l'OTAN en Europe, qui commande en même temps les forces américaines en Europe et qui est donc un officier américain. L'UEO ne pouvait par conséquent pas être l'instrument d'une véritable personnalité européenne de défense, à laquelle Paris pensait depuis 1948 — on n'y reviendra.

Mais, au-delà de l'accord sur la solution à apporter au problème du réarmement allemand, l'entrevue de La Celle-Saint-Cloud permit de régler l'ensemble du contentieux franco-allemand, en particulier un accord sur les conséquences de la déportation, un accord sur les cimetières militaires allemands en France, et surtout l'affaire sarroise, ce qui était une condition indispensable pour l'amélioration des rapports entre les deux pays. Il n'est pas besoin d'insister sur l'importance psychologique et politique de ces accords.

En outre, l'entrevue permit de poser les bases du début d'une véritable coopération franco-allemande. Politique d'abord, car Mendès France et Adenauer s'entendirent pour se consulter à l'avenir sur la question cruciale des rapports avec l'URSS. C'était une façon d'écarter les soupçons (totalement injustifiés) d'Adenauer à l'égard de son partenaire français dans ce domaine. En même temps, c'était reconnaître une réalité : l'URSS pesait de tout son poids sur les rapports franco-allemands ; encore au début de l'année, à la conférence de Berlin, Molotov avait proposé la mise en place d'un traité européen de sécurité sans les États-Unis, qui répondait à deux objectifs : placer un coin entre les Européens et les Américains, et jouer des Français contre les Allemands. Nous retrouverons bien sûr jusqu'au bout le poids du facteur soviétique dans les relations franco-allemandes.

La Celle-Saint-Cloud amorçait également une coopération bilatérale sur le plan économique : on allait conclure des accords commerciaux à long terme, on allait signer des contrats de livraisons de produits agricoles français (en particulier le blé et le sucre, excédentaires en France), on allait coopérer sur le plan économique dans l'Union française, on allait établir un « comité économique franco-allemand », qui verrait effectivement le jour en 1956. En fait, on posait déjà les bases de ce qui allait être la signification profonde, non écrite, du traité de Rome de 1957 : échange de produits agricoles français contre des produits industriels allemands et participation industrielle et financière allemande à la mise en valeur de l'Union française, pour essayer de faciliter le maintien de la France en Afrique.

Comme on le voit, c'est bien de l'entrevue de la Celle-

Saint-Cloud que date le départ de la coopération bilatérale franco-allemande [16].

Les arrière-pensées de Bonn

Bien entendu, ce début de rapprochement bilatéral n'excluait pas les arrière-pensées, en particulier sur le plan stratégique. En effet, celui-ci passait au premier plan dès lors que l'accord s'était enfin fait sur le réarmement allemand. En fait, répétons-le, Adenauer était ravi de la solution intervenue après l'échec de la CDE. Cette solution ressemblait d'ailleurs beaucoup au premier projet de réarmement mis au point en Allemagne durant l'été 1950, lorsque Américains et Allemands préparaient entre eux, directement, les bases de la participation de la RFA à la défense occidentale : création de 12 divisions nationales allemandes appuyées par une forte aviation sous commandement OTAN et avec participation de plein droit de la RFA à l'Alliance atlantique [17]. Cette formule atlantique, exactement semblable, y compris pour le total de 12 divisions, à celle qui interviendrait en 1954, convenait beaucoup mieux aux dirigeants de Bonn que la CED, au sujet de laquelle ils furent au début fort réticents, en particulier parce qu'une telle formule garantissait beaucoup mieux le rôle de la RFA au sein du monde occidental qu'un projet d'armée européenne dominé par la France. Et ce d'autant plus que Paris, dans le cadre de la CED, s'était, jusqu'en 1954, absolument opposé à l'entrée de la RFA dans l'Alliance atlantique, afin de conserver sur elle par ce biais une marge

---

16. Georges-Henri Soutou, « La France, l'Allemagne et les Accords de Paris », *Relations internationales*, 52, hiver 1987.

17. Hans-Jürgen Rautenberg, Norbert Wiggershaus, *Die « Himmeroder Denkschrift » vom Oktober 1950*, Braun, Karlsruhe, 1977.

de supériorité et une garantie anglo-saxonne contre un éventuel retour de l'Allemagne à une politique plus dangereuse...

Dès 1950, deux points cardinaux de la politique de défense de la RFA étaient apparus en toute clarté : le refus, autant que possible, de toute discrimination en matière militaire, que ce fût dans le cadre européen ou bien atlantique ; le souci de voir le territoire de la RFA totalement couvert et la défense occidentale assurée aussi loin à l'Est que possible. Adenauer ne pouvait pas faire accepter le réarmement à une population au départ très réticente s'il ne pouvait pas au moins garantir en retour à ses compatriotes une sécurité totale face à l'URSS. Or il faut savoir qu'en 1954 encore l'Alliance atlantique ne prévoyait guère, en cas de guerre, que la défense de la ligne du Rhin, tout au moins dans la phase initiale : on ne disposait pas des moyens nécessaires pour défendre tout le territoire allemand... La décision de l'OTAN, en décembre 1954, d'utiliser le cas échéant les armements nucléaires tactiques allait permettre de repousser la ligne de défense vers l'est, mais pas jusqu'au Rideau de Fer [18]. Il était entendu que le terrain perdu serait reconquis quand l'URSS aurait senti tout le poids des bombardements nucléaires stratégiques américains, mais il est clair que les Allemands ne pouvaient pas accepter facilement la perspective d'une bataille sur leur sol, suivie d'une invasion et de l'occupation d'une grande partie du territoire, suivie un jour, peut-être, d'une reconquête tout aussi coûteuse...

Ces deux soucis majeurs, que nous retrouverons constamment dans la suite, allaient poser tout de suite le problème de l'arme nucléaire. En effet, Adenauer en comprenait parfaitement l'importance, et pour le statut international de l'Allemagne et pour la possibilité, grâce à la dissuasion

---

18. Lorenza Sebesta, *L'Europa indifesa*, Ponte alle Grazie, 1991, et Christian Greiner, « Zur Rolle Kontinentaleuropas in den militärstrategischen und operativen Planungen der NATO von 1949 bis 1958 », *in* Klaus Maier et Norbert Wiggershaus (éd.), *Das Nordatlantische Bündnis 1949-1956*, Oldenbourg, 1993.

nucléaire, d'assurer à la RFA une sécurité aussi totale que possible. Mais ni les Américains, ni les Anglais, ni les Français ne souhaitaient voir la RFA accéder à l'arme nucléaire, pour des raisons évidentes et aussi pour éviter de provoquer l'URSS. Dès mai 1952, lors de la signature du traité de la CED, Adenauer avait dû renoncer (il s'agissait formellement d'une renonciation volontaire de la part de la RFA, pour sauvegarder la fiction de l'égalité des droits) *à fabriquer et à posséder* des armes nucléaires. En outre, le traité de la CED limitait très sévèrement les activités nucléaires civiles de ses membres, puisqu'il leur était interdit de produire plus de 500 grammes de plutonium par an, ce qui est très peu.

A la conférence de Londres qui prépara les accords de Paris, le 3 octobre 1954, Adenauer dut renouveler cet engagement. Mais ce nouvel engagement était moins étendu que celui de 1952 : si la RFA s'interdisait désormais de fabriquer des armes nucléaires sur son sol, elle ne s'interdisait pas d'en fabriquer ailleurs (nous verrons que cette possibilité était loin d'être purement abstraite) ni d'en posséder. Rien n'interdisait donc à une autre puissance d'en confier à l'Allemagne : ce n'était pas non plus une possibilité purement théorique...

Tout cela fut négocié très soigneusement entre Adenauer et ses partenaires, tout cela fut fort ajusté, et il était évident que le chancelier allemand nourrissait de fortes arrière-pensées nucléaires, au moins à long terme. Lui-même ne se privait d'ailleurs pas de dire que son engagement d'octobre 1954 valait *rebus sic stantibus* [19]... En outre les accords de Paris ne limitaient plus le développement nucléaire civil des Six. On voit au passage que la position de la RFA en matière nucléaire s'était considérablement améliorée entre 1952 et 1954.

---

19. Matthias Küntzel, *Bonn und die Bombe*, Campus, 1992.

Les arrière-pensées de Paris

Bien sûr, la France avait aussi ses arrière-pensées, malgré le rapprochement franco-allemand. Tout d'abord, Mendès France proposa une réorganisation de l'OTAN : il suggéra en décembre 1954, de confier aux trois principaux alliés — les États-Unis, la Grande-Bretagne et la France — un rôle dirigeant au sein de l'alliance, en particulier pour la décision d'emploi de l'arme nucléaire en cas d'attaque soviétique. Du coup, le statut de la France au sein de l'Alliance resterait nettement plus important que celui de la RFA, malgré l'accession de celle-ci à l'OTAN [20]. En fait, Mendès France ne faisait que reprendre des idées permanentes depuis 1948 : on avait toujours souhaité à Paris, sans jamais vraiment y parvenir, constituer au sein de l'Alliance atlantique un véritable directoire stratégique à trois, annonçant tout à fait ce que de Gaulle allait réclamer à partir de 1958. On était en effet très jaloux de la relation spéciale anglo-américaine, et l'on aurait souhaité jouir à Washington du même statut que la Grande-Bretagne [21].

Rééquilibrage donc avec l'Allemagne au sein de l'Alliance atlantique. Rééquilibrage aussi peut-être grâce à de nouveaux rapports avec l'URSS. Sur le plan de la politique intérieure, tout en étant persuadé de la nécessité de réarmer l'Allemagne, et de l'« enchaîner à l'Occident », selon sa propre expression, Mendès France était sûr que les accords de Paris échoueraient au Parlement, comme la CED, si l'on ne donnait pas certaines garanties aux nombreux députés qui ne voulaient pas rompre les ponts avec Moscou qui menait depuis 1950 une campagne acharnée contre le réarmement alle-

---

20. Georges-Henri Soutou, « La France, l'Allemagne et les Accords de Paris », *op. cit.*

21. A paraître : Georges-Henri Soutou, « Frankreich und das Atlantische Bündnis 1949-1956 », *Entstehung und Probleme des Atlantischen Bündnisses bis 1956*, Militärgeschichtliches Forschungsamt, Potsdam.

mand. Il fallait donc à ses yeux promettre aux parlementaires une négociation avec les Soviétiques, une conférence au sommet, une fois ratifiés les accords de Paris (qui devaient d'ailleurs l'être, très difficilement, à la fin de l'année 1954).

En outre, Mendès France voulait réorienter la politique française dans la guerre froide : dépendre moins des États-Unis, moins se reposer sur les aspects militaires de l'Alliance atlantique, remettre la rivalité Est-Ouest sur le terrain de la compétition des systèmes économiques et sociaux. Il tenta de dépasser la guerre froide par son discours devant l'ONU, le 22 novembre 1954. Il proposa à cette occasion, outre une conférence au sommet (mais *après* la ratification des accords de Paris et donc du réarmement allemand, alors que beaucoup d'opposants à ceux-ci auraient voulu qu'elle eût lieu *avant*), la mise sur pied progressive d'un système européen de sécurité reposant sur une série d'accords entre l'UEO, que l'on venait de créer par les accords de Paris, et le pacte de Varsovie. Dans ce système il semble d'ailleurs que, dans l'esprit de Mendès France, le réarmement allemand aurait été plus limité que prévu au départ [22].

Il s'agissait de toute évidence, dans ce projet qu'Edgar Faure devait reprendre en partie en 1955, de tenter de concilier les impératifs de la sécurité de la France et de l'Europe face à l'URSS, et les possibilités d'évolution des relations Est-Ouest vers l'établissement d'un système de sécurité en Europe relativisant le problème du réarmement allemand et permettant d'envisager (mais seulement à terme, comme conséquence ultime de la Détente) la réunification de l'Allemagne. Jusque-là, la thèse française avait été celle des autres Occidentaux et des Allemands : on pourrait parler avec les Soviétiques de l'établissement d'un système de sécurité en Europe (tel que Moscou l'avait proposé lors de la conférence de Berlin de février 1954) *après* la réunification

---

22. Cf. Georges-Henri Soutou, « Pierre Mendès France et l'URSS 1954-1955 », *in* René Girault (éd.), *Pierre Mendès France et le rôle de la France dans le monde*, Presses universitaires de Grenoble, 1991.

de l'Allemagne. Mendès France acceptait désormais la thèse soviétique : l'établissement d'un système de sécurité en Europe précéderait et serait la condition de la réunification allemande. Il est clair que Mendès France, suivant sur ce point certains de ses conseillers, tenait à ménager la possibilité d'un accord éventuel avec l'URSS sur le règlement de la question allemande, et d'un dialogue indirect entre Paris et Moscou sur l'évolution de celle-ci. En effet, on trouvait couramment à Paris que les Américains étaient trop impétueux dans la question allemande, trop disposés à se servir de la RFA dans leur rivalité avec l'URSS. Il n'est pas excessif de parler d'un certain souci de réassurance du côté de Moscou, même si, répétons-le, Mendès France était fidèle à l'alliance occidentale et soucieux d'améliorer les rapports franco-allemands. Il était sur ce point largement suivi dans des milieux fort divers [23]. Et ce souci de discrète réassurance à l'Est, plus ou moins marqué selon les époques, ne devait jamais totalement disparaître par la suite...

La dernière garantie prise par Mendès France face au nouveau statut de la RFA fut la décision arrêtée le 26 décembre 1954 de doter la France d'un armement nucléaire [24]. Cette décision n'est plus douteuse, même si, quelques jours plus tard, son auteur renonça à la formaliser dans l'immédiat pour des raisons d'opportunité politique. Mais le Commissariat à l'énergie atomique devait immédiatement commencer à l'exécuter, en particulier en créant trois jours plus tard le Bureau d'études générales, ancêtre de la Direction des applications militaires.

---

23. Sur ces questions, en attendant la thèse de Mme Geneviève Rouche-Maelstaf sur « La France et le statut international de l'Allemagne, 1945-1955 », qui promet d'être capitale, cf. son article : Geneviève Rouche, « Le Quai d'Orsay face au problème de la souveraineté allemande. La conjonction des Accords de Bonn et de Paris des 26 et 27 mai 1952 », *Revue d'histoire diplomatique*, 1990/1-2.

24. Georges-Henri Soutou, « La politique nucléaire de Pierre Mendès France », *in* Maurice Vaïsse (dir.), *La France et l'Atome*, Bruylant, Bruxelles, 1994.

Bien sûr, de nombreuses raisons poussèrent les responsables français à prendre cette décision. Elle était préparée en fait pour les initiés depuis l'adoption d'un important plan nucléaire quinquennal en 1952, qui devait permettre à la fin des années 50 de produire plus de 50 kilos de plutonium par an (de quoi faire cinq ou six bombes). Mais le facteur déterminant fut l'adoption par les Américains en 1954 de la stratégie des représailles nucléaires massives, dite stratégie « New Look », et son extension à l'OTAN en décembre 1954. Désormais les armes nucléaires (stratégiques et tactiques) ne seraient plus des armes d'ultime recours, en cas d'échec des défenses conventionnelles, mais seraient employées dès le début d'un conflit. Désormais il y aurait deux types de pays : les pays nucléaires (en Occident les États-Unis et la Grande-Bretagne, depuis 1952) et les autres. La France serait déclassée, n'aurait plus aucun poids réel sur le plan atlantique ou international et serait pratiquement désarmée face à l'URSS si elle ne se dotait pas elle aussi de l'arme nucléaire.

Mais, à côté de ces considérations, les archives montrent qu'un autre facteur joua également : le désir de conserver, là aussi, une marge de supériorité face à une Allemagne qui accédait désormais aux armements conventionnels mais pas nucléaires. Le nucléaire entrait par la grande porte dans la problématique des rapports franco-allemands. Il ne devrait plus en ressortir.

L'année 1954 pose donc le décor de notre histoire : le début d'un rapprochement bilatéral franco-allemand profond, sur tous les plans, y compris économique, le début d'une réconciliation véritable, mais en même temps, de part et d'autre, bien des arrière-pensées. Celles-ci tournent et tourneront désormais autour de trois pôles essentiels : l'organisation et les équilibres internes de l'Alliance atlantique ; les rapports avec l'URSS ; les problèmes stratégiques et nucléaires.

CHAPITRE II

1954-1956 : Paris commence à envisager une coopération militaire avec l'Allemagne

Le thème d'une coopération militaire franco-allemande, dans le domaine des fabrications d'armements et de la stratégie, ne date pas du traité de Maastricht et des perspectives de la Politique étrangère et de sécurité commune (PESC) : il apparaît dès la période 1954-1956. Bien entendu dans un contexte fort différent, marqué du côté français par une volonté de contrôle de la RFA qui se situe dans le prolongement de la politique antérieure. Néanmoins, dès 1955-1956, la volonté française de coopération se fait plus sincère et apparaît une dialectique entre le contrôle et la coopération qui marquera toute cette histoire par la suite. Cette première période est essentielle pour comprendre les suivantes dont elle annonce déjà certaines caractéristiques : le poids du contexte politique dans ces questions très sensibles ; le poids des préoccupations scientifiques, techniques et industrielles ; la logique qui conduit immédiatement de l'idée d'une coopération en matière d'armements à celle d'une élaboration de concepts stratégiques communs ; le poids des arrière-pensées de part et d'autre ; l'importance envahissante des problèmes nucléaires, qu'il s'agisse du nucléaire civil ou du nucléaire militaire, d'ailleurs liés.

Le problème de l'industrie nucléaire civile allemande : collaborer pour contrôler ?

Dès les accords de Paris se posait le problème du développement en Allemagne d'une industrie nucléaire civile, désormais autorisée sans restrictions. Or la caractéristique du nucléaire est que la frontière entre les applications militaires et civiles est fort poreuse. On savait en France que la RFA s'était lancée dans des recherches de laboratoire assez développées dès que les Alliés l'y avaient autorisée en 1952, avec un intérêt marqué pour le plutonium qui pouvait dénoter une certaine curiosité pour les applications militaires [1]. Le problème devenait d'autant plus urgent que, on l'a vu, les accords de Paris avaient supprimé la limite de production de 500 grammes de plutonium par an imposée en 1952.

Dès octobre 1954 les responsables français redoutaient la perspective d'une collaboration nucléaire poussée entre la RFA, la Grande-Bretagne et les États-Unis. La France risquait d'être isolée, et ses partenaires anglais et américains seraient peut-être imprudents dans leurs échanges nucléaires avec l'Allemagne, même s'il ne s'agissait alors que du nucléaire civil. Un diplomate français spécialiste de ces questions notait dès le 29 octobre que la meilleure réponse à ces dangers serait d'établir une coopération nucléaire franco-allemande, sur le modèle de ce que les accords de Paris avaient prévu pour l'économie ou la culture : « Le meilleur moyen de contrôler, c'est de participer [2]. »

Pierre Mendès France lui-même reprenait cette idée d'une coopération nucléaire franco-allemande (dans le domaine

---

1. Michael Eckert, « Die Anfänge der Atompolitik in der Bundesrepublik Deutschland », *Vierteljahreshefte für Zeitgeschichte*, 1/1989.

2. Lettre de Jacques Martin, secrétaire de l'ambassade de France à Washington, spécialement chargé de suivre les questions nucléaires, Archives du ministère des Affaires étrangères (MAE), service des Pactes 1948-1960, carton 253.

civil, bien sûr) dès le 5 novembre, à la fois dans un souci de développement des relations franco-allemandes dans tous les domaines, dans la foulée des accords de Paris, et pour pouvoir être « utilement renseigné sur les progrès de l'effort atomique allemand [3] ». Transmise au CEA et à son organisme dirigeant, le Comité de l'énergie atomique, cette initiative y fut bien accueillie : dès le 2 décembre 1954 le Comité de l'énergie atomique envisageait la possibilité de construire une usine de séparation isotopique franco-allemande (pour obtenir de l'uranium enrichi, étape essentielle et particulièrement délicate de tout programme nucléaire). Dans une note du 30 décembre 1954 Bertrand Goldschmidt, responsable des affaires internationales au CEA, soulignait l'intérêt d'une telle coopération (éventuellement incluant la Belgique et la Grande-Bretagne), étant donné l'avance allemande dans certains domaines techniques intéressant directement le procédé d'enrichissement de l'uranium par diffusion gazeuse (en particulier les pompes et les alliages) [4]. Rappelons qu'en ce qui concernait la séparation isotopique et la voie de l'uranium enrichi en isotope U 235, le CEA avait commencé à s'y intéresser en collaboration avec le Service des poudres dès le début 1953, en concluant avec cet organisme un accord sur l'étude de la diffusion gazeuse [5]. Au cours de ses travaux, le Service des poudres avait été amené à prendre contact avec des industriels allemands (en particulier la firme Degussa) qui s'étaient dits prêts à collaborer et avaient affirmé détenir certaines solutions.

L'affaire était d'autant plus urgente que les accords de Paris posaient un problème d'interprétation juridique. Les Français avaient d'abord cru que seule une décision unanime et de l'OTAN et de l'UEO pouvait permettre à la RFA de détenir

---

3. Lettre de Mendès France au secrétaire d'État à la recherche scientifique, *ibid*.

4. Archives du Commissariat à l'énergie atomique, Comité de l'énergie atomique, Pièces annexes.

5. *Ibid*., PV du CEA du 8 janvier 1953.

des armes nucléaires (rappelons que si la RFA s'était engagée à ne pas en fabriquer sur son sol, elle ne s'était pas engagée à ne pas en recevoir d'un autre pays...). En d'autres termes, les Français avaient cru détenir un droit de veto sur toute fourniture d'armes atomiques à l'Allemagne par les Américains ou les Britanniques, problème qui allait se poser très vite, nous le verrons, et qui n'était donc pas purement théorique, mais simplement quelque peu anticipé. Or il fallut se rendre à l'évidence dès le printemps 1955 : les Anglais et les Américains ne partageaient pas l'interprétation française et estimaient que d'éventuelles fournitures d'armes nucléaires à la RFA ne requéraient pas un accord unanime de l'OTAN et de l'UEO. Les accords de Paris étaient en fait ambigus sur ce point très technique mais aux conséquences fondamentales bien sûr sur la plan politique. Cette situation juridique fâcheuse constituait une forte incitation pour les Français à coopérer avec les Allemands pour mieux surveiller leur effort nucléaire [6].

Lors d'une importante visite à Bonn les 29 et 30 avril 1955, Antoine Pinay, ministre des Affaires étrangères du gouvernement Edgar Faure qui avait succédé à Mendès France en février, proposa à Adenauer d'engager une collaboration franco-allemande dans le domaine de l'énergie nucléaire. Les Français envisageaient en particulier l'établissement d'une usine commune de séparation isotopique [7].

Insistons ici sur le fait que la séparation isotopique est au cœur de l'ambiguïté fondamentale du nucléaire : faiblement enrichi, l'uranium qui y est produit servira à des applications civiles, dans des réacteurs producteurs d'énergie ; fortement enrichi, il servira à fabriquer des bombes... Or le programme nucléaire français, vigoureusement relancé justement en mai 1955 avec un triplement de ses crédits pour la période 1955-

---

6. Lettre de Palewski, ministre chargé des questions nucléaires, au président du Conseil Edgar Faure, du 13 avril 1955, et note du service juridique du Quai d'Orsay du 26 avril, MAE, service des Pactes, carton 253.
7. MAE, Papiers Wormser.

1957, comportait la construction d'une usine de séparation isotopique dont il était entendu que la finalité serait à la fois civile et militaire [8]. En particulier c'était une étape indispensable pour parvenir, après la mise au point d'armes à fission, à celle de bombes à fusion ou thermonucléaires, prévue à Paris dès 1954. Mais les difficultés techniques et les coûts de l'opération apparaissaient considérables. Il semble bien que les Français comptaient sur une coopération avec l'Allemagne pour franchir plus facilement cette étape difficile mais indispensable pour leurs ambitions nucléaires, aussi bien civiles que militaires, et ce dès le printemps 1955...

La conférence de Messine et la « relance européenne » en juin 1955 placèrent pour un temps l'affaire de l'usine de séparation isotopique dans un contexte européen, dans le cadre du projet Euratom, et le CEA, moins hostile à Euratom qu'on ne l'a dit souvent, tenta, de 1955 à 1957, de susciter la création d'un groupe européen pour construire l'usine. Néanmoins, il était clair que les deux acteurs principaux dans cette affaire seraient la France et l'Allemagne : l'administrateur du CEA, Pierre Guillaumat, déclara au Comité de l'énergie atomique le 5 janvier 1956 qu'il était « invraisemblable que l'on puisse construire une telle usine sans l'étroite association industrielle de la France et de l'Allemagne [9] ».

Mais les Allemands ne devaient pas exprimer d'intérêt réel pour une telle entreprise avant l'automne 1957. D'autre part, leurs industriels (en RFA, à la différence de la France, le développement de l'énergie nucléaire était largement laissé aux groupes privés) préférèrent se tourner vers les Américains et leurs techniques pour leurs premiers projets de réacteurs nucléaires. Ce ne fut qu'à l'automne 1957, dans un contexte tout différent et comme nous le verrons, que Bonn

---

8. Georges-Henri Soutou, « Pierre Guillaumat, le CEA et le nucléaire civil », *in* Georges-Henri Soutou et Alain Beltran (dir.), *Pierre Guillaumat. La passion des grands projets indutriels*, Institut d'histoire de l'industrie, Paris, Éditions Rive droite, 1995.

9. *Ibid.*

s'intéressa soudain au projet français. Entre-temps, le nouveau plan atomique quinquennal voté à Paris en juillet 1957 prévoyait la construction d'une usine de séparation à des fins à la fois civiles et militaires. A mesure que leur effort nucléaire prenait de l'ampleur et que les applications, civiles mais aussi militaires, commençaient à entrer dans le domaine du possible, les Français étaient de plus en plus décidés à construire l'usine de séparation isotopique. Elle allait constituer un enjeu considérable des rapports franco-allemands en 1957-1958.

Retenons déjà la dialectique manifeste apparue dès 1954 dans cette affaire entre la volonté de collaboration avec l'Allemagne dont on souhaiterait utiliser le potentiel, et le souci du contrôle de ses activités nucléaires. Dans des proportions variables, nous retrouverons constamment cette dialectique par la suite...

Les premiers projets français de coopération en matière d'armements et de doctrine

A partir de mai 1955 et de son entrée officielle dans l'Alliance atlantique, la RFA commença à créer son armée, à partir de zéro. Ce fut une tâche gigantesque, très difficile, traversée de nombreuses crises [10]. Ce ne fut en fait que dans les années 70 que la Bundeswehr devint réellement opérationnelle et constitua dès lors un élément essentiel des forces de l'OTAN.

A la mi-juin 1955, le premier ministre de la Défense de la RFA, Blank, vint à Paris. On évoqua, dans les conversations qu'il eut avec les responsables français, la possibilité d'achats de divers matériels pour la Bundeswehr, mais les Français

---

10. Cf. Franz Josef Strauss, *Mémoires*, Paris, Critérion, 1991.

auraient souhaité aller plus loin. Ils pensaient, dès cette époque, à créer des centres de recherche communs, à développer des projets d'armements communs ou du moins complémentaires. On ne souhaitait en effet pas, à Paris, se contenter d'un certain nombre d'opérations commerciales au profit de l'industrie d'armements nationale, on voulait d'emblée développer une coopération à long terme. Il s'agissait par là, bien sûr, de profiter de la base industrielle de la RFA pour faciliter la réalisation des projets français d'armements, mais aussi de lier la RFA à la France dans un secteur clé [11].

Le 30 juin 1955, une réunion interministérielle au secrétariat général de la Défense nationale fixa des « Directives générales à la coopération franco-allemande en matière d'armements [12] ». Celles-ci furent approuvées par le président du Conseil (Edgar Faure). Elles comportaient en particulier le maintien, « sous une forme à définir », des savants et techniciens allemands dans les laboratoires français où ils travaillaient depuis la fin de la guerre. En effet, plusieurs dizaines de savants et techniciens allemands spécialistes des armements avaient été recrutés par la France depuis 1945 ; ils travaillaient en particulier dans le domaine des moteurs à réaction (Turboméca), des moteurs de chars, des fusées (centre de recherches de Vernon) [13]. L'exemple le plus caractéristique était celui du Laboratoire d'études balistiques de Saint-Louis, en Alsace, issu du transfert en masse de l'équipe du professeur Schardin, qui avant 1945 travaillait pour l'Institut de balistique de la Luftwaffe ! Nous aurons l'occasion de reparler du Laboratoire de Saint-Louis, spécialisé

---

11. Note de la sous-direction d'Europe centrale, du 30 juin 1955, MAE, service des Pactes, carton 83.

12. Note du Secrétariat général de la Défense nationale du 29 juillet 1955, MAE, Pactes, carton 83.

13. Cf. Gérard Bossuat, « Les armements dans les relations franco-allemandes (1945-1963) », *Histoire de l'armement en France 1914-1962*, Actes du colloque du 19 novembre 1963, Centre des hautes études de l'armement, 1994.

dans la détonique, science indispensable pour réaliser le cœur d'une bombe atomique [14]. Mais soulignons l'aventure humaine et technique de ces équipes franco-allemandes intégrées dès les années 45-48 : les réacteurs, les moteurs de char et les missiles français actuels trouvent leurs lointaines origines dans leurs travaux, sans parler d'autres secteurs comme l'acoustique sous-marine !

Les directives du 30 juin 1955 prévoyaient également, outre des ventes de matériels à l'Allemagne, des fabrications communes ou complémentaires. Mais surtout elles admettaient que, pour être efficace, une politique d'armements franco-allemande devrait reposer sur des doctrines communes pour la définition et l'emploi des matériels, doctrines qui devraient être mises au point par une coopération entre les deux états-majors. En d'autres termes, on débouchait d'emblée, au-delà de la collaboration technique et industrielle, sur le début d'une véritable coopération stratégique. On ne saurait insister trop sur l'importance de ce thème, apparu beaucoup plus tôt à Paris qu'on ne le croit en général et qui ne devait plus disparaître par la suite.

Mais ce programme rencontra immédiatement de considérables obstacles. Pourtant, dans le domaine aéronautique, les premiers contacts avaient été établis avec les Allemands en novembre 1954, et on avait bon espoir de leur vendre la licence du Fouga Magister (appareil d'entraînement à réaction) et du Nord 2501 (avion de transport), ainsi que de conclure avec eux un accord pour doter la RFA d'un intercepteur Supermystère construit par Marcel Dassault. Mais les Américains, fort désireux de voir la RFA se doter de leur matériel, en particulier aéronautique, contre-attaquèrent immédiatement. En outre, il y avait une quasi-incompatibilité entre le système français, très centralisé sous l'égide de la direction des Armements du ministère de la Défense, et le

---

14. Cf. le texte d'une conférence prononcée à la Sorbonne le 20 mars 1992 par l'ingénieur général (CR) Marest.

système allemand, où les armements étaient achetés par le ministère de l'Économie, par appels d'offres [15] ! En fait, derrière l'idéologie libérale du ministre allemand de l'Économie, Erhard, qui le rendait rétif à la conception d'une politique industrielle d'armements volontariste et centralisée, il y avait son proaméricanisme systématique, beaucoup plus marqué que celui d'Adenauer — nous retrouverons ce clivage par la suite. Il y avait aussi le poids de l'industrie allemande, qui n'avait nulle envie de se voir dessaisie du marché de la Bundeswehr au bénéfice de l'industrie française [16].

Finalement, les premiers accords d'achats d'armements par les Allemands furent beaucoup plus limités que ne l'auraient voulu les Français : les Allemands construisirent le Fouga Magister et le Nord 2501 sous licence, et l'on se mit d'accord pour transformer le Laboratoire de Saint-Louis en centre franco-allemand, financé et géré par les deux pays, ce qui fut fait en 1958 [17]. Ce n'était pas négligeable, mais restait très en retrait par rapport aux objectifs initiaux.

Disons d'ailleurs que les Français, s'ils étaient bien sûr très désireux de vendre des armements à la RFA, préféraient pourtant pour le long terme une véritable coopération industrielle à de simples ventes de matériels : en effet, celles-ci pouvaient imposer des efforts considérables d'investissements, qui pourraient ne pas avoir de suite à l'avenir quand les commandes allemandes cesseraient et qui, dans l'immédiat, imposeraient à une économie déjà en état de surchauffe (en particulier à cause de la guerre d'Algérie) des efforts excessifs. Mieux valait une coopération industrielle organique

---

15. Dépêche de l'Ambassade de France à Bonn du 10 novembre 1955, note du secrétariat d'État à la Défense du 10 novembre, note du service des Pactes du 18 novembre sur la coopération franco-allemande sur le plan aéronautique, MAE, Pactes, carton 83.

16. Note de l'ambassade de France à Bonn du 10 décembre 1955, Pactes, carton 83.

17. Note du secrétariat général de la Défense nationale du 21 décembre 1955, Pactes, carton 83.

avec l'Allemagne, permettant de rationaliser les échanges entre les deux pays à long terme et permettant aussi de lier davantage la RFA à la France [18].

Un accent nouveau : apparition de l'idée d'une relation stratégique franco-allemande particulière au sein de l'Alliance atlantique

Malgré ces difficultés, Paris ne devait pas changer d'orientation, même après l'arrivée au pouvoir du Front républicain et du socialiste Guy Mollet en janvier 1956. Le 20 janvier 1956, le secrétariat général à la Défense nationale rappelait cette volonté de collaboration aussi bien dans le domaine des études et recherches que dans celui des fabrications d'armements ou celui de « l'harmonisation des conceptions militaires sur l'organisation et l'emploi des forces ». Certes, la volonté de surveillance et de contrôle de l'effort militaire allemand par le biais de cette collaboration était toujours explicitement présente.

Mais, en même temps, apparaissait une idée nouvelle, proprement politico-stratégique, qui conférait à cette volonté de collaboration un caractère plus sincère et plus profond : les deux pays fournissaient ensemble à l'OTAN « la masse la plus importante du corps de bataille atlantique » — en outre le « manque de profondeur de la République fédérale accentuait [le] besoin de solidarité militaire entre les deux États » ; ils étaient donc conduits à une collaboration bilatérale particulière au sein de l'OTAN, afin d'« améliorer le rendement de leur effort de défense au sein de l'Alliance atlantique ». C'était l'apparition du concept d'un couple stratégique franco-alle-

---

18. Note de la sous-direction d'Europe centrale du 26 mai 1956, Pactes, carton 84.

mand, idée qui devait peu ou prou inspirer à peu près constamment la politique de sécurité française, sous des formes diverses, jusqu'en 1996, et qui reposait, nous le verrons dans le prochain chapitre, sur certaines tendances de fond de Paris, soucieux de rééquilibrer l'OTAN, considéré comme trop exclusivement dominé par les Américains et les Anglais. On dépassait là la seule idée d'un contrôle de la RFA pour envisager une véritable coopération avec elle [19].

En conséquence, un mémorandum sur ces bases fut remis au gouvernement fédéral le 28 avril 1956 [20]. Il proposait une coopération poussée en matière d'études et de fabrications d'armements, y compris une intégration étendue des opérations industrielles, afin en particulier d'en réduire les coûts. Il proposait la mise au point de conceptions et de doctrines d'emploi communes, et des principes communs pour la formation des cadres supérieurs, la France étant d'ailleurs immédiatement disposée à accueillir des officiers allemands dans ses écoles. Mais ce texte n'obtint pas de réponse dans l'immédiat de la part des Allemands.

Les diplomates français revinrent à la charge à l'occasion de la première réunion du Comité économique franco-allemand à Paris, le 11 mai 1956, en proposant à nouveau à leurs homologues allemands une collaboration en matière d'armements, étendue au plan stratégique et à la définition d'une doctrine commune et à une formation commune des cadres. Ils proposaient la création d'un « organisme spécial » chargé de confronter les vues en présence, présidé par les deux ministres de la Défense ou leurs représentants, comprenant des experts des différents ministères intéressés [21]. (Il faudra attendre février 1982 et la création d'une Commission sur la Sécurité et la Défense franco-allemande pour que cet objectif soit à peu près réalisé !)

Mais les Allemands se montrèrent sur le moment totale-

---

19. Note du 20 janvier 1956 du SGDN, Pactes, carton 84.
20. Texte dans Pactes, carton 84, à la date du 20 mars 1956.
21. Note du MAE du 24 mai 1956, Pactes, carton 84.

ment négatifs et renvoyèrent leurs collègues français à l'OTAN et à l'UEO. Les Français étaient très conscients du fait que leur réticence était largement conditionnée par des raisons politiques, en particulier par les ultimes négociations sur la question sarroise, qui ne devait être définitivement réglée qu'en octobre [22].

Ce ne fut qu'en septembre 1956 que le gouvernement fédéral répondit, et là, soudainement, de façon très positive, au mémorandum français du 28 avril. Le 17 septembre, Maurice Faure, secrétaire d'État aux Affaires étrangères chargé des affaires européennes, avait eu à Bonn une série d'entretiens avec le chancelier et le ministre des Affaires étrangères, von Brentano. Ses interlocuteurs s'étaient déclarés prêts à collaborer en matière d'études et de fabrications d'armements, mais aussi en matière d'études d'état-major et de formation coordonnée des cadres militaires. Ils adoptaient donc le point de vue français [23].

Pourquoi ce revirement subit ? Nous en verrons les raisons plus longuement dans le chapitre suivant, mais elles sont à rechercher dans les grands changements internationaux et géopolitiques de l'automne 1956. Rappelons ici simplement que l'on arrivait au règlement définitif de l'affaire sarroise, qui intervint en octobre 1956. Rappelons également la crise de Suez, commencée en juillet avec la nationalisation du canal par Nasser, crise aux incalculables conséquences, y compris dans le domaine des rapports franco-allemands, comme nous le verrons. Indiquons que, le 10 octobre, quelques jours donc après son entretien avec Maurice Faure, et fort brusquement, et contrairement à ses intentions antérieures, Adenauer nomma Franz Josef Strauss ministre de la Défense, en remplacement de Blank qui avait échoué dans la première phase de création de la Bundeswehr. Or cette nomination avait une signification considérable, qui confirme

---

22. Note du SGDN du 11 mai sur une réunion tenue le 7, Pactes, carton 84.

23. Note de Maurice Faure du 25 septembre 1956, Pactes, 1984.

sans doute le sérieux de l'engagement d'Adenauer dans sa conversation avec Maurice Faure. Strauss, chef de la CSU, l'indispensable partenaire bavarois de la CDU, le parti du chancelier, était depuis octobre 1955 ministre chargé des Affaires atomiques et, ce qui est moins connu, vice-président du Conseil de défense, la plus haute autorité de la RFA en la matière. Sa nomination au ministère de la Défense avait une signification très claire : le réarmement allemand serait désormais poussé avec la plus grande énergie ; le ministère de l'Économie, les libéraux proaméricains autour d'Erhard perdraient leur contrôle sur la politique allemande d'armements ; les questions nucléaires seraient désormais au premier plan de la politique allemande de sécurité ; avec Strauss, les Français auraient un partenaire dynamique, prêt à les suivre dans leurs projets, mais exigeant [24].

Le contexte politique

En effet, les propositions françaises en vue d'une collaboration militaire étendue faites aux Allemands depuis 1955 n'avaient pas de sens et n'avaient aucune chance d'être acceptées par Bonn en dehors d'un réel rapprochement politique entre les deux pays. Or celui-ci n'intervint pas vraiment avant l'automne 1956, malgré l'amélioration de leurs rapports depuis 1954. Outre bien sûr le problème sarrois, c'est clair en ce qui concerne la question, toujours cruciale pour les rapports franco-allemands, de l'attitude à observer à l'égard de l'URSS. En 1955, à l'occasion des conférences des Quatre à Genève, les dirigeants français n'avaient pas cherché à dissimuler leur satisfaction de voir que désormais l'URSS s'en tenait en fait à la thèse de l'existence de deux États alle-

---

24. Franz Joseph Strauss, *Mémoires*, Paris, Critérion, 1991, pp. 374 *sqq.*

mands, ce qui renvoyait aux calendes grecques toute perspective de réunification. Ils étaient parfaitement satisfaits de ce qui a constitué la grande arrière-pensée de Paris pendant toute la Guerre froide, et que l'on pourrait appeler la « double sécurité » : la division de l'Allemagne assurait la supériorité de la France sur la RFA grâce à l'URSS ; en même temps, l'intégration occidentale de la RFA dans la construction européenne et dans l'OTAN contribuait à assurer la sécurité de la France face à l'URSS [25]. Il est clair qu'Adenauer, même si lui-même, de façon réaliste, avait établi des relations diplomatiques avec Moscou en septembre 1955 à l'occasion de son voyage en URSS, ne pouvait qu'être préoccupé par ces arrière-pensées françaises, trop évidentes.

Le gouvernement Guy Mollet, dans une première période à partir de son arrivée au pouvoir en janvier 1956, ne devait pas vraiment s'écarter de ces arrière-pensées, tout en y ajoutant une volonté quelque peu idéologique de « détente » avec Moscou, encouragée par le XXe Congrès du PCUS en février 1956. La philosophie sous-jacente à cette nouvelle orientation n'était pas en effet très différente de celle de la « double sécurité » : comme le notait le 2 février Maurice Dejean, nommé en janvier ambassadeur à Moscou sans doute parce que sa volonté de rapprochement avec l'URSS était connue :

« Il est certes de notre intérêt de maintenir en Europe une certaine puissance de l'URSS, de façon à balancer une puissance allemande toujours susceptible de dépasser la mesure. Mais si cette influence devenait trop grande, c'est à notre détriment qu'elle risquerait de s'exercer... En sim-

---

25. Cf. mon chapitre sur la France, *in* David Reynolds (éd.), *The Origins of the Cold War in Europe*, Yale University Press, 1994 ; cf. mon article « La France et les notes soviétiques de 1952 sur l'Allemagne », *Revue d'Allemagne*, juillet-septembre 1988 ; cf. également Elena Calandri, « La détente et la perception de l'Union soviétique chez les décideurs français : du printemps 1955 à février 1956 », *Revue d'histoire diplomatique*, 1993/2.

plifiant quelque peu, on peut dire que nos intérêts se rapprochent sur certains points de ceux de l'Union soviétique dans des questions comme celles de l'Allemagne et du désarmement [26]. »

Dans leur balancement même ces phrases indiquent bien que la politique française de cette période restait fondée sur le concept de « double sécurité », tenant compte à la fois de la menace soviétique et d'une menace allemande toujours considérée comme présente, au moins virtuellement. Ce ne fut qu'à l'automne 1956, avec la crise de Suez, les événements d'Europe orientale, le soutien de plus en plus net accordé à partir de cette période par l'URSS au FLN en Algérie, que le gouvernement Guy Mollet renonça à tout espoir d'entente avec Moscou. A partir de ce moment-là, évidemment, la voie de la collaboration avec Bonn s'ouvrait, parce que la perception de l'URSS était moins différente entre les deux pays [27].

On retrouve la même chronologie dans les affaires européennes. En 1955, les positions de départ des deux pays en vue de la relance européenne décidée à la conférence de Messine sont très différentes. Paris souhaite avant tout la mise en place d'unions sectorielles intégrées, sur le modèle de la CECA, en particulier dans le domaine nucléaire (Euratom). Cela correspond aux idées de Jean Monnet, qui concevait une construction européenne progressive reposant sur un ensemble toujours plus étendu de structures économiques intégrées, et également aux traditions dirigistes de l'Administration française.

Mais la RFA, beaucoup plus marquée par le libéralisme, est très réticente face à ces conceptions, en particulier en ce qui concerne le nucléaire : les industriels allemands préfèrent

---

26. Mémoire de DEA sous ma direction de Henri Assila, « La France et le problème de la sécurité européenne de 1953 à 1958 », septembre 1994.

27. Mémoire de maîtrise sous ma direction de Karine Auger, « Le gouvernement Guy Mollet et l'URSS », 1996.

s'entendre avec les firmes américaines, pour des raisons d'efficacité commerciale ; ils sont appuyés par le gouvernement qui pense qu'une entente avec les États-Unis dans le domaine nucléaire donnera plus d'autonomie à l'Allemagne que l'Euratom, que la France compte bien utiliser pour contrôler l'industrie nucléaire allemande [28]. Ce que veut Bonn, en revanche, c'est une zone européenne plus large, englobant la Grande-Bretagne et les pays scandinaves, une zone de libre-échange très souple, pour les marchandises et les capitaux, sans les politiques économiques sectorielles volontaristes souhaitées par Paris, et une zone ouverte sur le monde extérieur : on le voit, les conceptions libérales des Allemands sont très éloignées du dirigisme protectionniste des Français.

En effet, Paris ne peut pas accepter un système trop libéral : une simple zone de libre-échange gênerait l'économie française, en retard sur ses partenaires. Paris veut des politiques économiques, industrielle et sociales communes pour assurer la convergence et la cohésion, pour mettre la France au niveau de l'Allemagne avant l'ouverture des frontières ; Paris veut une politique agricole commune reproduisant le modèle français de prix garantis aux producteurs et échappant aux aléas du marché ; en outre, la France souhaite une protection efficace des Six face aux pays tiers et une formule d'association de l'Afrique française, essentielle pour faciliter son développement et donc le maintien de l'influence politique de la métropole.

Comme nous le verrons, là aussi ce fut à partir de l'automne 1956 que devaient intervenir les déblocages entre Paris et Bonn permettant d'aboutir aux traités de Rome en avril 1957, et pour les mêmes raisons : la crise de Suez, l'inquiétude à l'égard de l'évolution de la politique américaine, l'aggravation de la tension avec l'URSS. Dans ce contexte, la

---

28. Franz Joseph Strauss, *Mémoires, op. cit.*, et Pierre Guillen, « La France et la négociation du traité d'Euratom », *Relations internationales*, 44, 1985.

relance européenne facilitait désormais et accompagnait le développement des relations bilatérales franco-allemandes.

Retenons dès maintenant l'apparition, dès 1954, à Paris d'une volonté de collaboration bilatérale dans le domaine du nucléaire civil, des armements, et même des doctrines stratégiques. De façon précoce, cela annonce tout à fait les épisodes de 1957-1958 ou de 1960-1963, au cours desquels on évoqua très sérieusement une vaste communauté stratégique franco-allemande. Certes, les Français n'étaient pas dépourvus d'arrière-pensées, en particulier de contrôle du réarmement allemand et d'utilisation du potentiel scientifique et industriel d'outre-Rhin. Mais on voit progressivement, dès 1955 et 1956, l'apparition, à côté de ces arrière-pensées, d'une volonté beaucoup plus sincère de collaboration bilatérale, de constitution d'un ensemble stratégique franco-allemand spécifique au sein de l'Alliance atlantique.

Retenons également l'extrême réserve des Allemands, jusqu'à l'automne 1956 : ils subissent la pression américaine en matière de commandes d'armements et manquent visiblement d'enthousiasme pour se lier à la France qui ne peut certes pas leur apporter autant que les États-Unis sur le plan de la sécurité. Les circonstances de l'automne 1956 produiront un changement, mais provisoire, et on reverra constamment l'interférence du facteur américain dans les relations stratégiques franco-allemandes. On peut dire que les traits essentiels de la problématique de notre sujet sont en place dès 1956.

CHAPITRE III

1956-1957 : vers une communauté stratégique et nucléaire entre la France, l'Allemagne et l'Italie ?

Le 17 janvier 1957, à Colomb-Béchar, les ministres de la Défense français et allemand, Bourgès-Maunoury et Strauss, concluaient un accord ambitieux sur les questions de défense et d'armements. Le 28 novembre de la même année, à Paris, les ministres de la Défense français, allemand et italien signaient un protocole reprenant l'accord de Colomb-Béchar, le précisant et l'étendant aux armes nucléaires, posant ainsi les bases d'une véritable communauté stratégique entre les trois pays. Sur la base de ce protocole, le 8 avril 1958, à Rome, les trois ministres, Chaban-Delmas, Strauss et Taviani, aboutissaient à un accord verbal concernant la construction d'une usine de séparation isotopique à Pierrelatte.

Dès l'époque, des rumeurs circulèrent dans les milieux informés et même dans la presse au sujet d'une coopération nucléaire entre les trois pays. Certains travaux historiques des années 1970 se firent l'écho de ces rumeurs et considérèrent comme probable que les questions nucléaires avaient été abordées entre dirigeants français, allemands et italiens, mais sans pouvoir affirmer que des textes précis en ce sens avaient été élaborés et en mettant en doute qu'il se fût agi d'autre chose que de conversations exploratoires [1].

---

1. Wilfrid L. Kohl, *French Nuclear Diplomacy*, Princeton, 1961 ; Catherine M. Kelleher, *Germany and the Politics of Nuclear Weapons*, Columbia UP, 1975.

Plus récemment les historiens sont parvenus à la certitude que des accords précis concernant le nucléaire avaient bien été signés. Mais le texte même de ces accords n'était pas connu, la documentation restait très limitée et on conservait des doutes non plus sur la réalité mais sur la signification réelle des accords tripartites. Ceux-ci pouvaient apparaître avant tout comme destinés à faire pression sur les États-Unis dans une phase où, sous le choc du Spoutnik et de la vulnérabilité nouvelle du territoire américain aux frappes nucléaires soviétiques, toute la stratégie de l'OTAN devait être repensée. D'autre part, on surévaluait l'accord du 8 avril 1958 sur la séparation isotopique, en fait simple engagement verbal, et on sous-évaluait le texte essentiel, celui du 28 novembre 1957, qui seul donne toute sa dimension à cette affaire[2].

Mais on connaît à présent le texte complet de ces différents accords, et l'on possède une documentation, en Allemagne et en France, qui permet d'aboutir à la conclusion que l'affaire était fort sérieuse et qu'au moins certains des responsables concernés ne considéraient pas un effort nucléaire européen simplement comme un moyen de pression sur Washington, mais comme une fin en soi[3]. En parti-

---

2. Hans-Peter Schwarz, *Adenauer*, t. II, DVA, 1991 ; Schwarz, « Adenauer, le nucléaire et la France », *Revue d'histoire diplomatique*, 4/1992 ; Colette Barbier, « Les négociations franco-germano-italiennes en vue de l'établissement d'une coopération militaire nucléaire au cours des années 1956-1958 » ; Eckart Conze, « La coopération franco-germano-italienne dans le domaine nucléaire dans les années 1957-1958 : un point de vue allemand » ? ; Leopoldo Nuti, « Le rôle de l'Italie dans les négociations trilatérales 1957-1958 », *Revue d'histoire diplomatique*, 1-2/1990. Ces trois articles sont le résultat d'un colloque organisé par le GREFHAN sous la direction du professeur Maurice Vaïsse.

3. En France, on a pu trouver au Quai d'Orsay une documentation sur ces questions dans les séries du Secrétariat général et du service des Pactes ; en outre les volumes des *Documents diplomatiques français* 1957/II et 1958/I contiennent des pièces essentielles. En Allemagne on a pu consulter des documents de l'*Auswärtiges Amt*, du ministère de la Défense (rassemblés par le professeur Hans-Peter Schwarz à Bonn dans le cadre du *Nuclear History Program*) et du *Nachlass Blankenhorn*, déposé

culier, on est frappé par le secret et même les mensonges opposés par les trois pays concernés aux Anglo-Saxons sur certains aspects de cette affaire.

Cette période d'accord stratégique profond entre Paris et Bonn (période exceptionnelle dans cette histoire, nous le verrons) a été rendue possible par les bouleversements politiques et stratégiques intervenus en 1956, qui paraissaient remettre en cause les bases de la sécurité occidentale, telles qu'elles avaient été définies depuis 1948-1949, et les accords de Paris de 1954. Elle a été rendue possible également par le fait que la RFA, une fois rétablie dans sa souveraineté, réarmée et admise au sein de l'OTAN, développa immédiatement une politique extérieure à la fois autonome et ambitieuse, y compris sur le plan stratégique et nucléaire. L'image habituelle du géant économique mais du nain politique, humblement soumis à Washington, par laquelle on tend souvent à résumer la politique extérieure de la République de Bonn jusqu'à la réunification, doit être, disons-le tout de suite, très sérieusement révisée.

En même temps, ce grand projet stratégique européen de 1956-1958 était marqué par beaucoup de contradictions. S'agissait-il vraiment d'aboutir à une défense européenne, à une sorte de nouvelle CED, ou ne s'agissait-il pas plutôt de faire pression sur les États-Unis pour qu'ils tiennent mieux compte des intérêts stratégiques européens, mais sans remettre en cause le moins du monde la cadre atlantique existant ? Les avis sur ce point différaient, à Paris comme à Bonn. D'autre part, ces projets auraient abouti à un véritable *leadership* français en matière de défense. Paris n'était pas prêt, en effet, à traiter ses partenaires sur un pied de réel égalité, et d'ailleurs, nous le verrons, les engagements pris par la RFA en 1954 auraient rendu cette égalité très délicate

---

au *Bundesarchiv* à Coblence. Ajoutons également les mémoires de Franz Josef Strauss, *Die Erinnerungen*, Siedler, 1989 (traduction française : *Mémoires*, Paris, Critérion, 1991).

sur le plan juridique. Nous verrons que les accords signés ou envisagés respectaient la lettre, sinon l'esprit, des accords de Paris. Mais alors on doit se demander si une telle perspective pouvait réellement satisfaire Bonn, et si, pour les dirigeants allemands, il ne s'agissait pas finalement surtout de faire pression sur les États-Unis pour qu'ils prennent mieux en compte les intérêts de la RFA, au moyen d'un flirt nucléaire avec la France. En même temps Adenauer était très désireux d'obtenir pour la RFA un accès aussi direct que possible aux armes nucléaires. Son attitude ultime dans cette affaire reste un mystère...

Le nouveau contexte politique et le rapprochement franco-allemand du 6 novembre 1956

En 1956, c'était tout le contexte de la politique française qui changeait, avec la guerre d'Algérie qui devint cette année-là et pour des années la préoccupation essentielle et même l'obsession du pays. Sur le plan politique et straté-gique, hommes politiques et militaires étaient divisés sur la question de savoir s'il fallait donner la priorité à la défense des positions françaises en Afrique du Nord et en Afrique, ou à la participation de la France à l'OTAN et à la modernisation de ses forces[4]. Sur le plan technique, la modernisation des armées françaises était entravée de nouveau par un conflit de type colonial[5]. Plus généralement, la guerre d'Algérie souli-gnait aux yeux des responsables parisiens l'inadéquation de

---

4. Jean Delmas, « A la recherche des signes de la puissance : l'armée entre l'Algérie et la bombe A », *Relations internationales*, 57, printemps 1989.

5. Voir par exemple les conséquences pour l'armée de l'Air dans l'ar-ticle de Patrick Facon, « Le général Bailly, chef d'état-major de l'armée de l'Air, ou l'impossible équilibre », *Revue historique des armées*, 1993/3.

l'OTAN : à leurs yeux la menace soviétique n'existait pas seulement en Europe, elle n'était pas seulement militaire et directe, elle était également indirecte et subversive et se manifestait aussi en Afrique et au Moyen-Orient (on voyait en effet souvent la rébellion algérienne comme une conséquence du « communisme international [6] »). Il était donc à leurs yeux tout à fait anormal que l'OTAN, et en tout cas ses trois principaux membres, ne coordonnent pas leur politique face à l'URSS également dans ces régions officiellement non couvertes par le pacte. Il était en particulier anormal que la France ne jouisse pas du plein soutien de ses Alliés pour la guerre d'Algérie. Ce n'est pas du tout à une remise en cause de l'OTAN que conduisaient ces réflexions, et la majorité de gauche et de centre-gauche issue des élections législatives de janvier 1956 était tout aussi atlantiste que la majorité modérée précédente. Mais on était néanmoins de plus en plus convaincu que l'OTAN avait besoin d'une vaste réforme et que la France devait prendre au sein de l'Alliance la tête d'un pôle européen et même eurafricain.

Un autre facteur déterminant de l'évolution française en 1956, facteur d'ailleurs étroitement lié à l'affaire algérienne, fut bien sûr le problème de l'attitude américaine dans la crise de Suez qui culmina avec le débarquement anglo-français à Port-Saïd début novembre et le communiqué soviétique menaçant dans la nuit du 5 au 6 novembre. A Paris, on était persuadé que les Américains avait retiré à cette occasion leur garantie nucléaire ; le général Gruenther, commandant en chef atlantique en Europe, avait bien pu affirmer, après le communiqué soviétique du 5 novembre, que les États-Unis soutiendraient leurs Alliés en cas d'attaque soviétique, on croyait savoir à Paris (à tort), dans les milieux diplomatiques et militaires, que Washington avait été furieux de cette décla-

---

6. Marc Michel, *Décolonisations et émergence du tiers monde*, Paris, 1993, pp. 178 *sqq.*

ration et que Gruenther avait failli être limogé [7]. On remarquera au passage que, dans cette crise de Suez, les Britanniques et les Français avaient tenu les Américains dans l'ignorance des accords qu'ils avaient passés avec Israël et de l'opération qu'ils projetaient [8]. Une telle absence de consultations au sein de l'Alliance eût été inconcevable quelques années plus tôt et prouvait bien que celle-ci était en crise.

Enfin, bien sûr, les événements de Pologne et de Hongrie à l'automne 1956 mirent fin aux illusions que le gouvernement Mollet avaient entretenues à propos de la possibilité d'une détente réelle avec Moscou. D'autant plus que, à partir de l'été 1956, l'URSS appuya de plus en plus nettement le FLN algérien [9].

C'était donc tout l'univers international vu de Paris, l'ensemble des relations avec les États-Unis et l'URSS qui, en quelques semaines, avaient basculé. Pour les dirigeants français, la réponse fut, à l'automne 1956, de relancer les négociations européennes en route depuis Messine en juin 1955 mais qui piétinaient depuis des mois. La réponse fut également d'approfondir de façon décisive les relations avec l'Allemagne, sur les plans politique, économique et stratégique. Décidément, le partenaire européen privilégié de la France ne serait pas la Grande-Bretagne, malgré les premières orientations de Guy Mollet : le dénouement de la crise de Suez et ce que les dirigeants français avaient compris comme un abandon britannique à la dernière minute écar-

---

7. Témoignage du regretté Jacques Martin, diplomate qui tout au long de sa carrière suivit tout particulièrement les questions nucléaires, à l'époque en poste à Washington. En fait Eisenhower était parfaitement décidé à déclencher une guerre nucléaire si les Soviétiques attaquaient les Anglo-Français, et même si cette attaque se produisait au Moyen-Orient, c'est-à-dire en dehors de la zone couverte par le Pacte atlantique (Stephen Ambrose, *Eisenhower*, Paris, Flammarion, 1986, p. 500).

8. Wm. Roger Louis and Roger Owen (éd.), *Suez 1956. The Crisis and its Consequences*, Oxford, 1989.

9. Mémoire de maîtrise sous ma direction de Karine Auger, « Le gouvernement Guy Mollet et l'URSS », 1996.

taient définitivement cette option. Le partenaire décisif de la France en Europe serait l'Allemagne, c'est avec elle que l'on essaierait de bâtir une Europe et même une Eurafrique (le terme est très à la mode à Paris ces années-là) qui permettrait à la France de défendre ses intérêts politiques et stratégiques et de sauver sa présence en Afrique malgré un contexte international transformé et de plus en plus défavorable.

Cette réorientation de la politique française fut facilitée par le fait que le chancelier Adenauer partageait largement les analyses parisiennes, auxquelles s'ajoutaient bien sûr ses propres préoccupations. Il était lui aussi inquiet de la position américaine dans l'affaire de Suez, qui dénotait à ses yeux un mépris des intérêts vitaux de l'Europe. La crise provoqua à Bonn aussi une considérable révision des présupposés politiques. On y était convaincu de la gravité de la situation créée par les deux crises de Suez et de Hongrie, mais on était persuadé que l'URSS se retrouvait temporairement dans une position de faiblesse relative et que l'on pouvait et devait en profiter et manœuvrer pour renforcer l'intégration occidentale et pour maintenir ouverte la question allemande [10]. D'autre part, et ceci est capital pour notre propos, on était persuadé que la crise avait prouvé que la France et la Grande-Bretagne n'étaient plus des puissances mondiales, et que l'heure était venue pour la RFA de sortir de sa réserve et « de s'engager plus fermement dans la planification de la politique occidentale [11] ».

Cette convergence entre Paris et Bonn fut consacrée par une série d'accords très importants entre Guy Mollet et Adenauer lors de la visite de celui-ci à Paris le 6 novembre 1956, en pleine crise de Suez. A cette occasion, s'établit une véritable intimité des rapports franco-allemands : les participants allemands soulignèrent qu'ils avaient été pratiquement

---

10. Note de l'*Auswärtiges Amt* du 24 novembre 1956, *Politisches Archiv*, Bonn, Pol 2, 80.00/0.

11. Note du 12 novembre 1956, *ibid.*

associés aux délibérations du gouvernement français [12]. En particulier Adenauer décida de débloquer la négociation Euratom sur un point essentiel : le futur organisme n'interdirait pas à un État membre de poursuivre un effort nucléaire militaire, alors que jusque-là les partenaires de la France au sein de la négociation auraient voulu lui imposer cette interdiction. Cette concession d'Adenauer sur un point capital pour les Français débloquait les négociations européennes, et revenait à une reconnaissance indirecte par Bonn de la légitimité de l'effort nucléaire militaire français, au moment où, nous le verrons, les circonstances internationales paraissaient rendre celui-ci encore plus urgent [13].

Dans les mois suivants, Adenauer força ses ministres, fort réticents, à faire d'autres concessions à Paris dans le domaine du Marché commun. Finalement et en conséquence, avec les traités de Rome de mars 1957 les thèses françaises l'emportèrent sur l'essentiel : le Marché commun serait limité aux Six ; il serait structuré, progressif, avec une politique agricole, l'association de l'Afrique et un ensemble de politiques économiques communes contenues en germe dans le traité : il ne se réduirait pas à une simple zone de libre-échange.

Répétons-le, ce résultat fut possible grâce à Adenauer qui décida à l'automne 1956, contre l'avis des milieux économiques allemands et du ministre de l'Économie, Erhard, d'accepter l'essentiel des points de vue français. Il le fit parce que, d'une façon générale, il voulait que l'Europe se construise à partir du couple franco-allemand, et aussi parce que les progrès militaires soviétiques, les hésitations américaines provoquées par ces progrès et sensibles dès 1956, la crise de Budapest et l'attitude des États-Unis dans la crise de Suez l'avaient convaincu que l'Europe devait se structurer et

---

12. Herbert Blankenhorn, *Verständnis und Verständigung*, Propyläen, 1980, p. 257.

13. Georges-Henri Soutou, « Les problèmes de sécurité dans les rapports franco-allemands de 1956 à 1963 », *Relations internationales*, 58, été 1989.

qu'une zone de libre-échange, en fait atlantique et sans structures, telle que la concevaient Erhard et les milieux économiques allemands, ne suffirait pas [14]. En outre, comme nous allons le voir, Adenauer et Guy Mollet abordèrent également les questions militaires lors de cette visite de novembre 1956.

Le nouveau contexte stratégique

En effet, le contexte stratégique général s'était considérablement modifié en 1956. Les progrès nucléaires des Soviétiques, la sophistication croissante de leurs armes à fission et à fusion, l'entrée en service depuis l'année précédente de bombardiers réellement capables d'atteindre le territoire des États-Unis, tout cela rendait pour la première fois ceux-ci vulnérables en cas de guerre nucléaire. En fait, ils conservaient une marge de supériorité écrasante sur l'URSS, et l'administration Eisenhower conserva son sang-froid et n'estima pas nécessaire de changer radicalement de stratégie, pas plus d'ailleurs en 1957, malgré la panique qui s'empara d'une partie de l'opinion publique occidentale à la suite de la mise en orbite cette année-là du premier Spoutnik [15].

Néanmoins, la doctrine des représailles nucléaires massives adoptée par les Américains en 1954 n'était plus totalement crédible : les partenaires de l'Amérique au sein de l'Alliance atlantique pouvaient penser que Washington hésiterait désor-

---

14. Wilfried Loth, « Deutsche Europa-Konzeptionen in der Gründungsphase der EWG », in *Il Bilancio dell'Europa e i Trattati di Roma*, Bruxelles, Milano, Paris, Baden-Baden, 1989 ; Pierre Guillen, « Frankreichs Europapolitik vom Scheitern der EVG zur Ratifizierung der Verträge von Rom », *Vierteljahreshefte für Zeitgeschichte*, 1980/1 ; Pierre Gerbet, *La Construction de l'Europe*, Paris, 1983, et *La Naissance du Marché commun*, Paris, 1987.

15. John Lewis Gaddis, *Strategies of Containment*, Oxford, 1982, pp. 182 *sqq.*

mais à utiliser d'emblée l'arme nucléaire en cas d'attaque soviétique contre un allié, l'Amérique étant elle-même vulnérable à une riposte nucléaire russe.

En particulier, les Français se persuadèrent, au printemps 1956, que les Américains, devant les progrès nucléaires soviétiques, abandonnaient en fait la doctrine des représailles massives sur laquelle reposait la stratégie de l'OTAN depuis décembre 1954 et cherchaient désormais à limiter les échanges nucléaires à l'Europe de l'Est et de l'Ouest, ce qui reviendrait à une réduction de la garantie nucléaire américaine et à un abandon de la dissuasion au profit d'une perspective de guerre « nucléaire limitée » en Europe [16]. Il semble qu'en fait rien de tel n'était envisagé à Washington à cette époque [17]. Néanmoins, les Américains prévoyaient d'employer non plus 170 têtes atomiques tactiques pour l'Europe et le Moyen-Orient (conformément aux plans établis depuis que, en décembre 1954, l'OTAN avait adopté le principe des représailles massives nucléaires immédiates face à toute attaque soviétique) mais 1 700 [18] ! Certains officiers américains, affolés par ces perspectives de destruction de l'Europe,

---

16. Georges-Henri Soutou, « Die Nuklearpolitik der Vierten Republik », *Vierteljahreshefte für Zeitgeschichte*, 4/1989.

17. En 1956 les Américains souhaitaient effectivement renforcer les forces nucléaires tactiques de l'OTAN en Europe, mais parce qu'ils étaient parvenus à la conclusion que les frappes stratégiques sur le sol soviétique (qu'il n'était absolument pas question d'abandonner, cf. David A. Rosenberg, « US Nuclear War Planning, 1945-1960 », *in* Desmond Ball et Jeffrey Richelson (éd.), *Strategic Nuclear Targeting*, Cornell University, 1986, p. 48) ne commenceraient à gêner l'offensive soviétique en Europe qu'après 30 jours ; or, l'OTAN ne pouvait pas tenir aussi longtemps sans recourir à l'arme nucléaire tactique, étant donné l'infériorité conventionnelle de l'Ouest ; on restait d'ailleurs toujours dans le cadre de la dissuasion : il s'agissait d'abord de montrer aux Russes que le calcul qu'on leur prêtait (encaisser la frappe stratégique américaine, mais entre-temps prendre l'Europe en otage) ne pourrait pas réussir (Robert A. Wampler, *NATO Stategic Planning and Nuclear Weapons 1950-1957*, Nuclear History Program Occasional Paper 6, Maryland 1990, pp. 26 *sqq.*).

18. Wampler, *NATO Strategic Planning...*, *op. cit.*, p. 27.

auraient prévenu, en mai 1956, le général Valluy, représentant la France au *Standing Group* de l'OTAN à Washington, et celui-ci aurait écrit au ministre de la Défense Bourgès-Maunoury, tandis que Couve de Murville, ambassadeur aux États-Unis, écrivait à son ministre, Pineau [19]. Ajoutons que ce serait le commandant des forces de l'OTAN en Europe, SACEUR, toujours un officier américain, qui en tant que commandant des forces américaines en Europe, déciderait de l'emploi des armes nucléaires tactiques, sans aucun contrôle de la part des Alliés qui à l'époque n'étaient même pas informés des cibles visées.

Le chancelier Adenauer partageait pleinement les inquiétudes de Paris devant l'évolution de la stratégie nucléaire américaine. Celle-ci paraissait, on l'a vu, s'écarter des représailles massives décidées en 1954. Or les responsables français et allemands étaient convaincus que la stratégie de représailles nucléaires massives tactiques et stratégiques était la meilleure possible du point de vue des intérêts européens, parce que la plus dissuasive et donc la plus apte à éviter toute guerre en Europe, même limitée [20]. Mais Washington paraissait envisager désormais une vaste bataille nucléaire tactique en Europe, sans que soient si possible mis en œuvre les armements stratégiques, pour essayer d'éviter, devant les progrès soviétiques, la destruction des États-Unis. Mais, du coup, la dissuasion, aux yeux des Français et aussi des Allemands, était affaiblie : un conflit en Europe devenait davantage possible, qui aurait dévasté le continent.

En outre, Adenauer était très préoccupé par les bruits qui circulaient depuis le mois de juillet sur une éventuelle diminution des effectifs américains en Europe, conformément au plan attribué par la presse américaine au président du Comité des chefs d'état-major américains, l'amiral Radford. En effet, les Européens estimaient indispensable que les Américains

---

19. Témoignage de Jacques Martin.
20. Notes du service des Pactes du 10 décembre 1956 et du 3 janvier 1957, MAE, service des Pactes.

maintiennent également des effectifs conventionnels importants en Europe pour afficher leur détermination et renforcer ainsi la dissuasion, et pour répondre à un coup de main soviétique en dessous du seuil nucléaire.

De plus, Adenauer estimait lui aussi, comme les Français, que les Européens n'avaient pas assez de poids dans l'Alliance, dans laquelle la RFA était entrée l'année précédente et dont les Allemands découvraient tout juste à quel point elle était dominée par les Anglo-Saxons.

Il est essentiel de rappeler ici tout d'abord que ni l'Allemagne ni la France ne découvraient les problèmes nucléaires en 1957. Pour la France, c'est bien connu : à partir du plan nucléaire de 1952, le pays avait connu le début d'un développement industriel de l'atome avec des perspectives de production de plutonium qui indiquaient déjà des arrière-pensées militaires. Les premiers travaux dans ce sens commencèrent en 1953, la décision de produire la bombe fut prise en secret et de façon informelle, on l'a vu, en 1954 et réaffirmée, malgré bien des hésitations, en 1955 et définitivement en juin 1956, avant de devenir formelle en avril 1958 [21]. Parallèlement, les premières réflexions sur les aspects politiques et stratégiques des armes nucléaires se faisaient jour : celles-ci apparaissaient comme essentielles pour rétablir l'égalité de statut avec la Grande-Bretagne, pour maintenir une supériorité sur l'Allemagne, pour donner à Paris plus de poids au sein de l'OTAN. Il n'était pas question d'une stratégie indépendante de celle de l'Alliance, mais il fallait pouvoir influencer celle-ci et en particulier pouvoir menacer de nucléariser un conflit si les Américains hésitaient à le faire.

---

21. Laurence Scheinmann, *Atomic Energy Policy in France under the Fourth Republic*, Princeton, 1965 ; Dominique Mongin, *La Genèse de l'armement nucléaire français de 1945 à 1958*, thèse soutenue à Paris-I en juillet 1991 ; Institut Charles de Gaulle/université de Franche-Comté, *L'Aventure de la bombe*, Paris, Plon, 1985 ; Georges-Henri Soutou, « La politique nucléaire de Pierre Mendès France », *Relations internationales*, 59, automne 1989.

D'autre part, la stratégie de dissuasion du faible au fort était déjà comprise : il n'était pas question d'être aussi puissant que l'URSS, mais de pouvoir lui faire subir des destructions sans rapport avec l'importance pour elle de l'enjeu français [22].

Adenauer était quant à lui tout à fait convaincu de l'importance des armes nucléaires, et sa renonciation à les produire sur le sol allemand (car c'est à cela que se limitait son fameux engagement à la conférence de Londres en septembre 1954, point essentiel pour comprendre la suite) était très précisément liée aux conditions du moment, c'est-à-dire à la nécessité de faire accepter par la France le réarmement allemand. Mais le chancelier maintiendra en fait jusqu'au bout ouverte l'option nucléaire, pour des raisons d'efficacité militaire et de sécurité et aussi pour des raisons de statut international. En même temps, il n'en fera jamais une priorité au détriment des bases, plus essentielles à ses yeux, de sa politique : intégration de la RFA à l'Ouest, renforcement de l'Occident, et un jour, à partir de cette « position de force » et grâce à l'attrait de la prospérité économique occidentale, décommunisation de l'Europe orientale et réunification, sans exclure pour ce faire la possibilité d'une grande négociation avec les Soviétiques [23].

Mentionnons également l'Italie, qui avait commencé à s'intéresser sérieusement à la recherche nucléaire fondamentale en 1951, à la production d'énergie d'origine nucléaire en 1954-1955, tandis que, dès la même époque, les militaires italiens soulignaient de plus en plus l'importance des armes atomiques [24]. Rappelons que le traité de paix de 1947 interdisait à l'Italie de fabriquer de telles armes.

---

22. Georges-Henri Soutou, « Die Nuklearpolitik der Vierten Republik », *Vierteljahreshefte für Zeitgeschichte*, 4/1989.

23. Hans-Peter Schwarz, « Adenauer und die Kernwaffen », *Vierteljahreshefte für Zeitgeschichte*, 4/1989.

24. Leopoldo Nuti, *op. cit.*

Entre le Pacte atlantique et le pilier européen : la dialectique de la stratégie française depuis 1948

Disons tout de suite que, dans toute cette tentative de collaboration stratégique et même nucléaire de 1956-1958 avec l'Allemagne et l'Italie, Paris allait témoigner d'une certaine ambivalence, voire d'une contradiction. La volonté de collaborer avec l'Allemagne et l'Italie répondait-elle à un souci réel de constituer un pôle stratégique européen, ou n'était-elle pas surtout destinée à faire pression sur les États-Unis pour qu'ils acceptent de mieux prendre en compte les intérêts français et de réformer l'OTAN ? Cette ambivalence, qui est l'une des clés de cette histoire complexe — car les dirigeants français se révélèrent divisés sur ce point en 1957-1958 —, renvoie à la complexité de l'attitude française envers l'Alliance atlantique depuis sa création, attitude qu'il est nécessaire de retracer ici.

On ne sait pas assez que la France joua un rôle essentiel dans la genèse du Pacte atlantique. Dès l'automne 1945, certains, à Paris, devant la menace déjà évidente pour les gens informés que représentait l'URSS, pensaient à une alliance avec l'Amérique [25]. A la suite de l'échec de la conférence de Londres de décembre 1947, le ministre des Affaires étrangères, Georges Bidault, eut des conversations avec ses homologues Bevin et Marshall pour envisager une alliance entre les trois pays. En 1948, Paris insista beaucoup pour que les États-Unis fussent associés le plus étroitement possible aux organismes militaires du pacte de Bruxelles conclu en mars à la suite d'une initiative britannique, et en outre pour que l'on mît sur pied une véritable alliance atlantique. En fait, pour la majorité des responsables politiques et militaires français, l'essentiel était l'alliance avec les États-Unis : le pacte de

---

25. Georges-Henri Soutou, « Le général de Gaulle et l'URSS, 1943-1945 : idéologie ou équilibre européen », *Revue d'histoire diplomatique*, 1994/4.

Bruxelles était insuffisant face à l'URSS [26]. Et d'une façon générale, dans toute la période concernée par cette étude, il n'y eut pas de doute pour la majorité des responsables et de l'opinion que la sécurité de la France face à l'URSS reposait sur une alliance avec l'Amérique, même si, comme on va le voir, les avis divergeaient sur les modalités de celle-ci [27].

Deux points essentiels doivent être relevés d'emblée, parce qu'ils expliquent largement la suite : pour la majorité des dirigeants et des chefs militaires, l'Alliance atlantique devait reposer d'abord sur ses trois principaux partenaires, les États-Unis, la Grande-Bretagne, la France. Paris revendiqua tout de suite un rôle dirigeant au sein d'un directoire politico-stratégique tripartite. Une telle exigence paraissait justifiée étant donné le rôle mondial de la France à la tête de l'Union française. Elle paraissait nécessaire pour assurer à la France le même statut que la Grande-Bretagne qui depuis la guerre bénéficiait de liens particuliers avec l'Amérique. Elle paraissait indispensable aussi pour que l'Alliance serve également de réassurance face à un danger allemand qui, à partir de 1948, passa peut-être au second plan mais qui n'était malgré tout pas oublié. Il fallait donc se lier le plus étroitement possible à l'Amérique : ainsi la France, croyait-on, défendrait au mieux ses intérêts et son rôle mondial, en particulier en empêchant un tête-à-tête anglo-américain [28].

Mais, en face de ce courant très « atlantiste », il en existait un autre, plus « européen, » qui ne put faire triompher ses idées en 1948-1949 mais qui ne disparut jamais, ce qui

---

26. Georges-Henri Soutou, « Georges Bidault et la construction européenne 1944-1954 », *in* Serge Berstein, Jean-Marie Mayeur, Pierre Milza (éd.), *Le MRP et la construction européenne*, Bruxelles, Complexe, 1993.

27. Georges-Henri Soutou, le chapitre sur la France in David Reynolds (éd.), *The Origins of the Cold War in Europe*, Yale University Press, 1994, p. 113.

28. Georges Bidault illustre parfaitement ce courant : cf. Georges-Henri Soutou, « Georges Bidault et la construction européenne... », *op. cit.*

explique certains épisodes importants par la suite, y compris celui de 1957-1958. Ce courant estimait que la France ne pourrait pas jouer un rôle important dans l'Alliance atlantique par ses seules forces : il valait mieux pour elle, plutôt que de rester obnubilée par son prétendu rôle mondial, prendre la tête d'un pilier européen au sein de l'Alliance atlantique. En outre, l'existence d'un groupement européen à côté des États-Unis pourrait être utile pour ne pas donner aux Soviétiques l'impression de se trouver face à un bloc occidental dirigé de Washington, pour éviter donc d'aggraver la Guerre froide et pour ménager les chances d'une négociation Est-Ouest [29]. L'idée d'armée européenne en 1950 répondait aussi à des arrière-pensées de ce genre, ainsi que les réflexions de 1956-1958 sur un pôle européen ou eurafricain au sein de l'Alliance.

A côté de la fidélité permanente de la France à l'Alliance, fait fondamental, le jeu respectif de ces deux courants entre 1949 et 1956 va permettre de comprendre les arrière-pensées complexes nourries dans ce domaine par les responsables parisiens en 1957-1958, en particulier les différentes façons dont ils pensaient pouvoir défendre leurs intérêts nationaux dans le cadre atlantique. En effet, dès 1953, ils devaient se rendre compte que, contrairement à leurs espoirs, l'Alliance atlantique et l'intégration au sein de l'OTAN n'avaient en rien diminué l'intimité anglo-américaine, au contraire. A partir de là, deux tendances vont se manifester à Paris : tenter de convaincre les Américains de revenir à l'inspiration initiale de l'Alliance et admettre enfin la France à la gestion tripartite de la stratégie mondiale, ou alors constituer au sein de l'Alliance un pôle européen à direction française. A ce sujet, on verra que des préoccupations dont on croit souvent qu'elles ne datent que de 1958 apparurent en fait beaucoup plus tôt : les

---

29. Georges-Henri Soutou, « De Lattre et les Américains, 1946-1949. L'alliance avant l'Alliance », in *Jean de Lattre et les Américains 1943-1952*, Colloque des 26 et 27 mars 1994, actes publiés par la Commission d'histoire de l'Association « Rhin et Danube », Paris, 1995.

arguments développés par le général de Gaulle dans son mémorandum du 17 septembre 1958 apparaissent en effet dès 1953 dans les notes du service des Pactes du ministère des Affaires étrangères qui était chargé de suivre les aspects politiques et diplomatiques des alliances. Tout cela, une fois de plus, est indispensable pour la compréhension de ce qui va suivre.

Vers une collaboration militaire franco-allemande :
l'accord de Colomb-Béchar du 17 janvier 1957.
Perspectives stratégiques et arrière-pensées nucléaires

On a vu que les perceptions politiques et stratégiques de Paris et de Bonn s'étaient considérablement rapprochées à l'automne 1956. Dans ces conditions, avec leur perception partagée (peu importe qu'elle fût fausse) d'un affaiblissement de la garantie stratégique américaine et la crainte d'une destruction nucléaire tactique de l'Europe, et aussi avec leur conviction commune que les Européens devaient avoir plus de poids dans l'Alliance, il n'est pas étonnant que, le 29 septembre, lors d'une rencontre, Adenauer et Guy Mollet soient tombés d'accord pour estimer que la présence américaine sur le Vieux Continent était toujours indispensable, mais qu'il fallait développer l'effort de défense européen dans le cadre d'une UEO revitalisée [30].

Et surtout, le 6 novembre, à l'occasion de la visite officielle d'Adenauer à Paris déjà mentionnée, au moment le plus dramatique de l'affaire de Suez, le jour même où les **Anglais**, entraînant les Français, décidèrent d'abandonner l'opération, Guy Mollet remit au chancelier un projet préparé par le Quai

---

30. Georges-Henri Soutou, « Les problèmes de sécurité dans les rapports franco-allemands de 1956 à 1963 », *Relations internationales*, 58, 1989.

d'Orsay et le ministère de la Défense en vue d'un protocole franco-allemand de coopération « dans le domaine des conceptions militaires et des armements [31] ». Un comité militaire commun, formé de représentants des ministères de la Défense et des Affaires étrangères respectifs, serait chargé de mettre en œuvre cet accord aussi bien pour le développement de doctrines communes que pour les études et fabrications de matériels. On le voit, ce projet reprenait en les précisant les propositions faites aux Allemands dès le printemps 1956.

Dans l'immédiat, Bonn ne réagit pas à cette proposition. Mais on se souvient que, le même jour, Adenauer avait fait une concession essentielle au point de vue français : les matières fissiles destinées au programme militaire d'un pays membre (en clair : la France) ne seraient pas soumises au contrôle d'Euratom [32]. Il n'est pas inutile de rappeler ici que c'est le 30 novembre 1956 qu'un protocole conclu entre le ministère de la Défense et le secrétariat d'État aux Affaires atomiques lança de façon décisive et définitive le CEA dans la préparation effective d'explosions nucléaires expérimentales [33]. D'autre part, en septembre-novembre 1956, le CEA préparait le deuxième plan nucléaire qui serait adopté par l'Assemblée en juillet 1957. Or ce plan comportait la construction d'une usine de séparation isotopique de l'uranium 235, en particulier à la demande des militaires ; en effet, outre certains usages civils (réacteurs à l'uranium enrichi), il était déjà admis que l'uranium 235 était indispensable pour les moteurs de sous-marins et pour certains explosifs nucléaires, c'est-à-dire, semble-t-il, pour les engins thermonucléaires, dont il était entendu depuis 1954 que leur réalisation

---

31. Ministère des Affaires étrangères (MAE), Secrétariat général, note du 22 janvier 1957.

32. Pierre Guillen, « La France et la négociation du traité d'Euratom », *Relations internationales*, 44, hiver 1985.

33. Institut Charles de Gaulle, *L'Aventure de la bombe*, Plon, 1985, p. 36.

suivrait celle de la bombe A [34]. Mais l'usine isotopique était un très gros morceau (on prévoyait une dépense de 60 milliards de francs), et le CEA envisageait la possibilité de la construire dans un cadre européen [35]. Il n'était certes pas encore question du nucléaire entre Paris et Bonn à l'automne 1956, mais il ne faut pas oublier pour la suite du récit que dès cette époque le gouvernement Guy Mollet, au début fort réticent, était définitivement engagé dans un effort nucléaire militaire majeur, et que, pour une pièce essentielle de celui-ci, l'usine isotopique, on envisageait déjà une collaboration européenne.

De son côté, Adenauer déclara en Conseil des ministres à Bonn le 19 septembre que la RFA ne pourrait pas rester un protectorat nucléaire des Américains ; le 5 octobre, il constata que, sans la renonciation aux armes nucléaires en 1954, la RFA n'aurait pas retrouvé sa souveraineté, mais rappela que cet engagement, de l'avis même de Dulles à l'époque, valait *rebus sic stantibus* ; « il souhaitait que [la RFA] obtînt par l'intermédiaire de l'Euratom le plus vite possible la possibilité de produire elle-même des armes nucléaires [36] ». Il y avait donc dès ce moment-là des possibilités de convergence entre Paris et Bonn, mais aussi de frictions, dans la mesure où Adenauer pensait bel et bien à ce moment-là à une bombe *allemande*. On peut penser que très vite Paris allait souhaiter une collaboration nucléaire franco-allemande à la fois pour faciliter son propre effort et pour empêcher la RFA de se doter seule et sans contrôle de l'arme atomique.

En décembre 1956, le ministre de la Défense français,

---

34. Ceux-ci sont en effet envisagés dès 1954 comme un prolongement normal du programme nucléaire français ; cf. Georges-Henri Soutou, « La politique nucléaire de Pierre Mendès France », *Relations internationales*, 59, automne 1989.

35. Georges-Henri Soutou, « La logique d'un choix : le CEA et le problème des filières électro-nucléaires, 1953-1969 », *Relations internationales*, 68, hiver 1991.

36. Hans-Peter Schwarz, *Adenauer. Der Staatsmann : 1952-1967*, DVA, 1991, p. 299.

Bourgès-Maunoury, invita son homologue allemand Franz Josef Strauss. Strauss était convaincu de l'importance capitale pour la RFA de la dissuasion nucléaire, seule stratégie permettant d'éviter d'avoir à se trouver devant la perspective soit de la défaite, soit de la destruction totale du sol allemand ; il était en outre persuadé de la nécessité pour l'Allemagne de faire respecter l'égalité de ses droits et d'avoir, d'une façon ou d'une autre, son mot à dire dans les affaires nucléaires de l'Alliance atlantique [37]. Dès la session du conseil de l'OTAN en décembre 1956 Strauss allait réclamer l'équipement des alliés européens de l'OTAN en armes nucléaires à fournir par les Américains ; Adenauer allait lancer Strauss en avant, tout en restant lui-même en apparence très en retrait, voire peu intéressé, et se servir de lui aussi bien vis-à-vis des Alliés que de l'opinion allemande, très réticente devant la perspective d'un armement nucléaire de la Bundeswehr, et traversée en matière nucléaire par de grands débats et même des crises politiques sérieuses en 1957-1958 [38].

Au cours de son voyage en France et en Algérie en janvier 1957 Strauss visita de nombreuses installations et assista à des exercices et à des tirs de fusées. Le 17 janvier, il signa avec Bourgès-Maunoury un protocole qui affirmait la volonté des deux pays d'établir « une étroite coopération dans le domaine des conceptions militaires et des armements et à cette fin de coordonner leurs ressources et leurs moyens scientifiques, techniques et industriels [39] ».

Cette coopération se déroulerait dans le cadre de l'OTAN et de l'UEO ; elle serait mise en œuvre par un « comité mili-

---

37. Franz Josef Strauss, *Die Erinnerungen*, Siedler Verlag, 1989, pp. 311 *sqq.* ; Colette Barbier, « Les négociations franco-germano-italiennes en vue de l'établissement d'une coopération militaire nucléaire au cours des années 1956-1958 », *Revue d'histoire diplomatique*, 1-2/1990 ; Thomas Enders, *Franz Josef Strauss-Helmut Schmidt und die Doktrin der Abschreckung*, Bernard & Graefe, 1984.
38. Hans-Peter Schwarz, *Adenauer, op. cit.*, pp. 329 *sqq.*
39. MAE, secrétariat général, carton 63.

taire » formé de représentants civils et militaires des deux ministères de la Défense ; elle se donnerait le but suivant :

« Harmoniser les conceptions militaires des deux pays concernant l'organisation, les doctrines d'emploi et l'armement de leurs forces armées, en particulier dans le domaine des armes nouvelles et créer les moyens de combat nécessaires pour réaliser ces conceptions. »

On réaliserait des programmes et des études d'armement en commun pour rationaliser l'utilisation des moyens ; une annexe mentionnait comme domaines communs possibles la recherche fondamentale dans le cadre de l'Institut de Saint-Louis [40], les avions, les tanks, les fusées, la protection contre les armes atomiques, bactériologiques et chimiques, l'acoustique sous-marine. On remarque la continuité parfaite avec les idées évoquées à Paris depuis 1955 et déjà présentées aux Allemands par les mémorandums du 28 avril et du 6 novembre 1956, y compris dans la volonté de développer des « conceptions » militaires communes.

On remarquera que les armes nucléaires n'étaient pas mentionnées et que tout cela restait dans le cadre des accords de Paris de 1954 : la RFA était certes dans ces divers domaines soumise à certaines limitations, mais celles-ci pouvaient être levées par le Conseil de l'UEO à la majorité des deux tiers, à la différence de l'engagement de Bonn de ne pas fabriquer sur son sol des armes ABC, qui lui était irréversible, du moins d'après le texte des accords de Paris [41].

Néanmoins, on doit se demander si les deux signataires de

---

40. Rappelons que cet Institut était le résultat du transfert en France en 1945 d'une partie du personnel de l'Institut de balistique de la Luftwaffe, employé dès lors par les services français de l'Armement ; consacré à la recherche fondamentale, il devait être transformé en institut binational franco-allemand en mars 1958.

41. Notes du 22 janvier et des 4 et 14 février 1957, MAE, secrétariat général, carton 63.

l'accord n'envisageaient pas, déjà, de l'étendre aux armes nucléaires. Je viens de rappeler leurs arrière-pensées et leurs projets dans ce domaine. On remarquera que l'accord de Colomb-Béchar du 17 janvier 1957 était très général et qu'il devait permettre sans difficulté d'envisager d'élargir explicitement la coopération au domaine nucléaire dès le mois de novembre de la même année, en utilisant pour ce faire le « comité militaire » qu'il instituait. On doit remarquer en particulier que tout passe, à Paris, par le ministère de la Défense et par Bourgès-Maunoury qui, guerre d'Algérie aidant, sont le centre de l'activité gouvernementale jusqu'à la chute du gouvernement Mollet en mai 1957 (remplacé d'ailleurs par un cabinet Bourgès-Maunoury) ; en particulier, le protocole de Colomb-Béchar a été signé en dehors et dans l'ignorance initiale du Quai d'Orsay, et, contrairement au projet primitif remis à Adenauer en novembre 1956, qui avait été préparé conjointement par les Affaires étrangères et la Défense, il ne prévoit pas la participation au « comité militaire » de diplomates ; ces différents points suscitent d'ailleurs une protestation du Quai [42]. D'autre part, on sait que Bourgès-Maunoury n'avait aucun scrupule de principe à l'égard de la prolifération nucléaire : en novembre 1956, il contribua à un impressionnant rapprochement franco-israélien en matière atomique [43]. Peut-on penser que, pour Bourgès-Maunoury, après l'échec de Suez dû aux pressions convergentes des Américains et des Soviétiques, et dans le climat dramatique de la guerre d'Algérie, perçue aussi comme un affrontement majeur entre le communisme et une France défenseur de la civilisation occidentale mais abandonnée par ses alliés naturels, il était possible de parler coopération en matière d'armes nouvelles avec un homme comme Strauss sans penser au nucléaire, au moins pour une étape ultérieure [44] ? Un document du Quai d'Orsay du 16 novembre 1957 confirme d'ailleurs que Strauss avait, à l'occa-

---

42. Note du 22 janvier, *ibid.*

43. Pierre Péan, *Les Deux Bombes*, Fayard, 1982, pp. 83 *sqq.*

44. On notera que dans son intervention au colloque franco-allemand organisé en octobre 1983 par l'Institut historique allemand de Paris sur les

sion de son voyage à Colomb-Béchar, évoqué la question des armes nucléaires, affirmant que la Bundeswehr devrait disposer de ses armes atomiques propres[45]. Il est probable que les arrière-pensées nucléaires étaient déjà très présentes dès l'accord de Colomb-Béchar.

Celui-ci fut immédiatement approuvé par le Conseil des ministres français ainsi que par le chancelier Adenauer et par le Conseil de défense allemand[46]. Il engageait donc bien les deux gouvernements[47]. Néanmoins, il paraissait à Paris encore insuffisant : un tel accord pouvait en effet être remis en cause à tout moment, il n'avait pas la force juridique d'un traité. Or on souhaitait justement établir une collaboration à long terme avec la RFA, afin de l'engager, de la lier durablement : il ne saurait être question de permettre à l'Allemagne de rattraper son retard en matière d'armements en collaborant à quelques programmes, et qu'ensuite elle reprenne sa liberté...

D'autre part, le Quai d'Orsay se plaignait d'avoir été écarté de la signature du protocole de Colomb-Béchar, alors que le mémorandum remis à Adenauer le 6 novembre 1956 était commun au ministère des Affaires étrangères et à celui de la Défense. En effet le Quai, fort conscient des répercussions internationales délicates d'accords franco-allemands de ce genre, souhaitait pouvoir les suivre de très près[48]. Nous

---

rapports entre les deux pays depuis 1949, M. l'ambassadeur François Puaux, premier conseiller à Bonn en 1957-1958, indiqua que le projet de collaboration nucléaire avait bien été lancé par Bourgès-Maunoury (*Documents*, supplément au no 2, 1984). Il faudrait d'autre part en savoir plus sur le rôle du directeur de cabinet de Bourgès-Maunoury, Abel Thomas, fort actif et méfiant à l'égard des États-Unis.

45. MAE, Pactes, carton 252.

46. Lettre de Strauss à Bourgès-Maunoury du 30 janvier 1957, MAE, Pactes, carton 252.

47. Malgré certaines arguties juridiques dont se font l'écho certaines notes du Quai d'Orsay en mars 1957, Pactes, carton 252.

48. Note de la direction politique du 22 janvier 1957, lettre de Pineau à Bourgès-Maunoury du 21 février, réponse de Bourgès-Maunoury du 6 mars, Pactes, carton 252.

retrouverons par la suite cette opposition entre les Affaires étrangères et la Défense, qui allait bien au-delà de questions de susceptibilité administrative et recoupait des questions de fond.

Le protocole franco-germano-italien du 28 novembre 1957 : vers une communauté de recherche et de production en matière d'armements conventionnels et nucléaires

Certains événements de l'année 1957 renforcèrent encore la détermination de Paris et de Bonn de mettre le nucléaire au premier rang de leurs préoccupations respectives. Ce fut d'abord la Grande-Bretagne qui, par les accords des Bermudes du mois de mars, s'orientait vers une collaboration nucléaire étroite et exclusive avec les États-Unis, qui fit exploser sa première bombe H au mois de mai, qui annonça par le *Livre blanc* de Duncan Sandys publié le 4 avril un renforcement de ses moyens atomiques et une réduction considérable de ses forces basées en Allemagne. L'interprétation semble être la même à Paris et à Bonn : François de Rose, alors chargé de suivre les questions atomiques au Quai d'Orsay, nota que le *Livre blanc* signifiait en fait que les Anglais considéraient que la garantie nucléaire américaine n'était plus certaine et qu'ils devaient se replier sur leur propre défense au moyen de la dissuasion nucléaire [49]. Adenauer pour sa part, lors d'une réunion de travail le 27 avril 1957, avec entre autres le ministre des Affaires étrangères von Brentano et l'inspecteur général de la Bundeswehr, exprima très fortement son inquiétude devant l'attitude britannique et exprima ses doutes quant à l'utilisation par les

---

49. Wilfrid L. Kohl, *French Nuclear Diplomacy*, Princeton, 1971, p. 41.

Américains d'armes atomiques en cas de « conflits locaux importants en Europe [50] ».

On notera ici que, dès avril 1957, Bonn aurait voulu donner au protocole de Colomb-Béchar un caractère nettement et juridiquement intergouvernemental [51]. Le 6 mai, Strauss déclara à un officier du cabinet de Bourgès-Maunoury qu'il fallait poser le problème des armes nucléaires, et il proposa d'en discuter au plus haut niveau entre Français et Allemands [52]. Pendant ce temps, le Comité militaire prévu par le protocole de Colomb-Béchar commençait à fonctionner ; son activité fut accélérée par un nouveau protocole signé le 6 juin entre le chef d'état-major français, le général Ely, et son homologue allemand, le général Heusinger. Ce protocole affirmait en particulier « la permanence, dans le cadre de l'OTAN, d'intérêts qui, sans être divergents de ceux de leurs alliés, ont cependant un caractère européen propre [53] ». Le climat était incontestablement à la formation d'un couple de sécurité franco-allemand, avec des formules qui évoquent déjà tout à fait les débats actuels !

Bien entendu, les doutes ressentis à Bonn et à Paris à l'égard de la garantie nucléaire américaine furent renforcés par les progrès nucléaires soviétiques, par l'annonce au mois de juillet du premier tir réussi d'un ICBM et par le Spoutnik le 4 octobre 1957. D'autre part, la RFA venait en fait tout juste d'adhérer à l'OTAN : elle en découvrait encore les mécanismes et la stratégie, et il est évident qu'en 1957-1958 Bonn tenait à procéder à une revue générale des questions stratégiques en suspens, afin d'apprécier la compatibilité des solu-

---

50. Nuclear History Program/Bonn (collection de documents allemands du ministère de la Défense, déclassifiés, réunis par le professeur Hans-Peter Schwarz), note du 27 avril 1957.

51. Note du service des Pactes du 1ᵉʳ avril, Pactes, carton 252.

52. Dépêche de l'ambassade de France à Bonn du 8 mai, Pactes, carton 252.

53. Dépêche de l'ambassade de France à Bonn du 20 juillet 1957, Pactes, carton 252.

tions retenues avec les intérêts allemands et de faire valoir le point de vue de la RFA dans les instances atlantiques. En février 1957, l'Auswärtiges Amt demanda à son représentant auprès de l'OTAN de procéder à une enquête sur les points suivants : probabilité et scénarios de l'utilisation des armes nucléaires, tactiques et stratégiques, par les Soviétiques ; degré de certitude de l'utilisation d'armes atomiques par l'OTAN en cas d'attaque soviétique purement conventionnelle ; même question quand l'URSS aurait obtenu la parité nucléaire avec l'Occident ; possibilité pour l'OTAN de l'emporter en cas d'attaque atomique soviétique si seuls les États-Unis et la Grande-Bretagne disposaient d'armes nucléaires ; conséquences pour le territoire et la population de la RFA d'un échange nucléaire [54]. Aucune hypothèse n'était écartée *a priori* dans ce catalogue fort suggestif, y compris celle d'un renforcement conventionnel de l'Ouest pour échapper à la nécessité du recours à l'arme nucléaire [55], voire de la seule Bundeswehr pour la mettre en mesure de résister à des attaques locales même importantes au cas où l'Amérique n'utiliserait pas ses armes atomiques [56]. Mais, bien entendu, la formule privilégiée était celle du maintien de la dissuasion nucléaire ; en particulier dans les discussions au sein de l'OTAN, Bonn devrait veiller à maintenir la notion de « conflit local » au niveau le plus bas possible, pour éviter la tentation de retarder le moment de l'emploi du nucléaire [57].

En effet, l'OTAN se trouvait à l'époque dans une phase d'intense réflexion stratégique, liée à l'évolution des données nucléaires [58]. En décembre 1956, le Conseil de l'OTAN avait adopté des « directives politiques » qui revenaient partielle-

---

54. NHP/Bonn, note du 12 février 1957.

55. *Ibid.*

56. Selon la proposition du général de Maizière, inspecteur général de la Bundeswehr, lors de la réunion avec Adenauer le 27 avril.

57. *Ibid.*

58. David N. Schwartz, *NATO's Nuclear Dilemmas*, Washington, 1983, et Robert Wampler, *op. cit.*, pp. 26 *sqq.*

ment sur les décisions de décembre 1954 établissant les représailles massives, en spécifiant que les forces de l'Alliance devraient être en mesure de repousser des attaques « locales » sans recourir à l'arme nucléaire. Certes, il était précisé que, si la défense conventionnelle ne suffisait pas, on passerait au nucléaire [59], mais la notion d'attaques « locales » introduisait malgré tout une ambiguïté ; cette notion était d'abord destinée en fait à faire comprendre aux opinions publiques européennes que l'on ne déclencherait pas une guerre nucléaire à la légère. Ces « directives politiques » devaient se traduire par deux documents de l'OTAN d'avril 1957 établissant la nouvelle stratégie (MC 14/2 et MC 48/2) et, au printemps 1958, par le document MC 70 qui fixait en conséquence les niveaux de force nécessaires pour la période 1958-1963 (y compris en armes nucléaires tactiques américaines remises aux alliés européens selon le principe de la « double clé »).

Bien entendu, toute cette activité concernait au plus haut point les intérêts de sécurité de la RFA ; pour résumer, on peut dire que, dans cette période, la position défendue par Bonn dans les instances de l'OTAN fut la suivante : maintien de la dissuasion nucléaire, notamment en limitant le plus possible la notion de conflit local non nucléaire apparue dans les « directives politiques » de décembre 1956 ; en assurant à la Bundeswehr un équipement complet en armes tactiques américaines sous double clé, sans discrimination à l'égard des autres alliés européens, dans le cadre des tableaux de forces fixés par le document MC 70 ; en exigeant que la stratégie de l'OTAN soit le plus possible une « défense de l'avant », couvrant totalement le territoire de la RFA et récusant la notion de recul stratégique [60].

Dans l'ensemble, Bonn se montra satisfaite des résultats obtenus, tout au moins sur le plan technique : la délégation

---

59. Wampler, p. 41.
60. Christian Tuschhoff, *Die MC 70 und die Einführung Nuklearer Trägersysteme in die Bundeswehr 1956-1959*, Ebenhausen, 1990.

allemande à l'OTAN avait fait prendre pleinement en compte dans le document MC 70 la gravité des attaques locales, et le renforcement en armes nucléaires tactiques prévu augmenterait la capacité dissuasive de l'Alliance, renforcement dont la RFA aurait toute sa part [61]. Mais deux problèmes essentiels n'étaient pas réglés : la décision d'emploi des armes nucléaires tactiques confiées aux armées européennes restait exclusivement dans la main des Américains, les Européens n'ayant aucune influence sur les plans de frappe ni même aucune connaissance des objectifs assignés par SACEUR aux vecteurs nucléaires mis en œuvre par leurs armées [62]. D'autre part, la « stratégie de l'avant » n'était pas encore adoptée par l'OTAN : les combats se dérouleraient en retrait de la frontière interallemande, et en conséquence certaines frappes tactiques se situeraient sur le territoire de la RFA [63]. J'en conclus que les Allemands étaient certes satisfaits de se voir doter d'armes nucléaires tactiques, mais qu'ils étaient très loin de se contenter de formules qui préparaient une bataille nucléaire sur leur sol sans possibilité de contrôle de leur part, sans que la dissuasion couvre clairement tout le territoire fédéral, et sans certitude quant à l'emploi de l'arme atomique par les Américains le moment venu, devant les progrès constants des Soviétiques. Le chancelier, en particulier, était obsédé par l'idée que le président des États-Unis, sinon Eisenhower du moins son successeur, pourrait hésiter à employer les armes nucléaires pour la défense de l'Europe [64],

---

61. NHP/Bonn, note pour le chancelier sur le MC 70 du 13 mars 1958.

62. Christian Tuschhoff, *Die MC 70 und die Einführung Nuklear Träger systeme in die Bundeswehr 1956-1959*, NPH-Arbeitspaper, Ebenhausen, 1990, pp. 47 *sqq.* L'importance pour la RFA de cette question du contrôle des armes nucléaires stationnées sur son sol et de sa participation à la préparation des plans de frappe assignés à ces armes est bien soulignée par Johannes Steinhoff et Reiner Pommerin, *Strategiewechsel : Bundesrepublik und Nuklearstrategie in der Ära Adenauer-Kennedy*, Nomos, Baden-Baden, 1992.

63. NHP/Bonn, note du 27 fevrier 1958.

64. Hans-Peter Schwarz, *Adenauer, op. cit.*, p. 394.

ou alors limiter l'échange au territoire des deux Europe. Des conversations nucléaires avec les Français, ne serait-ce que dans le but de pouvoir mieux influencer les Américains, pouvaient dans ces conditions certainement intéresser Adenauer.

Du côté français, le 15 novembre 1957, quatre membres du tout nouveau gouvernement Félix Gaillard (Gaillard lui-même, Pineau, ministre des Affaires étrangères, le ministre de la Défense Chaban-Delmas, et Maurice Faure, secrétaire d'État chargé des Affaires européennes) tinrent une réunion fort confidentielle. Ce groupe tira la conclusion du Spoutnik et de la crise psychologique que celui-ci avait déclenchée dans tout l'Occident : les Américains allaient certes continuer à avoir besoin de leurs bases en Europe pendant quelques années, mais, au fur et à mesure qu'ils seraient menacés par les ICBM soviétiques et qu'ils mettraient au point eux-mêmes leurs propres engins intercontinentaux, ils risqueraient d'être amenés tôt ou tard à retirer leurs troupes d'Europe.

La réunion prit alors un tour décisif : on envisagea, dans le cas « où les Anglo-Saxons tiendraient à perpétuer un système d'inégalité avec leurs partenaires atlantiques », la possibilité d'une collaboration avec l'Allemagne et l'Italie « pour la pro-duction d'armes nucléaires, étant entendu que ces armes seraient produites [...] en France avec le concours scientifique et financier de ses alliés continentaux [65] ». On abordait donc maintenant de front le problème nucléaire, à Paris comme à Bonn. On remarquera d'autre part que la formule envisagée à Paris (production des armes en France avec le concours scientifique et financier des partenaires) était à la fois compa-tible avec la lettre des accords de Paris (puisque la RFA ne produirait pas la bombe sur son sol) et avec le maintien d'un contrôle français total sur toute l'affaire. En même temps on pourrait utiliser à plein le potentiel scientifique, technique et aussi financier des partenaires...

---

65. Note du secrétariat général, 16 novembre 1957, Pactes, carton 252.

Rappelons le contexte : le 25 octobre, en réponse au Spoutnik, Eisenhower et Macmillan avaient publié un communiqué commun réaffirmant la solidarité des Anglo-Saxons et le rôle essentiel de ceux-ci dans la défense du monde libre au moyen de leurs armes nucléaires. Rien ne pouvait être plus désagréable aux Français que ce rappel du statut privilégié de l'Angleterre à Washington. Mais, en même temps, Eisenhower avait annoncé que la loi McMahon serait modifiée afin de permettre une collaboration atomique plus étroite avec le Royaume-Uni mais aussi avec les autres alliés, ce qui ouvrait à la France des perspectives qui jusque-là lui étaient fermées [66]. Or Paris était très intéressé par une telle modification de la loi McMahon [67]. Le 29 octobre, l'ambassadeur à Londres, Chauvel, télégraphia, après le retour de Macmillan, que l'on pouvait espérer, d'après ses conversations avec les Britanniques, une modification substantielle de la loi McMahon et que les Américains acceptent une coopération nucléaire avec l'UEO [68]. Néanmoins, tout cela paraissait encore très incertain, et il est possible que l'impression qui en résulta à Paris fut qu'une initiative du côté européen serait utile pour débloquer la situation. Le 31 octobre, Chauvel indiqua d'ailleurs que, d'après les Anglais, il fallait maintenir une pression sur Washington pour que le Congrès accepte de modifier la loi McMahon une fois passée la première impression du Spoutnik : « La température doit être maintenue [69]. »

D'autre part, le 8 novembre, Paris apprit que les États-Unis et la Grande-Bretagne allaient fournir des armes à la Tunisie [70]. Le 12 novembre, Gaillard attira l'attention d'Eisenhower sur la gravité de cette décision et sur ses répercussions sur l'opinion

---

66. Wilfrid L. Kohl, *op. cit.*, p. 50.

67. Cf les télégrammes de Chauvel qui rapportent ses conversations avec les Britanniques à ce sujet au cours du mois d'octobre, *DDF* 1957/II, 270, 285, 289.

68. *Ibid.*, 299.

69. *Ibid.*, 303.

70. *Ibid.*, 319 et 324.

publique et parlementaire en France [71]. D'une façon générale, jusqu'au retour de De Gaulle, la politique extérieure française allait être dominée par les événements d'Afrique du Nord et par une contradiction dans laquelle s'enfermait le gouvernement Gaillard ; à mon avis, elle colore toute la question des accords militaires avec l'Allemagne et l'Italie : d'une part le ressentiment envers les Anglo-Saxons, d'autre part la conviction que la France avait besoin de leur appui en Algérie, d'autant plus que le conflit était compris aussi comme un élément de l'affrontement général Est-Ouest.

Nous allons voir d'autre part que tous les participants à la réunion du 15 novembre n'étaient pas d'accord sur un point essentiel. Pour Gaillard, Pineau et Faure, les arrangements avec l'Allemagne et l'Italie devaient être conclus d'accord avec les États-Unis et dans un cadre atlantique : il s'agissait de rééquilibrer l'OTAN, non de le transformer et encore moins de l'affaiblir. Mais, pour le gaulliste Chaban-Delmas, très indépendant au ministère de la Défense et qui n'avait accepté d'entrer dans le gouvernement Gaillard que pour pousser le programme nucléaire et préparer en secret le retour du Général — auquel s'employaient en particulier ses émissaires à Alger [72] — l'orientation était différente, et il donnait à ses entretiens avec les Allemands en particulier un ton très anti-américain qui laisse à penser que, dans son esprit, la collaboration militaire avec Bonn et Rome pouvait déboucher sur une vaste révision de la défense occidentale. D'autre part, si Gaillard et Faure laissaient entendre la possibilité de revenir à une forme de CED [73], Chaban-Delmas, dans son entretien avec Strauss le 20 novembre, mit très vigoureusement son interlocuteur en garde contre une telle tentation. Il serait évidemment passionnant de savoir si et dans quelle mesure le ministre de la Défense avait informé le Général de ces

---

71. *Ibid.*, 329.

72. Jean Lacouture, *De Gaulle*, t. II, pp. 437-438, Paris, Seuil, 1985.

73. En particulier avec Adenauer, cf. les *Mémoires* de celui-ci, t. III, pp. 140 et 144, Paris, Hachette, 1969.

questions et l'avait consulté. On ne dispose d'aucun élément d'information à ce sujet. On admet généralement que, lorsque de Gaulle revint au pouvoir en juin 1958, il découvrit l'ampleur des conversations franco-allemandes des mois précédents, en fut furieux et en voulut à Chaban-Delmas. Nous verrons que la réalité semble avoir été beaucoup plus complexe.

La réunion du 15 novembre eut des suites immédiates. Les Italiens furent informés semble-t-il le 16 novembre, à l'occasion d'une visite du ministre de la Défense Taviani, mais il est possible qu'ils aient été contactés déjà avant sur un plan politique par Pineau. L'Italie, en effet, s'intéressait de plus en plus aux armes nucléaires depuis 1954-1955, on l'a vu, et partageait pleinement les analyses de Paris et de Bonn sur l'érosion de la garantie américaine [74]. Le 16 novembre également, Faure se rendit à Bonn pour rencontrer Adenauer en grand secret et pour lui faire part des réflexions formulées à Paris la veille. Outre les deux hommes, seuls étaient présents von Brentano, Hallstein et Couve de Murville, ambassadeur de France à Bonn. Selon Maurice Faure, la participation américaine à la défense de l'Europe restait indispensable, mais, devant les progrès scientifiques, la garantie nucléaire des États-Unis n'était plus certaine ; la France, l'Allemagne et l'Italie devaient donc unir leurs forces pour constituer un pool atomique de l'Europe continentale, à côté des forces américaines et britanniques, en développant à la fois les engins nucléaires et les vecteurs nécessaires. Mais cela devrait se faire dans le cadre de l'OTAN ; on profiterait de la prochaine conférence de l'organisation au mois de décembre pour présenter le projet aux Alliés, en insistant sur la nécessaire égalité de statut nucléaire entre les membres de l'Alliance. L'Italie, déjà consultée, était d'accord. Quant à l'état-major français, le général Lavaud, responsable des armements, avait fait savoir qu'il était favorable à une « colla-

---

74. Leopoldo Nuti, *op. cit.*

boration aussi complète et étroite que possible avec l'Allemagne ».

Adenauer répondit en soulignant que l'Europe ne devait pas rester totalement dépendante des États-Unis, étant donné l'incertitude qui pesait tous les quatre ans sur le résultat des élections américaines. La voie proposée par Maurice Faure était la bonne, mais il fallait éviter de heurter Washington et Londres. Faure indiqua alors que l'on pensait à Paris à une collaboration en matière d'avions et de missiles, et demanda si Bonn était prête à étendre cette collaboration au domaine nucléaire. Adenauer répondit affirmativement. Von Brentano, fort en retrait tout au long de la réunion, souligna qu'il ne souhaitait pas modifier les accords de Paris. L'essentiel à ses yeux était la mise à la disposition des pays européens d'armes nucléaires (ce qui correspondait au plan de l'OTAN MC 70 que nous avons vu plus haut), non la production de ces armes. Adenauer corrigea : « Nous devons les produire. » Faure proposa alors une rencontre entre les deux ministres de la Défense, Strauss et Chaban-Delmas, ce qu'accepta le chancelier [75].

Le 20 novembre, Strauss rencontra Chaban-Delmas à Paris [76]. Pour le ministre français, les propositions que les Américains s'apprêtaient à faire à la conférence de l'OTAN en décembre (fourniture d'armes sous double clé) étaient « insuffisantes et dangereuses » parce que les Anglo-Saxons conserveraient le monopole des têtes nucléaires. C'est pourquoi les Français préparaient leurs premiers engins et comptaient les faire exploser au Sahara fin 1959. Mais, devant la mauvaise volonté prévisible des Américains, il fallait que la France puisse parler au nom de l'Europe et pour cela qu'elle s'entende avec l'Italie (dont Chaban-Delmas venait de rencontrer

---

75. Hans Peter Schwarz, *Adenauer, op. cit.*, pp. 395-397, et Adenauer, *Mémoires, op. cit.*, pp. 134-140.

76. Le compte rendu de la réunion se trouve à Coblence, *Nachlass Blankenhorn*. Blankenhorn assistait à la rencontre et en a rédigé le compte rendu du côté allemand.

le ministre de la Défense) et l'Allemagne, en mettant en application l'accord de Colomb-Béchar : seule l'Europe unie pourrait amener les Américains à changer de politique, à admettre l'égalité de statut au sein de l'Alliance et à réviser la loi McMahon. Les efforts communs devaient avoir pour but de faire participer pleinement les Européens aux décisions de l'Alliance et de convaincre les Américains de leur ouvrir leurs secrets scientifiques et techniques ; mais, si ceux-ci s'y refusaient, il faudrait alors « chercher, découvrir et produire seuls ». D'autre part, cet effort aurait pour but de mettre en mesure la France et l'Allemagne, en cas d'agression, de déclencher « immédiatement et totalement le *casus belli* pour toute l'Alliance » au cas où les Américains renâcleraient à faire jouer leur garantie (c'est ce que l'on a appelé parfois la théorie du détonateur).

Strauss répondit que lui-même et le chancelier étaient tout à fait disposés à travailler avec la France et l'Italie dans le domaine des avions, des fusées et des armes nucléaires que les trois pays avaient besoin de posséder. Mais Bonn souhaitait que cela se fît « sans modification formelle des accords de Paris, sans bruit, de façon tout à fait secrète et légale », pour des raisons de politique extérieure et intérieure. Chaban-Delmas répondit que l'idée de Paris était de « faire participer des Allemands à des travaux français, et que cela pouvait se faire sur le territoire français ou italien, ce qui ne mettrait aucunement en cause les accords de Paris ». Cela correspondait exactement à ce qui avait été décidé par les participants à la réunion du 15 novembre, à Paris.

Les deux hommes parvinrent donc à un accord complet, y compris sur les méthodes permettant de camoufler la participation financière allemande aux projets nucléaires. Ils convinrent, en suivant sur ce point les conseils de Blankenhorn, ambassadeur d'Allemagne à Paris, de la marche à suivre : réunion immédiate du comité militaire prévu par le protocole de Colomb-Béchar avec participation italienne ; la semaine suivante, signature d'un protocole des trois ministres de la Défense pour les avions, les missiles et les armes nucléaires ; à la réunion de l'OTAN, en décembre, discours de Gaillard, d'accord avec Bonn et Rome, pour affirmer, de façon générale, le principe de non-discrimination entre membres de l'OTAN sur le plan nucléaire ; ensuite conférence secrète avec les Anglais et les Américains pour envisager un éventuel accord de partage des secrets nucléaires, puis annonce du programme mis au point à trois. D'après Chaban, « on commencerait à travailler fin janvier ».

Ces conclusions et ce programme furent repris dans un télégramme adressé le même jour à 10 heures du soir par Pineau aux ambassadeurs à Bonn et à Rome [77] relatant l'entretien Strauss-Chaban, télégramme qui prouve au passage que, contrairement à ce qui a été parfois dit, le Quai d'Orsay fut informé des conversations entre les deux hommes. Après avoir indiqué la procédure décrite plus haut, Pineau précisait :

« Ce n'est qu'après la réunion de l'OTAN et suivant la réponse qui sera faite [à la déclaration française] que nous pourrons déterminer dans quels domaines les études et fabrications pourront être poursuivies en commun avec nos alliés anglo-saxons, et dans quels domaines ils ne pourront l'être et devront l'être que sur le plan européen. »

A lire la conversation Chaban-Strauss et cette dernière phrase, il semblerait que l'on se soit mis d'accord le 20 novembre pour marcher seuls en cas de refus américain. En tout cas c'est ainsi que les diplomates italiens comprenaient pour leur part les négociations de novembre 1957 et le protocole qui allait être signé le 28, souvent d'ailleurs pour s'en inquiéter [78]. C'est évidemment l'une des questions cruciales que pose cette affaire, question à laquelle on ne peut pas répondre encore avec certitude. Ou plutôt la réponse paraît différente selon les acteurs. On est sûr que Chaban (cf. ses déclarations à

---

77. *DDF*, 1957/II, 359.
78. Leopoldo Nuti, *op. cit.*

Strauss le 20 novembre) et sans doute Strauss étaient prêts à marcher en tout état de cause ; on est certain au contraire que Blankenhorn et avec lui von Brentano n'étaient pas d'avis d'agir en dehors des Anglo-Saxons ; comme le note Blankenhorn dans son journal le 20 novembre :

« Chaban-Delmas montre une grande animosité à l'égard de l'Amérique et de l'Angleterre, dans laquelle nous ne voulons pas nous laisser entraîner. Néanmoins, ses idées sur une collaboration étroite dans le domaine de la recherche et de la production d'armes modernes sont bonnes, à condition que l'on arrive à faire entrer les Américains dans le jeu [79]. »

Faure, Gaillard et Pineau étaient très probablement décidés à ne pas rompre avec Washington ; ce n'était sans doute pas pensable à leurs yeux, ne serait-ce qu'à cause de la situation en Afrique du Nord et de la fragilité de la situation politique à Paris. Le grand mystère reste Adenauer, tant il a bien réussi à se dissimuler dans cette affaire derrière Strauss. Jusqu'à quel point était-il prêt à marcher le cas échéant en dehors des Américains ? On sait qu'il reçut la visite de Strauss dès son retour de Paris, le 21 novembre, et qu'il lui donna l'autorisation de signer un document consignant l'accord avec la France et l'Italie (ce sera le protocole du 28 novembre) [80]. Il est probable que le chancelier a maintenu toutes les options ouvertes.

D'autant plus que sa situation était extraordinairement complexe : il devait intégrer dans sa politique la sécurité de la RFA, les relations avec Washington, les relations avec Paris, mais aussi le problème allemand et les rapports avec l'URSS. Or, le 2 octobre, le ministre des Affaires étrangères polonais, Rapacki, avait proposé un plan de dénucléarisation de l'Europe centrale très dangereux pour toute les conceptions

---

79. BA Coblence, *Nachlass Blankenhorn*.
80. Hans-Peter Schwarz, Adenauer, *op. cit.*, p. 399.

du chancelier (totale intégration de la RFA dans l'OTAN, totale égalité des droits, « politique en position de force » avec l'Est). Et très vite un certain rapport indirect allait s'établir entre le plan Rapacki et les projets nucléaires franco-allemands ; le 9 décembre, Rapacki convoquait l'ambassadeur de France à Varsovie pour lui parler des projets d'armement nucléaire de la RFA et pour regretter, de façon très suggestive pour moi, que fût envisagé « par certains milieux un *junktim* entre l'armement atomique de la France et celui de l'Allemagne [81] ». D'une façon générale, le thème du désarmement, y compris nucléaire, tenait à nouveau une grande place dans l'actualité international depuis l'automne 1957 et devait être puissamment relancé par le discours de Khrouchtchev à Minsk le 22 janvier 1958. Tout cela pouvait inciter le chancelier à la prudence, mais aussi (et pourquoi pas simultanément) l'encourager à utiliser le flirt nucléaire franco-allemand afin de dissuader les Anglo-Saxons de négliger les intérêts de l'Allemagne dans les négociations de désarmement et la conférence au sommet que l'on commençait à évoquer avec insistance à partir du discours de Minsk. En même temps, tout en devant tenir compte de la propension des Anglais et des Américains à accepter une certaine négociation avec les Soviétiques, Bonn était persuadée que la menace soviétique subsistait et qu'elle était même aggravée depuis que Khrouchtchev avait pu stabiliser sa situation à l'automne 1957 en éliminant Joukov ; c'est ce que déclarèrent, le même jour, le 21 février 1958, von Brentano devant les responsables de l'Auswärtiges Amt et Strauss devant les chefs militaires [82]. La conclusion était claire : il fallait maintenir la « politique en position de force » face à Moscou ; c'est-

---

81. *DDF*, 1957/II, 430. L'article de Colette Barbier montre bien que les projets franco-allemands avaient fait l'objet de fuites dans la presse ; en fait, c'était le secret de Polichinelle...

82. *Politisches Archiv*, Bonn, Pol 2, 80.18 et 19, texte du discours préparé pour Brentano en date du 20 février 1958 ; NHP/Bonn, 27 février 1958.

à-dire que le renforcement de la Bundeswehr restait, fin 1957-début 1958, une affaire très sérieuse, à mener sans doute de préférence avec les Américains ; mais Adenauer excluait-il, dans la vision si pessimiste qui était la sienne à l'époque, la possibilité de marcher avec les seuls Français en cas de refus à Washington ?

Une chose est incontestable : même les plus modérés, à Bonn comme à Paris, étaient décidés dans cette affaire à exercer une très forte pression sur les Anglo-Saxons. On se mit d'accord le 20 novembre pour ne pas les informer avant la réunion de l'OTAN en décembre. Le 19 novembre, Pineau rencontra Dulles à New York mais ne lui dit rien des négociations franco-allemandes en cours. En revanche, il s'opposa avec vigueur à toute idée de discrimination nucléaire à l'égard des pays d'Europe continentale et ajouta qu'il était « autorisé à parler aussi au nom de l'Allemagne et de l'Italie », c'est-à-dire qu'il tenait le langage sur lequel on s'était mis d'accord lors de la visite de Faure à Bonn le 16 novembre.

De son côté, Félix Gaillard rencontra Macmillan le 25 novembre[83]. Lui aussi affirma le principe d'égalité au sein de l'Alliance, sans informer son interlocuteur des pourparlers en cours. Il posa ensuite la question d'une coopération nucléaire franco-britannique, mais le Premier ministre lui répondit que rien ne pouvait être fait qui toucherait au domaine de la loi McMahon avant la modification de celle-ci ; d'ici là, tout au plus pourrait-on envisager de collaborer dans des domaines non couverts par cette loi. Pour le nucléaire militaire, tout ce qu'acceptait Londres était que Paris lui fasse connaître ses vues sur une coopération avec la Grande-Bretagne, afin que celles-ci soient discutées à trois, avec les Américains, lors de la réunion de l'OTAN en décembre. Mais il est à noter ici que Paris ne donna aucune suite à cette proposition, et, le 8 décembre, Chauvel, ambassadeur à Londres, mit Paris en garde : « On soupçonne quelque chose, à Lon-

---

83. *DDF*, 1957/II, 385 et 388.

dres, des contacts que nous avons pris récemment avec nos associés continentaux », et l'absence de suite donnée à Paris aux propositions de conversations à trois de Macmillan renforçait cette méfiance [84]. Décidément, même Gaillard paraît à ce moment-là avoir donné la priorité aux rapports établis avec Rome et Bonn, alors que Chauvel indiquait le 10 décembre au Quai qu'il existait à Londres tout un courant soucieux de maintenir une certaine indépendance envers les États-Unis et prêt pour cela à s'entendre avec les continentaux [85].

Conformément à ce qui avait été convenu avec les Italiens et les Allemands les jours précédents, les trois ministres de la Défense signèrent le 28 novembre un protocole concernant la coopération en matière d'armements conventionnels et nucléaires [86]. On remarque que ce protocole s'inspire très largement du protocole de Colomb-Béchar de janvier 1957, mais le développe, le précise et surtout mentionne explicitement les armes nucléaires. La première phrase reprend exactement celle du texte de Colomb-Béchar :

> « Reconnaissant qu'il est désirable d'établir entre les trois pays une étroite coopération dans le domaine des conceptions militaires et des armements et, à cette fin, de coordonner leurs ressources et leurs moyens scientifiques, techniques et industriels. »

Les trois pays s'engagent à inscrire leur collaboration dans le cadre des accords de l'OTAN et de l'UEO, mais soulignent l'existence de « problèmes ayant un caractère européen propre », de « problèmes spécifiques des pays européens de l'Alliance », ce qui s'éclaire vivement avec ce que nous savons des réticences de Bonn et de Paris à l'égard de la stratégie de l'OTAN. Un comité militaire tripartite devrait « mettre en œuvre sans délai un programme d'action » afin :

---

84. *DDF, ibid.,* 427.
85. *DDF, ibid.,* 433.
86. *DDF, ibid.,* 380.

« — d'harmoniser les conceptions militaires des trois pays concernant l'organisation, les doctrines d'emploi et l'armement de leurs forces armées, en particulier dans le domaine des armes nouvelles, et de créer les moyens de combat nécessaire pour réaliser ces conceptions ;

« — d'entreprendre dès maintenant des études communes de matériel d'armement répondant à des caractéristiques générales approuvées par les trois parties, ainsi que des recherches techniques dans les domaines reconnus de part et d'autre comme présentant un intérêt pour la mise au point de matériels nouveaux ou existant dans d'autres pays ; à cet effet, d'établir des accords d'exécution entre les trois pays dans le domaine des études et recherches, y compris les dispositions techniques, économiques et financières à insérer dans chaque accord ;

« — de promouvoir un programme d'armements communs conduisant :

a. à une standardisation de ces armements ;

b. à l'utilisation rationnelle en commun des centres et moyens de recherches, d'essais et d'expérimentations des trois pays ;

c. à l'utilisation rationnelle en commun des ressources industrielles pour les fabrications ;

« — de mettre au point une convention pour la préparation, la passation et l'exécution des contrats d'études et des marchés de fabrication. »

Il est spécifié dans le protocole que la coopération porterait « par priorité » sur les avions, les missiles et « *les applications militaires de l'énergie nucléaire* ». D'après Strauss, le texte proposé initialement parlait bel et bien « d'explosifs nucléaires », mais, à la demande du ministre allemand, on se rallia à une formulation moins précise qui pouvait concerner la propulsion nucléaire ou l'établissement d'un réseau d'alimentation électrique de secours et donc, en cas de fuite du document, permettre au gouvernement allemand de prétendre qu'il n'avait pas été dans son intention de participer à la construction de bombes [87].

L'OTAN et l'UEO seront tenus au courant des accords particuliers conclus à la suite du protocole et les pays membres pourront y adhérer ; mais, pour le nucléaire, les informations ne seront fournies que sur la base de la réciprocité, ce qui là aussi correspond au souci des signataires d'échapper à toute discrimination de la part des Anglo-Saxons.

Comme on le voit, il s'agissait d'un accord très large, conduisant à une véritable communauté en matière de recherche et de productions d'armements, y compris nucléaires, sur la base de conceptions stratégiques « harmonisées » et en fonction de besoins reconnus ensemble. Certes, ce n'était qu'un accord-cadre, qui devait être suivi de conventions d'exécution détaillées. C'était néanmoins, selon moi, un document d'une importance exceptionnelle, fondant une véritable communauté stratégique.

Néanmoins, ce texte, signé par les seuls ministres de la Défense des trois pays, n'engageait pas encore les gouvernements. Certes, nous avons vu que ceux-ci, depuis quinze jours, suivaient de près la préparation de cet accord, mais nous avons vu également qu'il existait bien des nuances, des arrière-pensées, des divergences entre les responsables, en particulier sur la question de savoir si la priorité était de se mettre en position de négocier un bon accord nucléaire avec les Américains, ou de se mettre en état de se passer d'eux et de construire une véritable force de frappe européenne sous direction française. Les semaines suivantes allaient permettre de lever ces ambiguïtés et de constater que les ministres de la Défense étaient allés beaucoup trop loin, beaucoup plus loin en tout cas que les autres membres du gouvernement français n'étaient prêts à le faire.

---

87. *Erinnerungen*, pp. 314-315. Strauss situe cet épisode en avril 1958, mais il s'agit de toute évidence d'une erreur de chronologie et ce passage concerne bien le protocole du 28 novembre.

CHAPITRE IV

Les suites et l'échec du protocole du 28 novembre 1957

Le protocole du 28 novembre 1957 devait rapidement échouer, en tout cas dans sa partie nucléaire, la plus délicate. En effet, ni à Paris ni à Bonn, on n'oubliait les facteurs politiques, en particulier les rapports avec les États-Unis. D'autant plus que, dès le début de 1958, les Français purent croire, pendant quelques mois, que les Américains seraient finalement disposés à les aider réellement dans leur programme nucléaire. L'option américaine revenait alors au premier plan, et relativisait l'intérêt des accords tripartites. D'autre part le côté politiquement délicat, dangereux de ces accords, à l'égard d'une Allemagne encore instable, comme à l'égard de l'URSS, n'échappait pas à la plupart des responsables parisiens, même si d'autres se montraient jusqu'au bout très partisans de poursuivre dans la voie trilatérale. En fait, il y avait trop d'arrière-pensées à Paris et aussi à Bonn pour qu'une entreprise aussi ambitieuse pût réussir. Néanmoins, elle était prise très au sérieux, et l'on devait par la suite constamment, jusqu'à nos jours, tenter de revenir sous telle ou telle forme à cette idée d'une communauté stratégique franco-allemande, même si l'on ne tenta plus jamais d'aller aussi loin.

A Paris : les doutes des politiques

Il n'est pas douteux que, dans l'esprit de ses signataires, le protocole du 28 novembre devait aller très loin. Il était prévu qu'il serait complété rapidement par des annexes dont l'une, relative aux armes nucléaires, décrirait les grandes lignes d'un programme commun. Cette annexe nucléaire était d'ailleurs aux yeux des Allemands la pièce essentielle du dispositif. Ils n'avaient accepté qu'avec difficulté la formulation française du protocole, plus générale et qui évitait de conférer un relief trop accusé aux aspects nucléaires. Les responsables du ministère français de la Défense tenaient beaucoup, en effet, à développer également les armements conventionnels, en particulier dans le domaine aéronautique ; en particulier, dans leur esprit, l'achat par la RFA d'avions français était une condition essentielle de l'accord.

En ce qui concerne le nucléaire, il était entendu que la création des centres de recherche et des usines serait financée en commun, mais qu'ensuite chaque pays passerait aux usines ses propres commandes, qu'il financerait directement. Chaque partenaire, point capital, serait donc pleinement propriétaire des armes atomiques ainsi construites et pourrait les utiliser librement [1]. On voit l'ampleur, et pour tout dire l'imprudence, de ce qui avait été signé le 28 novembre (cela dit, Chaban-Delmas et les militaires pensaient plus, on l'a vu, à une participation allemande et italienne à des usines françaises qu'à de véritables usines tripartites : dans leur esprit, cela permettrait sans doute d'assurer à la France un contrôle suffisant sur les armements nucléaires de ses partenaires).

Dans toute cette affaire, Chaban-Delmas, le général Lavaud et les services du ministère de la Défense furent guidés par la

---

1. Explications du général Lavaud, directeur des Armements, à Maurice Faure lors d'une réunion, le 2 décembre 1957, MAE, service des Pactes, carton 252.

volonté de constituer un groupement européen « en position de force capable d'amener à composition les Anglo-Américains », de « bien marquer le désir d'indépendance politico-militaire de l'Europe à l'égard des Anglo-Saxons ». Ainsi, « la France assurera, face aux Anglo-Saxons, le leadership de l'Europe continentale et la liberté de la France et de l'Europe sera sauvegardée [2] ».

Mais ce programme ambitieux et même cette philosophie dépassaient visiblement le consensus gouvernemental établi à Paris lors de la réunion du 15 novembre (voir le chapitre précédent) et devait susciter de vives réactions. En particulier, les services du Quai d'Orsay étaient très réservés et une véritable polémique s'établit entre eux et la Défense nationale ; ils avaient tenté dès le mois d'octobre 1957 de calmer les responsables du ministère de la Défense et de rappeler que rien ne devrait être fait qui risquerait de créer des difficultés avec les Américains [3] ; ils avaient d'ailleurs tenté le 27 novembre, mais en vain, d'amener le ministère de la Défense à atténuer sur différents points le texte du protocole qui devait être signé le lendemain [4]. Les diplomates estimaient en effet qu'une collaboration de la France avec les Allemands et les Italiens dans ces domaines très sensibles risquerait de conduire les Américains à refuser d'aider les Français. Or ce serait contraire au but cherché : « L'idée d'une coopération continentale en matière d'armements modernes a été conçue à l'origine comme un moyen de pression sur nos alliés anglo-saxons, pour les amener à prendre en considération à la fois nos vues et nos capacités. » Cela montre bien au passage que, pour la majorité des participants à la réunion du 15 novembre, à la différence de Chaban-Delmas, le but n'était pas tant de bâtir une force nucléaire européenne que de faire pres-

---

2. Fiche du cabinet du ministre de la Défense du 22 avril 1958, remise par le général Lavaud, Pactes, carton 252.

3. Note du secrétariat général du 4 novembre 1957, Pactes, carton 252.

4. Lettre du ministre des Affaires étrangères remise au ministre de la Défense le 27 novembre, Pactes, carton 252.

sion sur Washington pour obtenir une aide américaine au programme français.

D'autre part, on savait à Paris que les partenaires, et d'abord les Allemands, étaient eux aussi divisés sur le sens exact de l'entreprise, en particulier von Brentano n'était pas sur la même longueur d'onde que Strauss. Il fallait éviter de paraître opposer les intérêts des continentaux à ceux des Anglo-Saxons, ce qui aurait des relents de « troisième force » et de neutralisme [5].

Enfin, la remise en cause des accords de Paris, dans l'esprit sinon dans la lettre, risquait d'avoir des répercussions internationales et dans l'opinion française fort négatives. Et la politique de la RFA était encore trop incertaine pour que l'on collabore avec elle de façon aussi intime : « Toute réunification de l'Allemagne entraînera un réalignement en Europe. Si l'Allemagne se met en balance entre l'Est et l'Ouest avec un stock d'armes atomiques propres, l'on nous accusera d'avoir fait le jeu du roi de Prusse. »

Le plus sage était donc de limiter l'effet du protocole à la fabrication en commun de missiles et d'armements non nucléaires, ce qui posait beaucoup moins de problèmes et serait accepté facilement par les Américains. Pour l'arme atomique, il valait mieux poursuivre seuls l'effort national français, dans l'espoir de parvenir un jour avec les Américains à un échange d'informations qui ferait gagner du temps (ce dernier point serait, dans tout ce récit et jusqu'à maintenant, une arrière-pensée française capitale) [6].

Maurice Faure partageait pleinement ces réserves. Lors d'une réunion assez tendue, le 2 décembre, avec le général Lavaud et un membre du cabinet de Chaban-Delmas, il fit remarquer qu'il ne serait ni possible ni souhaitable de main-

---

5. Les Italiens étaient eux aussi divisés : cf. les mémoires du diplomate Egidio Ortona, *Anni d'America*, Il Mulino, 1986.

6. Télégramme de Joxe, secrétaire général, à Pineau, alors à New York, mettant celui-ci en garde contre les conséquences possibles du protocole, et note de Jean Laloy du 28 novembre 1957, Pactes, carton 252.

tenir le secret sur la partie nucléaire du protocole envers les Américains, que l'accord allait très loin, qu'il était incompatible avec l'esprit des accords de Paris et qu'il poserait des problèmes aussi bien avec les Alliés qu'avec les Soviétiques [7].

Maurice Faure et le Quai d'Orsay étaient d'accord pour estimer que la question devrait être portée devant le Conseil des ministres, et que le protocole ne serait valable que lorsqu'il serait entériné par les trois ministres des Affaires étrangères. A cette occasion, il devrait être modifié, afin de garantir la possibilité d'une coopération bilatérale franco-américaine en marge du protocole, et afin de régler très soigneusement les problèmes liés à la propriété et à l'usage en commun. Il ne pouvait être question que la RFA dispose des armements ainsi construits sans contrôle [8].

Le problème de la non-discrimination nucléaire et le Conseil atlantique de décembre 1957

Rappelons que le 25 octobre 1957, dans un communiqué commun à la suite du Spoutnik, Eisenhower et Macmillan avaient paru proposer une répartition des tâches au sein de l'Alliance, réservant les armes nucléaires aux Anglo-Saxons. Pour les dirigeants français, c'était inacceptable. Leur première préoccupation, dans les semaines et les mois suivants, serait d'éviter toute discrimination de principe. Il fallait soit que les États-Unis fournissent eux-mêmes des armes à leurs alliés, soit qu'ils acceptent de voir les Européens coopérer entre eux, soit une combinaison des deux solutions. De toute

---

7. Compte rendu de la réunion du 2 décembre, déjà citée.

8. Note de la sous-direction d'Europe centrale du 17 décembre 1957, Pactes, carton 252.

façon, la France ne pouvait pas renoncer à son propre pro-gramme nucléaire, comme Pineau le dit à ses interlocuteurs lors de son voyage à Washington le 20 novembre. Au cours de ses entretiens, Pineau évoqua la possibilité d'une aide américaine pour la construction d'un sous-marin nucléaire (fourniture d'uranium enrichi) et pour la mise au point de têtes nucléaires ; ses interlocuteurs, sans s'engager, ne furent point négatifs. Mais la question d'une coopération nucléaire franco-allemande ne fut pas soulevée [9].

Le 14 décembre 1957, à Paris, à la veille de la conférence de l'OTAN, Adenauer rencontra Dulles et l'informa des négo-ciations franco-germano-italiennes en matière nucléaire. Le Secrétaire d'État américain souligna les dangers inhérents à la prolifération nucléaire, mais ne se montra pas entièrement négatif, proposant la création d'une agence atomique à cinq, avec la Grande-Bretagne et les États-Unis. Le lendemain Adenauer rendit compte de cette conversation à Gaillard qui, et cela me paraît éclairer son attitude dans toute cette affaire, accueillit avec faveur la proposition de Dulles, car elle parais-sait résoudre le problème de la non-discrimination et sem-blait plus économique qu'une solution strictement euro-péenne. Soulignons-le, c'est Adenauer qui alors insista pour que les Européens continentaux se dotent de leurs propres armements atomiques et thermonucléaires, affirmant qu'il n'y aurait aucun problème avec Washington tant qu'il ne s'agirait que de recherches et d'expérimentations [10].

Le 15 décembre, Adenauer rencontra Félix Gaillard. Les deux hommes tombèrent d'accord pour qu'on en revînt, sur le plan stratégique européen, « à une sorte de CED » ; Gaillard exposa d'autre part qu'il souhaitait que l'OTAN étendît son processus de consultations politiques aux zones non cou-vertes par le Pacte atlantique : c'était une préoccupation

---

9. Pactes, carton 247, *passim.*
10. Schwarz, *Adenauer, op. cit.,* pp. 309-400, et Adenauer, *Mémoires, op. cit.,* t. III, p. 144.

majeure des Français depuis la création de celui-ci, afin de couvrir les intérêts stratégiques français hors d'Europe et de mieux associer la France à la stratégie mondiale que tendaient à se réserver au sein de l'Alliance Américains et Britanniques. Nous verrons que dès le mois de septembre 1958, de Gaulle reprendra cette idée ; mais, différence essentielle, Gaillard ne prétendait pas limiter cette consultation aux trois puissances majeures de l'OTAN : dans son esprit tous les membres de l'Alliance et donc la RFA, y seraient associés. Les deux chefs de gouvernement français et allemand étaient donc d'accord pour une réforme de l'Alliance atlantique appuyée sur l'émergence d'une entité stratégique européenne [11].

Comme convenu depuis novembre avec les Allemands et les Italiens, Félix Gaillard, le 18 décembre, exposa au Conseil du Pacte atlantique qu'aucune discrimination n'était admissible en matière d'armes modernes au sein de l'Alliance, et que la France, l'Allemagne et l'Italie avaient arrêté le principe d'une collaboration — mais il ne précisa pas qu'il existait déjà un protocole d'accord et il ne fit pas allusion à ses aspects nucléaires. Gaillard proposa que cette coopération s'étende aux autres membres de l'Alliance, en « intime collaboration » avec les États-Unis [12]. On notera que ce discours correspondait exactement à la stratégie arrêtée avec Adenauer : avant de décider une coopération entre Européens, on mettrait les Anglo-Saxons au pied du mur au nom de la non-discrimination et on leur proposerait une collaboration dans le domaine des armes modernes au sein de l'organisation atlantique.

La conférence de l'OTAN ne se prononça pas sur les suggestions de Félix Gaillard, ce n'était d'ailleurs pas à son programme et il s'agissait en fait de prendre date, rappelons-le, pour une prochaine conférence à cinq avec les Anglais et les Américains sur les questions nucléaires. Le clou de la réunion, on le sait, fut l'annonce par Eisenhower que l'Amé-

---

11. Adenauer, *Mémoires*, t. III, *op. cit*, pp. 132 *sqq.*
12. *DDF* 1957/II, 452.

rique était prête à stationner en Europe des missiles à portée intermédiaire sous double clé ; le Conseil atlantique adopta dans son communiqué final le principe, mais l'installation effective des IRBM dépendrait des accords à conclure avec chaque État prêt à les recevoir. Le point important était que les Américains étaient décidés à chasser l'impression selon laquelle les armes nucléaires auraient été réservées aux seuls Anglo-Saxons.

L'attitude des Allemands est intéressante : Adenauer, au Conseil de l'Alliance, se montra fort réservé, ne parla pas des problèmes militaires et insista dans son intervention sur la nécessité d'ouvrir un vaste dialogue avec les Soviétiques, en particulier sur le désarmement, en répondant ainsi au message de Boulganine du 14 décembre. Lors de son voyage à Washington en novembre, Brentano avait déjà tenu le même langage. Adenauer prenait figure de partisan de la détente et laissait soigneusement aux Français le soin d'aborder les problèmes stratégiques. Mais il s'agissait sans doute de ne pas provoquer de réactions défavorables chez les Alliés en mettant la RFA trop en avant sur ces questions sensibles. En même temps, Adenauer avait sa propre politique à l'Est et n'écarta jamais l'hypothèse d'une grande négociation avec Moscou (mais « en position de force »). Ses arrière-pensées étaient complexes [13].

En janvier 1958 les négociations tripartites se poursuivirent. Ces tractations portaient également sur les questions atomiques, mais on continuait à le dissimuler soigneusement aux Américains et aux Anglais en particulier, qui s'inquiétèrent. C'est ainsi que, le 17 janvier, Pineau rencontra Selwyn Lloyd et lui parla du protocole du 28 novembre, mais en affirmant qu'il ne concernait pas les questions nucléaires et que celles-ci ne seraient pas abordées lors de la prochaine réunion des ministres de la Défense des trois à Bonn le

---

13. Les notes du Journal de Blankenhorn pour le 19 décembre 1957 sont particulièrement suggestives à cet égard (BA Coblence).

21 janvier [14]. D'autre part, Adenauer et Strauss déclarèrent de leur côté aux Américains que la coopération entre les trois pays ne concernait pas le nucléaire [15].

La réunion des ministres de la Défense
le 21 janvier 1958 à Bonn

Or les problèmes atomiques furent bel et bien abordés le 21 janvier. Notons qu'Adenauer fut parfaitement informé des discussions et reçut à cette occasion Chaban-Delmas, Strauss et Taviani à déjeuner [16]. Mais on se montra beaucoup plus prudent qu'au mois de novembre précédent. En fait, les déclarations faites aux partenaires, selon lesquelles les questions nucléaires n'étaient pas abordées dans les conversations tripartites, sans être rigoureusement exactes, reflétaient néanmoins une réalité : on était beaucoup moins disposé à marcher, en ce qui concernait du moins la partie nucléaire du protocole tripartite, qu'au mois de novembre. Certes, on décida de créer un comité militaire tripartite, prolongation et élargissement à l'Italie du comité militaire franco-allemand créé à l'occasion des accords de Colomb-Béchar l'année précédente, composé d'officiers de rang élevé et supervisant des groupes de travail chargés de suivre les différentes catégories d'armements, de la recherche à la production [17]. Mais l'affaire nucléaire fut, elle, très sérieusement freinée.

Pour le Quai d'Orsay, qui suivait avec la plus grande attention et une inquiétude visible la préparation de la réunion du 21 janvier, toute décision en matière nucléaire était soumise à deux préalables. D'abord l'accord des Américains. En effet, la

---

14. *DDF* 1958/I, 36.

15. Eckart Conze, *op. cit.*

16. Schwarz, *Adenauer, op. cit.*, pp. 400-401.

17. Colette Barbier, *op. cit.*, et *DDF* 1958/I 86, note 2.

loi McMahon allait être révisée, et il était possible, d'après les conversations des responsables français avec leurs homologues américains, qu'ensuite Washington fût disposé à aider l'effort nucléaire français. Mais il fallait s'assurer qu'un accord étroit entre la France et l'Allemagne ne remettrait pas en cause ces bonnes dispositions de l'Administration américaine qui n'avait probablement pas envie d'aider la RFA à acquérir l'arme nucléaire. D'autre part, le statut exact des armes construites en commun devrait être fixé avec la plus grande précision avant tout accord [18].

La réunion de Bonn, le 21 janvier, devait donner en partie satisfaction au Quai d'Orsay, mais en partie seulement : il y fut entendu que les projets de coopération atomique ne connaîtraient un début d'exécution que lorsque la France serait assurée que les États-Unis ne s'y opposeraient pas. Mais, en attendant, les ministres de la Défense et la Commission des recherches scientifiques (qui dépendait du Comité militaire franco-allemand devenu Comité tripartite lors de cette même réunion) continueraient à aborder certaines questions de principe et les modalités d'une coopération éventuelle. Le ministère de la Défense français ne renonçait donc pas à pousser l'affaire : il demandait, après la rencontre de Bonn, au président du Conseil (Félix Gaillard) de susciter à Matignon une réunion à laquelle participerait, outre Gaillard et Chaban-Delmas, l'administrateur général du CEA, Pierre Guillaumat. Au cours de cette réunion on fixerait la composition de la délégation française chargée de négocier les questions atomiques avec les partenaires, ainsi que ses instructions. Comme on le voit, il n'était pas question pour le ministre de la Défense de renoncer à la partie nucléaire du protocole du 28 novembre, ni d'associer le Quai d'Orsay aux négociations [19].

On sait quelles étaient à ce moment-là les conceptions du

---

18. Notes du service des Pactes des 7 et 10 janvier 1958, carton 252.

19. Lettre du ministre de la Défense au président du Conseil, du 28 janvier 1958, Pactes, carton 252.

ministère de la Défense au sujet d'une éventuelle coopération nucléaire tripartite ; on créerait en France un centre de recherches atomiques commun, dirigé par des savants et des militaires des trois pays ; on créerait ensuite des centres de production communs, également en France ; pour ces différents centres, les participations financières, scientifiques et techniques seraient à définir d'un commun accord. En particulier, une importante contribution financière de l'Allemagne à l'usine de séparation isotopique serait l'une des conditions essentielles de l'accord éventuel. Quant aux armes produites, leur stockage et leur emploi pourraient être réglés sur le modèle de l'accord conclu le 22 février entre les Américains et les Britanniques pour les fusées américaines *Thor* qui allaient être stationnées en Grande-Bretagne à la suite des propositions américaines de décembre 1957 : c'est-à-dire que les vecteurs seraient la propriété de l'Allemagne et de l'Italie, mais que les ogives nucléaires seraient sous la garde des autorités françaises ; leur emploi nécessiterait donc l'accord des deux parties [20]. On remarquera que cette formule était beaucoup plus prudente que celle envisagée en novembre, qui laissait les armes à la totale disposition de chaque partenaire, dès lors qu'il les avait payées !

On constate en fait que Chaban-Delmas pensait à un système étroitement contrôlé par la France : les différents centres communs auraient été situés en France, les modalités de participation financières et humaines des partenaires auraient été définies avec son accord, elle aurait conservé le contrôle de l'utilisation des armes produites. En fait, il s'agissait surtout d'organiser une participation financière, scientifique et technique germano-italienne pour épauler l'effort français, en particulier dans le domaine très complexe et coûteux de l'enrichissement de l'uranium...

---

20. Ces indications sont tirées des annexes du document précédent.

Février-mars 1958 : retour en force de l'option américaine

Dans les semaines suivantes, Paris fut conduit à se rapprocher de nouveau de Washington, après la période de doute et de rancœur qui avait marqué la politique française envers cette capitale depuis Suez. D'une part, l'incident du bombardement de Sakiet par l'aviation française, le 8 février, rendit Paris encore plus dépendant de Washington et Londres pour sa politique en Afrique du Nord et peut-être influença sa politique dans l'affaire nucléaire dans le sens de la modération. D'autre part, depuis la proposition américaine de décembre 1957, à l'occasion de la réunion du Conseil de l'Alliance atlantique, de fournir des missiles à portée intermédiaire aux alliés européens, des négociations très prometteuses étaient en cours. Les Français pensaient alors pouvoir obtenir l'installation en France de fusées américaines sous double clé avant de produire ces fusées eux-mêmes avec l'aide américaine ; les Américains souhaitaient de leur côté pouvoir stocker des armes nucléaires sur leurs bases en France ; en échange, les Français escomptaient recevoir de l'uranium enrichi pour leur prototype de sous-marin nucléaire et des informations secrètes sur les armes nucléaires et thermo-nucléaires. Leurs interlocuteurs estimaient que la réforme prochaine de la loi McMahon permettrait à l'administration américaine de communiquer de tels secrets à la France [21].

Les Français avaient donc le sentiment, en février-avril 1958, qu'ils pourraient bénéficier de l'aide américaine pour mettre au point, plus rapidement et à meilleur compte que prévu encore quelques semaines plus tôt, une force de frappe très moderne reposant sur des missiles de 3 000 km de portée équipés d'ogives thermonucléaires (on remarquera en particulier que l'administrateur du CEA, Pierre Guillaumat,

---

21. Note du service des Pactes du 6 janvier 1958, note du 3 février, lettre de Chaban-Delmas à Pineau ·du 17 avril, Pactes, carton 139.

était à la fois très désireux d'obtenir l'aide américaine et très optimiste sur la possibilité d'en bénéficier) [22]. Du coup, le projet trilatéral européen (du moins sa partie atomique) était moins urgent, d'autant moins que ses inconvénients politiques apparaissaient de plus en plus nettement : inconvénient de se lier étroitement sur le plan nucléaire avec une Allemagne au statut national encore incertain, inconvénient de l'aider à se doter « des moyens d'une politique à portée mondiale », danger d'une crise grave avec l'URSS [23].

Il n'est donc pas étonnant, dans ces conditions, que Gaillard et Pineau aient décidé de suspendre les tractations concernant la partie atomique du projet trilatéral et d'attendre la révision de la loi McMahon, et ce semble-t-il dès le mois de février, ou au plus tard début avril. C'était seulement si une collaboration avec les États-Unis soit sur une base bilatérale franco-américaine, soit à quatre, en y incluant les Allemands et les Italiens, se révélait finalement impossible que l'on reprendrait le projet tripartite franco-germano-italien [24]. En d'autres termes, Félix Gaillard et le gouvernement français, devant la perspective d'une collaboration possible avec l'Amérique, avaient pratiquement suspendu l'application du protocole de novembre 1957 en ce qui concernait les armements nucléaires dès le mois de février ou d'avril 1958, donc avant le retour au pouvoir du général de Gaulle [25].

---

22. Note du secrétariat général, 30 janvier 1958, notes du service des Pactes des 6 et 12 mars, Pactes, carton 252.

23. Note de la direction d'Europe du 12 mars, Pactes, carton 252.

24. Note du service des Pactes pour Pineau du 10 février, carton 252, et lettre de Pineau à Chaban-Delmas du 3 avril 1958, *Documents diplomatiques français* (*DDF*), 1958/I, no 234.

25. Note du service des Pactes du 14 mai, Pactes, carton 252.

La conférence des trois ministres de la Défense à Rome le 8 avril 1958 et l'accord verbal sur l'usine de séparation isotopique

Cela dit, les parties du protocole de novembre 1957 qui ne concernaient pas les armes nucléaires n'étaient pas suspendues. Le 8 avril, une réunion entre les trois ministres de la Défense eut lieu à Rome. On y évoqua la réactivation de l'UEO, afin de donner enfin vie à cet organe de sécurité spécifiquement européen. On y décida l'étude et la fabrication en commun de chars de 30 tonnes, d'avions, d'hélicoptères, de missiles (y compris à moyenne portée). On y évoqua la possibilité d'achat par l'Allemagne de Mirage III et IV (Strauss souhaitant acquérir pour la RFA un bombardier moyen capable de transporter une bombe thermonucléaire sur 2 500 km...).

En ce qui concerne les armes nucléaires, Chaban-Delmas réussit à convaincre (difficilement, surtout Strauss...) ses partenaires qu'il n'était pas possible d'en parler avant la révision de la loi McMahon, ce qui correspondait à la position prise par Gaillard et Pineau. Il fut entendu que les trois partenaires approcheraient les États-Unis pour savoir s'ils accepteraient de collaborer avec la France, si celle-ci, de son côté, travaillait dans ce domaine avec ses partenaires européens. Dans l'immédiat, les trois poursuivraient leurs études dans le domaine de la propulsion nucléaire (pour les sous-marins) [26].

Mais, à ce moment-là, intervint entre les trois ministres un accord verbal (et non pas écrit, comme on l'a dit jusqu'ici), qui a fait couler beaucoup d'encre [27]. Strauss et Taviani acceptèrent de participer à la construction, sous direction française, de l'usine de séparation isotopique. Les Allemands paieraient 25 milliards de francs, les Italiens 10 milliards.

---

26. « Résumé des conversations de Rome le 8 avril 1958 », Pactes, carton 252.

27. Colette Barbier, *op. cit.* ; Hans-Peter Schwarz, *Adenauer, op. cit.*, p. 401.

C'était un accord évidemment très important, portant sur une zone grise du domaine nucléaire, puisque, on l'a vu, une telle usine peut être à finalité civile aussi bien que militaire. Il faut néanmoins s'interroger sur les arrière-pensées des participants : quel était le sens d'une telle participation pour l'Allemagne et l'Italie si elle ne leur permettait pas, en fin de compte, d'acquérir des armes nucléaires ? On était pour le moins en pleine ambiguïté, ambiguïté qui jette un jour curieux sur la décision prise le même jour de suspendre la coopération en matière d'armes nucléaires. Il est vrai que l'on comptait quatre ans au minimum pour construire une telle usine : d'ici là, les différents problèmes politiques et stratégiques posés par la coopération tripartite auraient eu le temps d'évoluer... Il semble bien que les trois ministres de la Défense, malgré le freinage imposé par Gaillard et Pineau, étaient quant à eux bien disposés à poursuivre dès que possible dans la voie de la coopération nucléaire... Il est clair que toutes les ambiguïtés de cette affaire ne sont pas encore éclaircies.

Il faut d'autre part s'interroger sur le statut exact d'un tel accord. Purement verbal, il n'avait pas en fait grande valeur. Et qu'en pensaient Gaillard et Pineau, alors qu'il paraissait peu compatible avec leurs instructions du 3 avril à Chaban-Delmas ? En étaient-ils même informés [28] ? D'ailleurs, le 17 avril, Chaban-Delmas, à la suite de la chute du gouvernement Gaillard le 15, demanda à Strauss de fixer son accord de principe par écrit. On remarque que dans sa réponse, du 30, Strauss se garda de confirmer de façon définitive son accord verbal du 8 avril et tout en réaffirmant son intérêt il proposa de faire étudier le projet par un groupe d'experts franco-allemand [29]. Certes, à la demande de Chaban-Delmas, Félix Gaillard signa le 22, alors qu'il n'expédiait plus que les

____

28. Il semblerait que non, d'après une note du service des Pactes pour Pineau du 10 avril, Pactes, carton 252.

29. Pactes, carton 252.

affaires courantes, un décret antidaté du 11 ordonnant d'acheter les terrains de Pierrelatte destinés à l'usine de séparation et de procéder au premier trimestre 1960 à l'explosion de la première bombe atomique [30]. Néanmoins, on était, dans ces derniers jours de la IVe République, plus dans le domaine du pointillé que des décisions fermes... Comme nous le verrons dans le chapitre suivant, de Gaulle devait d'ailleurs immédiatement suspendre (et non annuler...) la partie nucléaire du protocole du 28 novembre 1957. Mais elle avait en fait déjà été gelée pour l'essentiel par le gouvernement Gaillard, malgré l'ambiguïté sur l'usine de séparation isotopique.

Quelques remarques

Il faut souligner que, dès l'époque, cette affaire considérable d'une coopération stratégique et nucléaire franco-germano-italienne ne passa pas inaperçue : la presse soviétique la rapporta dans les grandes lignes et la dénonça vigoureusement, bien sûr [31] ; les Britanniques intervinrent fermement auprès des trois partenaires pour qu'ils ne fissent rien en dehors de l'UEO et de l'OTAN [32].

Il est incontestable qu'il s'agissait dans ce projet de créer les bases d'une communauté stratégique européenne, non pas pour remettre en cause l'Alliance atlantique, mais pour la rééquilibrer sérieusement. Tout n'est pas clair encore cependant, on l'a vu. D'abord, une grave question reste largement sans réponse : qu'est-ce qui était envisagé au juste dans ces négociations, au-delà de la participation financière et tech-

---

30. Colette Barbier, *op. cit.* ; François Le Douarec, *Félix Gaillard 1919-1970. Un destin inachevé*, Paris, Economica, 1991, p. 70.
31. Télé. de Moscou du 24 janvier 1958, Pactes, carton 252.
32. Pactes, carton 252, *passim*.

nique allemande et italienne à l'usine de Pierrelatte et, le cas échéant, à d'autres installations ? Qu'auraient obtenu Bonn et Rome en échange ?

Il semble que, dans un premier temps, Paris ait admis que chacun aurait été pleinement propriétaire des armements qu'il aurait achetés, puis, plus prudemment, se soit orienté vers un système de double clé lui permettant de conserver le contrôle des têtes nucléaires. Mais les partenaires étaient-ils vraiment d'accord avec un système dans lequel ils auraient versé beaucoup d'argent mais n'auraient rien détenu en propre, alors qu'au même moment les Américains leur proposaient la même chose (des armes sous double clé) pour beaucoup moins cher ?

Strauss semble avoir préféré, en tout cas pour l'usine isotopique, une formule selon laquelle chacun des trois pays aurait été pleinement propriétaire de l'uranium enrichi à Pierrelatte à hauteur de sa participation dans l'entreprise [33]. Il est probable que, en cas d'extension de la coopération aux armes nucléaires proprement dites, il n'aurait pas accepté autre chose. Quant aux Italiens, il semble avoir pensé plutôt à une fabrication réellement commune de bombes ; celle-ci n'aurait pas eu lieu en territoire allemand, pour ne pas contrevenir aux dispositions des accords de Paris concernant l'Allemagne, et aurait été organisée de telle sorte qu'aucun des trois pays ne pût seul fabriquer les engins mais que la collaboration des trois fût toujours indispensable [34]. On aurait eu là une sorte de CED nucléaire. Mais il est évident que cette question des contreparties éventuelles (et évidemment évoquées, au moins de façon exploratoire, dans les conversations de l'époque) doit encore être creusée.

Un deuxième problème, et qui explique que ce projet en forme de CED nucléaire, et tout de suite avorté, suscite en

---

33. *Erinnerungen*, p.313.

34. Giuseppe Walter Maccotta (diplomate), « Alcune considerazioni sulla Force de Frappe », *Rivista Marittima*, avril 1982, cité par François Puaux, « La France, l'Allemagne et l'atome », *Défense nationale*, décembre 1985.

général avec le recul un grand scepticisme, est celui de l'attitude des États-Unis et de la compatibilité du projet avec l'OTAN. On admet en général que les États-Unis ne pouvaient être qu'hostiles à cette tentative. Je pense qu'il faut éviter sur ce point de porter des jugements trop tranchés, en voyant les choses à la lumière des années 60. Il est sûr que Washington ne souhaitait évidemment pas le développement d'une collaboration tripartite militaire et nucléaire trop exclusive, Dulles le dit à Strauss en mars 1958 [35]. Mais il n'y avait pas contradiction *a priori* entre le projet tripartite et l'OTAN : on l'a vu, les Américains avaient été informés dès le départ par les Allemands (certes de façon fort vague) et ne s'étaient pas montrés absolument hostiles. A cette époque, la position de Washington au sujet de la prolifération nucléaire était moins absolue qu'elle ne devait le devenir sous l'administration Kennedy ; au mois d'avril, Eisenhower déclara publiquement que d'autres pays que la Grande-Bretagne, en particulier la France, devraient pouvoir bénéficier du transfert de secrets atomiques américains [36]. On note d'autre part que l'administration avait négocié durement avec le Congrès la réforme de la loi McMahon, et avait obtenu de conserver une large liberté d'appréciation de la clause selon laquelle seuls les pays ayant accompli des « progrès substantiels » pourraient être aidés [37]. On ne peut pas savoir comment les États-Unis auraient réagi à la proposition d'une coopération à quatre (avec les trois partenaires européens), l'une des hypothèses que l'on faisait à Paris [38], car la question finalement ne leur fut pas posée.

---

35. Note du 3 avril 1958, Pactes, carton 252.

36. Bertrand Goldschmidt, *Le Complexe atomique*, Paris, Fayard, 1980, p. 158.

37. Télé. d'Alphand du 27 juin, *DDF* 1958/I, 451. Les autorités américaines n'avaient pas caché à Alphand que l'application de la loi à la France dépendrait de la volonté du nouveau gouvernement de Gaulle de collaborer avec l'OTAN...

38. Cf. par exemple la lettre de Pineau à Chaban-Delmas du 3 avril 1958, déjà citée.

D'autre part, les Français, à l'époque (sauf sans doute Chaban-Delmas), ne mettaient pas la RFA devant un choix entre Paris et Washington, ils ne concevaient pas leur effort nucléaire comme strictement indépendant et en marge de l'Alliance mais comme lié à celle-ci, selon le modèle anglais [39] ; tout le monde était d'accord, même Chaban-Delmas, pour accueillir, parallèlement à l'accord tripartite, l'offre d'Eisenhower à la conférence de l'OTAN de décembre 1957 concernant l'installation en Europe de fusées sous double clé, offre qui remontait d'ailleurs à une suggestion française de mai 1957. Et on a vu que Félix Gaillard avait accueilli favorablement la suggestion faite par Dulles à Adenauer le 14 décembre d'une agence atomique à cinq, les trois continentaux avec les États-Unis et la Grande-Bretagne. Les positions n'étaient pas encore cristallisées comme elles le seront à partir des années 60. Disons en tout cas que le projet tripartite est resté très vague et a avorté avant que Washington ait eu à réfléchir sérieusement à la question et à prendre nettement position.

Mais le scepticisme qui entoure *a posteriori* cette affaire concerne également son degré de sérieux et la détermination réelle des acteurs, tant en France [40] qu'en Allemagne où Hans-Peter Schwarz estime que l'accord n'était que « promesses chimériques » qui avaient surtout l'intérêt, pour Adenauer, de permettre d'exercer une pression sur les Américains pour l'armement atomique de la Bundeswehr [41]. Je ne partage pas pour ma part ce scepticisme. En ce qui

---

39. Georges-Henri Soutou, « Die Nuklearpolitik der Vierten Republik » ; « La perception des problèmes stratégiques nucléaires par les dirigeants français 1954-1958 », article inédit.

40. Cf. par exemple l'article déjà cité de François Puaux, qui parle d'une « certaine candeur » des responsables français de l'époque et estime que de toute façon ce projet aurait échoué devant l'opposition américaine et soviétique.

41. « Adenauer, le nucléaire et la France », *Revue d'histoire diplomatique*, 4/1992.

concerne l'Allemagne, la surprise et le déplaisir de Strauss lorsque de Gaulle rompit l'accord du 8 avril sur l'usine de séparation isotopique dès son retour aux affaires sont bien connus [42]. Mais Bonn ne s'en tint pas là : l'achat prévu du Mirage-III fut annulé en faveur du F-104 américain, et en fait, pendant deux ans les contacts militaires franco-allemands furent gelés. Peut-on penser que seul Strauss était en cause dans cette réaction et qu'Adenauer ne l'approuvait pas, au moins tacitement ? On note que celui-ci se plaignit amèrement à Dulles, en juillet 1958, de ce que de Gaulle avait annulé l'accord du 8 avril [43]...

D'autre part, on a vu qu'Adenauer ne souhaitait pas que la RFA restât un « protectorat nucléaire » des États-Unis, et ce pour les raisons très précises que nous avons dites : parce qu'il n'était pas sûr de leur détermination à recourir à l'arme atomique, parce que les arrangements nucléaires de l'OTAN ne donnaient à Bonn aucun contrôle sur la planification des frappes, ne garantissaient pas la « défense de l'avant », c'est-à-dire de la totalité du territoire allemand, et pourraient se traduire par des destructions considérables en RFA. Je suis donc persuadé qu'Adenauer a pris les offres françaises très au sérieux, parce qu'elles lui permettaient d'accroître le rôle international de la RFA, d'exercer une pression sur Washington, et de se rapprocher de l'arme nucléaire et même peut-être, à terme, de la posséder, hypothèse qu'il évoquait parfois lui-même, on l'a vu [44] ; bien entendu, il a fait en sorte de ne pas être éclaboussé par un éventuel échec : comme il le dit à Strauss après l'entrevue de celui-ci avec Chaban-

---

42. *Erinnerungen*, p. 316.

43. Télé. de Dulles du 26 juillet, National Archives, Washington, State Department, 611. 62a/7-2658.

44. D'autre part il existe un aspect général du développement nucléaire, où il est difficile de distinguer entre le civil et le militaire, et auquel Adenauer tenait fort pour des raisons de prestige, de recherche scientifique, de puissance économique.

Delmas le 20 novembre 1957 : « Allez-y, mais s'il y a un problème, je ne suis au courant de rien [45] ! »

Malgré tout, l'attitude des Allemands reste complexe : eux aussi, même Strauss, étaient très désireux de développer au maximum leur coopération avec les États-Unis, y compris dans le domaine nucléaire [46]. En fait Bonn était prise dans une dialectique entre la coopération tripartite et la coopération avec l'Amérique dans le cadre de l'OTAN, dialectique aggravée par les orientations divergentes entre Strauss et Brentano, beaucoup plus prudent, dialectique compliquée par la volonté évidente d'Adenauer de garder toutes les options ouvertes. On constate que le Quai d'Orsay, mais il est vrai qu'il avait été très réticent dès le départ, mettait en doute la détermination de Strauss, qualifiant de « dérobade » son refus de confirmer par écrit l'accord verbal du 8 avril. Pour le Quai, les Allemands étaient surtout désireux de ne pas voir la France prendre la première place nucléaire sur le continent ; quant aux Italiens, ils étaient surtout anxieux d'empêcher la constitution d'un directoire à trois, France, États-Unis, Grande-Bretagne, dans l'Alliance [47].

Quant aux Français, leur sérieux nous paraît attesté par tout le dossier, et aussi par le contexte de l'époque. Depuis 1954, ils étaient de plus en plus convaincus de la nécessité de se doter d'un armement atomique, d'autant plus qu'ils étaient parvenus dès février 1955 à la conclusion que les Soviétiques étaient sur le point de dépasser les Américains dans le domaine des armes thermonucléaires, et, dès mai 1956, ils estimaient que les Américains avaient en fait renoncé aux représailles massives sur le sol soviétique et s'apprêtaient en cas de guerre à limiter les échanges

---

45. *Erinnerungen*, p. 313.

46. Télé. de Crouy-Chanel, délégation françasie à l'OTAN, du 28 mars 1958, Pactes, carton 252.

47. Note du service des Pactes du 9 juin 1958, Pactes, carton 252.

nucléaires aux deux Europe [48] ; la garantie américaine était donc douteuse, ce que confirmait à leurs yeux l'affaire de Suez ; il était donc indispensable de développer un effort nucléaire complet ; or celui-ci supposait l'usine de séparation isotopique, en particulier pour les sous-marins atomiques et pour les armes H dont on savait dès 1954 qu'il faudrait les développer le moment venu pour une dissuasion crédible, ce que confirma l'explosion H anglaise de mai 1957 qui eut à Paris un effet électrique. Mais l'usine isotopique était une affaire très complexe ; une réunion chez Chaban-Delmas en mars 1958 indiqua que le coût serait beaucoup plus élevé que prévu [49] ; rappelons d'autre part qu'en 1958 le CEA n'en était encore qu'au tout début de ses réalisations, et que les problèmes étaient nombreux, par exemple à l'usine d'extraction de plutonium mise en service à Marcoule en janvier 1958 [50]. Il était donc tout à fait logique de rechercher une aide financière mais aussi technologique pour la mise au point de l'usine isotopique. C'est pourquoi, en février 1955, le CEA s'était adressé aux Britanniques pour obtenir leur aide, mais, sous la pression américaine, ceux-ci avaient finalement refusé ; en 1955-1956, on avait pensé construire une usine dans le cadre de l'Euratom, mais ce projet avait été abandonné en mai 1957, les Américains s'étant entre-temps déclarés prêts à fournir aux Européens de l'uranium enrichi à un prix favorable. Il n'est donc pas étonnant que l'on ait cherché à s'entendre avec les Allemands qui d'ailleurs avaient travaillé sur la séparation isotopique dès la Seconde Guerre mondiale [51].

Il ne faut pas, d'autre part, juger le projet tripartite de 1957-

---

48. Georges-Henri Soutou, « La politique nucléaire de Pierre Mendès France », *op. cit.* ; « Die Nuklearpolitik der Vierten Republik » ; « La perception des problèmes stratégiques nucléaires par les dirigeants français 1954-1958 », article inédit.
49. Témoignage de Jacques Martin.
50. Georges-Henri Soutou, « La logique d'un choix... », *op. cit.*
51. Bertrand Goldschmidt, *Le Complexe atomique, op. cit.*, pp. 313 *sqq.*

1958 à l'aune du dogme établi par la Ve République de l'indépendance nationale absolue en matière nucléaire. Nous l'avons déjà dit, les dirigeants de la IVe République ne concevaient pas l'effort nucléaire national comme incompatible avec un effort européen et avec l'Alliance atlantique [52] ; il s'agissait d'influencer la stratégie des États-Unis et de se doter d'une réassurance en cas d'érosion ou de disparition de leur garantie nucléaire, mais de l'intérieur de l'Alliance. En fait, les Français aspiraient au même statut que les Britanniques. Je suis persuadé que les accords tripartites de novembre 1957 et d'avril 1958 s'inscrivaient dans le droit fil de la politique européenne entamée en 1950 : l'Europe dont il s'agissait était une Europe à direction française et avait aussi pour but de mieux encadrer l'Allemagne ; il en serait allé sans doute de même en matière nucléaire. De telles arrière-pensées étaient très évidentes, par exemple au CEA, dans ces années-là [53]. J'estime donc que, pour tous les participants, les accords du 28 novembre 1957 et du 8 avril 1958 étaient fort sérieux.

Néanmoins, ils n'avaient pas le même sens pour tous les responsables. Pour Chaban-Delmas et pour nombre de militaires, il s'agissait vraiment d'aboutir à une coopération nucléaire à trois, en marge des États-Unis et de l'OTAN, coopération certes dirigée et contrôlée par la France. Ce qui l'emportait, c'étaient les considérations de coût et d'efficacité technique : on voulait obtenir l'aide allemande et italienne au programme français dans un climat de ressentiment envers les États-Unis nourri par la crise de Suez et le manque d'appui de leur part en Afrique du Nord.

---

52. Le dernier ministre des Affaires étrangères de la IVe République télégraphie à Washington le 26 mai 1958 que la France n'a jamais conçu une production, « nécessairement limitée », d'armes atomiques comme « devant lui assurer l'autonomie de sa défense » mais comme « une occasion de resserrer ses liens avec ses alliés anglo-saxons » (DDF 1958/I, 360).

53. Voir par exemple une note du CEA du 4 janvier 1955, service des Pactes, carton 252, et une note du 5 avril 1956, Fonds Ziegler, Archives du

Mais pour Gaillard, pour Pineau et pour la plupart des responsables, les considérations politiques restaient primordiales. On ne voulait pas risquer de se couper des États-Unis, et même tout l'exercice n'avait d'intérêt que s'il permettait d'établir avec eux des liens plus étroits sur le plan nucléaire : le but essentiel restait d'obtenir leur aide dans ce domaine soit dans un cadre bilatéral, soit éventuellement dans un cadre multilatéral. On ne tenait nullement à provoquer une crise avec l'URSS. Quant à l'Allemagne, très vite la prudence redevenait de mise, d'autant plus que les objectifs ultimes de Strauss inquiétaient : on croyait savoir que dans son esprit l'armement nucléaire de la RFA aurait aussi pour but de conforter sa supériorité sur la RDA et d'augmenter la pression en vue de la réunification [54] ! D'autant plus, aussi, que si les perspectives de ventes d'armes à la RFA étaient favorables en 1955, dès 1958 les responsables français étaient beaucoup moins optimistes ; en particulier la vente du Mirage III était en fait bien compromise dès avant le retour du général de Gaulle [55].

En fait, il n'était pas question de perdre cette marge de supériorité sur l'Allemagne que devrait entraîner l'accession de la France à l'arme nucléaire. Pas davantage d'ailleurs pour les partisans les plus enthousiastes de l'accord trilatéral, qui comptaient bien garder tout le programme sous contrôle français, ce qui aurait d'ailleurs posé des problèmes avec les Allemands si on était allé plus loin.

Cette affaire est fort instructive par elle-même et (en partie) pour la suite du récit : il y avait certes à Paris un désir de coopération en matière d'armes et de stratégie, un désir d'établir une communauté stratégique franco-allemande. Ce désir s'appuyait sur des réalités : une similitude de situation stratégique, des complémentarités industrielles, un intérêt commun à ne pas laisser les Américains et les Anglais dicter

---

54. Note du janvier 1956, Pactes, carton 253.
55. Pactes, carton 83, *passim*.

la politique de l'Alliance sans un contrepoids européen continental. Mais ce désir trouvait vite ses limites : en particulier la volonté que cette communauté fût dirigée par la France, le souci de ne pas risquer de compromettre les rapports franco-américains, et le refus, finalement, de permettre à l'Allemagne d'accéder de façon réelle à l'arme nucléaire. De Gaulle devait lui aussi chercher à établir une communauté stratégique franco-allemande. Mais lui non plus ne transgresserait pas certaines limites. Il n'accepterait pas, en particulier, de laisser la RFA accéder directement à l'arme nucléaire ou de compromettre les chances d'une détente éventuelle avec l'URSS. Quant aux rapports franco-américains dans le domaine stratégique, de Gaulle serait certes, on le sait, beaucoup plus raide que la IVe République, mais il serait très loin d'en oublier l'importance.

Enfin, l'intérêt suscité par cette affaire a été tourné surtout vers ses aspects nucléaires. Mais il y en avait d'autres : la réforme de l'OTAN, la coopération européenne en matière d'armements classiques, le développement de doctrines d'emploi communes. Sur ces différents aspects la Ve République devait reprendre, en les accentuant dans le sens de l'émergence d'une personnalité européenne de défense et d'une réforme drastique de l'OTAN, les inspirations encore hésitantes et en partie contradictoires de la IVe finissante.

CHAPITRE V

1958-1960 : projets gauliens et refroidissement franco-allemand

On était allé très loin avec les Allemands, de 1956 à 1958. On irait également assez loin avec eux à partir de 1960. Mais, entre 1958 et 1960, à la suite du retour au pouvoir du Général, les rapports entre les deux pays, en particulier en matière stratégique, seraient fort tièdes. D'une part parce que Bonn allait prendre très mal l'interruption de la coopération nucléaire envisagée en 1957 (en fait déjà suspendue avant même la fin de la IVe République). Mais d'autre part aussi parce que de Gaulle, contrairement à ce que l'on croit souvent, allait dans un premier temps donner la priorité à un resserrement et en même temps à un profond réaménagement et rééquilibrage des liens stratégiques de Paris avec Washington et Londres. Curieusement, il en irait comme à l'extrême fin de la IVe République : l'option américaine allait prendre le pas sur l'option franco-allemande.

En revenant au pouvoir, le Général avait un projet cohérent de politique extérieure. On organiserait une coopération politique entre les États de l'Europe des Six, au-delà des institutions européennes existantes, qui étaient à finalité économique, afin de donner à l'Europe plus de poids dans les affaires mondiales. On réformerait l'OTAN pour que l'Alliance atlantique ne soit plus dirigée exclusivement par les États-Unis et pour que les pays européens voient leurs intérêts propres mieux pris en compte (soulignons que de Gaulle ne remettait pas en cause la nécessité de l'Alliance elle-même, face à la menace soviétique ; lors des crises de Berlin et de Cuba il se montra parfaitement loyal envers celle-ci). La réforme de l'Alliance permettrait d'autre part à la France d'entamer une politique à l'Est active et réduirait la dépendance des pays de l'Europe de l'Est envers Moscou. A partir de là on pourrait envisager une détente avec l'URSS, dont le Général était persuadé qu'elle se désidéologiserait et redeviendrait progressivement la Russie de toujours. On pourrait sur ces bases édifier un nouvel équilibre européen entre des nations dont les différends auraient été apaisés, les États-Unis n'intervenant plus que comme un garant extérieur du nouvel équilibre, comme une réassurance [1]. On reviendrait ainsi au concert européen du XIXe siècle, mais bien sûr modernisé, en tenant compte des nécessités politiques, démocratiques, stratégiques du XXe siècle à l'ère nucléaire. Que l'on relise le tome III des *Mémoires de guerre*, parus justement en 1959 : autant et plus que la politique extérieure effectivement suivie par de Gaulle en 1944-1945, c'est en fait celle d'après 1958 qu'ils décrivent et annoncent. Récit historique, ces Mémoires sont aussi une méditation sur le présent, et un programme d'action. La seule inflexion apportée au programme initial fut, en 1960 et pour des raisons que nous verrons, l'extension du projet européen, jusque-là strictement politique, au domaine de la stratégie et de la défense.

Bien sûr très difficile, et on remarquera qu'aujourd'hui encore la mise en place d'une politique extérieure et de défense européenne et la réforme de l'OTAN sont des questions d'actualité toujours non résolues, la réalisation de ce programme n'était sans doute pas, nous le verrons, totalement impossible. Certes, le Général devait finalement échouer, en partie par sa faute. Mais son échec n'était pas certain, et il a été, en tout cas à mon avis, regrettable.

Donc, en 1958, de Gaulle allait tout de suite définir et les

---

1. Cf. Georges-Henri Soutou, « Le général de Gaulle, le plan Fouchet et l'Europe », *Commentaire*, 52, hiver 1990-1991.

grandes lignes de sa politique européenne, et les grandes lignes de sa politique atlantique. D'emblée il associait les deux : l'une conforterait l'autre, la France se valoriserait auprès de Washington et ferait mieux accepter ses idées de réforme atlantique en prenant la tête d'une Europe continentale organisée, mais organisée autour des États, non en fonction des principes d'intégration suivis depuis 1950. On voit apparaître tout de suite une vision très cohérente, destinée à restaurer le rôle international de la France malgré la faiblesse relative de ses moyens propres, vision comprenant également la perspective d'un rapprochement possible à terme avec une Europe de l'Est et une Russie où l'idéologie communiste aurait reculé devant le retour du sentiment national.

C'est en fonction de cette vision européenne et internationale affirmée dès son retour au pouvoir que de Gaulle, dès que l'échec de sa tentative d'entente stratégique avec l'Amérique lui apparaîtrait évident, au printemps de 1960, allait lancer la proposition d'une union politique européenne pour la politique extérieure et la défense, à base franco-allemande. Désormais, sa politique européenne comporterait une dimension militaire considérable, ce qui n'était pas encore le cas, semble-t-il, en 1958. Cependant, il n'y eut pas dans cette nouvelle orientation une rupture, mais plutôt un développement de la même stratégie à partir de moyens tactiques différents. En effet, de Gaulle ne devait pas abandonner, du moins pas tout de suite, ses espoirs de réforme de l'Alliance grâce au contrepoids européen, et d'autre part ses arrière-pensées à l'égard de l'Allemagne, évidentes dès la première minute, ne disparaîtraient pas non plus, même dans la période de rapprochement franco-allemand.

*Dès juin 1958, le Général définit
ses orientations politiques de base
en matière européenne et atlantique*

Dès son retour au pouvoir, de Gaulle formula pour ses conseillers les grandes lignes de politique extérieure qu'il avait méditées, en particulier à l'égard de l'Europe et de l'Alliance atlantique, depuis les années 50. La base de ce véritable corps de doctrine était son hostilité à l'intégration aussi bien au niveau européen qu'au niveau atlantique. Aux yeux de De Gaulle, en effet, l'intégration, en particulier l'intégration militaire, retirait aux gouvernements la responsabilité de la défense nationale et donc supprimait la base primordiale de leur légitimité [2]. La reconstruction de la France de la Ve République supposait donc la fin de l'intégration.

C'est ainsi que le général de Gaulle avait opposé dès les années cinquante à la conception d'une Europe intégrée celle d'une Europe confédérale [3]. Dès le 11 août 1958, juste après son retour au pouvoir et encore président du Conseil, il exposait ses idées à son conseiller pour les affaires diplomatiques, Jean-Marc Boegner [4] :

« L'Europe doit devenir pratiquement une réalité sur les plans politique, économique et culturel.

« Dans cet esprit, la mise en œuvre des traités du Marché commun et de l'Euratom sera poursuivie. [...] La coopération européenne doit s'affirmer aussi en dehors de l'Europe, à l'égard des grands problèmes mondiaux. [...]

---

2. Cf. en particulier l'allocution du Général à l'École militaire le 3 novembre 1959, *Discours et Messages 1958-1962*, Paris, Plon, 1970.

3. Edmond Jouve, *Le Général de Gaulle et la construction de l'Europe 1940-1966*, Paris, LGDJ, 1967.

4. Texte rédigé par J.-M. Boegner et amendé par le Général le 13 août, *Charles de Gaulle, Lettres, Notes et Carnets*, juin 1958-décembre 1960, Paris, Plon, 1985, p. 73.

« Pour atteindre les objectifs mentionnés ci-dessus, des consultations régulières auront lieu entre les gouvernements intéressés. Ce mécanisme de consultation pourra prendre un caractère en quelque sorte organique au fur et à mesure qu'il se développera. »

Lors de son premier entretien avec Adenauer à Colombey le 14 septembre 1958, de Gaulle reprenait cette idée d'une coopération européenne interétatique, mais poussée (« en quelque sorte organique », avait-il dit en août, « contact organique », dit-il à Adenauer, expressions fortes). La base de cette coopération serait franco-allemande, et elle devrait aboutir à une « politique commune [...]. Je souhaite que cette politique soit la nôtre, et qu'elle se manifeste d'une manière indépendante à l'égard des Américains dans les questions mondiales et européennes [5] ».

D'emblée l'aspect politique du projet européen de De Gaulle était fixé : coopération interétatique et non pas intégration, mais coopération profonde, « organique », débouchant sur une « politique commune » dans les affaires européennes et mondiales, et politique indépendante des États-Unis.

Il faut bien comprendre que le Général n'était pas, ou n'était plus hostile en 1958 au Marché commun en tant qu'organisme économique. Contrairement aux soupçons de certains de ses partenaires, son projet politique européen ne tendait pas à remettre en cause le traité de Rome en lui-même, même s'il est vrai qu'il voulait en bloquer les virtualités de développement et en particulier le passage à la seconde étape, celle où l'on passerait du vote unanime au vote majoritaire (il était en revanche beaucoup plus méfiant à l'égard d'Euratom). Sa vision des rapports entre les institutions économiques et le développement de la coopération politique était beaucoup plus complexe, nous le verrons. Dès

___

5. Ministère des Affaires étrangères (MAE), cabinet, entretiens 1958.

son arrivée au pouvoir, il avait d'ailleurs pris les mesures qui devaient permettre à l'économie française d'être prête pour l'entrée en vigueur du traité de Rome, le 1er janvier 1959. Et, jusqu'en 1965, on peut dire que la Commission de Bruxelles et Paris collaborèrent de façon privilégiée pour la mise en place du Marché commun, en particulier en matière agricole et pour les « politiques communes [6] ». En effet, le Général était tout à fait conscient de ce que le Marché commun apportait à l'économie française, en la forçant à se développer (et il est capital pour la compréhension de ce qui suit de se souvenir que le Général a voulu et largement amorcé un développement considérable du pays sur les plans économique, scientifique, technique : c'était en particulier essentiel à ses yeux pour permettre la réalisation de sa politique extérieure ambitieuse) [7]. D'autre part, il estimait que le Marché commun était nécessaire pour maintenir l'Allemagne fermement ancrée à l'Ouest [8]. Enfin et surtout, autant de Gaulle était persuadé que les organismes européens économiques devaient être surplombés et contrôlés par une coopération politique entre les États, autant il était convaincu qu'il n'y aurait pas d'« Europe politique réelle » s'il n'y avait pas à la base de celle-ci une solide « entité économique [9] ».

Ce que le Général était décidé à refuser, ce n'était donc pas le Marché commun en soi, mais sa seconde étape, celle du passage au vote majoritaire, et surtout un éventuel débordement du système institutionnel intégré des traités de Rome du domaine économique sur le plan politique, remettant en cause la souveraineté des États ; cette distinction est essen-

---

6. Sur cet aspect très important cf. Alain Prate, *Les Batailles économiques du général de Gaulle*, Paris, Plon, 1978.

7. Cf. Alain Prate, *op. cit.*, et Charles de Gaulle, *Mémoires d'espoir, Le Renouveau*, Paris, Plon, 1970.

8. Il le dit à Macmillan le 5 avril 1960, MAE, cabinet, entretiens 1960.

9. Il le dit aux Allemands le 20 mai 1961, à Macmillan le 24 novembre 1961, MAE, cabinet, entretiens 1961, et à Alain Peyrefitte le 6 juin 1962, Alain Peyrefitte, *C'était de Gaulle*, Paris, Fayard, 1994, p. 301.

tielle pour comprendre la suite. Ce n'était, nous le verrons, que si son projet politique européen échouait qu'il envisagerait alors de restreindre les organismes intégrés, afin d'éviter que, par la force des choses, ils ne sortent de leur rôle économique et n'empiètent sur les prérogatives politiques des États. Ce sera très exactement la signification de la crise dite de la « chaise vide » en 1965.

Parallèlement à la définition des grandes lignes de sa politique européenne de Gaulle, lors de son premier Conseil de défense le 17 juin 1958, recadrait la position de la France à l'égard de l'OTAN. Le champ d'action de l'Alliance atlantique devait être élargi au monde entier, de façon à couvrir des zones intéressant particulièrement la France comme l'Afrique et le Moyen-Orient. La France devait être admise à participer, avec les États-Unis et la Grande-Bretagne, à l'élaboration des plans de guerre pour les différents théâtres, y compris pour la guerre nucléaire, comme puissance à responsabilités mondiales en train d'acquérir la capacité atomique. Les États-Unis devraient aider la France à développer ses forces nucléaires [10]. En outre, l'OTAN devrait être révisée afin de mettre un terme à l'intégration des forces françaises, pour qu'à tout moment le commandement français puisse pleinement disposer de ses forces [11]. C'est sur ces bases que fut préparé le fameux mémorandum, adressé le 17 septembre 1958 à Eisenhower et à Macmillan qui demandait l'élargissement de la zone d'action de l'Alliance et la participation de la France sur le même pied que les États-Unis et la Grande-Bretagne à l'élaboration de la stratégie mondiale, y compris nucléaire [12]. On remarquera que cette politique rappelait, en beaucoup plus musclé, la volonté apparue dès 1953 à Paris de réformer l'OTAN pour que la France y ait davantage

---

10. Compte rendu de la réunion du 17 juin et note du 1er juillet approuvé par le Général, Pactes, carton 34. Sur les relations entre de Gaulle et l'alliance Atlantique cf. Frédéric Bozo, *Deux Stratégies pour l'Europe. De Gaulle, les États-Unis et l'Alliance atlantique 1958-1969*, Paris, Plon, 1996.

11. Décisions du comité de Défense du 31 janvier, Pactes, carton 34.

12. *LNC, 1958-1960*, pp. 83-84.

son mot à dire à propos de la « stratégie mondiale » et des affaires nucléaires. Il y a là une incontestable continuité, mais la Ve République allait poursuivre cette politique avec beaucoup plus d'énergie que la IVe.

Comme nous le verrons, la question de la réforme de l'Alliance atlantique allait dès lors être, pour de Gaulle, très étroitement liée à celle de l'organisation politique de l'Europe. C'est même pour moi l'élément clé de l'affaire. Et contrairement à une thèse très fréquente, il n'y avait pas à ses yeux dans cette question deux orientations différentes, l'une vers ce que l'on a appelé un directoire à trois au sein de l'Alliance, l'autre vers l'organisation politique de l'Europe, les tenants de cette thèse imaginant d'ailleurs souvent que ce fut l'échec du mémorandum du 17 septembre qui aurait poussé de Gaulle à lancer l'affaire du plan Fouchet, ou même que le mémorandum n'avait été rédigé que pour provoquer un refus américain et justifier ainsi l'adoption par Paris d'une politique beaucoup plus radicale à l'égard de l'OTAN et en direction de l'Europe [13]. En fait, la documentation montre que les deux directions ont été poursuivies concurremment et très sérieusement jusqu'en 1962 au moins et même que la direction européenne était destinée aussi à conforter la direction atlantique. C'est à une réforme globale et simultanée du système européen et atlantique que pensait de Gaulle.

C'est ainsi qu'il fit dire à Adenauer, qui s'était plaint de ne pas avoir été prévenu, lors de sa visite à Colombey le 14 septembre 1958, de l'envoi imminent du mémorandum sur l'Alliance atlantique adressé le 17 à Eisenhower et Macmillan, que c'était au nom de l'Europe que la France voulait participer à l'élaboration de la stratégie mondiale avec les Anglais et les Américains, et que la RFA serait « étroitement associée à ses réflexions et à son action [14] ». Certes, cette affirmation était

---

13. Je ne crois pas à cette thèse, même si de Gaulle lui-même l'a parfois évoquée (Peyrefitte, *op. cit.*, p. 352).

14. Télé. de François Seydoux, ambassadeur à Bonn, du 31 octobre 1958, MAE, Pactes, carton 35.

encore surtout une évidente tentative de rattrapage diplomatique, et elle était formulée de façon peu adroite, car Adenauer n'avait aucune intention de laisser la France devenir le truchement de la RFA à Washington ; mais cette idée d'une Europe pesant sur l'Amérique à partir d'une entente franco-allemande devait être reprise à partir de 1960, là de manière beaucoup plus convaincante.

Dans le même esprit, de Gaulle déclara au Conseil de défense qui se tint le 31 janvier 1959 que la France avait « deux jeux à jouer : l'un avec les deux autres puissances mondiales occidentales, l'autre avec les petites puissances [15] ». Les arrière-pensées complexes du Général apparaissent donc clairement : en obtenant gain de cause à Washington, Paris, ainsi revalorisé dans son rôle mondial, prendrait plus facilement la direction de l'Europe occidentale. En retour, en prenant la tête de celle-ci, la France se ferait mieux entendre des Américains. Les deux projets se confortaient mutuellement, la France (à la tête de la Communauté franco-africaine) se trouverait au point d'intersection de l'ensemble européen et de l'ensemble atlantique ; son rôle serait ainsi incontournable. Comme devait le dire de Gaulle à Alain Peyrefitte le 22 août 1962 [16] :

« L'Europe, ça sert à quoi ? Ca doit servir à ne se laisser dominer ni par les Américains ni par les Russes. A six, nous devrions pouvoir arriver à faire aussi bien que chacun des deux super-grands. Et si la France s'arrange pour être la première des Six, ce qui est à notre portée, elle pourra manier ce levier d'Archimède. Elle pourra entraîner les autres. L'Europe, c'est le moyen pour la France de redevenir ce qu'elle a cessé d'être depuis Waterloo : la première au monde. »

---

15. Service historique de l'armée de terre (SHAT), 233 K 60, fonds Ely.

16. *Op. cit.*, pp. 158-159.

Voilà à mon sens le concept de base de De Gaulle, qui allait guider, à travers différentes phases bien sûr, toute sa politique extérieure jusqu'en 1969. On voit l'ampleur de l'ambition, ampleur qui explique sans doute en grande partie l'échec. En fait, il s'agissait de concilier, en les confortant l'une par l'autre, les deux orientations qui avaient divisé, on s'en souvient, les responsables de la IVe République : une France prenant la tête de l'Europe continentale ou une France jouant un rôle mondial au sein d'un directoire américano-anglo-français.

Sur le plan stratégique, la priorité est, jusqu'en 1960,
aux rapports avec les Anglo-Saxons, mais sans succès

Cependant, il est capital de bien noter ici que la première orientation proprement stratégique du Général fut en faveur d'un développement et d'un rééquilibrage des liens de la France avec les Américains et les Anglais en matière militaire. Dans un premier temps, l'orientation européenne que j'ai soulignée était de nature essentiellement politique. Ce n'est qu'ensuite, et en grande partie justement parce que cette tentative de rééquilibrage atlantique avait échoué, que de Gaulle inclut dans son projet européen une dimension stratégique et se tourna pour le réaliser vers l'Allemagne, sans abandonner d'ailleurs du tout son projet de réforme de l'OTAN. Mais, au lieu d'intervenir par accord direct de la France avec Londres et Washington, cette réforme, dans l'esprit de De Gaulle à partir de 1960, interviendrait grâce à une énergique pression collective des Européens continentaux sur les Anglo-Saxons. La tactique changerait alors, non l'objectif stratégique.

Tout d'abord la réforme de l'OTAN proprement dite, demandée, on l'a vu, par le mémorandum français du 17 septembre 1958. Il s'agissait pour Paris d'élargir au monde entier la zone d'action de l'Alliance, en particulier vers la Méditerranée et l'Afrique, zones essentielles pour les intérêts français dont les Anglo-Saxons ne tenaient guère compte, comme venaient encore de la rappeler la crise libanaise de l'été 1958 et l'intervention américaine dans ce pays. Il s'agissait d'organiser entre les trois puissances occidentales un « concert permanent », afin de dégager aussi bien « une unité de vues et d'action » en temps de paix qu'une stratégie commune en temps de guerre, y compris pour l'emploi des armes nucléaires [17].

Des négociations eurent lieu à partir de ce moment-là pratiquement sans arrêt entre les trois capitales occidentales jusqu'en 1962, et contrairement à ce que l'on croit souvent l'affaire ne s'arrêta pas avec la première réponse décourageante d'Eisenhower le 20 octobre 1958. Les Anglais et les Américains acceptèrent finalement le principe de consultations politiques tripartites. C'est ainsi qu'en février 1959 des conversations entre diplomates des trois pays avaient eu lieu au sujet de l'Extrême-Orient, en avril au sujet de l'Afrique. Mais c'était très insuffisant aux yeux de Paris : en particulier Washington et Londres refusaient toute discussion des problèmes proprement stratégiques, toute organisation militaire tripartite pour les zones non couvertes par l'OTAN, toute concertation avant la décision d'emploi de l'arme atomique [18]. Quant aux entretiens au sujet de la réforme de l'OTAN entre de Gaulle et Eisenhower les 18 et 19 décembre 1959, ils échouèrent également [19]. En 1960, la situation apparaissait donc comme bloquée.

Mais les Français étaient également demandeurs auprès des Américains et des Anglais dans deux autres domaines : celui d'une aide éventuelle américaine pour la mise au point de missiles IRBM (à moyenne portée) et d'une aide américaine ou anglaise pour la mise au point d'engins nucléaires. Il faut

---

17. Note du 1er juillet 1958, approuvée par le Général, et « Décisions du Comité de défense du 31 janvier 1959 », Pactes, carton 34.

18. Notes des 4 mai et 25 août 1959, Pactes, carton 34.

19. Pactes, carton 248.

insister sur cet aspect capital, largement occulté à l'époque et ensuite en fonction du dogme de l'indépendance nationale. En ce qui concerne les fusées, le Conseil de défense (la plus haute instance en matière de défense, sous la présidence de De Gaulle), lors de sa séance de mars 1959, décida de faire appel à l'aide américaine. Une première négociation, dans le cadre de l'OTAN, échoua. En septembre 1959, une deuxième, directement avec les Américains, échoua également. En mars 1960, le Conseil de défense décida donc de lancer un programme d'IRBM purement national, décision confirmée par le général de Gaulle le 15 avril et qui ne fut pas remise en cause à la suite de la proposition américaine d'avril 1960 de force atomique de l'OTAN constituée d'engins Polaris (plan Gates, premier avatar de la future force nucléaire multilatérale, ou MLF). Celle-ci n'intéressait pas Paris, car les Polaris n'avaient qu'une charge utile trop faible (les ogives françaises ne pourraient pas être suffisamment miniaturisées avant longtemps) et une portée trop courte pour atteindre la profondeur du territoire soviétique à partir de la France [20].

En ce qui concerne le problème majeur, celui d'une aide américaine ou anglaise à la mise au point des ogives nucléaires françaises, il était tout aussi clair dès le printemps 1960 que celle-ci ne serait probablement pas accessible. Le 1er mai 1959, le Premier ministre Michel Debré, avait demandé très directement au secrétaire d'État, Herter, une telle aide pour la mise au point de l'usine de séparation isotopique et pour la fabrication des armes proprement dites. Le ministre américain répondit en invoquant la loi McMahon, ajoutant que celle-ci ne serait plus opposable à la France « le jour où [sa] première bombe atomique éclaterait [21] ». Mais, immédiatement après, le gouvernement américain, se retranchant derrière l'avis du Congrès, faisait savoir qu'une seule expérience ne serait pas suffisante pour permettre à la France

---

20. Notes des 29 avril et 1er août 1960, carton 139.
21. Pactes, carton 248.

de bénéficier de l'aide américaine [22]. Du coup, Paris, qui ne voulait pas apparaître comme demandeur mais qui était parfaitement conscient du coût considérable et des difficultés techniques du programme nucléaire français, changea de tactique : estimant que l'administration américaine conservait une très grande marge d'appréciation au sujet de l'application de la loi McMahon, le gouvernement français ne demanda plus directement une aide mais s'attacha dès lors à essayer de faire reconnaître que la ou les premières explosions françaises (la première eut lieu le 13 février 1960) correspondaient aux « progrès substantiels » définis par la loi [23]. Pierre Guillaumat, ancien patron du CEA et à l'époque ministre délégué chargé des Questions scientifiques, insista dans une note du 8 mars 1960 sur l'intérêt qu'il y aurait à obtenir l'aide américaine et proposa de communiquer aux États-Unis toutes les informations nécessaires sur l'explosion du 13 février et sur le programme français pour prouver que la France avait accompli ces « progrès substantiels [24] ». Mais, malgré les espoirs du service des Pactes au Quai d'Orsay et de l'ambassadeur à Washington, Hervé Alphand, il fallut déchanter : lors de sa visite en France en avril 1960, Mac Cone, le président de l'AEC, qui rencontra les principaux dirigeants y compris de Gaulle, déclara que les États-Unis ne pourraient pas conclure d'accord de coopération nucléaire avec Paris. Non seulement la France n'avait pas encore accompli de progrès suffisants, mais encore un tel accord compromettrait les négociations en cours sur un traité d'arrêt des expériences nucléaires. Le Quai d'Orsay en conclut que désormais la non-prolifération avait la priorité pour Washington et que c'était « la première manifestation patente d'un sentiment de solidarité entre les deux super-grands l'emportant sur celui de la solidarité entre Occidentaux », ce qui rejoignait les craintes

---

22. Note du 3 juin 1959, Pactes, carton 254.
23. *Ibid.*, et notes des 26 janvier, 10 février et 19 février 1960.
24. *Ibid.*

françaises à propos de l'attitude américaine dans l'affaire de Berlin, sur laquelle on va revenir [25].

Même impasse du côté britannique : le 12 mars 1960, à Rambouillet, de Gaulle avait proposé à Macmillan une coopération dans le domaine nucléaire. Le Premier ministre avait refusé, expliquant que la coopération anglo-américaine était si étroite que la Grande-Bretagne ne pouvait plus séparer ce qui relevait de ses propres travaux et de ceux des Américains [26].

Comme on le voit, au printemps 1960, trois négociations essentielles aux yeux des Français étaient bloquées : la réforme de l'OTAN, l'aide à la mise au point des armes nucléaires, l'aide à la mise au point des missiles. La première phase de la politique stratégique de De Gaulle paraissait donc avoir échoué, il ne pourrait pas construire sa force de frappe avec l'aide anglo-américaine et se faire admettre par Londres et Washington dans le club des puissances dirigeantes de l'Alliance atlantique. Comme nous le verrons dans le prochain chapitre, ce blocage sera sans doute l'une des raisons essentielles de la relance par Paris au cours de l'été 1960 de l'idée de collaboration stratégique franco-allemande, relance succédant à une période de froid marqué entre les deux pays dans ce domaine.

La remise en cause de la partie nucléaire des accords de 1957-1958 et la déception allemande

L'une des premières questions qui se posaient au Général après son retour au pouvoir était en effet celle de la coopération tripartite. Fallait-il maintenir la possibilité d'étendre cette

----

25. Note du 15 avril 1960, *ibid*.
26. MAE, cabinet, entretiens 1960.

coopération au domaine nucléaire ? Fallait-il maintenir également la position du gouvernement Gaillard, selon laquelle la question devrait être suspendue tant que l'on ne connaîtrait pas les conséquences de la révision de la loi McMahon et plus généralement l'attitude américaine dans cette affaire, et tant que ne seraient pas clarifiés les nombreux problèmes politiques que posait ce projet [27] ?

Le 17 juin 1958, le Général trancha. Mais il est capital de remarquer qu'il ne rompait pas complètement avec la dernière position du gouvernement Gaillard : on poursuivrait les projets en cours concernant les armes conventionnelles ; on n'écarterait pas *a priori* la possibilité de coopérer dans le domaine des missiles ; « pour les armes atomiques, le programme devait être, *pour le moment*, laissé de côté [28] ». On notera « pour le moment ». Néanmoins la différence d'atmosphère et d'orientation avec les gouvernements précédents était nette : la position du nouveau gouvernement était « nettement en retrait par rapport à celle de M. Chaban-Delmas, elle exclut même pour l'instant toute possibilité de collaboration en matière atomique » ; « la France est maintenant décidée à s'ouvrir seule la porte du club », notaient des diplomates du service des Pactes [29].

Strauss vint à Paris les 7 et 8 juillet. Il rencontra Pierre Guillaumat, devenu ministre des Armées, et le Général. Sur les affaires nucléaires, Guillaumat se montra très réservé et dilatoire, conformément aux décisions du 17 juin. Strauss en fut très irrité : il n'avait jamais été informé que les accords nucléaires n'avaient pas été entérinés par l'ensemble du gouvernement français ; il s'inquiétait d'une volonté de discrimination nucléaire à l'encontre de la RFA de la part du nouveau gouvernement français ; si l'Allemagne ne pouvait pas aboutir « à une arme atomique européenne » en collaborant avec la

---

27. Note du SGDN du 14 juin, pour préparer le conseil de Défense du 17, Pactes, carton 252.

28. Pactes, carton 34.

29. Lettres particulières des 18 juillet et 5 août, Pactes, carton 252.

France, elle ne rechercherait plus de coopération atomique qu'avec les Anglo-Saxons [30]. Strauss ne dissimula d'ailleurs pas à ses interlocuteurs français à cette occasion et dans les semaines suivantes que la seule chose qui intéressait les Allemands dans le protocole du 28 novembre 1957 était la partie nucléaire. Autre façon de dire qu'il fallait abandonner tout espoir de coopération en matière d'armements conventionnels avec la RFA si cette partie nucléaire restait lettre morte [31].

Le général de Gaulle, interrogé le 8 juillet par Strauss au sujet de la coopération tripartite, se montra aimable mais évasif. Il interrogea de son côté le ministre allemand sur ce qu'il pensait de l'OTAN, question fort révélatrice, et fut certainement intéressé par les critiques formulées par son interlocuteur à l'égard de l'organisation atlantique, qui rejoignaient les siennes propres (problème de la décision d'emploi de l'arme nucléaire par les seuls Anglo-Saxons, et problème des zones non couvertes par l'Alliance et pourtant essentielles pour la sécurité occidentale). De Gaulle exprima son accord, mais ce premier contact sur les questions stratégiques avec un responsable allemand n'alla pas plus loin [32].

Il y eut encore quelque agitation dans les semaines suivantes à propos de la partie nucléaire des accords de 1957-1958. Le 30 juillet, au grand chagrin du Quai d'Orsay, prévenu après coup, deux experts du ministère allemand de la Défense visitèrent le CEA et reçurent des informations fort détaillées et complètes sur les plans technique et financier concernant le programme d'enrichissement de l'uranium, y compris pour l'usine haute, prévue pour les applications militaires [33]. Cette visite avait été arrangée directement entre les deux ministères de la Défense ; visiblement, certains respon-

---

30. Note de Pierre Guillaumat, Pactes, carton 252.

31. Note du service des Pactes du 7 novembre 1958, carton 252.

32. Compte rendu de la conversation du 8 juillet, Pactes, carton 252.

33. Lettre du 5 août déjà citée et rapport de l'attaché scientifique de la Défense nationale à Bonn du 7 août, Pactes, carton 252.

sables de la Défense, à Paris, regrettaient que l'accord du 8 avril ne soit pas exécuté ; en novembre, le général Lavaud devait proposer à Guillaumat, en manière de compromis, de limiter pour le moment la coopération nucléaire avec l'Allemagne à la construction de l'usine isotopique, en renvoyant à plus tard le problème des armes proprement dites [34].

Néanmoins, au niveau politique, la question d'une coopération nucléaire franco-allemande, que ce soit pour l'usine de séparation isotopique ou pour la mise au point des armes, n'était plus à l'ordre du jour pour Paris (pour Bonn, nous verrons qu'il en allait autrement...). La question ne fut pas soulevée par Adenauer, trop fin pour cela, lors de l'entrevue de Colombey du 14 septembre, contrairement à ce à quoi s'attendait le ministère des Armées [35]. Il est certain qu'il ne fut plus jamais question, du côté français, d'une coopération avec la RFA en matière d'armes atomiques [36]. En ce qui concerne l'usine isotopique (rappelons l'ambiguïté de cette usine, à la finalité à la fois civile et militaire), un doute subsiste : d'après des indications trouvées dans les archives de l'État-major italien par le professeur Leopoldo Nuti, la France aurait fait à ses partenaires une nouvelle proposition de participation à l'usine de Pierrelatte en février 1960. Mais je n'ai trouvé aucune indication dans ce sens du côté français.

---

34. Note du 7 novembre, déjà citée.
35. Note du 2 septembre, Pactes, carton 252.
36. L'interprétation fréquente en Allemagne selon laquelle, en juillet 1964 de Gaulle aurait fait allusion au secrétaire d'État à l'Auswärtiges Amt Carstens à une participation allemande à la Force de frappe repose à mon sens sur un malentendu, j'y reviendrai (cf. Horst Osterheld, *Aussenpolitik unter Bundeskanzler Ludwig Erhard 1963-1966*, Dusseldorf, Droste, 1992, p. 100).

La coopération conventionnelle continue discrètement

Conformément aux décisions arrêtées par de Gaulle le 17 juin 1958, Paris devait continuer en revanche à rechercher une coopération en matière d'armements conventionnels avec ses partenaires. Le ministère des Armées était en particulier très soucieux de voir le Mirage III adopté par la RFA et construit en commun avec elle, ce qui aurait alors donné le leadership de la politique aéronautique européenne à la France [37]. D'une façon générale, Paris souhaitait poursuivre tout ce qui, dans le protocole du 28 novembre 1957, ne concernait pas le nucléaire et le fit dès le mois de juin 1958 savoir aux Allemands [38]. En effet les Français avaient eu dès le début dans le domaine non nucléaire de la collaboration franco-allemande, de grandes ambitions : char moyen, véhicule blindé aérotransportable, canons et engins antichars, DCA, avions de transport, de chasse et de bombardements, missiles de toute portée, radars, écoutes sous-marines : dans tous ces domaines, les Français avaient été prêts à aller très loin, à associer les ingénieurs allemands à des centres de recherche comme celui de Colomb-Béchar (missiles), à développer et à produire en commun [39]. Tout cela restait à l'ordre du jour, sauf les missiles à longue portée, pour lesquels le Général avait décidé le 17 juin que l'on attendrait de voir les résultats des négociations avec les Américains avant de reprendre la question avec les Allemands.

Ceux-ci réagirent de façon contradictoire. Si le chancelier Adenauer était disposé à collaborer avec la France en matière d'armements conventionnels, Strauss eut du mal à surmonter

---

37. Note du ministère des Armées du 2 septembre 1958, Pactes, carton 252.

38. Note de la sous-direction d'Europe centrale du 4 septembre et du Service des Pactes du 4 novembre 1958, Pactes, carton 252.

39. Note du ministère de la Défense nationale du 17 juillet 1957, Pactes, carton 84.

l'échec de la coopération nucléaire [40]. Il commença par renoncer à une fabrication commune du Mirage III en faveur d'une production sous licence du F-104 américain. Le 19 novembre 1958, il proposa aux Français de construire en commun un sous-marin atomique, ce qui était évidemment une tentative de reprendre pied sur la négociation nucléaire et fut rejeté par les Français qui renouvelèrent leurs propositions de coopération en matière d'armements conventionnels et de missiles [41].

L'affaire du Mirage-III était grave, parce que, du coup, l'industrie aéronautique allemande se tournait pour un programme essentiel (600 appareils étaient prévus) vers les États-Unis, avec tous les liens industriels et techniques mais aussi opérationnels que cela supposait. D'autre part, l'espoir français de prendre la tête d'une véritable industrie aéronautique européenne par une construction en commun du Mirage avortait. Il s'agissait en effet pour Paris d'une affaire capitale : une décision allemande favorable au Mirage aurait conduit la Belgique, la Hollande et l'Italie à le commander également, ce qui aurait représenté un total de 1 000 avions et la possibilité pour l'industrie aéronautique française de se hisser au niveau mondial [42]. Les Belges et les Hollandais en particulier renoncèrent eux aussi au Mirage III et acceptèrent l'offre allemande de participer au programme F-104. Cela dit, nous avons vu que ce projet était déjà menacé avant même le refus par de Gaulle d'une coopération nucléaire. Rappelons que l'avion n'était pas encore opérationnel, et que son électronique de bord paraissait aux Allemands inférieure à celle du F-104 [43]. Il est vrai que les Allemands, plus qu'un chasseur intercepteur, voulaient un chasseur-bombardier capable de transporter une bombe nucléaire tac-

---

40. Note du service des Pactes du 7 novembre 1958, carton 252.

41. Note de la direction d'Europe du 25 novembre, carton 252.

42. Note de Pinay, ministre de l'Économie et des Finances, pour le Général, le 11 septembre 1958, MAE, secrétariat général.

43. Gérard Bossuat, *op. cit.*

tique [44]... Considérations techniques, désir allemand de disposer d'un vecteur nucléaire dans le cadre des accords passés avec les Américains pour recevoir des armes tactiques sous double clé, et rancœur à l'égard de la France ont probablement interféré dans cette affaire. Et sans doute aussi les intérêts industriels : les Allemands n'avaient sans doute aucune envie de voir l'industrie d'armements française (or c'était là son ambition, qui a pesé lourd dans toutes ces affaires) dominer le marché européen.

Finalement, les trois ministres de la Défense se réunirent à Paris le 15 décembre 1958, et décidèrent de relancer la coopération prévue en novembre 1957, dans les domaines non nucléaires [45]. A partir de là, le Comité militaire tripartite créé à la suite du protocole de novembre 1957 devait siéger régulièrement [46]. Mais ses travaux ne devaient pas, dans l'immédiat, déboucher sur grand chose de ferme et définitif, sinon sur l'accord franco-allemand de décembre 1959 pour construire l'avion de transport Transall [47].

Néanmoins, les études du Comité tripartite se poursuivaient, en particulier pour les blindés et l'armement antichars. Et la France, entre avril 1956 et mars 1959, avait vendu à la RFA pour près d'un milliard de marks de matériels divers, ce qui en faisait le deuxième fournisseur de l'Allemagne après les États-Unis [48]. D'autre part, le 22 juin 1959 la convention du 31 mars 1958 qui faisait du Centre de Saint-Louis un centre de recherches franco-allemand (dans les domaines de la balistique et de la détonique, rappelons-le), était entrée

---

44. Christian Tuschhoff, *Die MC 70 und die Einführung Nuklearer Trägersysteme in die Bundeswehr 1956-1959*, NHP-Arbeitspapier, Ebenhasusen, 1990.

45. Note de l'EMDN du 17 décembre, Pactes, carton 252.

46. Archives de la délégation générale à l'Armement, Châtellerault, cartons 133 et 134.

47. Gérard Bossuat, *op. cit.*

48. Note de l'ambassade de France à Bonn du 12 mai 1959, Pactes, carton 84.

comme prévu en vigueur [49]. Et un accord avait été conclu le 14 mars 1959 pour le stockage de munitions allemandes en France ; un autre accord du 28 septembre 1959, autorisait la Luftwaffe à utiliser le terrain de Suippes pour y effectuer des exercices de bombardement, une vingtaine de militaires allemands étant stationnés pour ce faire à Reims (une première depuis 1945). Un accord sur l'utilisation de la base de Cognac comme école de pilotage pour la Luftwaffe et un accord sur l'implantation en France de bases logistiques à la disposition de la Bundeswehr étaient en cours de négociation au début de 1960 [50]. L'accord logistique était particulièrement important : il s'agissait d'organiser des bases et services qui seraient mis à la disposition de la Bundeswehr en temps de guerre mais qui seraient gérés en temps de paix par les Français [51]. La question touchait directement le délicat problème de l'intégration au sein de l'OTAN. Le Général était en effet disposé à entériner cet accord, mais souhaitait qu'il fût conclu sur une base bilatérale, en dehors de l'OTAN [52].

Néanmoins, tout cela, encore durant la première partie de l'année 1960, était en net retrait par rapport aux objectifs initiaux des Français. Ceux-ci voyaient à cet échec relatif deux raisons : d'abord l'industrie allemande était de plus en plus décidée à équiper elle-même la Bundeswehr [53] ; ensuite, si la RFA se tournait de plus en plus pour ses équipements vers les États-Unis, c'était aussi pour des raisons politiques : l'idée politique qui avait inspiré le protocole du 28 novembre 1957

---

49. Service des Pactes, 30 juillet 1959, carton 84.

50. Note de la sous-direction d'Europe centrale du 29 janvier 1960, Pactes, carton 84. Sur l'École de pilotage, voir Pactes, carton 150, *passim.*

51. Pactes, carton 149, *passim.*

52. Note du secrétariat général de la présidence de la République du 25 mars 1960, Pactes, carton 149.

53. Dépêche de l'ambassade de France à Bonn du 24 février 1960, Pactes, carton 84.

« s'était estompée ou avait même disparu, tout au moins du côté allemand [54] ».

La relative froideur
des rapports militaires franco-allemands
tenait d'abord à des raisons politiques

En effet, de Gaulle était, dans cette première période 1958-1959, beaucoup plus réservé à l'égard de l'Allemagne que les gouvernements précédents depuis 1956. Certes, comme nous l'avons vu plus haut, le 14 septembre, à Colombey, il proposa à Adenauer une coopération européenne « organique » à base franco-allemande ; mais, ce jour-là, les deux hommes ne dépassèrent pas dans cette première prise de contact le niveau des généralités. En particulier, on notera que cette coopération « organique » ne s'étendait pas encore aux affaires de sécurité.

Cela dit, on remarque que, dans ces premiers entretiens, Adenauer ne se montra pas du tout hostile à une plus grande affirmation de l'Europe face aux États-Unis. Ce fut même lui qui souligna le premier, lors de la rencontre de Colombey, l'importance du couple franco-allemand, souhaitant « les contacts les plus étroits et permanents sur les problèmes internationaux », et il n'hésita pas à critiquer durement devant son hôte la politique américaine. Mais, en même temps, il marqua clairement qu'à ses yeux il ne fallait rien faire qui risquât de remettre en cause les liens entre l'Europe et les États-Unis [55]. Ce point allait être jusqu'au bout l'objet d'une ambiguïté permanente entre de Gaulle et Adenauer : tous deux

---

54. Dépêche de l'ambassade de France à Bonn du 18 novembre 1959, *Pactes*, carton 84.

55. Procès-verbal du MAE, cabinet, entretiens, 1958, et Schwarz, *Adenauer*, *op. cit.*, tome II, pp. 454 *sqq*.

souhaitaient une modification de la politique américaine, mais le Général était prêt, le cas échéant, à la rupture avec Washington, pas le chancelier qui n'envisageait pas d'aller au-delà de pressions, certes éventuellement très fortes comme nous le verrons, pour forcer l'Amérique à changer de politique et de stratégie.

Mais, en fait, pour le Général, l'Allemagne, divisée, sans frontières définitives, sans rôle mondial, au passé obéré, ne se situait pas au même niveau que les États-Unis, la Grande-Bretagne et la France. La France conservait sa supériorité sur elle, supériorité qui serait encore accentuée par son prochain armement nucléaire. Paris pouvait bien, au niveau européen, causer avec Bonn, pour les affaires mondiales, les véritables interlocuteurs seraient les Anglo-Saxons. De Gaulle l'expliqua très clairement à Dulles lors de leurs premières rencontres, les 5 juillet et 15 décembre 1958, ajoutant de façon révélatrice que les relations entre Paris et Bonn « resteraient satisfaisantes aussi longtemps que l'Allemagne n'aurait pas d'ambitions ».

En outre, une inquiétude fondamentale existait chez de Gaulle, qui devait d'ailleurs persister par la suite : et si l'Allemagne était tentée par le neutralisme et concluait un accord avec Moscou ? Que se passerait-il après le départ d'Adenauer ? Les intérêts économiques ne pousseraient-ils pas l'Allemagne vers l'Est ? Ces inquiétudes, ainsi que les arrière-pensées de supériorité sur l'Allemagne qui viennent d'être soulignées, ne devaient d'ailleurs pas disparaître à partir de 1960, quand de Gaulle proposa à Adenauer de fonder une véritable communauté politique et stratégique européenne à direction franco-allemande. En effet, la pensée du Général, toujours très complexe, faisait coexister différents plans et horizons de réflexion. Le discours effectivement novateur n'excluait pas l'arrière-pensée plus traditionnelle, dans une ambiguïté qui marquera toute la politique allemande de De Gaulle, avant de voir resurgir en pleine lumière en 1965 le thème de la méfiance historique envers l'Allemagne, renouant alors avec les propos de 1958.

En effet, de Gaulle devait, à partir de 1960, nourrir avec

ses projets européens et franco-allemands bien des arrière-pensées, les mêmes d'ailleurs que l'on trouve déjà présentes en 1958. Tout d'abord, dans ce couple franco-allemand, ce serait la France, puissance nucléaire aux intérêts mondiaux, n'ayant pas à supporter le poids de la division et d'un passé récent, qui aurait l'ascendant et qui, par ce « levier d'Archimède », comme disait de Gaulle, soulèverait l'Europe et jouerait un rôle mondial. En outre, ce projet visait certes la sécurité par rapport à l'URSS, mais aussi l'indépendance par rapport aux États-Unis. Et enfin dès l'entrevue de Colombey, de Gaulle n'avait pas caché à son interlocuteur que son but à long terme était de refaire l'unité de l'Europe, y compris avec l'Europe orientale et la Russie, et que la réunification de l'Allemagne, certes souhaitable, était à ses yeux subordonnée à cet objectif et qu'en particulier Bonn devrait faire preuve de la plus grande prudence dans ses revendications nationales.

De son côté, Adenauer nourrissait des inquiétudes symétriques : de Gaulle n'était-il pas antiaméricain et antiallemand ? Renouerait-il avec sa politique de 1944 et rechercherait-il un accord avec l'URSS au détriment de l'Allemagne ? Ne serait-il pas tenté par un accord avec Moscou pour sauver l'Afrique du Nord ? D'autre part Adenauer prit très mal le mémorandum adressé par de Gaulle à Eisenhower et Macmillan le 17 septembre, trois jours après l'entrevue de Colombey, dont le Général n'avait d'ailleurs pas touché mot au chancelier allemand. Rien ne pouvait marquer plus clairement la différence que faisait de Gaulle entre le niveau européen et le niveau mondial où, selon lui, la RFA n'avait pas accès, rien ne pouvait irriter davantage Adenauer, depuis toujours soucieux avant tout d'éviter toute discrimination à l'encontre de la RFA, pour des raisons évidentes mais aussi parce qu'il en allait pour lui de la légitimité internationale toujours fragile de l'Allemagne de l'Ouest, tronçon de l'ancien Reich.

Certes, la crise de Berlin devait modifier en profondeur la situation internationale, à partir de l'ultimatum de Khrouchtchev du 10 novembre 1958, annonçant que l'URSS ne se considérait plus comme liée par les accords de Potsdam et exigeant la transformation de Berlin-Ouest en ville libre évacuée par les Occidentaux avant six mois. Remarquons en passant que, avec l'ouverture des archives est-allemandes et (en partie) soviétiques, de nombreux historiens sont persuadés que l'une des causes de l'ultimatum de Khrouchtchev a été la remise d'armes nucléaires américaines à la RFA à partir de 1958 (même sous double clé) et plus généralement les ambitions nucléaires de Bonn[56]. Or Washington et surtout Londres se montrèrent assez hésitants dans cette crise, tandis que de Gaulle apportait son appui total à Adenauer dès leur entrevue de Bad Kreuznach le 18 novembre 1958. Dès 1960, la crise de Berlin allait d'ailleurs être un facteur essentiel du rapprochement franco-allemand. Mais dans l'immédiat, les grandes orientations en matière de politique de sécurité des deux hommes étaient encore fort différentes, comme l'année 1959 allait le montrer.

En effet, de Gaulle commençait à appliquer les orientations annoncées dès son retour au pouvoir. Lors de sa conférence de presse du 25 mars 1959, il reconnut la frontière Oder-Neisse établie à titre provisoire entre l'Allemagne et la Pologne par les accords de Potsdam de 1945 ; il remit en cause ce jour-là les structures intégrées de commandement au sein de l'OTAN ; le même mois, il soustrayait à cette organisation l'escadre française de Méditerranée ; en avril, il exigeait le départ de France des avions américains à capacité nucléaire qui y étaient basés. Le 3 novembre, dans un discours à l'École militaire, il annonçait que la défense française reposerait à l'avenir sur une capacité de dissuasion nucléaire nationale.

---

56. Cf. Marc Tracthenberg, *History and Strategy*, Princeton 1991, chapitre v, « The Berlin Crisis » ; Vladislav Zubok, « Khrushchev and the Berlin Crisis (1958-1962) », Cold War International History Project, n° 6, Woodrow Wilson Center ; Hope M. Harrison, *Ulbricht and the Concrete « Rose » : New Archival Evidence on the Dynamics of Soviet-East German Relations and the Berlin Crisis*, 1958-1961, Cold War International History Project, n° 5.

Rien de tout cela ne pouvait, bien sûr, plaire au chancelier, ni en ce qui concernait l'Oder-Neisse, frontière que ne reconnaissait pas la RFA, ni en ce qui concernait l'intégration atlantique, essentielle à ses yeux pour lier les États-Unis à l'Europe, ni l'affirmation de la vocation nucléaire de la France, qui soulignait trop l'infériorité de statut de la RFA. Il eut des entretiens avec les responsables français à Paris les 1er et 2 décembre 1959, qui portèrent en partie sur les problèmes de sécurité et annonçaient déjà la période suivante mais qui se passèrent mal. Michel Debré, alors Premier ministre, Couve de Murville, ministre des Affaires étrangères, et le Général (de façon moins précise) essayèrent de persuader Adenauer que les États-Unis allaient retirer leurs troupes d'Europe et que celle-ci devrait prendre en mains sa propre défense, sous une direction franco-allemande. Le chancelier répondit que, si l'on pouvait certes envisager d'adapter l'OTAN aux réalités nouvelles, les nations européennes étaient hors d'état d'assurer leur défense face à l'URSS sans l'aide de l'Amérique [57]. On était encore loin d'un rapprochement des vues françaises et allemandes en matière de sécurité. Mais l'aggravation de la crise de Berlin avec l'échec de la conférence au sommet de Paris de mai 1960, la déception croissante d'Adenauer à l'égard des Américains et l'échec des tentatives françaises d'entente stratégique et nucléaire avec les Anglo-Saxons allaient en quelques mois bouleverser les données du problème [58].

---

57. Adenauer, *Mémoires*, t. III, pp. 213-219.

58. Pour tout ce passage, cf. Georges-Henri Soutou, « Les problèmes de sécurité dans les rapports franco-allemands de 1956 à 1963 », *Relations internationales*, 58, été 1989. Cf. également Pierre Maillard, *De Gaulle et l'Allemagne*, Paris, Plon, 1990 ; Jacques Bariéty, « De Gaulle, Adenauer et la genèse du traité franco-allemand du 22 janvier 1963 », *Revue d'Allemagne*, 1990/4 ; du même, « De Gaulle, Adenauer et la genèse du traité de l'Élysée du 22 janvier 1963 », et Hans-Peter Schwarz, « Le président de Gaulle, le chancelier fédéral Adenauer et la genèse du traité de l'Élysée », in *De Gaulle en son siècle*, t. V, *L'Europe*, Paris, Plon, 1992.

CHAPITRE VI

1960-1962 :
le plan Fouchet d'union politique européenne et ses aspects stratégiques

La conjoncture internationale devait se modifier considérablement entre l'été 1959 et le printemps 1960. Moscou avait suspendu son ultimatum sur Berlin en échange de la tenue à Genève, de mai à août 1959, d'une conférence des ministres des Affaires étrangères des quatre Grands ; mais, au cours de cette conférence, les Américains et surtout les Anglais manifestèrent une propension marquée à faire des concessions au point de vue soviétique à propos de Berlin et de la question allemande : la RDA ne fut-elle pas invitée à participer à la conférence au même titre et sur le même plan que la RFA ? On paraissait se rapprocher de la reconnaissance de la RDA par les Occidentaux, ce qui était contraire à toute la politique d'Adenauer et remettait en cause la base de la légitimité de la RFA, c'est-à-dire sa vocation à représenter tout le peuple allemand. En septembre 1959, ce fut l'entrevue de Camp David entre Eisenhower et Khrouchtchev, au cours de laquelle le président américain donna à son interlocuteur l'impression d'être prêt à des concessions. Adenauer fut très inquiet de l'attitude des Américains et des Anglais au sujet de Berlin telle qu'il put l'observer à l'occasion d'une conférence des quatre Occidentaux à Paris en décembre 1959, puis lors de son voyage aux États-Unis au début de 1960 et enfin lors d'une nouvelle conférence des quatre Occidentaux à Paris, juste avant la conférence au sommet de mai 1960. Cette dernière, on le sait, devait avorter, Khrouchtchev la faisant échouer d'emblée en prenant pour prétexte l'affaire de l'avion espion américain U-2, abattu au-dessus de l'URSS le 1er mai. A cette occasion, Adenauer, comme d'ailleurs de Gaulle, trouvèrent que le président américain avait fait preuve, face à Khrouchtchev, d'une certaine mollesse.

D'autre part, l'aggravation de la situation internationale après l'échec du sommet de Paris faisait régner une inquiétude que l'on a du mal à imaginer aujourd'hui, mais qu'il faut avoir en tête pour comprendre ce qui suit : la menace d'une guerre en Europe n'était nullement considérée comme invraisemblable, et allait devenir obsédante au cours de l'année 1961, tandis que la tension augmentait à propos de Berlin, jusqu'à la construction du Mur le 13 août, et même après. Il n'est donc pas étonnant que les questions de défense et de sécurité aient tenu une très grande place dans les échanges franco-allemands de l'époque.

Le Général pour sa part partageait pleinement les inquiétudes du chancelier à l'égard de la politique des Américains et des Anglais face à Moscou[1]. En outre, rappelons que ses entretiens à Rambouillet avec Eisenhower les 18 et 19 décembre 1959 à propos de la réforme de l'OTAN avaient été un échec. Enfin la première bombe atomique française explosait le 13 février 1960, posant ainsi la première base tangible de l'indépendance nucléaire nationale.

La conjoncture ainsi profondément modifiée, l'aggravation de la menace soviétique, les tentations d'*appeasement* de Londres et l'atonie de Washington, allaient conduire de Gaulle et Adenauer à un rapprochement politique et stratégique. Dans un premier temps, de 1960 à 1962, ce rapprochement s'effectuerait dans le cadre d'un projet français d'Union politique européenne, plus connu sous le nom de Plan Fouchet.

Il ne sera pas question dans ces lignes de revenir sur l'his-

---

1. Cf. Cyril Buffet, « La politique nucléaire de la France et la seconde crise de Berlin 1958-1962 », *Relations internationales*, 59, automne 1989.

toire détaillée du Plan Fouchet, qui a déjà été faite[2]. Mais je voudrais en souligner une dimension qui n'a pas toujours été perçue : le Plan Fouchet ne correspond pas seulement à un projet d'organisation politique européenne comme il y en a eu beaucoup, mais à la volonté du général de Gaulle de mettre sur pied un ensemble européen stratégique, à base franco-allemande, pour la politique extérieure et la défense, et d'obtenir parallèlement une réforme profonde de l'Alliance atlantique. Les questions stratégiques et nucléaires, la mise sur pied d'une communauté stratégique franco-allemande et européenne, le problème des relations avec les États-Unis dans le contexte du développement de la puissance militaire soviétique ont été tout au long de cette affaire au cœur de la démarche du Général, mais aussi de celle d'Adenauer. Ces questions ont été aussi, nous le verrons, la cause essentielle de l'échec du Plan Fouchet.

*1960 : le projet européen du Général se précise,
y compris dans sa dimension stratégique*

En janvier 1960, après une année 1959 qui n'avait pas vu de développement nouveau en matière européenne, de Gaulle revint sur la question avec ses collaborateurs et se prépara à réaliser les idées qu'il avait formulées, on s'en souvient, dès son retour au pouvoir. L'Europe ne serait pas une Europe intégrée, mais une Europe des États, qui concernerait

---

2. Robert Bloes, *Le « Plan Fouchet » et le problème de l'Europe politique*, Bruges, Collège de l'Europe, 1970, et Georges-Henri Soutou, « Le général de Gaulle et le plan Fouchet », Institut Charles de Gaulle, in *De Gaulle en son siècle*, t. V, L'Europe, Plon, 1992. Cf. aussi les livres de deux témoins privilégiés : Pierre Maillard, *De Gaulle et l'Europe entre la nation et Maastricht*, Paris, Tallandier, 1995, et Étienne Burin des Roziers, *Retour aux sources, 1962, l'année décisive*, Paris, Plon, 1986.

d'abord le « noyau dur » des Six, sur la base essentielle d'un rapprochement franco-allemand, mais sans barrer la route pour la suite aux autres États européens, y compris ceux d'Europe orientale [3].

En juillet 1960 le Général expliqua à ses collaborateurs qu'il fallait enrayer les « virtualités supranationales » des traités de Rome ; il s'intéressa dès lors aux possibilités de remettre en cause la troisième étape du Marché commun, à partir du 1er janvier 1967, qui devait voir le passage du vote à l'unanimité au vote à la majorité [4]. En outre, il annonça lors d'un comité interministériel tenu le 15 juillet que la France allait prendre rapidement une initiative en matière politique :

> « Le but de cette initiative sera de faire progresser l'Europe vers l'unité, par la coopération des États et non par la voie de délégations de pouvoirs accordées à des organes non responsables. Il pourrait ainsi être constitué un secrétariat politique et un secrétariat économique, qui seraient sans doute assez proches de ce que sont les commissions, mais constitueraient des organes composés de fonctionnaires préparant les décisions des États.
>
> « Une telle organisation comporterait la possibilité pour des pays européens qui n'y participeraient pas de s'y associer [5]. »

Il précisa sa pensée à long terme à Alain Peyrefitte, alors député :

> « Je n'exclus pas, pour plus tard, une confédération, qui serait le couronnement d'un patient effort pour dégager une politique commune, une diplomatie commune, une sécurité commune, au bout d'une longue période où les

---

3. Alain Peyrefitte, *C'était de Gaulle*, Paris, Fayard, 1994, pp. 60-64.
4. *Ibid.*, pp. 66-68.
5. Note du 26 juillet 1960, MAE, cabinet, entretiens 1960.

six États auraient pris l'habitude de vivre ensemble. Je vais faire des propositions dans ce sens à Adenauer. Mais ça ne pourra se faire que par la concertation des gouvernements légitimes. Et non par des technocrates apatrides [6]. »

Et Alain Peyrefitte fut chargé de rédiger une note pour le Général et une série d'articles qui parurent dans *Le Monde* à partir du 14 septembre 1960 pour développer les conceptions européennes gaullistes, afin de prolonger et d'expliciter l'initiative que la France allait effectivement prendre dès la fin du mois de juillet avec Adenauer [7]. En particulier dans sa note destinée au Général et achevée le 29 août, Alain Peyrefitte suggéra la stratégie que de Gaulle allait de fait suivre jusqu'au début de l'année 1962 : pour éviter de relancer le débat entre fédéralistes et confédéralistes, ne pas donner aux partenaires l'impression que les propositions françaises visaient à remettre en cause l'acquis communautaire et les présenter au contraire comme un complément de celui-ci. Mais en s'arrangeant néanmoins pour que « la nouvelle construction ôte à l'ancienne ce qu'elle peut avoir de nocif [8] ». Comme nous le verrons, c'est parce qu'il abandonna brusquement cette stratégie prudente le 17 janvier 1962 que de Gaulle fit échouer le plan Fouchet.

---

6. Peyrefitte, *op. cit.*, p. 69.

7. *Ibid.*, pp. 69-70.

8. Edmond Jouve, *Le Général de Gaulle et la construction de l'Europe (1940-1966)*, Paris, LGDJ, 1967, t. I, pp. 310 *sqq.* et t. II, pp. 487 *sqq.* A la suite d'une erreur du secrétariat d'Alain Peyrefitte, comme il le raconte dans *C'était de Gaulle*, la note du 29 août devait être très vite connue et publiée.

Explication probable de cette accélération :
l'évolution de la situation internationale
et des questions stratégiques

L'accélération de la politique européenne de De Gaulle durant le printemps et l'été 1960 s'expliquait probablement par une série de facteurs. Tout d'abord ceux qui se trouvaient directement liés aux Communautés européennes : différentes négociations internationales délicates amenaient à ce moment-là Paris à s'opposer à Euratom, et à souhaiter restreindre le champ d'action de sa commission. Avec le Marché commun, la situation était plus satisfaisante, la France avait joué d'ailleurs un rôle considérable dans l'accélération de la mise en place de celui-ci, qui venait d'être décidée, et l'avenir de la Politique commune agricole s'annonçait favorablement. Néanmoins, là aussi, des problèmes de compétences de la Commission se posaient à propos des rapports avec l'Afrique, sujet très sensible pour Paris [9]. Il était donc urgent de faire progresser le projet d'Europe politique interétatique qui était à la base des conceptions du Général, pour pouvoir mieux contrôler le développement des Commissions.

En outre, il est clair que l'aggravation de la situation internationale, soulignée plus haut, a contribué à encourager le président français dans ses projets d'Europe politique. Lui-même établit ce lien dans une allocution télévisée le 31 mai 1960 ; après avoir souligné la gravité du contexte international, il parla, en des termes qui annonçaient ses conversations avec ses collaborateurs les plus proches dans les semaines suivantes, de

« contribuer à bâtir l'Europe occidentale en un groupement politique, économique, culturel et humain, organisé pour l'action, le progrès et la défense [...]. Sans doute aussi faut-

---

9. Note du 26 juillet déjà citée.

il que les nations qui s'associent ne cessent pas d'être elles-mêmes et que la voie suivie soit celle d'une coopération organisée des États, en attendant d'en venir, peut-être, à une imposante confédération [10] ».

Notons, pour la première fois dans le discours européen du Général, l'apparition du thème de la défense : il ne s'agissait plus seulement d'une Europe politique, mais désormais aussi stratégique. Rappelons le constat du chapitre précédent : que ce fût pour la réforme de l'OTAN ou pour une aide américaine ou anglaise éventuelle en matière de bombes nucléaires ou de missiles, tout paraissait bloqué au printemps 1960. En revanche, les projets de matériels stratégiques français, lancés dès les années 50, commençaient à aboutir. C'est ainsi que, le 13 février, le premier engin nucléaire avait été testé, et s'était révélé particulièrement efficace (70 KT, contre 15 pour la bombe d'Hiroshima). Quant au missile stratégique, les premiers travaux avaient commencé en 1959 [11].

Il me paraît clair que ce complexe de crise internationale et de difficultés nucléaires et stratégiques avec les Américains et les Anglais a puissamment contribué — la chronologie est ici significative (tout se passe entre janvier et avril 1960) — à pousser, au printemps et pendant l'été 1960 le Général à mettre au point le projet européen qu'il devait proposer à Adenauer fin juillet. J'en veux pour preuve une note de son chef d'état-major particulier, un officier très estimé, le général Olié, du 1er juillet 1960. Après avoir évoqué la rupture de la conférence de Paris en mai et l'évolution prévisible de la stratégie et de la politique soviétiques, après avoir indiqué qu'à partir de 1961 Moscou aurait la supériorité en matière de missiles stratégiques et que l'URSS reviendrait alors sans doute, en position de force, à la table de négociation, Olié reprenait

---

10. Charles de Gaulle, *Discours et Messages*, Paris, Plon, t. III, p. 220.
11. *L'Aventure de la bombe. De Gaulle et la dissuasion nucléaire 1958-1969*, Paris, Plon, 1985, pp. 134 *sqq.*

le thème de l'allocution télévisée du Général le 31 mai. La France pourrait jouer au moment de la négociation un rôle important, à condition d'avoir regroupé autour d'elle une « Europe occidentale organisée pour l'action, le progrès, la défense », — c'étaient les termes mêmes utilisés par le Général. L'Europe occidentale serait « revigorée sous l'effet catalysant de la France... En matière militaire, une convergence de moyens (financiers, scientifiques, industriels, humains) pourrait permettre de constituer, sous l'égide de la France, un puissant ensemble européen de dissuasion qui relèverait l'instrument américain dont l'emploi n'est pas assuré [12] ». A mon avis, on ne pouvait pas mieux exprimer la pensée du Général, ni mieux montrer que son projet européen était indissociable de son projet stratégique et de son projet de réforme de l'OTAN. Et c'est ce programme que de Gaulle allait désormais tenter de réaliser.

Désormais, les Allemands commencent
à se rapprocher de De Gaulle

Certes, Adenauer avait toujours dit à de Gaulle, depuis 1958, qu'il n'était pas question pour lui de remettre en cause l'intégration au sein de l'OTAN ni les liens étroits entre la RFA et les États-Unis, et il était certainement sincère. Cependant, dans ses conversations avec lui, il ne ménageait pas non plus ses critiques à l'égard des États-Unis coupables à ses yeux de mollesse dans l'affaire de Berlin et suspects de vouloir réduire leur garantie nucléaire à l'Europe, ainsi qu'à l'égard de la stratégie et de l'organisation de l'OTAN. Sur ces deux points les procès-verbaux des conversations dans les archives

----

12. Service historique de l'armée de terre (SHAT), 233 K 60, Fonds Ely.

donnent une autre impression que le texte des *Mémoires* d'Adenauer, qui gomment l'aspérité fréquente de ses propos à l'égard de l'Amérique. Cet homme complexe et inquiet, tout en ne voulant pas se séparer de Washington, commençait à redouter un lâchage américain. Rappelons en outre que John Foster Dulles, son véritable correspondant à Washington, avec lequel il avait mené toute sa politique depuis 1953, était mort en 1959. Il n'y avait plus personne aux États-Unis pour comprendre et soutenir le chancelier comme l'avait fait l'ancien secrétaire d'État.

Étant donné l'évolution parallèle, depuis la fin de 1959, de De Gaulle et d'Adenauer, il n'est pas étonnant que, dès le mois de mars 1960, Français et Allemands aient été prêts, en secret, à entamer un véritable dialogue stratégique, renouant le fil interrompu depuis 1958 [13]. C'est ainsi que les deux ministres de la Défense, Messmer et Strauss, se rencontrèrent à Paris le 28 mars 1960. Ils ne purent se mettre d'accord sur le problème de l'intégration au sein de l'OTAN, Strauss déclarant que celle-ci était absolument indispensable pour la RFA et Messmer estimant que la Grande-Bretagne et l'Amérique pourraient un jour se désengager de la défense du continent et que la France et l'Allemagne devraient alors prendre la tête de la défense de l'Europe. En revanche, ils se rejoignirent tout à fait sur la nécessité de la « défense de l'avant » (couvrant la totalité du territoire de la RFA) et exprimèrent une inquiétude commune face aux réticences anglaises et américaines sur ce point. La France était d'ailleurs disposée à établir en Allemagne du Sud des dépôts de munitions en avant des garnisons du temps de paix des Forces françaises en Allemagne, dans le cadre de cette stratégie de l'avant.

Surtout, les deux ministres se mirent d'accord (à l'initiative,

---

13. Cette affaire se trouve révélée dans des documents du ministère allemand de la Défense, déclassifiés dans le cadre du *Nuclear History Program* ; ces documents se trouvent à la *NHP-Stelle* de l'Université de Bonn, sous la responsabilité du professeur Hans-Peter Schwarz, que nous tenons à remercier ici.

notons-le, de Strauss) sur un plan, apparemment proposé par le général Lavaud[14], prévoyant la création d'un groupe d'études destiné à développer des échanges d'officiers entre les unités et les écoles des deux armées mais aussi à comparer et à coordonner les conceptions stratégiques des deux pays, de façon « à établir autant que possible des bases communes » (on remarquera ici qu'un groupe franco-allemand à l'objectif très comparable vient à nouveau d'être créé en 1996, preuve de continuité mais peut-être aussi de stagnation dans cette histoire...). Il était entendu que ce groupe d'études devait rester ultra-secret pour ne pas inquiéter les alliés de l'OTAN. Comme nous le verrons, ces suggestions devaient déboucher sur la formation d'un Groupe permanent d'état-major franco-allemand et des conversations d'état-major régulières à partir de janvier 1961. En attendant, il est clair que si la RFA n'était pas prête à suivre la France dans la remise en cause de l'intégration atlantique, elle était en revanche tout à fait disposée à parler de stratégie avec elle, d'autant plus que, sur certains points, les conceptions françaises pouvaient être plus proches des allemandes que les anglo-saxonnes[15]. Le climat avait décidément changé par rapport à l'année précédente.

29 et 30 juillet 1960 : Rambouillet

En conséquence, lors de la visite d'Adenauer à Paris le 14 mai 1960, juste avant le sommet avorté, de Gaulle lui

---

14. Chef d'état-major des armées. On se souvient qu'il avait joué un rôle considérable dans les négociations nucléaires franco-germano-italiennes de 1957-1958. Jusqu'en juillet 1960 il devait être le chef de la délégation française au comité directeur du Comité militaire tripartite franco-germano-italien créé en janvier 1958 qui, rappelons-le, fonctionnait toujours.

15. Le compte rendu se trouve à la *NHP-Stelle Bonn*, document 043.

annonça qu'il comptait lui parler après cette conférence « de la défense de l'Europe et notamment de la défense commune de l'Allemagne et de la France ». Adenauer, qui venait dans la conversation de critiquer très durement la stratégie et l'organisation de l'OTAN et qui venait de demander au Général d'intervenir sur ces questions, s'y déclara disposé [16]. Comme on le sait, de Gaulle devait aborder publiquement le thème d'une défense européenne à la suite de cette conversation, lors de son allocution télévisée du 31 mai.

Ce fut lors de la réunion capitale de Rambouillet entre de Gaulle et Adenauer, les 29 et 30 juillet 1960, que l'affaire se noua. Les problèmes stratégiques tinrent effectivement une place très importante lors de cette rencontre, au cours de laquelle les relations entre les deux hommes s'établirent sur un plan supérieur de confiance et d'amitié [17]. En particulier, il apparut à cette occasion que, dans l'esprit du Général, la réforme de l'OTAN était consubstantiellement liée à la création de l'union politique, comme il le déclara d'ailleurs explicitement à Adenauer à différentes reprises ; elle serait sans doute même l'objet essentiel de l'exercice.

En effet, le nœud des conversations entre les deux hommes fut le problème de la sécurité en Europe et de la réforme nécessaire de l'Alliance atlantique. De Gaulle expliqua longuement qu'il était partisan de l'Alliance mais pas de l'OTAN :

> « L'organisation de l'Europe doit s'accomplir dans les domaines politiques, économiques et culturels et dans celui de la défense. [...] Cette organisation de l'Europe exige une réforme de l'OTAN. [...] Il faut mettre sur pied

---

16. Compte rendu au MAE, cabinet, entretiens, 1960.

17. MAE, cabinet, entretiens, 1960. Cf. le récit de Schwarz, à partir des sources allemandes, *Adenauer. Der Staatsmann : 1952-1967*, Stuttgart, 1991, pp. 565 *sqq.* Et cf. le récit très vivant et fouillé de l'interprète d'Adenauer : Hermann Kusterer, *Der Kanzler und der General*, Neske, 1995.

une organisation européenne qui dise quelque chose aux peuples et dans laquelle ces derniers se sentent responsables de leur propre défense. Tel n'est pas le cas pour l'OTAN qui, chaque jour, devient plus artificielle. »

Il est capital de souligner une fois de plus que de Gaulle établissait un lien indissoluble entre la réforme de l'Alliance et la constitution d'une Europe politique : il s'agissait pour lui des deux faces d'un même problème. Le 30 juillet, le Général remit à Adenauer une note manuscrite reprenant les idées développées par lui la veille au cours d'un entretien en tête à tête [18]. Ce texte est à mon sens l'expression la plus autorisée de De Gaulle lui-même sur le projet d'union politique. On va voir que, outre une refonte des Communautés européennes existantes, ce document préconisait la réforme de l'Alliance :

« I. Si l'on croit qu'il est nécessaire que l'Europe devienne une entité réelle exerçant une action propre dans les affaires du monde, il faut vouloir qu'elle soit organisée par elle-même et pour elle-même dans les domaines politique, économique, culturel et dans celui de la défense.

« II. Pour être efficace, pour s'appuyer sur le sentiment et l'adhésion des peuples, pour ne pas se perdre dans les nuées des théories, " l'Europe " ne peut actuellement consister qu'en une coopération organisée des États. Tout commande que cela se fasse à partir d'un accord de la France et de l'Allemagne, auquel adhéreront tout d'abord l'Italie, la Hollande, la Belgique et le Luxembourg.

« III. Adopter cette conception, c'est admettre que les organismes " supra-nationaux ", qui ont été constitués entre les Six et qui tendent inévitablement et abusivement à devenir des super-États irresponsables, seront réformés,

---

18. *Lettres, Notes et Carnets*, 1958-1960, *op. cit.*, pp. 382-383.

subordonnés aux gouvernements et employés aux tâches normales du conseil et de la technique.

« IV. Adopter cette conception, c'est, d'autre part, mettre un terme à l'" intégration " américaine en quoi consiste présentement l'Alliance atlantique et qui est contradictoire avec l'existence d'une Europe ayant au point de vue international sa personnalité et sa responsabilité. L'Alliance atlantique doit être fondée sur de nouvelles bases. C'est à l'Europe de les proposer. »

Le Général proposait ensuite des réunions régulières des ministres et des chefs d'État ou de gouvernement, réunions préparées par quatre commissions communes et permanentes de fonctionnaires pour les domaines politique, économique, culturel et de la défense. Par la suite, une assemblée consultative, formée de délégations des parlements nationaux, pourrait être constituée. Un référendum européen entérinerait de façon solennelle une telle organisation. Il s'agissait donc bien, par ce projet de « coopération organisée » qui annonçait étroitement le plan Fouchet, à la fois de recentrer l'Europe conformément aux vues exposées par le Général depuis 1958, c'est-à-dire en contrôlant étroitement les Commissions « supranationales » au moyen de nouveaux organismes représentant les États, et aussi de provoquer une réforme de l'OTAN.

En ce qui concerne l'Alliance atlantique, le Général avait exposé ses idées la veille, et rarement il ne fut aussi explicite que ce jour-là, ce qui confère un intérêt particulier à ses propos :

« En réalité [...], nous sommes quatre grands États (peut-être cinq avec l'Italie)... On ne peut pas les confondre et chaque État doit jouer son propre rôle dans l'Alliance. C'est d'ailleurs une condition nécessaire pour que son peuple y prenne intérêt [...]. L'Allemagne constitue l'avant-garde [...]. La France la seconde ligne [...] la position principale. Cependant, elle doit faire corps avec l'Allemagne et rester liée avec elle sur le même terrain pour une même bataille... En cas de guerre, toutes les forces françaises [...] participeraient à la lutte commune. »

Soulignons ces trois dernières phrases, capitales mais malheureusement contradictoires jusqu'à un certain point ; or tout le débat était là et en resterait là pour de longues années, même après le départ de De Gaulle. Pour certains Allemands, dont le général Speidel, commandant Centre-Europe et toujours très hostile à la politique gaulliste, qui fit un exposé sur cette question devant Adenauer le 23 septembre 1960, c'était la première phrase qui représentait vraiment la pensée intime du Général. Celui-ci envisageait l'Allemagne comme un simple glacis pour la seule bataille importante, la bataille de France [19]. Dans cette hypothèse il n'y avait pas de vraie collaboration possible. Mais pour d'autres Allemands, ceux qu'on appellera les « gaullistes » comme nous le verrons, de Gaulle était vraiment prêt à constituer une réelle communauté stratégique entre les deux pays, ce qui correspond au sens de la deuxième et de la troisième phrase [20]. J'incline pour ma part à penser que, au moins pour la période 1960-1964 et bien entendu seulement si cette communauté se réalisait aux conditions du Général, c'était ce second groupe qui avait raison. Mais il s'agit d'une question complexe, de Gaulle ne s'étant jamais exprimé sur les détails de la réforme de l'OTAN qu'il avait en tête, mais question évidemment très importante pour comprendre comment il voyait le développement de l'Union européenne.

Notons néanmoins quelques éléments. Tout d'abord, le Général expliqua à Adenauer le 29 juillet que, s'il était hostile à l'intégration, une coordination au sein de l'Alliance était bien entendu nécessaire. Ensuite, il était clair pour lui qu'il y

---

19. Hans-Peter Schwarz, *op. cit.*, pp. 581-582.

20. Très représentatifs de ce courant les mémoires très intéressants de Horst Osterheld, diplomate en poste au Kanzleramt de 1960 à 1970, *Aussenpolitik unter Bundeskanzler Ludwig Erhard 1963-1966*, Droste, 1992.

aurait toujours en Allemagne des forces françaises, anglaises et américaines, justement parce que l'Allemagne était « à l'avant-garde », ce qui explique peut-être la différence qu'il souligna à Rambouillet entre l'Allemagne et la France, « position principale [21] ». D'autre part il est probable que de Gaulle envisageait une très forte coopération militaire entre les Six, ne serait-ce que pour contrôler l'Allemagne, l'ensemble européen concluant avec les États-Unis des accords de coopération qui auraient ressemblé aux accords Ailleret-Lemnitzer de 1967 et qui auraient concerné également les stratégies nucléaires [22]. Comme nous le verrons, c'est d'ailleurs ce qu'il laissera entendre aux cinq partenaires européens lors de la conférence de Bonn du 18 juillet 1961.

En fait, le refus de l'intégration par de Gaulle était de nature politique, lié à sa conception de la souveraineté nationale ; sur le plan pratique, il était à mon avis beaucoup plus pragmatique qu'on ne l'a dit, et bien des formules étaient possibles, mais à condition que les Américains acceptent que les Européens se regroupent autour de Paris et affirment leur identité. En tout cas, selon moi, c'est une réelle collaboration stratégique que de Gaulle proposait à Adenauer, et l'union politique devait bien dans son esprit déboucher sur une organisation militaire.

Mais revenons à Rambouillet. Le Général poursuivit :

« La France assure aussi un autre rôle qui est la défense méditerranéenne et africaine...

« Quant à l'Angleterre, de par sa nature, elle n'est pas un combattant du continent. Elle peut y figurer par certaines de ses forces. Mais son rôle essentiel n'est pas là. Il consiste à fournir une couverture de l'Europe dans les

---

21. Hervé Alphand, *L'Étonnement d'être*, Paris, Fayard, 1977, p. 351.

22. Ces conceptions furent exposées au public par un article très inspiré et qui fit du bruit, signé XXX, « Faut-il réformer l'Alliance atlantique ? », *Politique étrangère*, 3/1965 (republié dans le n° 4/1995 de cette revue).

mers du Nord et à protéger les communications maritimes. Elle est faite comme cela. C'est là sa nature.

« Les États-Unis [...] constituent la réserve, l'arsenal [...]. Ils peuvent avoir des éléments de défense sur le continent européen. Mais, avant tout, ils sont une réserve et c'est comme cela qu'il faut les voir...

« En cas de guerre, toutes les forces françaises [...] participeraient à la lutte commune...

« L'erreur consiste à confondre l'alliance qui, elle, est bonne, et l'intégration qui est mauvaise. »

De Gaulle sous-estimait sans doute dans ses propos l'ampleur de l'engagement américain dans la défense, même conventionnelle, de l'Europe. En revanche, il affirmait l'existence d'une communauté de destin stratégique entre la France et l'Allemagne. Il n'hésita pas à accompagner ses propositions d'une menace fort précise : « La France ne resterait plus longtemps dans l'OTAN telle qu'elle était actuellement. » Le Général plaçait ainsi son interlocuteur dans une position très difficile, une rupture éventuelle entre Paris et Washington entraînant pour Bonn la nécessité d'un choix impossible entre les deux capitales.

Adenauer se montra sur le moment d'accord dans l'ensemble avec les propos de De Gaulle et alla même assez loin dans le sens du Général ; il lui proposa que Français et Allemands se mettent d'accord sur un projet de réforme de l'OTAN, acceptant ainsi la suggestion de son interlocuteur selon laquelle les deux pays devaient prendre l'initiative d'une réforme de l'Alliance. Il proposa également des conversations d'état-major franco-allemandes (qui commencèrent effectivement à partir de janvier 1961). Il déclara admettre « que les Américains ne puissent être les seuls à posséder l'arme atomique » au sein de l'Alliance, reconnaissant ainsi la légitimité de l'effort nucléaire français. Il alla jusqu'à dire « qu'il lui paraissait improbable que le président des États-Unis déclenche jamais une guerre atomique pour la défense de l'Europe ». Néanmoins, il fit certaines réserves : la France ne pourrait pas tout faire, et si son effort nucléaire l'amenait à réduire de façon excessive ses forces conventionnelles, cela pourrait offrir un avantage à l'URSS. Mais surtout la nécessaire réforme de l'OTAN (qui ne pourrait pas, selon le chancelier, rester en 1960 ou 1970 ce qu'elle était en 1949) devrait certes conduire à ce que « l'Europe apprenne à exister par ses propres moyens, [mais] pourvu que l'URSS ne s'imagine pas pour autant avoir réussi à disloquer l'Occident et que les États-Unis ne se trouvent pas renforcés dans leur isolationnisme ». Le chancelier revint sur cette idée à différentes reprises, le Général l'assurant que dans son esprit il était indispensable que l'Alliance continue ; ce n'était que l'intégration qu'il remettait en cause. Le problème des rapports avec les États-Unis serait toujours le point délicat de la relation de Gaulle-Adenauer, même si le chancelier ne manquait pas de critiquer Washington en des termes souvent assez proches de ceux du Général.

Malgré tout, on le voit, l'accord stratégique entre les deux hommes allait loin : l'OTAN devait être réformée, l'Europe devait exister par elle-même sur le plan militaire, la France et l'Allemagne devaient s'entendre pour en prendre la tête (Adenauer insistant même à Rambouillet sur cette dernière idée plus que le Général, plus soucieux de ménager les sensibilités des autres partenaires européens). Notons même que, par deux fois, de Gaulle fit une allusion à un éventuel armement nucléaire de la RFA :

« Si un désarmement n'intervenait pas... il est plus que probable que, dans ce cas, un jour viendra où l'Allemagne prétendra avoir, elle aussi [des armes atomiques]. »

Soulignant que l'Europe ne devait pas dépendre uniquement des États-Unis, de Gaulle répéta :

« Cette situation implique incontestablement une union entre la France et l'Allemagne et impliquera sans doute qu'à partir d'un certain moment celle-ci ne reste pas, non plus, dépourvue d'armes nucléaires. »

On voit jusqu'où de Gaulle s'avançait pour gagner Adenauer à ses conceptions. Il est vrai que celui-ci avait ouvert les entretiens de Rambouillet en se plaignant amèrement d'une déclaration récente de Michel Debré, selon laquelle les nations dépourvues d'armes nucléaires ne seraient que des « satellites ». Bien entendu, Adenauer, toujours obsédé par la crainte d'une forme quelconque de discrimination contre la RFA, avait réagi vivement. Il est possible que le Général ait surtout voulu faire oublier le propos maladroit de son Premier ministre. On reviendra par la suite sur ce problème, pour essayer de comprendre ce que le Général avait exactement en tête dans ce domaine, mais disons tout de suite que je ne suis pas sûr que ces propos n'aient été qu'une simple manœuvre tactique pour séduire Adenauer et le détourner des États-Unis. De Gaulle pensait, réellement selon moi, à une communauté stratégique (« une même bataille sur un même terrain ») franco-allemande, mais évidemment dans certaines conditions. De toute évidence, cette communauté serait pour lui le cœur de la future Union européenne.

Les suites immédiates de Rambouillet : relance de la coopération militaire franco-allemande

Dans l'immédiat, sur le plan militaire, l'entrevue de Rambouillet se traduisit par des résultats. Le 25 octobre 1960 les deux pays conclurent une série d'accords très importants permettant à la Bundeswehr de s'entraîner et d'établir des dépôts en France et consentant à la Luftwaffe des facilités sur les aérodromes français [23]. On remarquera que ces accords étaient des accords bilatéraux et ne se situaient pas juridique-

---

23. Maurice Couve de Murville, *Une politique étrangère, 1958-1969*, Paris, 1971, p. 246, et MAE, Pactes, carton 149, *passim.*

ment dans le cadre de l'OTAN. D'autre part, les projets de coopération en matière d'armements furent relancés, après deux ans de discussions très difficiles : lors de leur rencontre du 16 mai 1961, Strauss et Messmer évoquèrent la question, toujours en suspens, du char moyen et de l'hélicoptère lourd. Strauss proposa un marché : la France adopterait le modèle allemand de char moyen, et l'Allemagne s'équiperait de l'hélicoptère lourd français Frelon et non pas d'un modèle américain. Messmer était disposé à accepter cette proposition, qui aurait considérablement accru le degré de coopération entre les deux pays [24].

Les Allemands souhaitaient en effet, tout comme Paris — et même si, nous le verrons, leurs conceptions à propos de l'OTAN étaient différentes —, l'établissement de relations militaires bilatérales directes entre les deux pays [25]. Les militaires allemands étaient particulièrement désireux de développer de tels contacts et de parler de stratégie avec leurs homologues français. Comme le général Schnez, chef de l'état-major de l'inspecteur général de la Bundeswehr, le laissa entendre à l'attaché militaire français à Bonn le 12 octobre, les Allemands étaient en effet inquiets de voir les Français se retrancher derrière leur future force de frappe et ne plus participer à la défense conventionnelle de l'OTAN à un degré suffisant [26]. Leur volonté de faire tout ce qui était en leur pouvoir pour que la France continue à s'engager dans celle-ci était évidente.

Et de fait commencèrent à partir de là les conversations d'état-major régulières évoquées entre Strauss et Messmer en mars et de nouveau à Rambouillet, et dont nous verrons l'importance. Les premières eurent lieu à Bonn les 24 et 25 jan-

---

24. Note de Messmer du 18 mai 1961, Pactes, carton 320.

25. Comme le secrétaire d'État à l'Auswärtiges Amt Carstens le dit à Couve de Murville le 17 septembre, note du 19 septembre, MAE, cabinet, entretiens 1960.

26. Rapport de l'attaché militaire à Bonn du 15 octobre, MAE, Pactes, carton 84.

vier 1961, les deuxièmes à Paris les 12 et 13 mai, les troisièmes les 10 et 11 juillet 1961 [27]. Le dialogue stratégique franco-allemand était désormais une réalité, et les Allemands avaient accepté, il faut le souligner, qu'il se déroulât en dehors des structures de l'Alliance. Disons ici que, du côté allemand, le moteur d'un dialogue stratégique sur le fond était de toute évidence Strauss ; l'Auswärtiges Amt quant à lui souhaitait surtout lever l'hypothèque des projets de De Gaulle et aboutir rapidement à un projet de réforme de l'OTAN limité, qui rassurât les Américains et permît de sortir de l'incertitude, comme le secrétaire d'État aux Affaires étrangères, Carstens l'expliqua à Couve de Murville le 17 septembre. C'était là, bien sûr, un état d'esprit tout différent de celui de Strauss. Quant à Adenauer, sa position paraît fort complexe, nous allons le voir : il semble avoir utilisé de façon dialectique et l'orientation de Strauss et celle de l'Auswärtiges Amt en 1960-1961 pour accroître la marge de manœuvre de la RFA.

1960-1961 : les origines du plan Fouchet,
les hésitations allemandes
et la complexité de la position d'Adenauer

Quant au Général, il était très optimiste : il écrivit le 1er août, deux jours après Rambouillet, au ministre des Affaires étrangères, Maurice Couve de Murville :

« A la suite de la visite du Chancelier, il nous faut battre le fer de l'organisation de l'Europe, car ce fer est chaud [28]. »

« La première opération », poursuivait le Général, consisterait à former « un embryon de commission politique » qui mettrait

---

27. *NHP-Stelle Bonn*, document 067.
28. *LNC, 1958-1960*, p. 383.

« sur pied le projet de coopération organisée des gouvernements » et étudierait « la réforme profonde » des Communautés européennes et de l'Alliance atlantique. On consulterait les autres partenaires au moyen d'entretiens bilatéraux de façon à parvenir à une conférence à Six et à un accord dès le mois d'octobre. Si l'entente n'était pas possible, on se contenterait « d'un accord franco-allemand ouvert aux quatre autres [29] ».

On notera que, dans sa lettre à Couve de Murville de Gaulle associait la réforme des Communautés à celle de l'Alliance atlantique. Au sujet de cette dernière, il écrivit d'ailleurs à Eisenhower dès le 9 septembre, pour relancer la question [30]. La réforme de l'Alliance n'était donc pas du tout abandonnée au profit de l'idée d'une défense européenne, contrairement à une thèse fréquemment avancée, mais, dans l'esprit du Général, répétons-le, les deux étaient étroitement liées.

Les conversations bilatérales entre les Six voulues par de Gaulle commencèrent immédiatement et s'achevèrent avec la visite du président du Conseil luxembourgeois le 17 septembre. Ces échanges firent apparaître trois problèmes : la place de la Grande-Bretagne par rapport aux Six, l'OTAN et le statut des Communautés existantes. Comme nous le verrons, ces trois problèmes, apparus d'entrée de jeu, devaient hanter toute l'affaire.

Cependant, en Allemagne, l'ensemble du gouvernement et les dirigeants de la CDU trouvèrent qu'Adenauer était allé trop loin : celui-ci fit machine arrière, et, au cours de l'automne 1960, il s'écarta des bases établies à Rambouillet, en tentant en particulier de régler le problème de sécurité de la RFA par le biais du projet Norstad de force nucléaire multilatérale de l'OTAN [31]. Le général Norstad (commandant en chef de l'OTAN en Europe) avait en effet souligné qu'il n'existait

---

29. *Ibid.*

30. *Ibid.*, pp. 388-390.

31. Hans-Peter Schwarz, *Die Ära Adenauer, 1957-1963, Geschichte der Bundesrepublik Deutschland*, Bd. 3, Wiesbaden-Stuttgart, Brockhaus DVA, 1983, pp. 118-119.

pas d'armements nucléaires basés en Europe permettant de répondre aux nombreuses fusées soviétiques à portée intermédiaire visant justement l'Europe occidentale, d'où son projet de force nucléaire de l'OTAN.

Le 9 septembre, Adenauer rencontra, sur les bords du lac de Côme, Spaak, secrétaire général de l'OTAN, le général Norstad et des représentants du Benelux. Norstad exposa son plan : une flotte équipée de fusées Polaris, capables d'atteindre le territoire soviétique, serait mise sous les ordres du commandant en chef de l'OTAN ; chaque État membre de l'Alliance pourrait acquérir un certain nombre de Polaris ; l'autorisation d'emploi serait donnée par le conseil de l'OTAN (elle ne serait donc pas soumise, au moins formellement, au veto du seul président des États-Unis). Adenauer fut enchanté : cette proposition répondait à ses inquiétudes quant à la stratégie de l'OTAN, en renucléarisant celle-ci de façon décisive. D'autre part, la RFA pourrait y participer sur un pied d'égalité. C'était pour le chancelier mieux que ce que de Gaulle lui avait proposé à Rambouillet [32].

La position allemande, rectifiée en fait dès le retour d'Adenauer à Bonn largement d'ailleurs sous la pression de

---

32. En fait les Allemands suivaient très attentivement ce projet avec le général Norstad et les organismes de SHAPE depuis le mois de novembre 1959, quand Strauss s'en était entretenu avec Norstad (notes du ministère allemand de la Défense du 5 janvier et du 27 juin 1960, *NHP-Stelle*, doc. 042 et 048). L'idée de Norstad (ce point est important pour comprendre la suite) était que la multiplication des lanceurs soviétiques visant l'Europe occidentale et les progrès de la défense antiaérienne russe nécessitaient de remplacer les avions de l'OTAN armés de bombes nucléaires tactiques, qui devenaient trop vulnérables, par des missiles ; en d'autres termes, il ne s'agissait pas dans l'esprit de Norstad de doter l'OTAN d'une force *stratégique* multilatérale visant les villes soviétiques, mais de moderniser l'armement *nucléaire tactique* de l'Alliance visant des objectifs militaires en Europe orientale et en Russie occidentale, ce qui était fort différent mais qui n'est pas toujours compris. La note déjà citée du 5 janvier est parfaitement explicite à ce sujet. Voir également l'exposé de Norstad devant le Conseil atlantique, le 26 janvier 1961, *NHP-Stelle*, doc. 061.

l'Auswärtiges Amt [33] mais confortée désormais par la proposition Norstad, fut expliquée à Couve de Murville par le secrétaire d'État aux affaires étrangères von Scherpenberg dès le 6 août 1960, et à nouveau le 17 septembre par l'autre secrétaire d'État, Carstens [34]. Les deux responsables allemands exprimèrent la plus grande réserve à l'égard de la réforme de l'OTAN ; en particulier, il ne pouvait être question de remettre en cause le commandement intégré. En revanche, ils étaient d'accord avec le projet « confédéral » proposé par de Gaulle, c'est-à-dire le système de réunions régulières des chefs de gouvernement et des ministres concernés pour les affaires étrangères, la défense et l'enseignement. Mais les organismes européens existants ne devraient pas être remis en cause et devraient continuer à exister en dehors et à côté du nouveau système confédéral. Quant à l'Angleterre, elle devrait pouvoir faire partie de l'ensemble confédéral, sans pourtant adhérer au Marché commun. En effet, les raisons qui s'opposaient à l'entrée de Londres dans celui-ci ne jouaient pas pour la coopération interétatique. A cela, Couve de Murville répondit qu'il était difficile d'imaginer comment l'Angleterre pourrait participer à l'un et pas à l'autre. On avait là d'entrée de jeu les différents problèmes qui ne cesseraient pas de se poser par la suite. Mais retenons que, du côté allemand, la réticence essentielle provenait de la volonté française de remettre en cause les structures intégrées de l'OTAN.

Devant ces difficultés, le Général essaya d'agir sur Adenauer et lui envoya le Premier ministre, Michel Debré, les 7 et 8 octobre. Les instructions données à ce dernier le

---

33. A quel point les diplomates allemands freinèrent la volonté de collaboration d'Adenauer avec de Gaulle est démontré par l'excellent mémoire de maîtrise préparé sous ma direction par M. Alexandre Lazerges en 1995, « Herbert Blankenhorn, ambassadeur de la RFA à Paris entre 1958 et 1963 », rédigé à partir des Papiers Blankenhorn au Bundesarchiv à Coblence.

34. Notes du 8 août 1960 et du 19 septembre, MAE, cabinet, entretiens 1960.

30 septembre 1960 étaient significatives. De Gaulle recommandait la fermeté sur le fond, mais en même temps une grande souplesse tactique, dont il ne devait pas se départir jusqu'à la crise de janvier 1962 qui devait aboutir à l'échec du plan Fouchet :

« D'une manière générale, je pense qu'il faut, en ce moment, temporiser plutôt que s'élancer... L'Europe par coopération est désormais lancée. L'Europe de l'intégration ne peut s'y résigner aussitôt et sans transitions [...].

« Il en est de même pour ce qui concerne l'organisation de l'Alliance atlantique. Il est très explicable que l'Allemagne, notamment, soit mal disposée au départ à l'égard d'une réforme qui déplairait aux Américains. Comme pour elle, la question de la refonte de l'alliance ne pourrait se poser pratiquement qu'à la suite d'un commencement de construction politique de l'Europe, ce n'est pas la peine de l'agiter, de la troubler avec cette affaire dès à présent. Je regrette, pour ma part, d'en avoir parlé naguère aussi franchement que je l'ai fait au chancelier Adenauer. Je le croyais plus vraiment européen que, sans doute, il ne l'est en réalité. Dès lors, sans revenir sur ce que nous avons dit, laissons entendre que, pour le moment, le problème n'est pas aigu.

« Quant aux diverses Communautés, n'ayons pas l'air de nous en prendre directement à elles, non plus qu'aux traités qui les ont instituées. Si nous parvenons à faire naître l'Europe de la coopération des États, les Communautés seront *ipso facto* mises à leur place. C'est seulement si nous ne parvenions pas à faire naître l'Europe politique que nous en viendrions à nous en prendre directement aux premiers fruits de l'intégration [35]. »

---

35. *LNC, 1958-1960*, pp. 398-399. On remarquera que c'était exactement la tactique qu'Alain Peyrefitte avait recommandée au Général dans sa note du 29 août.

Mais Adenauer avait décidément changé depuis Rambouillet. Malgré une lettre très conciliante de De Gaulle du 22 septembre 1960, dans laquelle le Général admit que l'Union politique ne devrait pas « éloigner les Américains de la défense de l'Europe [36] », la visite de Michel Debré et de Couve de Murville à Bonn les 7 et 8 octobre ne se passa pas bien [37]. Prenant prétexte d'un discours de De Gaulle à Grenoble, Adenauer, dans une scène violente mais peut-être un peu artificielle, reprocha amèrement à ses interlocuteurs la politique nucléaire de la France et son opposition à l'OTAN. Debré répondit que « nul ne cherchait en France à constituer une troisième force ou à renverser les alliances ; il s'agissait avant tout de renforcer et d'équilibrer l'entente entre les principales puissances de l'Occident... sans briser ce qui existait [38] ». Le Premier ministre ajouta — ce qui me paraît avoir été au cœur des conceptions du Général dans cette affaire — que « la capacité nucléaire [française] renforcerait l'Europe et pourrait imposer aux Russes un respect de la France dont chacun savait qu'elle ne dissociait pas son sort de ses voisins et notamment, en premier lieu, de l'Allemagne fédérale ».

Mais Adenauer ne parut pas convaincu, au moins à ce moment-là, par l'idée selon laquelle une union franco-allemande étroite ferait automatiquement bénéficier la RFA de la dissuasion française. Il écrivit le 8 octobre à de Gaulle une lettre [39] qui prenait très exactement le contre-pied de ses thèses : la RFA ne pourrait « admettre l'idée d'un changement de structure de l'Alliance dans le sens, par exemple, d'une coalition de systèmes nationaux de défense ». Il fallait une défense intégrée, avec une « imbrication » des forces alliées, y compris des forces américaines, le plus en avant possible,

---

36. *Lettres, Notes et Carnets 1958-1960*, pp. 396-397.

37. Compte rendu au MAE, cabinet, entretiens, 1960 ; Schwarz, *op. cit.*, pp. 585 *sqq.* ; Michel Debré, *Mémoires*, t. III, *Gouverner (1958-1962)*, pp. 423-424.

38. Compte rendu MAE.

39. Archives du MAE, cabinet, entretiens, 1960.

une défense aérienne, une logistique et des infrastructures communes. En effet, le 6 octobre, Eisenhower avait écrit au chancelier que les États-Unis se retireraient si l'intégration était remise en cause. Il fallait donc éviter même « la simple tendance... à envisager pour l'avenir un éventuel retrait des troupes américaines [et à] se préparer dès maintenant pour une telle hypothèse », il ne fallait donc pas que les Six se mêlent d'établir de leur côté des plans pour la défense de l'Europe. Comme on le voit, Adenauer portait un scalpel aiguisé sur tous les points essentiels des projets stratégiques gaulliens !

Certes, il fallait réformer l'Alliance, mais en la renforçant, en particulier par la création d'une flotte armée de fusées Polaris sous contrôle multilatéral de l'OTAN, de façon à faire participer les Européens à la décision atomique : c'était le projet Norstad. Dans l'esprit d'Adenauer, celui-ci devait répondre à ce qu'il y avait de juste dans la position de De Gaulle : que les Américains ne soient pas les seuls à décider de l'emploi d'une arme qui engageait le sort de tous les peuples de l'Alliance[40]. Or, dans sa lettre du 6 octobre, Eisenhower venait d'approuver ce projet, et Adenauer, qui avait déjà essayé de le défendre la veille auprès de Debré, tentait maintenant d'y rallier le Général. Le chancelier pensait même à une démarche commune franco-allemande à Washington pour faire aboutir ce projet, et il croyait qu'il serait possible d'obtenir au sein de l'OTAN la création d'un groupe européen qui pourrait utiliser ces armes sans que le président des États-Unis pût y mettre son veto[41]. Ce dernier point était sans doute une illusion, comme le montra la suite de l'histoire du projet de force nucléaire multilatérale. Et la suggestion du chancelier ne pouvait être que très mal accueillie à Paris où l'on était au milieu d'une procédure parlementaire très difficile pour faire voter la première loi de

---

40. Hans-Peter Schwarz, *op. cit.*, pp. 576 *sqq.*
41. Adenauer, *Mémoires*, t. III, pp. 259-266.

programme nucléaire, qui devait poser les fondements de la Force de frappe, face à l'opposition résolue de toute une partie de la classe politique ; en effet, on soupçonnait volontiers à Paris le projet Norstad d'être surtout destiné à torpiller la Force de frappe. Et de fait il y eut une consultation permanente durant ces semaines entre Bonn et Washington pour tenter de faire accepter le projet Norstad par de Gaulle [42].

La thèse habituelle est que ce projet (ancêtre direct de la MLF) constituait pour Adenauer la priorité et que ses rapports avec de Gaulle dans le domaine stratégique étaient tout à fait secondaires [43]. Ou même que le chancelier n'était allé aussi loin avec le général que pour faire pression sur les Américains, afin qu'ils tiennent mieux compte des désirs de la RFA en matière nucléaire. Cela n'est d'ailleurs pas tout à fait exclu : le 4 août, tout juste de retour de Rambouillet, Adenauer avait écrit à l'ambassadeur américain à Bonn pour lui rappeler le rôle central des armes nucléaires dans la défense de l'Occident et le fait que la RFA n'avait renoncé à ces armes en 1954 que *rebus sic stantibus* [44]. Dans toutes ces affaires, il est probable que le chancelier, homme aussi habile que complexe, a à la fois cherché sincèrement à réduire les divergences franco-américaines, et à les utiliser pour mieux faire prendre en compte par Paris comme par Washington les besoins de sécurité de la RFA [45].

Il est effectivement très probable que, jusqu'à l'été 1962, le maintien de l'intégration atlantique et d'une façon générale des liens avec l'Amérique ont conservé pour Adenauer lui-même une très nette priorité. Néanmoins, il n'était pas ques-

---

42. Par ex. une lettre d'Eisenhower à Adenauer du 27 octobre 1960, Washington, National Archives, NARA, Declassified Documents, 1993.

43. Cf. par exemple Hans-Peter Schwarz, dans son article « Adenauer, le nucléaire et la France », *Revue d'histoire diplomatique*, 4/1992.

44. Hans-Peter Schwarz, *Die Ära Adenauer, 1957-1963, Geschichte der Bundesrepublik Deutschland*, Bd. III, Stuttgart, 1983, p. 119.

45. Nous avons développé cette idée dans notre article de *Relations internationales*, 58, déjà cité.

tion pour lui d'un alignement aveugle : la suite allait montrer qu'en tout cas, dès le début de l'année 1961, il allait progressivement se rapprocher de De Gaulle en matière européenne et stratégique, en particulier à partir de l'arrivée au pouvoir, en janvier 1961, du président Kennedy dont la politique et la stratégie ravivèrent très vite ses inquiétudes à l'égard de l'Amérique.

De janvier à mai 1961 : la situation se débloque

En effet, bloquée à l'automne 1960, la situation devait se transformer au cours de l'hiver et du printemps 1961. Le 26 janvier, l'ambassadeur allemand à Paris, Blankenhorn, laissa présager un changement d'orientation à Bonn et déclara au conseiller diplomatique de l'Élysée que le chancelier était prêt à aborder le problème de l'organisation européenne, à accepter des réunions périodiques des chefs de gouvernement, à créer une commission de fonctionnaires des six États chargés d'étudier tous les problèmes posés par la France. Même pour l'OTAN, Blankenhorn faisait une ouverture : il n'était certes pas question pour Bonn de remettre en cause l'intégration, mais on devrait parler du problème de l'utilisation des armes nucléaires (qui était au cœur des discussions atlantiques à ce moment-là, nous le verrons) [46].

Effectivement, le 9 février, à la veille d'une réunion des Six, de Gaulle et Adenauer purent se mettre d'accord : ils proposeraient le lendemain à leurs quatre partenaires « un commencement de coopération politique » au moyen de rencontres trimestrielles des chefs de gouvernement et de réunions régulières des ministres des Affaires étrangères, de l'Éducation et

---

46. MAE, cabinet, entretiens 1961.

de la Culture. De Gaulle fit deux concessions au chancelier allemand : il accepta, dans le projet français, de substituer le terme de « coopération organisée » à celui de « confédération » qui risquait de heurter les partenaires, et il fut entendu que, pour l'instant on ne parlerait pas des problèmes de défense [47].

La conférence des Six se tint les 10 et 11 février ; Italiens, Belges et Luxembourgeois furent d'accord avec le principe d'une coopération politique à condition que l'on ne touche ni à l'OTAN ni aux Communautés existantes. Mais le Hollandais Luns se montra très négatif : il redoutait une collusion franco-allemande et ne voulait rien faire sans la Grande-Bretagne, ni quoi que ce fût qui risquât de remettre en cause l'OTAN ou les Communautés. On ne put donc pas décider immédiatement de commencer les réunions politiques régulières. On se contenta, pour éviter l'échec, de créer une commission chargée de présenter des propositions concrètes lors d'un prochain sommet : ce devait être la commission Fouchet, appelée officiellement Commission d'études [48].

L'appui allemand avait donc été essentiel pour débloquer la situation, même si celle-ci ne l'était encore qu'imparfaitement. Qu'est-ce qui avait amené Adenauer à changer d'attitude et à revenir à la philosophie de la rencontre de Rambouillet ? Très probablement l'arrivée au pouvoir de l'administration Kennedy au mois de janvier 1961, qui l'inquiétait beaucoup pour la sécurité de la RFA. Au cours des premières conversations d'état-major franco-allemandes, qui se tinrent à Bonn les 24 et 25 janvier 1961, les militaires allemands ne dissimulèrent pas leur crainte d'une évolution de la stratégie américaine dans le sens d'une réduction de la garantie nucléaire américaine à l'Europe, devant les progrès soviétiques [49]. En particulier l'inspecteur général de la Bundeswehr,

---

47. *Ibid.*

48. Pierre Gerbet, *La Construction de l'Europe*, Paris, Imprimerie nationale, 1983, pp. 278-279 ; Charles de Gaulle, *Mémoires d'espoir*, Paris, Plon, 1970, p. 207.

49. *NHP-Stelle Bonn*, document 067.

Heusinger, déclara à ses interlocuteurs français : « Le jour n'est peut-être pas éloigné où, face à une menace toujours aussi pressante, l'Europe ne pourra plus compter que sur elle-même en l'absence de tout véritable appui extérieur », phrase soigneusement enregistrée par les Français [50]. Cette inquiétude est selon moi au cœur du rapprochement franco-allemand qui commence pendant l'hiver 1961 et qui va se poursuivre jusqu'au traité de l'Élysée du 22 janvier 1963.

A cela s'ajoutaient bien sûr d'autres facteurs : Jean Monnet avait conseillé au chancelier allemand, par une lettre du 21 novembre 1960, d'accepter le projet d'Europe politique. C'était un début, qui pourrait se développer à l'avenir [51]. En outre, la position intérieure de De Gaulle (n'oublions pas le drame algérien, qui interfère avec toute cette histoire, car on peut s'interroger à l'étranger sur la liberté d'action et même la pérennité de la Ve République) s'était grandement améliorée depuis le référendum triomphal du 8 janvier sur l'autodétermination en Algérie. Enfin, Adenauer ne partageait pas toutes les conceptions des quatre autres partenaires : il n'accordait pas d'importance au débat théologique entre les partisans de l'Europe fédérale et ceux de l'Europe confédérale, et il ne tenait pas particulièrement à y voir participer la Grande-Bretagne [52].

La commission Fouchet se réunit à partir du 16 mars 1961. Elle aboutit le 24 avril à un projet de rapport accepté par cinq partenaires sur six, les Pays-Bas lui étant opposés. Le désaccord était clair : la Commission avait suivi pour l'essentiel les thèses françaises, et son projet prévoyait la création d'un organisme permanent et des réunions des chefs de gouvernement tous les quatre mois, sans limitation d'ordre du jour. Ils pourraient donc aborder les questions internationales

---

50. Télé. de François Seydoux, de Bonn, 27 janvier 1961, MAE, Pactes, carton 320.

51. Jean Monnet, *Mémoires*, Paris, Fayard, 1976, pp. 507 *sqq*.

52. Georges-Henri Soutou, « Les problèmes de sécurité dans les rapports franco-allemands de 1956 à 1963... », *op. cit.*

et aussi les questions qui étaient du ressort des Communautés. Or c'était justement ce que les Hollandais refusaient : ils ne voulaient pas que les Communautés risquent d'être affaiblies ni que les Six abordent les questions qui relevaient à leurs yeux de l'Alliance atlantique.

On était là au cœur du problème. Que les questions de stratégie mondiale et donc de l'Alliance fussent au centre de l'initiative de De Gaulle pour la coopération politique a été suffisamment démontré. En ce qui concernait les Communautés, ses arrière-pensées de reprise de contrôle sur celles-ci par les États, qui correspondaient bien aux craintes hollandaises, sont attestées par une note du 27 avril :

« Institution d'un concert organique et périodique des chefs d'État ou de gouvernement, institution d'un secrétariat de cet aréopage, non seulement distinct des " commissions " (Marché commun, CECA, EURATOM), mais encore (appelé) à les survoler en attendant de les coiffer [53]. »

Dans les semaines suivantes, les Allemands continuèrent à soutenir la position française face aux hésitations des partenaires. Lors de la réunion des ministres des Affaires étrangères le 5 mai 1961, Brentano déclara que les Européens ne devaient pas hésiter à parler entre eux des questions de défense : c'était indispensable pour leur donner du poids dans leurs rapports avec les Américains. Accord également entre de Gaulle et Adenauer, lors de leur rencontre à Bonn le 20 mai : les deux hommes convinrent de susciter un sommet des Six au mois de juillet et en établirent l'ordre du jour ; il faudrait selon eux parvenir à un traité d'union politique comportant des réunions régulières des chefs d'État ou de gouvernement sans limitation de leur ordre du jour, ce qui correspondait à la thèse française et en particulier permettrait de parler de défense (domaine jusque-là exclusif de l'OTAN) et

---

53. *LNC, 1961-1963*, p. 76.

d'économie (domaine des Commissions). Il était entendu que l'on se réunirait même en l'absence des gouvernements qui ne voudraient pas participer au sommet ; le cas échéant, l'affaire serait purement franco-allemande.

Notons qu'une bonne partie des conversations du 20 mai porta sur la politique et la stratégie de la nouvelle administration américaine et sur l'OTAN, ce qui montre bien une fois de plus le lien étroit entre ces questions et le projet d'union politique. Le général de Gaulle se montra plus pessimiste que son interlocuteur, estimant que Kennedy comprenait moins bien les affaires européennes qu'Eisenhower, et qu'il risquait de faire des concessions dangereuses aux Soviétiques à Berlin. Quant à la garantie militaire américaine à l'Europe, les progrès stratégiques soviétiques la rendaient douteuse. Adenauer se montra sur tous ces points beaucoup plus prudent, mais il accepta l'idée que l'OTAN devait être réformée de façon à y donner plus de poids à des pays comme la France ou l'Allemagne. Il accepta également l'offre que lui fit de Gaulle d'une intensification de la coopération militaire franco-allemande [54].

Il est incontestable que le changement d'attitude de Bonn à l'égard des projets européens de Paris depuis l'automne 1960 était largement dû à une perception de plus en plus négative des orientations politiques et stratégiques de l'administration Kennedy, même si Adenauer n'avait pas voulu, le 20 mai, suivre de Gaulle dans ses critiques à l'égard de Washington. Certes, il est probable qu'encore à cette époque (et sans doute jusqu'à l'été 1962 et aux développements qui devaient conduire au traité de l'Élysée du 22 janvier 1963) le maintien de l'intégration atlantique et d'une façon générale des liens avec l'Amérique conservait pour Adenauer lui-même une très nette priorité par rapport aux développements « européens ». Néanmoins, il n'était pas question pour lui d'un alignement aveugle sur les États-Unis : fin mars 1961,

---

54. MAE, cabinet, entretiens 1961.

en vue de son voyage à Washington le 12 avril pour rencontrer Kennedy, Adenauer avait expliqué au général Norstad qu'il insisterait lors de ses entretiens avec le nouveau président sur la nécessité d'une garantie que les armes nucléaires nécessaires pour la défense de l'Europe resteraient disponibles même à l'avenir (le chancelier craignait beaucoup un désengagement nucléaire américain), et sur l'urgence de mesures permettant aux Européens de participer au contrôle de ces armes [55].

Quant aux militaires allemands et à leur ministre Franz Josef Strauss, ils allaient beaucoup plus loin que le chancelier dans leur critique des Américains. Le commandement de la Bundeswehr, d'après une note perspicace synthétisant les informations venues de Washington, du 12 avril 1961 [56], était fort préoccupé par les orientations de la nouvelle administration américaine : celle-ci, devant les progrès des Soviétiques, allait vouloir relever le seuil d'emploi du nucléaire et donc envisager la possibilité d'un conflit en Europe purement conventionnel ou avec une longue phase conventionnelle. Washington admettait également la possibilité d'une guerre nucléaire limitée qui ne toucherait pas le sol soviétique mais uniquement le sol européen. Le président Kennedy voulait s'engager dans une politique de désarmement et de neutralisation des pays secondaires par rapport au conflit Est-Ouest.

Une telle dérive était considérée comme très nocive pour la RFA : en effet, elle affaiblissait la dissuasion et permettait en particulier à l'adversaire d'espérer remporter des succès locaux en passant sous le seuil nucléaire, grignotant ainsi le territoire de l'alliance et en particulier celui de la RFA. Certes, la conclusion de l'état-major allemand était qu'il fallait renforcer l'intégration atlantique, pour accroître l'automaticité de la riposte nucléaire américaine et donc la dissuasion, ce qui

---

55. Note du ministère de la Défense du 30 mars 1961, *NHP-Stelle*, doc. 056.

56. *NHP-Stelle*, doc. 060.

correspondait à la position d'Adenauer et n'était certes pas la philosophie gaulliste. Mais le point de départ de la critique à l'égard des États-Unis était le même à Bonn et à Paris. Et l'état-major français était parfaitement informé des réticences de son homologue allemand à l'égard de l'évolution stratégique de la nouvelle administration américaine [57].

Quant à l'attitude de Strauss, elle est tout à fait intéressante. On savait à Paris qu'il était tout particulièrement inquiet de l'attitude de l'administration Kennedy en matière stratégique, en particulier à la suite d'un voyage à Washington peu de temps après l'installation de celle-ci [58]. Le 24 mars 1961 il fit savoir par des voies détournées aux Français que l'affaiblissement de la garantie américaine rendait selon lui souhaitable une coopération nucléaire franco-allemande, renouant avec le protocole franco-germano-italien de novembre 1957. Selon lui, la RFA pourrait fournir une aide financière et des techniciens, les têtes nucléaires restant stockées en France [59]. Le 16 mai, toujours par une voie détournée, Strauss fit savoir aux Français que, lors de sa prochaine rencontre avec de Gaulle le 20 mai, le chancelier comptait sonder prudemment le Général, pour peu que celui-ci s'y prête, sur la possibilité de développer la coopération franco-allemande, y compris sur le plan nucléaire [60].

Ces fuites organisées furent prises très au sérieux par l'ambassadeur à Bonn, François Seydoux, qui télégraphia le 13 mai que, selon ses informations, les Allemands accueilleraient très volontiers une proposition française de coopéra-

---

57. Rapport de l'attaché militaire à Bonn du 7 mars 1961, MAE, carton 266.

58. Note du secrétariat général de la Défense nationale du 28 avril 1961, MAE, carton 320. Sur les inquiétudes de Strauss, cf. Franz-Josef Strauss, *Mémoires*, Paris, Critérion, 1991, pp. 457 *sqq*.

59. Pactes, carton 320.

60. *Ibid*. Notons que les Français apprirent des Anglais au mois d'avril que les Allemands leur avaient fait des propositions similaires... (Conversations Messmer-Watkinson des 12 et 13 avril 1961, MAE, cabinet, entretiens, 1961).

tion atomique [61]. Disons tout de suite que, pour Paris, il n'en était pas question. Le Quai d'Orsay releva immédiatement qu'une telle coopération poserait les pires problèmes avec les États-Unis et l'URSS [62], et il n'était pas question pour le Général d'une collaboration avec Bonn en matière d'armements nucléaires. D'ailleurs, il ne fut pas question de tout cela lors de la rencontre avec Adenauer le 20 mai, sauf peut-être des allusions appuyées de la part du chancelier au coût considérable des armements nucléaires et à l'intérêt qu'auraient la RFA et la France à œuvrer ensemble à Washington pour obtenir une modification de la loi MacMahon. Mais de Gaulle ne releva pas ces allusions. Néanmoins, cet incident (qui se répétera en janvier 1962) est très significatif de certaines arrière-pensées allemandes, certainement complexes et où la position exacte d'Adenauer par rapport à celle de Strauss en particulier apparaît mal, mais arrière-pensées connues à Paris au moment où se précisent les perspectives de l'union politique. Cela aussi est à mes yeux significatif.

A Paris, d'autre part, on se sentait à la même époque confirmé dans les analyses qui, depuis un an, avaient incité à développer la coopération politique et stratégique européenne pour forcer les Américains à accepter une réforme de l'OTAN. On prêtait, comme à Bonn, la plus grande attention à l'évolution des Américains et des Anglais en matière de stratégie nucléaire pour la défense de l'Europe. On constatait que les Américains souhaitaient relever le seuil d'emploi des armes nucléaires en fonction des progrès des armements atomiques soviétiques [63], que les Anglais allaient jusqu'à constater la neutralisation réciproque des armements stratégiques des deux camps et à vouloir limiter les échanges nucléaires à des coups tactiques sur le territoire des deux Europe, ce qui remettait totalement en cause le concept de « représailles

---

61. Note du 16 mai, MAE, Pactes, carton 266.

62. *Ibid.*

63. Note du général Mesnet, représentant auprès du SHAPE, du 10 février 1961, MAE, Pactes, carton 266.

massives » sur le sol de l'URSS adopté par l'OTAN en 1954 [64]. Ces nouvelles orientations suscitaient des interrogations inquiètes dans les milieux diplomatiques et militaires, et l'attitude que devait observer la France fut discutée lors d'un Comité de séfense sous la présidence de De Gaulle le 21 mars 1961 [65]. La position prise ce jour-là fut nuancée : les représailles massives n'étaient certes plus crédibles, et l'on pouvait accepter une stratégie de « déterrent gradué ». Mais cette nouvelle stratégie ne devrait pas pouvoir être interprétée par les Alliés (ou par les Soviétiques) comme une tentative de mettre à l'abri le territoire des États-Unis, « par suite d'une sorte d'entente tacite avec leur adversaire principal », comme pouvant conduire à accepter une prise de gage territorial par les Soviétiques, comme pouvant retarder la riposte nucléaire si longtemps qu'elle ne permettrait plus de rétablir la situation [66].

La position française face aux nouvelles tendances stratégiques américaines étaient donc certes méfiante, mais pas négative. On constate d'ailleurs qu'au cours des conversations d'état-major franco-allemandes de mai et de juillet 1961, qui portèrent de façon approfondie sur les problèmes de la défense de l'Europe et ses implications militaires, les Allemands se crispaient sur le maintien rigoureux des représailles massives de 1954, alors que les officiers français admettaient très bien que le concept stratégique de l'Alliance « puisse être assoupli [67] ». Ce n'est qu'après le discours de MacNamara à Athènes en mai 1962 que l'opposition française à la nouvelle stratégie américaine devint virulente. Il ne faut surtout pas télescoper une évolution chronologique beaucoup plus complexe que ce que l'on croit parfois.

Le vrai problème à ce moment-là, était toujours la réforme de l'OTAN. Avec la nouvelle administration américaine, le

---

64. Télé. de la délégation française à l'OTAN du 10 février 1961, *ibid*.

65. Note du service des Pactes du 15 février 1961, et note de l'état-major général de la Défense nationale du 7 mars 1961, *ibid*.

66. Notes de l'état-major des 15 et 17 avril, *ibid*.

67. Comptes rendus français des 19 mai et 15 juillet, Pactes, carton 320.

problème n'avait pas avancé d'un pouce : ni la consultation réciproque sur les plans de stratégie nucléaire ni la coordination des politiques et des stratégies pour les zones non couvertes par l'Alliance atlantique n'étaient admises par Washington [68]. Or le Général restait intégralement fidèle à son projet de réforme de l'OTAN, sur la base de la fin de l'intégration et d'une organisation tripartite américano-anglo-française, la France prenant dans cet ensemble la tête d'une Europe organisée et aussi de l'Afrique [69]. Il avait bien l'intention d'aborder ce sujet lors de sa première rencontre avec le président Kennedy, les 1er et 2 juin 1961 [70]. Lors de cette rencontre, il exprima très franchement ses doutes quant à l'évolution de la stratégie nucléaire américaine et ses idées sur la réforme de l'Alliance atlantique (à peu près dans les mêmes termes qu'avec Adenauer à Rambouillet l'année précédente). Les deux hommes convinrent de mettre sur pied un système de consultations tripartites américano-anglo-françaises sur les questions mondiales politiques et stratégiques, avec un groupe de représentants permanents pour les questions politiques et un autre pour les questions stratégiques, les deux groupes pouvant éventuellement se réunir [71]. Un tel système serait allé loin dans le sens des vœux exprimés par le Général depuis 1958, mais dès le 10 juin, Washington revint en arrière et ne parla plus que de réunions des trois ministres des Affaires étrangères à l'occasion de conférences internationales, ou de contacts entre le secrétaire d'État et les ambassadeurs britannique et français en poste à Washington. Un tel système, qui existait en fait depuis 1949 de toute façon, ne

---

68. Projet de télégramme du service des Pactes du 20 mars 1961, Pactes, carton 261.

69. Il expliqua ses vues de la façon la plus claire le 24 mai à Hervé Alphand, ambassadeur à Washington, *L'Étonnement d'être*, Paris, Fayard, 1977, pp. 350 *sqq*.

70. Conversation avec l'ambassadeur américain, le général Gavin, le 11 mai 1961, MAE, cabinet, entretiens 1961.

71. MAE, cabinet, entretiens 1961.

correspondait absolument pas à « l'organisme de travail permanent » que voulait Paris [72].

Dans ces conditions, il est clair que pour de Gaulle le projet d'union politique était plus important que jamais, pour démontrer aux Américains qu'il ne pourrait pas faire l'économie d'une discussion stratégique approfondie avec la France et ses partenaires européens. Cela ressort clairement d'une note qu'il rédigea le 17 juillet 1961, à la veille de la réunion des Six à Bonn, qui prouve une fois de plus le lien qui existait dans son esprit entre l'union politique et la réforme de l'OTAN :

> « Il ne peut y avoir de personnalité politique de l'Europe, si l'Europe n'a pas sa personnalité au point de vue de la défense. [...]
>
> « Qu'est-ce que l'OTAN ? C'est la somme des Américains, de l'Europe et de quelques accessoires.
>
> « Mais ce n'est pas la défense de l'Europe par l'Europe, c'est la défense de l'Europe par les Américains.
>
> « Il faut une autre OTAN.
>
> « Il faut d'abord une Europe qui ait sa défense. Il faut que cette Europe soit alliée à l'Amérique.
>
> « Je propose qu'il soit décidé que notre organe d'études commun mette sur pied des propositions pour la défense de l'Europe : direction, plan d'action, moyens [73]. »

La déclaration de Bonn du 18 juillet 1961 : le compromis

Finalement, à la suite d'une série de compromis suggérés en particulier par la Belgique et l'Italie et avec l'appui de la RFA, on parvint à rédiger lors du sommet européen de Bonn

72. Télé. de Washington du 10 juin et réponse de Paris du 20, Pactes, carton 261.

73. *LNC, 1961-1963*, pp. 107-108.

du 18 juillet une déclaration qui satisfaisait tout le monde. Conformément à une formule d'origine italienne, la déclaration parlait de « développer [la] collaboration politique en vue de l'union de l'Europe et [de] poursuivre en même temps l'œuvre déjà entreprise dans les Communautés européennes ». De Gaulle obtenait la mise en place d'une « coopération politique », avec des réunions régulières des chefs d'État ou de gouvernement, afin d'aboutir à une « politique commune » ; la Commission d'études serait chargée de faire des propositions afin de donner « un caractère statutaire » à l'union des peuples européens. En revanche, le Général acceptait de rappeler que l'Europe était « alliée aux États-Unis et à d'autres peuples libres » ; il acceptait de dire, après l'évocation de l'union politique de l'Europe : « renforçant ainsi l'Alliance atlantique » ; il acceptait d'envisager des réformes « dans l'intérêt d'une plus grande efficacité des Communautés » et en particulier d'inviter l'Assemblée parlementaire européenne « à étendre aux domaines nouveaux, avec la collaboration des gouvernements, le champ de ses délibérations ».

On voit bien l'architecture du compromis, qui ménageait les partisans des Communautés et de l'Alliance atlantique. Le Général ne parlait plus de réformer les Communautés en les subordonnant à l'union politique, point ultra-sensible pour certains partenaires. Mais de Gaulle avait obtenu la coopération politique entre les États. La défense n'était pas explicitement mentionnée comme objet de cette coopération politique (seuls la culture, l'enseignement et la recherche étaient définis en tant que champ d'application de la future union), mais la déclaration ne fixait aucune limite aux réunions des chefs d'État ou de gouvernement, et le membre de phrase « favoriser l'union politique de l'Europe, renforçant ainsi l'Alliance atlantique » montrait bien que les problèmes de défense ne pourraient en être exclus. Ce n'était certes pas aussi affirmatif que le Général l'aurait souhaité, mais cette déclaration du 18 juillet 1961 ménageait l'avenir dans le domaine de la défense. Ajoutons que l'expression « renforçant ainsi l'Alliance atlantique » n'avait rien qui pût gêner

Paris : Couve de Murville avait utilisé cet argument avec Carstens le 17 septembre 1960 et le Général lui-même avec Adenauer le 20 mai 1961. Une fois de plus, de Gaulle n'était pas hostile à l'Alliance, mais à l'intégration. Il avait d'ailleurs clairement exposé ses idées directrices sur la défense européenne aux Cinq lors de la conférence, dans une déclaration très significative :

> « Nous voulons faire une Europe unie. Géographiquement, nous sommes un tout. Stratégiquement, nous sommes une bataille, et une bataille décisive pour le monde libre... Nous devrions donc être amenés à constituer, à l'intérieur de l'OTAN, une force européenne qui se fît valoir au point de vue des plans, des commandements et des moyens... Cela ne signifie nullement que nous devions avoir une défense séparée [74]. »

En fait, de Gaulle s'en tenait au compromis et à la stratégie déjà suggérés à Debré par les instructions du 30 septembre 1960. Son attachement à l'union politique me paraît démontré par les concessions faites à Bonn le 18 juillet 1961 ; mais ces concessions, nous le verrons, n'effaçaient pas ses arrière-pensées et ses objectifs ultimes.

Vers un accord avec les partenaires ?

On n'entrera pas ici dans le détail des travaux de la commission Fouchet. Le 13 janvier 1962, le Quai d'Orsay rédigea un projet de traité en vue de la réunion de la Commission d'études qui devait avoir lieu le lendemain. Ce texte, approuvé par Couve de Murville le 15, tenait compte

---

74. MAE, cabinet, entretiens 1961.

des discussions au sein de la Commission d'études depuis l'automne. Il prévoyait la création d'une union d'États qui aurait en particulier pour but « l'adoption d'une politique étrangère commune » et « l'adoption d'une politique de défense commune qui contribuerait au renforcement de l'Alliance atlantique ». Les institutions prévues étaient le Conseil des chefs d'État ou de gouvernement qui se réunirait tous les quatre mois et déciderait à l'unanimité ; les comités des ministres des Affaires étrangères, de la Défense et de l'Éducation qui se réuniraient au moins une fois par trimestre ; une Commission politique permanente formée de représentants des États membres, chargée de préparer et de suivre les décisions du Conseil ; l'Assemblée parlementaire européenne (celle des traités de Rome). Comme on le voit, les thèses françaises sur l'union politique, union d'États souverains décidant à l'unanimité, étaient très largement prises en compte, y compris avec l'inclusion de la défense dans les politiques communes. En même temps, l'équilibre du compromis de Bonn était respecté : la politique de défense « contribuerait au renforcement de l'Alliance atlantique »...

L'article 17, qui prévoyait une révision du traité trois ans après son entrée en vigueur, était le lieu de compromis particulièrement délicats entre les Français et les partisans de solutions de nature plus fédérale : cette révision aurait pour but « d'unifier progressivement la politique étrangère et la politique de défense de l'Union » (on mesure l'ambition du programme voulu par Paris) tout en associant « plus étroitement l'Assemblée parlementaire européenne à la définition et à la mise en œuvre » de ces politiques, ce qui répondait aux vœux des partenaires ; quant aux Communautés existantes, elles seraient réformées « en vue de les rationaliser et de les coordonner » (souci français), mais « dans le respect des structures » définies par les traités existants, ce qui répondait à l'inquiétude de certains partenaires de voir l'Union politique vider les Communautés de leur substance.

Jean-Marie Soutou, directeur d'Europe au Quai d'Orsay et membre de la commission Fouchet, auteur en fait de ce projet, estimait que ce texte, qui avait été communiqué aux partenaires au sein de la commission, était « accepté pratiquement par les Cinq au niveau des hauts fonctionnaires et sans doute au niveau des gouvernements bien que certains (Italie) conservassent l'espoir de pouvoir faire introduire » des procédures de vote majoritaire au Conseil lorsque le projet de traité serait examiné par les chefs d'État ou de gouvernement. Ce projet de traité était parfaitement compatible avec les vues du général de Gaulle telles qu'elles avaient été exprimées dans les instructions données à Debré le 30 septembre 1960 et avec la déclaration de Bonn du 18 juillet 1961. Notons également que la mise sur pied d'une politique de défense commune, point capital pour le Général, on l'a vu, figurait dans le projet français. Toutefois, il est clair — l'historique des négociations de l'automne 1961 le montre — que ce texte était l'extrême limite de ce que l'on pouvait faire accepter par les partenaires.

L'intervention du général de Gaulle

Il convenait, avant de le soumettre officiellement aux partenaires, de faire approuver le dernier état du projet français par le Général. Le texte revint au Quai d'Orsay le 17 janvier 1962, à l'issue d'un Conseil des ministres sur lequel on reviendra et qui fut consacré en particulier aux questions européennes. De Gaulle avait apporté trois corrections majeures : il avait supprimé la référence à l'Alliance atlantique ; il avait introduit le mot « économie » dans l'énoncé des buts de l'Union (à côté de la politique étrangère, de la culture et de la défense) ; il avait supprimé la phrase « dans le respect des structures prévues aux traités de Paris et de Rome instituant les Communautés européennes » dans l'article consacré à la révision après trois ans. La combinaison de ces deux dernières modifications faisait que l'Union politique serait amenée à coiffer les Communautés existantes ; les partenaires pouvaient craindre qu'elle fût amenée à s'immiscer dans leurs compétences et à réduire leur rôle. En tenant compte également de la suppression de la mention de l'Alliance atlantique, c'était tout l'équilibre du texte du 13 janvier qui était détruit.

Lorsque le texte français ainsi amendé fut distribué aux membres de la commission Fouchet le **18** janvier, ce fut évidemment la consternation. La seule décision prise fut d'établir un synoptique mettant en parallèle le texte français et un document qui serait commun aux Cinq.

Les craintes immédiates des partenaires n'étaient pas sans fondement : le relevé de conclusions du Conseil des ministres du 17 janvier notait « la volonté de la France de promouvoir » entre les Six « l'organisation d'une coopération d'ensemble *absorbant* notamment les domaines particuliers où leur solidarité commence à s'instituer » : le mot « absorbant » fait ici écho au mot « coiffer » utilisé par le Général dans ses instructions du 27 avril 1961. On revenait à l'arrière-pensée initiale occultée par le compromis du 18 juillet 1961 : la nouvelle Union aurait aussi pour but de réduire l'importance des Communautés, de replacer les organismes « supranationaux » sous le contrôle des États, de forcer une révision drastique de l'OTAN.

Quels étaient les motifs du général de Gaulle ?

Les raisons de l'échec sans doute historique du 18 janvier 1962 (car, en 1996, et en pleine conférence intergouvernementale de révision du traité de Maastricht l'Europe est moins avancée en matière de politique extérieure et de défense commune que ne le comportait le plan Fouchet) sont sans nul doute complexes. Pour quelles raisons de Gaulle a-t-il pensé qu'il pouvait faire accepter soudain une solution maximale qui correspondait sans doute à ses arrière-pensées profondes mais qu'il s'était ingénié à camoufler depuis l'automne 1960 ?

La psychologie du Général, souvent impulsive, y a eu sa part : nous verrons que dans les mois suivants il a essayé de rattraper l'affaire et de revenir au compromis dont il s'était brusquement écarté le 17 janvier. D'autre part, il y a probablement eu un malentendu entre Couve de Murville et les services du Quai d'Orsay : ceux-ci pensaient que les corrections du Général étaient définitives et approuvées par le ministre ; ce dernier, qui savait bien qu'elles étaient inacceptables pour les partenaires, pensait que la direction d'Europe allait faire connaître ses inquiétudes à l'Élysée par l'intermédiaire de Christian Fouchet, proche du Général et président de la Commission d'études [75]. On peut voir là un effet du fonctionnement hybride de la Ve République, surtout à ses débuts, à mi-chemin entre un régime présidentiel et le régime parlementaire français classique. Si cette hypothèse est exacte, ce serait un cas de dysfonctionnement entre le Quai d'Orsay et l'Élysée.

Il faut d'autre part sans doute tenir compte de l'environnement politique intérieur : en particulier, l'impasse algérienne venait de se débloquer. Fin décembre 1961 et début janvier 1962, deux entretiens décisifs entre Louis Joxe et Saad Dahlab avaient permis d'apercevoir la possibilité d'une vraie négociation [76]. Le Général se sentait-il politiquement plus libre ? Se souciait-il de proposer rapidement aux Français une « compensation européenne » au choc que constituerait la perte de l'Algérie ? En tout état de cause, la chronologie est intéressante. D'autre part, le retour prochain prévisible des forces françaises d'Algérie rendait encore plus urgent le réaménagement de l'OTAN, de la défense de l'Europe et des rapports militaires franco-allemands.

---

75. Témoignage de Jean-Marie Soutou.

76. Jean Lacouture, *De Gaulle*, t. III, *Le Souverain*, Paris, Le Seuil, 1986, pp. 215-216.

Le poids des problèmes stratégiques

Mais, une fois de plus, il me semble qu'il faut chercher au moins une partie de l'explication de l'attitude du Général dans l'évolution des questions stratégiques et atlantiques à la fin de l'année 1961. Le problème à l'ordre du jour était celui de la constitution d'une force nucléaire de l'OTAN en Europe, renforçant la sécurité de celle-ci face aux Soviétiques. Officiellement l'administration Kennedy avait repris la formule proposée par le secrétaire d'État Herter en décembre 1960, formule qui reprenait le plan Norstad et qui reposait sur la création d'une force de missiles de l'OTAN fournis par les États-Unis. Sur cette question la France s'en tenait aux décisions prises par le Conseil de défense du 21 mars 1961 : total contrôle sur les moyens ainsi mis à sa disposition (ce qui contredisait la formule multilatérale retenue par Washington) et compensations « techniques ou financières » de la part des États-Unis pour que l'achat de ces missiles par la France ne nuise pas à son propre effort nucléaire [77].

Sur ces bases, on n'avait que peu de chances de se mettre d'accord, mais, pendant l'été 1961, diplomates français et américains avaient évoqué à titre exploratoire et confidentiel la possibilité d'une solution tripartite du problème nucléaire de l'Alliance qui aurait reposé sur la création d'une force de l'OTAN regroupant les moyens nucléaires britanniques, français et américains basés en Europe. Ces moyens coopéreraient sur une base tripartite, en particulier pour la définition des objectifs, mais resteraient sous commandement national et pourraient à tout moment être retirés de la force nucléaire OTAN [78]. Cela était beaucoup plus compatible avec les positions françaises, mais ne déboucha pas. Et le 31 décembre

---

77. Note de l'état-major du 14 décembre et note du service des Pactes du 29 décembre 1961, Pactes, carton 266.

78. Notes du service des Pactes des 29 juin, 17 juillet, 25 juillet, 10 août et télé. de la délégation française à l'OTAN du 9 août 1961, *ibid.*

1961, Kennedy écrivait à de Gaulle une lettre d'ailleurs assez vague, où il indiquait que les États-Unis ne pouvaient pas aider la France à mettre sa force de frappe sur pied, sinon ils devraient accorder un traitement identique à l'Allemagne (formule qui fut fort mal reçue à Paris !). Et il proposait en termes d'ailleurs peu clairs une discussion au sujet de la force multilatérale de l'OTAN [79].

De Gaulle répondit le 11 janvier en renouvelant, sous une forme particulièrement précise, les propositions qu'il n'avait pas cessé de faire depuis le mémorandum du 17 septembre 1958. Proposant « d'organiser le moment venu l'emploi combiné des armements nucléaires occidentaux », il suggérait une organisation tripartite reposant sur la réunion périodique des chefs d'État ou de gouvernement américain, britannique et français, ainsi que de leurs ministres de la Défense et des Affaires étrangères, avec une commission politique et un état-major militaire tripartites chargés de préparer et de suivre l'exécution de leurs décisions [80]. On remarque la ressemblance avec l'architecture du plan Fouchet : il s'agissait visiblement, dans l'esprit du Général (la chronologie est significative), d'établir une double organisation de sécurité, européenne et tripartite, formée de deux cercles dont la France aurait assuré la liaison. Il ne renonçait donc en rien à ses projets, formulés dès 1958, et était plus que jamais décidé à mettre un terme à l'intégration au sein de l'OTAN, non pas tant, notons-le, en tant que principe mais parce que, au sein de l'Alliance et sous prétexte d'intégration, les États-Unis prétendaient commander aux autres [81]. (On remarque également que dans ce système, la place de la Grande-Bretagne lui était très logiquement assignée : au niveau tripartite, avec les États-Unis et la France, et non au niveau européen. Lors de la rencontre de Rambouillet avec Adenauer, par exemple, le

---

79. *Ibid.*

80. *Ibid.*

81. Voir à ce sujet des déclarations très éclairantes du Général au cours d'une conversation, notées par un diplomate le 19 décembre 1961, *ibid.*

Général avait expliqué que la vocation stratégique de l'Angleterre était de couvrir les approches Nord de l'Europe et ses voies maritimes, non de participer à la bataille sur le continent).

Il me semble donc qu'à la fin de l'année 1961 les projets stratégiques du Général s'étaient encore précisés, ce qui explique peut-être le durcissement manifesté par ses corrections du 17 janvier sur le projet de traité d'Union politique. D'autant plus qu'avec les Allemands les conversations de toute nature se développaient favorablement. Les relations entre de Gaulle et Adenauer s'étaient encore renforcées à la suite de la construction du mur de Berlin le 13 août 1961 et de leur commune opposition aux concessions qu'au cours de l'automne 1961 Washington et Londres envisageaient de faire à Moscou [82]. D'autre part, de Gaulle savait, depuis les élections de septembre 1961, par lesquelles la CDU-CSU avait perdu la majorité absolue, et après le difficile compromis passé entre la CDU et la FDP, que le chancelier quitterait le pouvoir en 1963. Il convenait donc de se hâter.

Sur le plan militaire, les conversations du Groupe permanent d'état-major franco-allemand des 3 et 4 novembre 1961 n'aboutirent pas à un accord sur tout, mais à une convergence sur l'essentiel [83] : l'URSS commencerait très probablement une guerre par une attaque nucléaire massive immédiate et la conduirait sans restriction. L'Alliance devrait répondre immédiatement en nucléaire, sans laisser le temps aux forces soviétiques de pénétrer à l'intérieur du dispositif allié, et ce même si l'Armée rouge n'avait pas recours la première aux armes atomiques. Emploi, le cas échéant, du nucléaire en premier, refus d'envisager une « pause » entre le conventionnel et le nucléaire, refus d'envisager un emploi sélectif, limité du nucléaire : on était aux antipodes des nouvelles conceptions américaines, considérées comme beau-

---

82. Adenauer, *Mémoires*, t. III, pp. 297-312.

83. Rapport de l'état-major général de la Défense nationale du 17 novembre 1961 et procès-verbal du 21 novembre, Pactes, carton 320.

coup trop abstraites face à la brutalité de la stratégie soviétique, et on était d'accord sur une conception stricte de la dissuasion nucléaire. Les premiers éléments du dialogue stratégique franco-allemand apparus à Rambouillet étaient donc loin d'être négligeables, et ils constituaient de toute évidence un élément important de l'Union européenne en discussion. En effet, s'il n'était pas question pour les Allemands de rompre avec Washington, ils étaient parfaitement disposés à s'appuyer sur Paris pour amener les Américains à renoncer à leur nouvelle stratégie que l'on allait rapidement appelé stratégie de « riposte graduée ». En particulier, les officiers allemands parvinrent à convaincre leurs homologues français de la nécessité stratégique de défendre la RFA aussi loin à l'est que possible, et que la défense de la France se jouait elle aussi sur le Rideau de fer. L'ambassadeur à Bonn, François Seydoux, était persuadé que c'était cela qui avait permis le rapprochement militaire franco-allemand, sensible depuis janvier 1961 [84].

Les Allemands paraissaient d'ailleurs désireux d'aller plus loin. Le 4 novembre 1961, en marge des conversations d'état-major, le général Schnez laissa entendre que, devant la mauvaise volonté américaine, Bonn pourrait rechercher l'aide de la France en matière nucléaire [85]. Le 5 décembre 1961, le chef d'état-major de la Bundeswehr déclara à l'attaché militaire français à propos du récent voyage de Strauss aux États-Unis : « C'est notre dernière tentative (pour nous entendre avec les Américains en matière stratégique) ; si elle échoue, nous nous tournerons vers vous [86]. » D'ailleurs, le 23 janvier 1962, Strauss devait proposer très directement à Messmer, ministre français de la Défense, la mise sur pied d'une défense commune, y compris sur le plan d'une collaboration en matière nucléaire (on y reviendra dans le prochain chapitre) [87].

---

84. Télé. de Bonn du 20 mars 1962, Pactes, carton 266.
85. Note de l'état-major du 20 novembre, carton 320.
86. Rapport de l'attaché militaire à Bonn du 7 décembre 1961, *op. cit.*
87. *Ibid.*

De Gaulle n'était pas prêt, bien sûr, à aller aussi loin, mais il pouvait penser qu'un accord suffisant existait avec Bonn sur les grandes options stratégiques pour permettre la mise sur pied de cette communauté stratégique qu'était à ses yeux, avant toute chose, l'Union politique et qui permettrait de forcer les Américains à accepter une grande réforme de l'OTAN [88]. Il n'était en effet pas prêt à partager avec l'Allemagne les matériels nucléaires, le *hardware*, dirait-on pour parler comme les informaticiens. Mais, pour lui, l'arme nucléaire était d'essence politique et stratégique : il était donc plus important de se mettre d'accord entre Paris et Bonn sur les grandes conceptions politiques et stratégiques (en reprenant l'image tirée de l'informatique, on pourrait dire le *software*). Dans ce cas et si l'on bâtissait une solide Union européenne, la France, directement concernée par le destin de ses voisins, leur apporterait automatiquement la garantie de sa force de frappe qui pourrait en effet, le cas échéant, nucléariser le conflit même si les Américains hésitaient à le faire [89].

Sur le plan politique, on constatait la même convergence. Lors de leur rencontre du 9 décembre 1961, de Gaulle et Adenauer s'entendirent sur l'ensemble des problèmes en suspens, en particulier sur Berlin et sur la politique européenne. Adenauer promit l'appui de l'Allemagne pour l'adoption de la Politique agricole commune, point essentiel pour les Français, adoption qui eut lieu effectivement le 14 janvier 1962. Fort de son accord avec le chancelier, le Général était sans doute convaincu qu'il pouvait accélérer la réalisation de ses projets sans trop tenir compte des réserves des autres

---

88. Georges-Henri Soutou, « De Gaulle, Adenauer und die gemeinsame Front gegen die amerikanische Nuklearstrategie », *in* Ernst Willi Hansen, Gerhard Schreiber et Bernd Wegner (éd.), *Politischer Wandel, organisierte Gewalt und nationale Sicherheit, Schriftenreihe des Militärgeschichtlichen Forschungsamtes*, Munich, 1995.

89. De Gaulle l'expliqua à Adenauer à l'occasion de la signature du traité de l'Élysée, le 22 janvier 1963, MAE, cabinet, entretiens, 1963.

partenaires. Il le dit à Adenauer le 9 décembre en des termes qui résument toute la situation, y compris l'interaction entre l'Union politique et l'OTAN, et où nous avons probablement la clé de son attitude du 17 janvier [90] :

> « Si, à la fin de cette année, la deuxième étape du Marché commun peut être abordée, il faudrait envisager aussitôt après de réunir les chefs d'État ou de gouvernement en vue de conclure l'accord politique. Celui-ci changerait la situation, même au point de vue de Berlin. Un fait nouveau serait créé qui impressionnerait les Américains et en même temps déterminerait peut-être Khrouchtchev à se calmer. Si la France et l'Allemagne sont d'accord sur ce point, *les objections néerlandaises et belges ne pèseront pas bien lourd.* »

La fin du plan Fouchet

Le Général tenait au plan Fouchet [91]. Dans les semaines suivantes, il fit, sur les conseils d'Adenauer et de l'Italien Fanfani et à la suite de rencontres avec eux, des concessions sur l'Alliance et à propos des Communautés existantes ; elles ramenaient pratiquement le projet français à son état du 13 janvier, avant son intervention [92]. Sur le plan politique, on est frappé en particulier, pendant les premiers mois de 1962 et en fait pendant toute cette période 1961-1962, par le souci de Bonn de concilier les points de vue opposés de Paris d'une part et du Bénélux et de l'Italie de l'autre dans l'affaire capitale de la place de la défense dans le Plan Fouchet. Les

---

90. MAE, cabinet, entretiens, 1961.
91. Cf. Peyrefitte, *op. cit.*, pp. 106-111.
92. Georges-Henri Soutou, « Le général de Gaulle et le plan Fouchet... », *op. cit.*

partenaires de la France se refusaient en effet à inscrire les questions militaires dans les objectifs de l'Union politique, pour ne pas risquer de remettre en cause l'OTAN ; je suis d'ailleurs convaincu que les divergences sur ce point furent la cause principale de l'échec du plan[93]. En effet pour le Général, c'était là l'essentiel. Or, même dans cette période de l'automne 1960 à l'été 1962 où Adenauer refusa finalement de se laisser entraîner aussi loin qu'il avait paru y être prêt à Rambouillet et pendant laquelle il insista constamment auprès du Général sur la nécessité de maintenir l'intégration atlantique, on constate que les Allemands étaient en profond désaccord avec la nouvelle stratégie américaine et qu'ils étaient prêts à s'entendre avec la France pour la faire modifier dans un sens plus conforme aux intérêts européens. Malgré leurs divergences, de Gaulle et Adenauer étaient d'accord pour penser que les Européens ne pouvaient pas se dispenser de parler entre eux de stratégie.

C'est ainsi que, le 15 février 1962, à Baden-Baden, ce fut sur l'insistance d'Adenauer que de Gaulle accepta de réintroduire la mention de l'Alliance dans le projet d'Union politique, pour essayer de le sauver *in extremis*[94]. Mais il était trop tard, malgré l'appui apporté par Bonn à Paris jusqu'au bout dans cette affaire : les Européens refusèrent, lors de la fameuse réunion des ministres des Affaires étrangères du 17 avril 1962, un texte redevenu pourtant très proche du projet du 13 janvier (qu'ils avaient été alors disposés à accepter) ; à mon avis, la psychologie a joué au-delà des textes : ce qui était acceptable en janvier ne l'était plus en avril parce que les modifications introduites par le Général avait révélé ses arrière-pensées profondes, de façon ouverte et humiliante pour ses partenaires. On ne pouvait plus faire semblant de croire que l'on parlait de part et d'autre de la même Europe,

---

93. *Ibid.*
94. *Ibid.*

on ne pouvait plus espérer que, dans les faits, les conceptions se rapprocheraient.

En outre, l'étude de la réunion du 17 avril montre que le véritable point de blocage, plus encore que les institutions européennes, plus même que le problème de la participation britannique, a été celui de l'Alliance atlantique : le Bénélux et l'Italie n'acceptaient pas que l'on risquât de la remettre en cause le moins du monde [95]. On retrouve là ce qui a été selon moi le véritable centre de gravité de toute l'affaire : les problèmes stratégiques et nucléaires, la question de l'OTAN et de sa réforme et des rapports entre les États-Unis et l'Europe. Il me paraît clair que, pour le Général, ces questions ont joué un rôle essentiel, à côté bien sûr de sa conception interétatique et non pas communautaire de la construction européenne, en fonction d'une vision globale de la reconstruction, nécessaire à ses yeux, et de l'Alliance et de l'Europe des Six. C'est cette interaction entre le problème européen et celui de l'Alliance, cette volonté de mettre la France à la tête de l'Europe pour forcer les Américains à accepter la réforme de l'Alliance qui explique selon moi l'attitude et l'évolution de De Gaulle, y compris lorsqu'il a modifié le projet de traité le 17 janvier. C'est cette interaction qui explique aussi son échec.

Il ne restait plus qu'à revenir à l'hypothèse déjà envisagée à différentes reprises entre de Gaulle et Adenauer : si l'accord ne pouvait pas se faire à six, on le reprendrait sur une base franco-allemande. En même temps, on voit déjà très bien, de part et d'autre les arrière-pensées liées au facteur américain qui vont compliquer la relation franco-allemande dans les années suivantes : Paris compte bien conforter son rôle de leader européen par une relation stratégique directe avec l'Amérique, la RFA n'a aucune intention de laisser la France devenir son truchement auprès de Washington, même si elle

---

95. Je ne referai pas la démonstration ici : cf. *ibid.*, et le procès-verbal de la réunion dans MAE, cabinet, entretiens 1962.

est prête à faire cause commune avec elle pour pousser les Américains à tenir compte davantage des intérêts stratégiques européens spécifiques, dans une période où la crise de Berlin et ses développements rendent moins improbable l'hypothèse d'une guerre en Europe.

CHAPITRE VII

1962-1963 : le traité de l'Élysée. Vers une communauté stratégique franco-allemande ?

L'année qui va de l'intervention du Général dans la négociation du plan Fouchet en janvier 1962 à la signature du traité de l'Élysée en janvier 1963 fut sans doute, depuis 1945, l'une des plus cruciales pour l'organisation du monde occidental [1]. Que l'on pense à l'échec du plan Fouchet, au voyage triomphal de De Gaulle en RFA en septembre 1962, à la crise de Cuba en octobre, à la rencontre de Rambouillet entre le Général et Macmillan et à celle de Nassau entre Macmillan et Kennedy en décembre, à la conférence de presse du Général le 14 janvier 1963 et à son refus d'accepter l'entrée de la Grande-Bretagne dans le Marché commun. Au cours de cette année si chargée, où l'on avait pu craindre en octobre, à cause de l'implantation de fusées soviétiques à Cuba, le déclenchement d'une guerre nucléaire, de Gaulle et Adenauer posèrent les bases d'une véritable communauté stratégique franco-allemande, bases d'une certaine façon toujours actuelles puisque, après une longue éclipse, tout ce qui a été fait à nouveau dans le domaine stratégique entre Paris et Bonn depuis 1982 et se poursuit aujourd'hui repose juridiquement sur le traité de l'Élysée. En effet, l'un des axes

---

1. Raymond Aron, *Les Articles de politique internationale dans* Le Figaro *de 1947 à 1977*, t. II, *La Coexistence (juin 1955 à février 1965)*, présentation et notes par Georges-Henri Soutou, Paris, éditions de Fallois, 1994.

essentiels de ce traité, on ne le sait pas assez, est la défense. En même temps la façon dont les choses se passèrent ainsi que les arrière-pensées en présence devaient très vite rendre à peu près inévitables de très grandes difficultés dans l'application du texte, voire un blocage.

L'attitude de l'Amérique, une fois de plus dans cette histoire, allait être déterminante. Or les malentendus et les divergences entre Paris et Washington s'accrurent considérablement cette année-là, l'« Europe européenne » du Général et le « *partnership atlantique* » du président américain parurent s'affronter comme deux conceptions rivales de l'organisation du monde occidental, ce qui donna au rapprochement franco-allemand une allure de défi aux Américains qu'il n'avait pas au départ et provoqua en retour une réaction américaine très vigoureuse. Ainsi fut perdue une chance réelle de poser à la fois les jalons d'une véritable défense européenne et d'un rééquilibrage de l'Alliance atlantique. Pourtant, nous le verrons, le rapprochement franco-allemand reposait sur des bases politiques, stratégiques, militaires solides, et un accord entre Kennedy et de Gaulle était certes difficile, mais il n'était pas impossible. Évitons tout anachronisme : 1962 n'est pas 1966, l'échec n'était pas à mon sens certain.

Les ambitions nucléaires allemandes en 1962 et la réaction des Français

Comme on l'a vu, à différentes reprises, en 1961, Strauss avait laissé entendre aux Français qu'il souhaitait reprendre les projets de coopération nucléaire interrompus en 1958. L'Allemagne fournirait une aide financière à la France, en échange on stockerait en France, sous double clé, des têtes nucléaires destinées à l'Allemagne. Le 23 janvier 1962 Strauss devait aborder très directement le sujet avec son homologue français Messmer [2]. Après s'être plaint amèrement de la politique de défense américaine, il exposa que si celle-ci restait aussi indécise, l'Allemagne se tournerait vers la France pour lui proposer une politique de défense commune qui reposerait sur la fabrication « en France et par la France des armes nucléaires nécessaires à cette politique et utilisables, en cas de conflit, par l'armée allemande comme par l'armée française ».

Le ministre français ne cacha pas que Paris rejetterait une telle proposition. Strauss laissa entendre alors que l'Allemagne, après le départ prochain du chancelier Adenauer, pourrait dans ce cas procéder à une révision encore plus fondamentale de sa politique, sous-entendu la réorienter vers l'est. Revoyant Messmer le 3 octobre 1962, Strauss, visiblement déçu, déclara que la RFA avait désormais compris que la France lui refuserait toute coopération nucléaire. De toute façon la France, selon lui, ne pourrait ni ne voudrait remplacer au profit de l'Allemagne la garantie militaire américaine, à la fois de plus en plus pesante et de plus en plus incertaine [3]. Il ajouta qu'il ne restait alors plus à la RFA qu'à se tourner vers l'Amérique pour obtenir des armes nucléaires dont l'emploi éventuel lui serait « délégué » de façon permanente, et pour faire aboutir le projet de force nucléaire de l'OTAN. Là aussi, Messmer se montra très négatif, ce qui fâcha visiblement son interlocuteur.

On ne sait pas si Adenauer était informé de ces sondages et ce qu'il pensait des idées de son ministre en la matière. On constate en tout cas que jamais il n'aborda le sujet d'une coopération franco-allemande en matière atomique avec de Gaulle. En revanche, il avait déclaré publiquement en novembre 1961 que l'OTAN devrait pouvoir avoir recours aux armes nucléaires sans dépendre de la décision du prési-

---

2. Note de Pierre Messmer du 23 janvier 1962, MAE, Pactes, carton 320.

3. *Ibid.*

dent des États-Unis, ce qui déplut souverainement à Kennedy mais qui correspondait tout à fait aux idées de Strauss. Celui-ci, en effet, aurait voulu que l'Europe devienne un deuxième centre de décision atomique et que la future force nucléaire de l'OTAN pût être mise en action par un vote au sein d'un comité spécial de l'Alliance, sans droit de veto pour les Américains [4]. (Disons, à la décharge de Strauss et du chancelier que le général Norstad, commandant en chef de l'OTAN en Europe et à l'origine du projet de force nucléaire atlantique, avait suggéré le premier une telle formule [5], et que les dirigeants de Bonn eurent probablement du mal à interpréter les signaux complexes venus des différentes autorités américaines dans cette affaire. Mais il est vrai que Norstad fut remercié par Kennedy en juillet 1962, probablement parce qu'il était justement trop proche des idées européennes en matière nucléaire). D'autre part, certaines rumeurs parues dans la presse allemande sembleraient montrer que la question d'un armement nucléaire national était bien, dans ces semaines-là, débattue au sein du gouvernement, certains groupes défendant l'idée qu'un tel armement pourrait donner plus de poids à la RFA face à l'URSS dans la crise de Berlin et pour la question allemande [6].

Bien entendu, on peut se demander s'il ne s'agissait pas aussi pour Bonn, par ces sondages et rumeurs, de faire pression sur les Américains pour améliorer la base de négociation allemande dans l'affaire de la force nucléaire de l'OTAN qui était sans doute pour Adenauer une priorité. En tout cas, on constate que ce fut en 1962 que Strauss put faire l'acquisition aux États-Unis de fusées Pershing-I, d'une portée de 750 km, équipées de têtes nucléaires sous contrôle américain et qui furent livrées en 1964. Avec cette arme, la RFA pouvait frapper les arrières du Pacte de Varsovie et acquérait ainsi une capa-

---

4. Télé. Seydoux, à Bonn, du 12 janvier 1962, Pactes, carton 266.

5. Note sur une conversation de François de Rose (service des Pactes) et du général Norstad, 11 janvier 1962, Pactes, 266.

6. Matthias Küntzel, *Bonn und die Bombe*, pp. 62-63.

cité eurostratégique que Strauss estimait indispensable [7]. On peut se demander si, au-delà d'évidentes divisions au sein du gouvernement allemand sur ces questions, les uns regardant davantage vers Paris, les autres vers Washington, Bonn ne recherchait pas finalement une certaine réassurance nucléaire à Paris, tout en utilisant ce *Seitensprung* pour forcer l'administration Kennedy à mieux prendre en compte les intérêts stratégiques fondamentaux de la RFA.

Quoi qu'il en soit, les Américains eurent vent de quelque chose : en 1962, l'ambassade des États-Unis à Paris et la Maison Blanche bruissaient de rumeurs au sujet d'une reprise de la coopération nucléaire franco-allemande. Ces rumeurs étaient infondées, puisque Paris, on l'a vu, repoussa les avances de Strauss. En outre, Washington croyait que c'était Paris qui poussait les Allemands dans cette voie, ce qui était totalement faux, puisque l'initiative des sondages était venue de Bonn [8]. Néanmoins, cette crainte d'une collusion nucléaire franco-allemande joua, à mon avis, un rôle méconnu mais très considérable dans la politique américaine en 1962-1963 et contribue sans doute à expliquer beaucoup de choses, de Nassau au projet MLF et à la réaction américaine au traité de l'Élysée. Elle contribue peut-être à expliquer la démission de Strauss en décembre 1962 à la suite du scandale de l'affaire du *Spiegel* : cet hebdomadaire avait publié une étude commandée par le ministre de la Défense et qui concluait que la RFA devrait avoir les moyens autonomes d'une frappe nucléaire, éventuellement préventive, en cas de guerre... Strauss lui-même paraît avoir été persuadé que les Amé-

---

7. Catherine M. Kelleher, *Germany and the Politics of Nuclear Weapons*, Columbia, 1975, p. 153.

8. Cf. Cyrus Sulzberger, *The Last of the Giants*, New York, 1970, pp. 853, 850, 859, 913 ; la correspondance privée entre Raymond Aron et les conseillers de Kennedy montre bien que, pour ceux-ci, la dénucléarisation de l'Allemagne était un objectif essentiel (cf. Georges-Henri Soutou, « Raymond Aron et la crise de Cuba », *in* Maurice Vaïsse (éd.), *L'Europe et la crise de Cuba*, Paris, 1993).

ricains n'étaient pas étrangers à la crise politico-judiciaire qui en avait résulté et qui l'avait acculé à la démission [9]...

Nous l'avons dit et nous en aurons à nouveau la preuve : le Général n'a pas envisagé de faciliter l'accès de la RFA aux armes nucléaires proprement dites, au *hardware*. Il n'a pas voulu qu'elle participe à la force de frappe française, et nous verrons également qu'il ne souhaitait pas qu'elle ait accès à des armes américaines, en tout cas pas avec un réel pouvoir de décision [10].

En revanche, il était parfaitement conscient de l'importance de la question atomique pour elle. C'est pourquoi il allait lui proposer, et ce fut tout le sens du traité de l'Élysée, de participer avec la France au *software* (poursuivons la métaphore informatique...), c'est-à-dire à la définition des concepts politiques et stratégiques qui commandent les armes nucléaires. En effet, ces armes ne sont pas faites pour être utilisées comme des armes conventionnelles, mais sont d'essence politique, et la doctrine compte en l'occurrence autant sinon plus que les matériels. Ainsi de Gaulle allait-il proposer à la RFA une vaste construction politique et stratégique comportant en particulier la définition de concepts stratégiques communs et devant déboucher un jour sur une défense européenne à base franco-allemande, assurant entre les deux pays une solidarité de destin telle que la force de frappe française étendrait *ipso facto* son pouvoir dissuasif au bénéfice de l'Allemagne. En outre, cette construction permettrait une réforme de l'OTAN face à la dérive stratégique américaine vers la « riposte graduée », interprétée comme une réduction de la garantie nucléaire des États-Unis devant les progrès atomiques des Soviétiques, et comme l'expression de la volonté de Washington d'établir un condominium américano-soviétique sur l'Europe....

---

9. Matthias Küntzel, p. 63 ; conversation entre Kissinger et Strauss le 17 mai 1963, note Kissinger du 3 juin, NARA, Declassified Documents 1993.

10. Il le déclara très clairement à Alain Peyrefitte le 3 janvier 1963, *C'était de Gaulle, op. cit.*, p. 346.

Mais en même temps, disons-le, ce projet devait permettre à la France d'encadrer l'Allemagne en matière stratégique, et en particulier de surveiller et contrôler ses ambitions nucléaires. Sur ce point, contrairement à ce que croyaient les États-Unis, de Gaulle n'a pas encouragé les ambitions de Bonn mais les a plutôt freinées.

*L'inquiétude partagée
devant l'évolution de la politique américaine en 1962-1963*

Une cause essentielle du rapprochement marqué entre de Gaulle et Adenauer pendant l'été 1962, rapprochement qui devait aboutir au traité de l'Élysée, fut l'aggravation de leur inquiétude à l'égard de la politique américaine et le renforcement de leur opposition commune à cette politique.

Tout d'abord à propos de la politique américaine envers Moscou, car la construction du mur de Berlin en août 1961 poussa les États-Unis à envisager de nouvelles concessions à l'URSS (contrairement à ce que l'on croit parfois, la crise de Berlin ne s'arrêta pas avec le Mur mais se poursuivit au moins jusqu'à la crise de Cuba d'octobre 1962). Au mois d'octobre 1961, Bonn eut connaissance, peut-être par des voies obliques, des nouveaux projets étudiés à Washington : traité de non-agression entre l'Est et l'Ouest et commission quadripartite permanente (incluant donc la Russie) pour Berlin et la question allemande. L'URSS aurait donc eu en permanence son mot à dire sur les affaires de l'Allemagne fédérale [11]. En mars 1962, les Américains communiquèrent des propositions à Moscou sur ces bases, à la fureur d'Adenauer comme de De Gaulle [12].

---

11. *NHP-Stelle*, doc. 077, résumant un mémorandum américain.

12. Hans-Peter Schwarz, *Adenauer*, t. II, pp. 736 *sqq.* et Charles de Gaulle, *Lettres, Notes et Carnets*, p. 230 (note du 14 avril du Général).

Mais, en outre, les projets américains avaient un aspect nucléaire très important. Depuis 1945, les États-Unis avaient cherché, en vain, à empêcher la prolifération nucléaire par un contrôle universel visant à terme la disparition des armes nucléaires au profit de l'ONU et en tout cas réduisant *aussi* le potentiel atomique des puissances nucléaires. La nouvelle administration adopta un principe tout différent, devant l'échec de la politique précédente : les pays nucléaires ne désarmeraient pas mais ne donneraient pas l'arme nucléaire aux pays non nucléaires ; il y aurait donc deux catégories d'États et il n'était plus question, sinon à très long terme, d'un désarmement nucléaire total. Or les Américains étaient décidés à utiliser un éventuel accord sur Berlin et l'Allemagne (sur les bases décrites plus haut) pour amener les Soviétiques à accepter des formules audacieuses en matière de sécurité : mesures de confiance et d'inspection pour empêcher toute attaque par surprise (mesures qui seraient définies par une commission quadripartite permanente), et surtout une politique de non-prolifération, par l'engagement de ne pas fournir d'armes nucléaires aux pays n'en possédant pas [13].

Les Allemands réagirent tout de suite très négativement devant ce thème, alors nouveau, de la non-prolifération : dès le 4 novembre 1961, le ministère de la Défense notait que cette politique interdirait définitivement aux États-Unis de fournir des armes nucléaires à la RFA en pleine propriété ; en outre, elle pourrait parfaitement amener les Soviétiques à exiger que les Américains renoncent à mettre des armes nucléaires à la disposition de la Bundeswehr, même sous leur contrôle, comme cela se pratiquait depuis 1958. De plus, aucune délégation du tir nucléaire à des commandants subordonnés non américains au niveau tactique ne serait plus possible, ce qui était pourtant une revendication des militaires allemands, on l'a vu, au nom de l'efficacité et aussi de l'autonomie de la politique de défense de la RFA.

---

13. *NHP-Stelle*, doc. 077.

D'autre part, la RFA serait l'État le plus désavantagé, ne pouvant pas produire d'armes nucléaires sur son sol, d'après les engagements pris en 1954, et ne pouvant pas en recevoir. Les différentes solutions envisagées montrent bien à quel point la non-prolifération gênait les Allemands et quelles étaient les arrière-pensées de l'état-major de la Bundeswehr dans le domaine nucléaire : la première solution théoriquement envisageable (et qui ne contreviendrait pas à la lettre des engagements de 1954) consisterait pour la RFA à fabriquer des armes nucléaires à l'étranger, mais, politiquement et psychologiquement, cette formule était bien improbable. On pourrait sinon remettre en cause l'engagement de 1954, mais il y faudrait « vraisemblablement » l'accord « problématique » des Cinq ; en outre, une telle initiative ne paraissait pas « opportune *pour le moment* ». Les seules solutions immédiatement pratiques consisteraient en la création d'une force nucléaire de l'OTAN et en l'engagement formel des Américains de maintenir en Europe un stock d'armes nucléaires suffisant [14].

Le choc était d'autant plus grand pour Bonn que l'on y avait parfaitement compris que, pour Washington, la non-prolifération était tournée d'abord contre la RFA : Kennedy voulait fonder la détente avec l'URSS sur la dénucléarisation de l'Allemagne. N'avait-il pas parlé des « intérêts de sécurité légitimes » de l'URSS [15] ? On voit bien le lien entre la politique américaine de non-prolifération et les ambitions nucléaires de la RFA étudiées plus haut, les deux phénomènes se renforçant réciproquement.

Mais de Gaulle était également opposé à la nouvelle politique américaine de non-prolifération, puisqu'elle ne visait

---

14. *NHP-Stelle*, doc. 079.

15. *NHP-Stelle*, doc. 088, note du ministère de la Défense du 5 mars 1962. Les meilleures études sur la politique de Kennedy envers l'URSS dans le contexte de la non-prolifération sont celles d'Arthur M. Schlesinger, *Robert Kennedy and his Times*, New-York, 1978, et Michael Beschloss, *Crisis Years : Kennedy and Khruschev 1960-1963*, New-York, 1991.

désormais plus un désarmement nucléaire complet. En effet, les Américains, dans leur logique et sans qu'il soit question de réduire les arsenaux des puissances nucléaires, allaient vouloir bloquer le développement de la force nucléaire française, encore très peu avancée, et ce d'autant plus qu'ils ne souhaitaient pas souligner trop clairement que c'était la RFA qui était le véritable objectif de la non-prolifération. En particulier, le Général allait se montrer très hostile au traité d'arrêt des expériences nucléaires (sauf les tests souterrains) signé le 4 août 1963 entre Américains, Soviétiques et Britanniques. Selon lui, en effet, outre la pression qu'il exerçait contre la poursuite des expériences françaises, ce traité n'était qu'une « entrée en matière » pour toute une série de négociations américano-soviétiques concernant la question allemande et la sécurité de l'Europe — comme il l'écrivit à Adenauer le 23 août 1963 [16]. Dans sa conférence de presse du 29 juillet 1963, il devait très clairement exprimer sa crainte devant le risque de l'établissement progressif d'un véritable condominium américano-soviétique sur l'Europe, par-dessus la tête des Européens [17].

D'autre part, le Général était très opposé aux projets de Kennedy concernant l'Europe occidentale et ses liens avec les États-Unis. En effet, la nouvelle administration américaine était hostile à la mise en place du tarif extérieur commun prévu par le traité de Rome ainsi qu'aux accords d'association conclus progressivement entre le Marché commun et un certain nombre de pays d'outremer, estimant que les exportations américaines pourraient en souffrir. Pour éviter que le Marché commun ne se transforme ainsi en vaste zone protégée et relativement fermée aux intérêts américains, Kennedy proposa en 1962, en particulier à l'occasion d'un discours qu'il prononça à Philadelphie le 4 juillet, ce que l'on a appelé

---

16. *Lettres, Notes et Carnets 1961-1963*, p. 364. Cf. également Maurice Vaïsse, « La France et le traité de Moscou (1957-1963) », *Revue d'histoire diplomatique*, 1993/1.

17. *Discours et Messages*, t. IV, p. 123.

son « grand dessein » : la Grande-Bretagne, qui avait posé sa candidature au Marché commun en juillet 1961, y entrerait avec l'appui des États-Unis et influencerait la Communauté de Bruxelles dans un sens beaucoup plus libéral et libre-échangiste. A partir de là, un *partnership*, une véritable « Communauté atlantique » serait mise sur pied, pas seulement dans le domaine militaire, comme l'OTAN, mais aussi dans les domaines politique et économique [18].

Il est évident que le Général ne pouvait être que tout à fait hostile à ces conceptions qui remettaient totalement en cause son projet d'« Europe européenne ». Comme il devait le déclarer lors de sa conférence de presse du 14 janvier 1963, dans ces conditions, « il apparaîtrait une Communauté atlantique colossale sous dépendance et direction américaines et qui aurait tôt fait d'absorber la Communauté européenne [19] ». Mais il faut bien voir que, si sur la question de la non-prolifération et celle des concessions à l'URSS, la totalité des dirigeants de Bonn étaient, avec sans doute des nuances, d'accord avec de Gaulle et hostiles aux positions de Kennedy, en revanche le projet d'une vaste zone de libre-échange atlantique séduisait beaucoup de responsables allemands, à commencer par le ministre de l'économie Erhard et aussi les milieux de l'industrie et de la banque. L'année 1963 allait voir s'opposer en Allemagne les « atlantistes » et les « gaullistes », et leur opposition affaiblirait dès le départ le traité de l'Élysée, malgré l'inquiétude que beaucoup d'Allemands, et pas seulement Adenauer, partageaient avec de Gaulle au sujet de l'évolution de la politique américaine envers l'URSS.

---

18. Sur ces questions cf. l'excellent ouvrage de Pascaline Winand, *Eisenhower, Kennedy and the United States of Europe*, Macmillan, 1993.
19. *Discours et Messages, op. cit.*, t. IV, p. 69.

Le discours de McNamara à Athènes (mai 1962)
et la réaction des Français et des Allemands
face à la stratégie de riposte flexible

Les inquiétudes à l'égard de la politique américaine, largement partagées entre Paris et Bonn, furent considérablement renforcées par la profonde méfiance des deux capitales à l'égard de la nouvelle stratégie américaine dite de « riposte graduée », telle que McNamara, le secrétaire d'État à la Défense, l'exposa à Athènes en mai 1962, formalisant ainsi les idées développées au sein de l'administration Kennedy et progressivement communiquées aux Alliés depuis 1961 : devant les progrès nucléaires soviétiques les représailles massives n'étaient plus crédibles, et il fallait développer une stratégie qui ne s'en prenne pas nécessairement aux centres démographiques de l'adversaire ; il fallait que l'OTAN se dote de moyens plus souples, y compris de moyens conventionnels considérablement accrus, suffisants pour repousser des attaques limitées sans devoir forcément nucléariser d'emblée le conflit ; on ne recourrait aux armes nucléaires, même tactiques, qu'après une « pause » dans l'escalade permettant éventuellement une ultime négociation avec les Soviétiques ; il était indispensable, pour garder le contrôle de l'escalade nucléaire éventuelle, que l'autorité sur tous les moyens nucléaires de l'Alliance soit aussi concentrée que possible, c'est-à-dire évidemment dans les mains du président des États-Unis.

Il est clair que, d'une facon générale, les Européens n'apprécièrent guère ce discours : la doctrine de l'OTAN des représailles massives, y compris sur le sol de l'URSS, en vigueur depuis 1954, leur convenait en effet fort bien, car elle paraissait engager pleinement l'Amérique dans la dissuasion nucléaire totale au profit de l'Europe. La nouvelle doctrine apparaissait comme un recul de la garantie nucléaire américaine, et semblait ouvrir la porte à la perspective d'un conflit conventionnel en lui-même dévastateur et à l'issue incertaine. Et, disons-le, les Européens n'avaient aucune envie de compromettre leur toute récente prospérité économique en augmentant leurs forces conventionnelles, comme le demandait McNamara, pour réaliser sa nouvelle stratégie. La RFA aurait ainsi dû mettre sur pied 750 000 hommes au lieu de 500 000 : c'était politiquement et financièrement inacceptable.

C'est ainsi que, pour sa part, le ministère de la Défense allemand soulignait avec inquiétude dans la « doctrine McNamara » l'abandon des représailles massives et le relèvement du seuil nucléaire, ainsi que l'accent nouveau mis sur la défense conventionnelle. Washington envisageait en effet désormais la possibilité d'une défense purement conventionnelle de l'Europe si l'URSS n'avait pas recours à l'arme nucléaire. Pour justifier cette nouvelle stratégie les Américains réévaluaient à la baisse leur estimation des forces conventionnelles soviétiques. Cette réévaluation subite paraissait fort suspecte aux militaires allemands qui y voyaient une manipulation arbitraire avant tout destinée à rendre crédible la nouvelle stratégie. Mais surtout celle-ci conduisait les États-Unis à vouloir garder totalement le nucléaire entre leurs mains : ils refuseraient probablement de constituer une vraie force nucléaire de l'OTAN, ils continueraient à refuser de déléguer l'emploi de l'arme nucléaire tactique aux échelons subordonnés indépendamment de leur nationalité, on connaîtrait toujours les mêmes difficultés pour connaître les objectifs des frappes nucléaires [20]. Constatons que les Allemands voyaient juste : dès le mois de février 1962, les Américains faisaient savoir aux Français que le président garderait un contrôle personnel total sur la décision de tir atomique, même pour les armes tactiques, et qu'il n'était pas question de donner à la RFA un droit de décision d'emploi réel sur la future force nucléaire de l'OTAN [21].

---

20. Note de Fü B III du 5 mars 1962 commentant les déclarations de McNamara devant le conseil Atlantique le 14 décembre 1961 (qui a été transmise à Strauss), *NHP-Stelle*, doc. 089, et note interne de Fü B III du 22 mai 1962, docu. 096.

21. Télé. de la délégation française à l'OTAN du 19 février 1962, Pactes, carton 266.

Or cette nouvelle doctrine prenait le contrepied des soucis stratégiques permanents et fondamentaux d'Adenauer et de son ministre de la Défense, Strauss [22] : défense de tout le territoire ouest-allemand, égalité des droits pour la RFA au sein de l'Alliance atlantique, maintien rigoureux de la dissuasion nucléaire pour écarter toute perspective de combats destructeurs en Europe centrale, voilà quels étaient les principes stratégiques de base de Bonn, principes vitaux, liés à l'ensemble de la politique extérieure de la République fédérale. Mais la doctrine de « réponse graduée » annoncée par McNamara prévoyait au contraire une phase de combat conventionnel, avec ses destructions inévitables et la perspective de la perte d'une partie du territoire allemand. La nouvelle doctrine américaine officielle était que la « réponse flexible » serait plus crédible, donc plus dissuasive que les « représailles massives », mais il est clair que McNamara en tout cas et peut-être Kennedy étaient décidés à retarder le plus possible l'emploi de l'arme nucléaire, y compris de l'arme tactique ; on peut se demander même s'ils restaient prêts à l'employer en premier [23]. Or, jusque-là, l'emploi en

---

22. Catherine McArdle Kelleher, *Germany and the Politics of Nuclear Weapons*, Columbia, 1975 ; Johannes Steinhoff, Reiner Pommerin, *Strategiewechsel : Bundesrepublik und Nuklearstrategie in der Ära Adenauer-Kennedy*, Baden-Baden, 1992 ; Hans-Peter Schwarz, *Adenauer. Der Staatsmann : 1952-1967*, Stuttgart, 1991 ; Franz-Josef Strauss, *Die Erinnerungen*, Berlin, 1989.

23. Sur l'évolution de la stratégie nucléaire américaine dès 1956 cf. David N. Schwartz, *NATO's Nuclear Dilemmas*, Washington, 1983, pp. 51 *sqq.*, et Robert A. Wampler, *NATO Strategic Planning and Nuclear Weapons 1950-1957, Nuclear History Program Occasional Paper 6*, Maryland, 1986.

Sur l'évolution des concepts américains en matière d'armes tactiques dans le cadre de la défense de l'Europe, cf. David N. Schwartz, *op. cit.*, pp. 144 *sqq.*, et Jane E. Stromseth, *The Origins of Flexible Response : NATO's Debate Over Strategy in the 1960's*, New York, 1988. L'évolution de la réflexion américaine sur ce point dut beaucoup à la planification *Live Oak* à propos de Berlin à partir de novembre 1958 : il apparut clairement que la menace d'emploi de l'ANT était peu crédible dans un conflit de ce genre (cf. Gregory W. Pedlow, communication au Colloque *Nuclear*

premier du nucléaire par les Américains avait été l'hypothèse la plus vraisemblable devant la supériorité conventionnelle de l'URSS. Rien ne pouvait être plus contraire aux intérêts allemands, du point de vue d'Adenauer, que cette évolution qui ouvrait la perspective de combats prolongés sur le sol allemand et de l'abandon d'une partie de celui-ci. En outre, les militaires allemands étaient persuadés que, si l'on attendait trop pour une puissante contre-attaque nucléaire, si l'on reculait pour ménager une « pause » permettant de poursuivre des négociations avec les Soviétiques, la défense occidentale serait disloquée, gênée par des millions de réfugiés, et tout rétablissement deviendrait ensuite impossible [24].

Certes, certains officiers de la Hardthöhe étaient prêts à reconnaître que la stratégie de riposte graduée de McNamara était plus crédible, donc finalement plus dissuasive que la stratégie précédente [25]. Et nous verrons qu'à partir de 1964 l'état-major allemand se rallia à la « riposte flexible ». Mais Franz Josef Strauss et le chancelier estimaient au contraire que la nouvelle stratégie affaiblissait la dissuasion et augmentait le risque d'une guerre conventionnelle ou d'un conflit nucléaire « limité » au sol des deux Allemagne, sans aucun contrôle réel possible par Bonn sur le déroulement du conflit et donc sur le destin de l'Allemagne [26].

History Program d'Ebenhausen 26-29 juin 1991, « Multinational Contingency Planning during the Berlin Crisis : the *Live Oak* Organization, 1959-1963 »). La volonté de retarder le plus possible l'emploi du nucléaire tactique en cas de confrontation à propos de Berlin et la conviction qu'il doit être possible de l'éviter au moyen d'un renforcement conventionnel suffisant apparaissent nettement dans le *National Security Action Memorandum No 109*, du 23 octobre 1961, collections du *National Security Archive*, Washington.

24. Télé. de Seydoux à Bonn du 20 mars 1962, pactes, carton 266.

25. C'est la conclusion du document NHP 096 du 22 mai 1962.

26. Franz-Joseph Strauss, *Die Erinnerungen*, pp. 355 *sqq.* et Hans-Peter Schwarz, *op. cit.*, p. 775. Sur les conceptions stratégiques de Strauss cf. Thomas Enders, *Franz Josef Strauss, Helmut Schmidt und die Doktrin der Abschreckung*, Coblence, 1984.

Les responsables français partageaient largement ces inquiétudes ; en effet, leurs réticences à l'égard des nouvelles idées stratégiques américaines s'accrurent en 1962, alors que, l'année précédente, on l'a vu, ils n'étaient pas hostiles à un assouplissement de la doctrine des « représailles massives », à condition que cet assouplissement ne remette pas en cause le principe fondamental de la dissuasion mais en rehausse la crédibilité, en montrant aux Soviétiques qu'ils ne pourraient espérer l'emporter à quelque barreau que ce fût de l'escalade [27]. Mais il devint évident dès le début de l'année 1962, que Washington était décidé à aller beaucoup plus loin qu'un simple assouplissement des représailles massives. Certains responsables américains, comme le général Maxwell Taylor, conseiller militaire du président Kennedy, pensaient qu'un conflit conventionnel sans recours aux armes nucléaires était maintenant concevable, voire même la forme la plus probable que prendrait une guerre en Europe [28]. D'autres pensaient désormais possible de restaurer l'art militaire classique et de mener une guerre nucléaire ordonnée, qui s'en prendrait aux forces de l'adversaire mais épargnerait les populations [29]. Ces idées paraissaient totalement irréalistes aux responsables français : si un aménagement des représailles massives en fonction des progrès techniques et de l'accroissement des forces nucléaires soviétiques était envisageable, comme les Français l'avaient admis l'année précédente, un changement complet de doctrine n'était pas justifié ; les nouvelles idées américaines risquaient de conduire à la perte de territoires et de forces durant la phase initiale d'un conflit dans une mesure telle qu'un redressement serait ensuite

---

27. Les conceptions françaises sur une « riposte graduée » acceptable furent expliquées au Conseil de l'OTAN le 29 juin 1961, de la façon la plus intéressante, Pactes, carton 266. Cf. également une note de l'état-major du 14 décembre 1961, *ibid.*

28. Note du service des Pactes du 6 avril 1962, carton 266.

29. Note de l'EMDN du 26 février 1962, Pactes, carton 266.

impossible [30]. En particulier les armes nucléaires tactiques de l'Alliance risqueraient d'être détruites avant d'avoir pu servir.

En outre, il apparut très vite que le raffinement croissant des doctrines et des moyens nucléaires aux États-Unis allait conduire ceux-ci à renforcer encore leur opposition à l'apparition de petites forces nucléaires nationales au sein de l'Alliance, moins perfectionnées et donc tout juste capables d'une stratégie de représailles massives sur les villes soviétiques : à leurs yeux, « l'apparition de forces atomiques du pauvre pourrait introduire un élément irrationnel dans le *kriegspiel* des riches ». Donc les Américains voudraient contrôler très étroitement les forces nucléaires britanniques, déjà existantes, et bloquer autant que possible le développement de la force de frappe française [31].

Il est clair que le discours de McNamara à Athènes du 6 mai 1962 ne pouvait que renforcer les inquiétudes ressenties à Paris depuis quelques mois, y compris quant à la volonté de l'administration américaine de gêner le développement des forces nucléaires françaises, McNamara ayant clairement déclaré que l'apparition de petites forces nucléaires au sein de l'Alliance serait dangereuse. A partir de là, l'opposition des responsables français à la nouvelle doctrine américaine fut totale [32]. Quant à de Gaulle, il fut définitivement conforté dans les soupçons qu'il nourrissait depuis longtemps : dès sa conférence de presse du 10 novembre 1959, il avait commencé à laisser entendre publiquement qu'il doutait de la résolution des Américains à défendre l'Europe par des armes nucléaires si leur territoire n'était pas directement menacé [33]. Il rédigea pour ses ministres, le

---

30. Lettre du général Puget, chef de l'EMDN, du 16 avril 1962, et note de la Délégation française à l'OTAN du 26 mars 1962, Pactes, carton 266.

31. Note de l'EMDN du 26 février 1962, Pactes, carton 266 ; note du Service des Pactes du 6 juin 1962, conversation avec Rostow du 2 juin, carton 267.

32. Pactes, carton 266 et 267, *passim.*

33. Charles de Gaulle, *Discours et Messages*, t. III, Paris, 1970.

27 octobre 1963, un texte extrêmement précis condamnant la doctrine de riposte graduée et expliquant pourquoi les Européens ne pouvaient pas vouloir autre chose qu'une « dissuasion nucléaire complète », car ils ne pouvaient pas rivaliser sur le plan conventionnel avec les Soviétiques : une bataille conventionnelle leur vaudrait et la destruction de leur territoire et la défaite. Au contraire, les Américains voulaient limiter les risques d'un conflit nucléaire pour ne pas risquer une escalade sur leur propre territoire et souhaitaient donc maintenir une guerre éventuelle en Europe au niveau conventionnel, « sauf dans le cas où l'agression soviétique ferait tout effondrer sur le théâtre européen ». Cette « divergence essentielle » entre l'Amérique et l'Europe ne pouvait empêcher leur « alliance », mais « rendait injustifiable l'intégration [34] ». Et, le 8 novembre 1963 le Général interdit toute conversation avec les Américains portant sur les conceptions stratégiques : aucun accord n'était possible tant que l'OTAN serait « l'intégration et le monopole stratégique américain [35] ». C'était la rupture stratégique avec Washington : la France allait bloquer au Conseil de l'OTAN l'adoption de la stratégie de « riposte graduée », qui ne serait adoptée qu'en 1967, c'est-à-dire après le départ de la France du commandement intégré.

Sur la conception générale d'une dissuasion nucléaire qui devait être absolue afin d'éviter aux Soviétiques toute tentation de déclencher, en passant au-dessous du seuil nucléaire, un conflit conventionnel ruineux pour l'Europe et perdu d'avance, Adenauer et de Gaulle étaient en profond accord. Cet accord a été à mon avis une donnée fondamen-

---

34. *Lettres, Notes et Carnets 1961-1963*, pp. 382-383. Sur les conceptions stratégiques de De Gaulle, cf. Marcel Duval et Yves Le Baut, *L'Arme nucléaire française. Pourquoi et comment ?*, Paris, 1992, pp. 37 *sqq.* Cf. également Lothar Ruehl, *La Politique militaire de la Ve République*, Paris, 1976.

35. *LNC*, p. 389.

tale de leurs rapports, et en particulier un motif essentiel du traité de l'Élysée du 22 janvier 1963 [36]. Les deux hommes étaient-ils prêts à aller encore plus loin, à envisager une véritable communauté stratégique franco-allemande ? Nous verrons que la question mérite, pour le moins, d'être posée en 1962-1963.

Le resserrement des liens franco-allemands durant l'été 1962

C'est l'ensemble de la politique américaine au printemps 1962, avec ses propositions de négociations sur Berlin, le thème nouveau de la non-prolifération et la stratégie de riposte graduée, tous thèmes très dangereux pour la RFA du point de vue d'Adenauer, qui constitue l'explication essentielle du revirement du chancelier envers de Gaulle après ses hésitations en 1960-61, et de son rapprochement étroit avec celui-ci durant l'été. Tout se noua lors de la visite officielle du chancelier à Paris en juillet 1962, à laquelle de Gaulle voulut donner beaucoup de solennité, et qui comporta une parade militaire franco-allemande à Mourmelon et une messe à la cathédrale de Reims, gestes hautement symboliques également sur le plan de la défense commune.

Tout d'abord, les deux hommes se mirent d'accord pour réaliser une « union franco-allemande » puisque l'union à six était pour le moment impossible (mais soulignons ici que de Gaulle ne désespérait pas d'y revenir par la suite). Adenauer justifia cette position « pour faire face aux dangers que faisait courir l'URSS car, si cette union existait, l'URSS ne serait plus à même de faire des avances séparées à l'un ou à l'autre

---

36. Dans un télé. du 20 mars 1962, Seydoux avait souligné l'importance de l'accord stratégique entre les deux pays pour le développement de leur coopération, Pactes, carton 266.

d'entre nous ». On retrouve dans cette phrase les inquiétudes du chancelier et à l'égard de la politique de Khrouchtchev et à l'égard des arrière-pensées en direction de Moscou qu'il prêtait volontiers au général [37]. Mais l'autre grand thème des conversations concerna les problèmes de l'Alliance et les questions nucléaires. Comme l'expliqua de Gaulle, on était là au cœur des choses. Avec les progrès atomiques des Soviétiques, la garantie nucléaire américaine perdait de sa valeur. Voilà pourquoi les États-Unis poussaient au renforcement conventionnel de l'Alliance. Mais cette stratégie ne pouvait convenir aux Européens, car elle leur vaudrait d'abord la guerre sur leur sol, ensuite la défaite. En effet, et Adenauer exprima là aussi son accord, des puissances démocratiques ne pourraient jamais avoir autant de forces conventionnelles que l'URSS, qui n'avait pas à tenir compte de son opinion publique. Quant aux projets américains d'armement atomique de l'OTAN, ils n'étaient que des faux semblants. Le nucléaire français gênait Washington, car l'Amérique voulait garder l'atome sous son contrôle exclusif :

« C'est pour cette raison qu'il croyait que si, on réussissait à organiser une collaboration politique entre la France et l'Allemagne et, si possible, entre les Six, il faudrait examiner la défense de l'Europe au sens le plus strict. Il allait de soi que l'Alliance atlantique était absolument indispensable. Mais notre position dans cette alliance devait être claire. De Gaulle voyait là un thème essentiel de la collaboration. »

Adenauer répondit qu'il continuerait bien sûr à réclamer aux États-Unis des armes nucléaires pour l'OTAN, mais il

---

37. Compte rendu de la réunion du 5 juillet, Archives du MAE, cabinet, entretiens 1962. Adenauer n'écarta jamais de son esprit la possibilité d'une entente franco-soviétique par dessus l'Allemagne : cf. Herbert Blankenhorn, *Verständniss und Verständigung*, p. 439, les explications du chancelier à ses collaborateurs lors de la conclusion du traité de l'Élysée.

ajouta que l'OTAN était « surannée » dans sa structure. Il rappela que la RFA n'avait renoncé aux armes atomiques en 1954 que *rebus sic stantibus* et approuva le programme nucléaire français. Il conclut en se disant d'accord pour une « collaboration franco-allemande très poussée ». Jamais il n'était allé aussi loin dans le sens du Général que ce jour-là [38].

Donc de toute évidence, la décision fut prise, en juillet 1962, de donner à la coopération franco-allemande un très important volet stratégique, volet que l'on retrouve dans le traité de l'Élysée du 22 janvier 1963 ; Adenauer et de Gaulle concevaient clairement la coopération stratégique comme un élément essentiel des rapports entre les deux pays, comme un moyen de donner aux Européens plus de poids dans l'Alliance, mais d'abord, de façon très précise, de leur permettre d'influencer la stratégie américaine ou à défaut d'en compenser les effets nocifs face à l'URSS. Cela ne me paraît pas discutable ; nous verrons ensuite quel contenu les deux hommes mettaient dans cette coopération, et jusqu'où ils étaient prêts à aller. Dans l'état actuel de la documentation, les choses sont ici beaucoup plus hypothétiques.

Cela étant dit, il faut souligner que ni de Gaulle ni Adenauer n'avaient la moindre intention de rompre avec les États-Unis : il s'agissait d'influencer la stratégie américaine pour la rendre de nouveau plus conforme aux intérêts européens, il s'agissait de réformer les structures de l'OTAN, mais nullement de briser l'Alliance. Adenauer, on l'a vu, était décidé à continuer de négocier avec Washington l'attribution d'armes nucléaires à l'OTAN ; de Gaulle expliqua qu'il comprenait fort bien qu'il ne fût pas agréable aux Américains et aux Anglais de voir se développer une force nucléaire française qui le cas échéant, pourrait les forcer à nucléariser un conflit (on constate qu'il reprenait à son compte la théorie du détonateur...) et plus généralement de voir s'établir en dehors d'eux une solidarité franco-allemande étroite. Mais il était

---

38. *Mémoires* d'Adenauer, t. III, pp. 345 *sqq.*

convaincu qu'en définitive tout cela était « bon pour l'Europe, pour la Grande-Bretagne, pour l'Amérique, pour la paix ». Il faut éviter ici tout anachronisme : les relations entre la France et les Américains n'étaient pas aussi mauvaises qu'elles le deviendraient dans les années suivantes, et Adenauer pouvait penser (de Gaulle ne lui disait pas le contraire) qu'il pourrait concilier un rapprochement franco-allemand très étroit et le maintien de bonnes relations entre Bonn et Washington.

Les rapports de De Gaulle avec les Anglo-Saxons en 1962

Il faut insister sur cette idée que rien n'était encore joué entre Paris et Washington parce que l'on a à mon sens, trop tendance à penser que, dès 1962, voire 1961, la rupture entre les deux capitales était inévitable. Or, s'il est vrai que l'année 1962 a été cruciale, le processus de rupture a été plus progressif et complexe qu'on ne le pense, et il ne s'est d'ailleurs vraiment achevé qu'en 1964-1966. Il est capital de tenir compte de cette chronologie pour bien comprendre l'évolution des rapports franco-allemands, très étroitement liée à l'évolution des rapports respectifs des deux pays avec les États-Unis et aussi avec l'Angleterre, comme nous l'avons constaté à différentes reprises depuis le début de cette histoire.

En effet, Paris, au départ, n'était pas opposé par principe à la constitution de la force nucléaire de l'OTAN proposée par Washington depuis décembre 1960 et reprise par Kennedy dans son discours d'Ottawa de mai 1961. Ainsi en avait décidé le Conseil de défense présidé par de Gaulle le 21 mars 1961, et cette décision n'avait pas été rapportée. Le 20 février 1962 le Général devait dire à l'ambassadeur américain, le général Gavin, qu'« il ne voyait pas d'inconvénient à faire plaisir à l'Allemagne avec cette force », même si elle resterait à ses yeux purement américaine malgré l'étiquette

OTAN [39]. De leur côté, les Américains souhaitaient surtout établir cette force pour donner une satisfaction aux Allemands sans toutefois leur donner un accès incontrôlé aux armes nucléaires ; si les Français acceptaient de participer à cette force, cela ne les empêcherait pas d'établir par ailleurs leur force de frappe indépendante, même si celle-ci ne suscitait bien sûr aucun enthousiasme à Washington [40]. Le Quai d'Orsay recevait même certaines indications selon lesquelles, si la France acceptait de participer à la force de l'OTAN, elle pourrait recevoir une aide pour la mise au point de sa force de frappe [41].

D'autre part on avait décidé au Conseil de défense de mars 1961 que la force de frappe française pourrait le moment venu combiner son action avec celle du Strategic Air Command américain et du Bomber Command britannique, à condition que ce soit en dehors du système de commandement intégré. Là aussi, cette décision était toujours valable en 1962 ; dans sa lettre au président Kennedy du 11 janvier 1962, de Gaulle indiquait que, « le moment venu, il serait sans doute indiqué d'organiser l'emploi combiné des armements nucléaires occidentaux [42] », et l'état-major français faisait même des plans et des propositions en ce sens [43]. Or les conversations avec les responsables américains montraient que ceux-ci n'écartaient pas *a priori* la possibilité d'un accord stratégique entre les trois grands occidentaux et un système de coopération entre leurs forces nucléaires [44]. A

---

39. MAE, cabinet, entretiens 1962.

40. C'est en fait le sens de la lettre assez confuse de Kennedy à de Gaulle du 31 décembre 1961, commentée le 5 janvier par le représentant américain à l'OTAN, Finletter, Pactes, carton 266.

41. *Ibid.* et note du 2 avril 1962 sur une nouvelle conversation avec Finletter.

42. Pactes, carton 266.

43. Note du service des Pactes du 12 février 1962, carton 266, et deux notes de l'EMDN du 18 juin 1962, carton 409.

44. Conversation entre François de Rose et Paul Nitze, sous-secrétaire d'État à la Défense, le 7 août 1961, Pactes, carton 260 ; conversation avec le représentant américain à l'OTAN, Finletter, le 10 août 1961, Pactes, carton 266.

Paris, encore en octobre 1962, on gardait, aussi bien sur la question d'une force multilatérale que sur celle de la collaboration des forces stratégiques américaine, britannique et française un esprit très ouvert : les oppositions n'étaient pas encore cristallisées [45].

D'ailleurs, les États-Unis, tout en manifestant leur opposition à la force de frappe française en cours de création n'hésitaient pas, au printemps 1962, à vendre à la France douze avions ravitailleurs, indispensables pour permettre aux Mirage IV de bombarder l'URSS [46] ! Mais au mois de mars, la mission à Washington du général Lavaud, délégué ministériel pour l'armement, venu pour commande des matériels périphériques nécessaires pour la force de frappe, devait échouer [47]. En fait, l'administration américaine était encore divisée au sujet de l'attitude à observer à l'égard de la force nucléaire française, le Pentagone se montrant moins hostile que le Département d'État. Celui-ci, sous l'influence de Robert Bowie, avait en effet adopté avec enthousiasme le concept de force nucléaire de l'OTAN, que l'on appellerait bientôt MLF : il s'agissait par là de donner une satisfaction à l'Allemagne, en lui permettant de participer à cette force, tout en empêchant l'apparition de forces purement nationales. En effet, on craignait par-dessus tout au Département d'État l'effet contagieux que pourrait avoir sur la RFA la volonté française d'indépendance nucléaire. Or, si Bonn devait un jour se doter de sa propre force nucléaire, les rapports Est-Ouest seraient dangereusement compliqués.

Quant au président Kennedy lui-même, il était beaucoup plus pragmatique. Sa principale préoccupation était d'empêcher la RFA de se doter d'une force de frappe nationale — on n'insistera jamais assez sur ce souci fondamental de son administration —, mais il était prêt à discuter des moyens et n'était pas attaché à telle ou telle formule de force nucléaire

---

45. Note du service des Pactes du 15 octobre 1962, carton 320.
46. Note du service des Pactes du 14 juin 1962, carton 409.
47. Frédéric Bozo, *Deux Stratégies pour l'Europe*, op. cit., p. 83.

de l'OTAN et n'était pas théologiquement hostile à toute force nationale d'un allié. Bien entendu, il n'était pas favorable à la force nucléaire française — il l'écrivit à de Gaulle le 31 décembre 1961 et le fit savoir publiquement au printemps 1962 dans une conférence de presse qui irrita beaucoup Paris —, mais, pour lui, l'essentiel était la fidélité de De Gaulle et de la France à l'OTAN. Il reconnaissait que les Européens, à moyen terme, pouvaient se poser la question de la valeur de la garantie nucléaire américaine, il était prêt à ouvrir avec de Gaulle une consultation approfondie sur les problèmes nucléaires de l'Alliance [48], il était même prêt à accepter la force de frappe, puisque les Français étaient de toute façon décidés à la construire, et même à lui accorder une certaine aide technique si la France acceptait de son côté de soutenir l'OTAN [49]. Or c'était là tout le problème et toute l'ambiguïté ; en effet, si de Gaulle soutenait bien l'Alliance, il estimait que la « renaissance » de l'Europe rendait l'intégration et l'OTAN, utiles en leur temps, désormais dépassées : l'Amérique devrait accepter de renoncer à son « leadership excessif » au sein de l'Alliance, comme il le déclara au général Gavin le 26 mai 1962 [50].

En même temps, comme il le dit à Macmillan à Rambouillet le 16 décembre 1962, la France ne voulait rien « casser » avec l'OTAN, car elle comprenait l'intérêt de cette organisation pour impliquer les États-Unis dans la défense de l'Europe, et c'était pourquoi elle laissait une partie de ses troupes à la disposition de l'organisation [51]. C'est sans doute au même Macmillan, le 3 juin 1962, à Champs-sur-Marne, que de Gaulle expliqua le mieux sa position d'alors (qui devait encore évoluer par la suite) : la France laisserait une

---

48. Cf. sa lettre à de Gaulle du 31 décembre 1961, Pactes, carton 266. Le représentant américain à l'OTAN, Finletter, confirma à son homologue français le 5 janvier le sérieux de l'ouverture de Kennedy, *ibid*.
49. Paul H. Nitze, *From Hiroshima to Glasnost*, New-York, 1989, p. 211.
50. MAE, cabinet, entretiens 1962.
51. *Ibid.*

partie de ses forces à la disposition de l'Alliance, pour mener la « bataille d'Allemagne » dans le cadre de l'OTAN. Mais l'issue de cette bataille était si incertaine que la France devait conserver des forces purement nationales, dont sa flotte, également d'ailleurs à cause de ses intérêts propres de par le monde, en particulier en Afrique. En outre, bien entendu, elle devait avoir sa propre force de dissuasion [52]. En fait, la vraie réforme de l'OTAN n'interviendrait que quand et si l'Europe se faisait et assumait la responsabilité de sa défense. Dans ce cas, il y aurait un « commandement européen » qui se défendrait avec l'aide de l'Amérique, mais celle-ci ne serait plus seule responsable. L'Europe, enfin, disposerait alors de la puissance nucléaire de ceux de ses membres qui auraient des moyens nucléaires. Notons qu'au cours de cette rencontre Macmillan exprima son accord avec de Gaulle et évoqua lui-même une union politique européenne comprenant la Grande-Bretagne, avec un plan de défense comportant l'emploi des armes atomiques, union alliée aux États-Unis sur un pied d'égalité et facteur de détente avec l'URSS : tout cela était parfaitement compatible avec les idées gaulliennes.

Donc, si de Gaulle estimait indispensable de remettre en cause l'intégration de l'OTAN, c'était dans une vision à assez long terme, et non dans l'immédiat. Notons d'ailleurs ici que c'était en fait surtout une certaine forme d'intégration qu'il condamnait : comme il le déclara en privé en décembre 1961, c'était la mise à la disposition d'états-majors en fait anglo-américains d'officiers européens comme « figurants ou otages », ainsi que de forces européennes sous les ordres d'un chef dépendant pour toutes ses décisions importantes (d'ordre nucléaire) du seul président des États-Unis. Mais il était prêt à accepter « tout autre formule », même baptisée intégration, comportant la participation d'officiers français à de grands commandements ou à des états-majors interalliés, la mise à la disposition de ces états-majors de grandes unités

---

52. *Ibid.*

nationales, à condition que la stratégie et les plans de guerre aient été définis et approuvés au préalable par les gouvernements alliés, et à condition que les forces puissent être retirées en cas d'impératif national « primant l'intérêt de la coalition ». C'était les « excès » de l'intégration au profit des Anglais et des Américains qu'il condamnait et le fait que, « au sein de l'Alliance, il n'y avait pas d'intégration, mais il y avait un ou deux supergrands pour soi-disant diriger et les autres [53] ». Jugement sévère mais passionnant qui montre bien que le Général était loin d'être opposé à toute forme d'organisation de l'Alliance.

Mais, dans l'immédiat, ce qui comptait pour lui dans ses rapports avec les Américains et les Anglais, c'était qu'ils veuillent bien assimiler le fait que la France était décidée à se doter de sa propre force de frappe (rappelons ici qu'elle ne devait commencer à être opérationnelle que le 1er octobre 1964...) et d'autre part qu'ils acceptent enfin le système de consultations politiques et stratégiques à trois qu'il proposait depuis 1958 et qu'il rappela encore à Kennedy dans sa lettre du 11 janvier 1962. Il y avait donc à mon avis plus de possibilités d'entente en 1962 qu'on ne le croit généralement : à Champs, en juin, Macmillan, répétons-le, se déclara d'accord avec les conceptions stratégiques de De Gaulle, au fond très proches de celles de la Grande-Bretagne elle-même ; quant à Kennedy, il était beaucoup plus méfiant ; mais il était plus pragmatique que le Département d'État, et la suite allait montrer qu'il n'était pas absolument hostile à un arrangement. Mais il est sûr qu'un tel arrangement eût été très difficile.

---

53. « Résumé d'une conversation avec le général de Gaulle au sujet de " l'intégration " dans l'OTAN », Pactes, carton 266.

L'échec de la réforme de l'OTAN : Rambouillet, Nassau et la conférence de presse du 14 janvier 1963

Néanmoins, les Britanniques, pour leur part, étaient très désireux d'aboutir à un arrangement de ce genre. Depuis juillet 1961, à de nombreuses reprises et y compris au plus haut niveau, ils avaient fait savoir à Paris qu'ils souhaitaient un accord stratégique global, une coordination des forces nucléaires des deux pays et une répartition de leurs objectifs, ainsi qu'une coopération en matière d'armements. Bien sûr, ils pensaient aussi par là faciliter le succès de leur candidature au Marché commun, et il y avait certainement dans leurs propositions une part de marchandage. Mais ils étaient également sincères : ils étaient sensibles à la réticence croissante de Washington à aider la modernisation de la force nucléaire britannique. Ils souhaitaient en particulier, en collaborant avec les Français, rééquilibrer l'Alliance atlantique, et pensaient possible d'y parvenir avec l'accord des Américains [54]. Début décembre 1962, l'annonce de l'abandon du Skybolt par les Américains (il s'agissait d'une fusée sur laquelle la Grande-Bretagne comptait pour prolonger la vie opérationnelle de sa flotte de bombardiers) relança l'affaire : d'après les indications recueillies par l'ambassadeur de France à Londres, les Anglais étaient prêts à accueillir favorablement une proposition de collaboration nucléaire, et Macmillan souhaitait en parler au Général à l'occasion de leur prochaine rencontre, à Rambouillet [55].

Mais la rencontre de Rambouillet, les 15 et 16 décembre, devait se dérouler de façon catastrophique [56]. Pourtant,

---

54. Note de synthèse du service des Pactes du 10 décembre 1962, carton 409.

55. Lettre de Courcel à Couve de Murville du 3 décembre, et télé. du même du 11, Pactes, carton 409.

56. Cf. Françoise de La Serre, « De Gaulle et la candidature britannique aux Communautés européennes », *De Gaulle en son siècle*, t. V, Institut

Macmillan y exposa des thèses d'une parfaite orthodoxie...
gaulliste : la Grande-Bretagne était désireuse d'adhérer à une
union politique européenne sur le modèle interétatique et
non pas supranational du plan Fouchet ; elle approuvait la
volonté française d'indépendance nucléaire ; elle souhaitait
une collaboration avec Paris pour la construction des forces
de frappe respectives et pour la détermination concertée de
leurs objectifs ; elle souhaitait rééquilibrer l'OTAN en créant,
le moment venu, un commandement stratégique européen [57].

Cependant, le Général se montra totalement négatif : le
plan Fouchet n'était plus d'actualité, puisque personne, en
dehors de la France, ne se souciait de l'indépendance de
l'Europe ; la Grande-Bretagne, malgré les déclarations de
Macmillan sur sa volonté d'échapper à la « tutelle » américaine
et de rééquilibrer l'Alliance, était encore trop proche des
États-Unis, et elle n'était pas prête à adhérer au Marché
commun tel qu'il était. Macmillan fut effondré de voir ainsi
rejeté en quelques minutes l'ensemble de sa politique européenne et atlantique.

L'attitude de De Gaulle à Rambouillet, contrastant avec sa
réaction beaucoup plus positive aux propos de Macmillan à
Champs en juin, alors pourtant que ce dernier avait pratiquement tenu les mêmes lors des deux rencontres, a fait couler
beaucoup d'encre. Écartons certains arguments utilisés par le
Général à Rambouillet, de toute évidence peu sincères,
comme sa tirade sur le refus des Européens de suivre la
France sur la voie de l'indépendance et l'inanité du plan
Fouchet : il était en train de préparer avec l'Allemagne un
plan Fouchet à deux, et il n'avait pas abandonné l'espoir d'y
revenir un jour à six [58]. Retenons les explications les plus

---

Charles de Gaulle, 1952 ; Maurice Vaïsse, « De Gaulle et la première candidature britannique au Marché commun », *Revue d'histoire diplomatique*,
1994/2 ; Alistair Horne, *Macmillan*, t. II, Londres, 1989.

57. Compte rendu, MAE, cabinet, entretiens 1962.

58. Comme le prouve par exemple une note de lui du 2 janvier 1963,
LNC 1961-1963, p. 346.

vraisemblables. D'abord on a remarqué que la conjoncture politique française était devenue très différente entre juin et décembre : en juin, la situation intérieure était incertaine, l'OAS encore agissante, comme le montra l'attentat du Petit-Clamart au mois d'août. En décembre, l'OAS était hors d'état de nuire, le Général avait fait adopter l'élection du président de la République au suffrage universel par le référendum du 28 octobre et l'opposition avait été battue aux élections de novembre. La Ve République était comme fondée une deuxième fois, et ses adversaires en politique intérieure, qui pour beaucoup critiquaient également la politique extérieure et restaient partisans de l'Europe supranationale et de l'« atlantisme », avaient perdu l'espoir de retrouver le pouvoir à la faveur de la fin de la guerre d'Algérie [59]. Or le Général avait volontiers tendance à durcir sa politique extérieure quand sa situation intérieure se renforçait, on l'a vu lors de son intervention dans la question du plan Fouchet en janvier 1962.

Au-delà, une explication vraisemblable est certes celle que de Gaulle donna lui-même à Macmillan, discrètement à Champs, de façon plus brutale à Rambouillet et lors de sa conférence de presse du 14 janvier 1963 : l'Angleterre était à ses yeux trop proche des États-Unis et du Commonwealth pour être vraiment européenne, et son entrée dans le Marché commun conduirait à la dissolution de celui-ci dans une vaste communauté atlantique. Il est vrai qu'aux négociations de Bruxelles les Anglais demandaient toute sorte d'exceptions aux dispositions du Marché commun en vue de leur entrée et qu'à Rambouillet Macmillan avait annoncé qu'il allait demander aux Américains de lui fournir des fusées Polaris pour remplacer le Skybolt. Cette décision concrète a peut-être pesé plus lourd pour le Général que les affirmations de son interlocuteur sur un rééquilibrage nécessaire de l'Alliance.

---

59. Sur ce complexe politique intérieure-politique extérieure en 1962, cf. Étienne Burin des Roziers, *Retour aux sources*, Paris, Plon, 1986.

Néanmoins, il y a une autre explication : c'est semble-t-il seulement à Champs que de Gaulle a compris le sérieux de la détermination de Macmillan à entrer dans le Marché commun et dans une éventuelle Europe politique. Or y tenait-il réellement ? Une Europe à Sept, avec l'Angleterre, même construite selon les vues gaullistes, aurait-elle pu être pour la France le « levier d'Archimède » qu'il aimait évoquer ? Ne serait-ce pas Londres qui en aurait pris la tête ? Ne valait-il pas mieux privilégier la collaboration avec l'Allemagne sur laquelle la France pouvait avoir barre, pour toutes les raisons que nous connaissons ? Cela expliquerait aussi son attitude très négative à Rambouillet à l'égard de la Grande-Bretagne, alors même qu'il préparait le traité franco-allemand.

Quoi qu'il en soit, quelques jours plus tard, Macmillan rencontra Kennedy à Nassau. Mal préparée et chaotique, la rencontre aboutit le 21 décembre à un communiqué assez obscur et certainement maladroit à l'égard des Français : la Grande-Bretagne recevrait des fusées Polaris, elle-même construisant les sous-marins nucléaires et les ogives correspondantes ; ces forces feraient partie, le moment venu d'une force nucléaire multilatérale de l'OTAN, mais Londres pourrait les récupérer si les intérêts vitaux britanniques étaient en jeu. Mais, dans l'immédiat, le Bomber Command britannique, des éléments des forces stratégiques américaines et les forces nucléaires tactiques en Europe formeraient une Force nucléaire interalliée de l'OTAN, différente donc de la force multilatérale et qui exécuterait les plans de frappe de l'OTAN en Europe. Le 24 décembre, Kennedy écrivit à de Gaulle pour lui proposer de s'associer à l'accord à des conditions « similaires » à celles qui étaient consenties à la Grande-Bretagne (« similaires » et non « semblables » : cela voulait dire que Washington était prêt à tenir compte de la situation différente de la France par rapport à celle de la 'Grande-Bretagne) [60].

---

60. Ian Clark, *Nuclear Diplomacy and the Special Relationship*, Oxford, 1994, pp. 409 *sqq.*, et Rapport Neustadt (cf. ci-dessous).

Prise au pied de la lettre, cette proposition n'avait rien qui pût intéresser de Gaulle : il avait toujours indiqué que la France ne participerait pas à la force multilatérale, qu'il considérait comme un appendice des forces nucléaires américaines, et comme il ne disposait encore ni de sous-marins nucléaires ni de têtes thermonucléaires miniaturisées, l'offre de Polaris n'avait aucun intérêt pour lui. D'autre part, il est clair qu'il a interprété l'accord de Nassau comme une invitation à l'abandon de son indépendance nucléaire : il déclara à plusieurs reprises en effet que l'environnement technique et opérationnel nécessaire pour une force nucléaire rendait peu crédible que l'on pût en reprendre l'usage en cas d'urgence nationale, une fois que l'on aurait accepté de la placer sous commandement OTAN. La force de frappe française en cours de constitution devrait être à la seule disposition de la France, il n'était pas question de la placer sous le commandement intégré. Néanmoins, cela « n'excluait pas du tout, bien entendu, que soit combinée l'action de cette force avec celle des forces analogues » des alliés, comme le Général devait le répéter à l'occasion de sa conférence de presse du 14 janvier [61].

Incontestablement, le Département d'État voyait dans Nassau surtout la fin de l'indépendance nucléaire britannique et l'occasion de faire progresser la force multilatérale en discussion depuis 1960 et d'établir un contrôle américain sur toutes les forces nucléaires de l'Alliance, y compris les françaises. Mais d'autres responsables, et en particulier Kennedy, voyaient alors les choses de façon beaucoup plus souple et encore indéterminée ; il y aurait en fait dans la force multilatérale deux catégories d'éléments : des forces nationales, comme les Polaris britanniques, pouvant être le cas échéant retirées, et une véritable force multilatérale à équipages mixtes, financée par les pays non nucléaires de l'OTAN qui voudraient y participer. Un conseil exécutif comprendrait en tout cas les États-Unis, la Grande-Bretagne, la France si elle

---

61. *Discours et Messages 1962-1965, op. cit.*, p. 73.

acceptait le projet, la RFA, et éventuellement d'autres pays, la question était encore loin d'être réglée. Mais la force multilatérale proprement dite ne pourrait pas être opérationnelle avant 1970.

En fait, dans les idées de Kennedy à ce moment-là, la force ne serait pas tant multilatérale que multinationale, l'affectation à l'OTAN serait très théorique et il s'agirait surtout de combiner les plans de frappe des Américains, des Britanniques et si possible des Français, tout en ôtant aux Allemands l'envie de rechercher une capacité nucléaire nationale en leur permettant de participer au conseil exécutif qui contrôlerait cette force. Mais il était entendu que les Britanniques pourraient le cas échéant retirer leurs forces, et il était clair que, si les Français participaient à la force multilatérale, ils jouiraient de la même faculté.

Le point essentiel était que Kennedy souhaitait négocier avec de Gaulle, éventuellement le rencontrer, et il n'excluait pas, pour lui faciliter les négociations, de l'aider à acquérir ce qui lui manquait pour utiliser les Polaris : le sous-marin nucléaire et l'ogive thermonucléaire [62]. Sur la base des instructions personnelles de Kennedy et en son nom, Charles Bohlen, l'ambassadeur à Paris, rencontra de Gaulle le 4 janvier. Il expliqua que Nassau était négociable, que, par-dessus tout, Washington souhaitait parler, et était prêt « à réfléchir en commun à une réorganisation de l'Alliance ». D'autre part, « si l'on parlait, la conversation pourrait faire surgir des éléments nouveaux qui pourraient concerner peut-être les problèmes liés à la construction du sous-marin lanceur d'engins et à la fabrication de têtes nucléaires [63] ». Ce qui était implicitement

---

62. Je m'appuie ici sur le rappport préparé sur l'affaire de Nassau le 15 novembre 1963 par le professeur Neustadt, conseiller de Kennedy. Il put voir tous les documents et rencontrer tous les responsables : c'est une étude essentielle (Kennedy Library). Cf. également le compte rendu de l'entretien du 14 janvier 1963 entre George Ball et Adenauer, MAE, cabinet, entretiens 1963.
63. MAE, cabinet, entretiens 1963.

évoqué par Bohlen, c'était la possibilité d'un vaste accord stratégique et nucléaire tripartite. Mais le Général lui opposa courtoisement une fin de non-recevoir.

Le 10 janvier George Ball rencontra à Paris Couve de Murville et lui donna des précisions qui en fait ne faisaient que rendre encore plus confuses les décisions de Nassau. Mais il en ressortait néanmoins que le souci principal de Washington était d'empêcher la RFA de se doter d'une arme nucléaire nationale, et que d'autre part il y aurait finalement dans la force nucléaire de l'OTAN deux éléments clairement distincts : une force multilatérale proprement dite à équipages mixtes réellement intégrée pour les pays non nucléaires et des forces nationales américaines, britanniques et éventuellement françaises qui pourraient être retirées de la force OTAN en cas d'urgence nationale [64]. En d'autres termes, la France aurait la même place que la Grande-Bretagne et ne serait pas confondue avec les pays non nucléaires. Les déclarations de Bohlen et Ball suggéraient donc la formation d'un ensemble tripartite nucléaire au sein de l'Alliance.

On notera qu'à Washington l'ambassadeur de France, Hervé Alphand, qui avait longuement rencontré Kennedy le 31 décembre, recommanda à Paris de négocier : « Après tout, il est peut-être possible d'espérer que l'offre de Nassau ouvre la voie à une meilleure coopération atomique [65]. » Les 2 et 3 janvier, il télégraphia que, d'après les informations qui lui venaient de différentes sources, Washington souhaitait négocier avec Paris, que Kennedy était prêt à rencontrer de Gaulle, que l'on pouvait envisager une aide atomique à la France, que la formule de Nassau pouvait être assouplie et se limiter, en ce qui concernerait les forces françaises, à une simple coordination stratégique. Le 15 janvier le conseiller du président à la sécurité nationale, McGeorge Bundy, déclara à Alphand que l'« un des objets essentiels de l'offre faite par le

---

64. Compte rendu dans Pactes, carton 344.
65. *L'Étonnement d'être*, op. cit., p. 391.

président Kennedy » était d'« ouvrir une conversation générale sur tous les problèmes atomique, stratégique, politique de l'Alliance [66] ».

Le 15 janvier (donc le lendemain de la conférence de presse de De Gaulle au cours de laquelle celui-ci avait annoncé que la France ne participerait pas à l'accord de Nassau), Alphand voyait le secrétaire d'État Rusk : la lecture de la conférence de presse « lui faisait désirer plus que jamais un contact direct entre les deux présidents ». Alphand revit Rusk le 19 janvier : celui-ci répéta que l'on était prêt à Washington à négocier pour adapter l'offre de Nassau aux besoins français, et surtout que cette offre de fusées Polaris « n'avait nullement pour objet d'empêcher les Français, si telle était leur intention, de se doter d'une force atomique autonome [67] ». De tous ces éléments il ressort, selon moi, qu'en échange d'un coup de chapeau à l'OTAN la France pouvait peut-être obtenir à ce moment-là la mise sur pied d'un système nucléaire tripartite américano-anglo-français, avec une coordination des forces de frappe, c'est-à-dire en fait la réforme de l'Alliance qu'elle poursuivait depuis 1958 et même avant. Et ce sans sacrifier, dans la réalité des choses, l'indépendance de sa force de frappe. Cette fenêtre d'opportunité, certes étroite, était due à des circonstances exceptionnelles : la crise des rapports nucléaires anglo-américains à la suite de l'abandon du Skybolt et la volonté américaine urgente de mettre sur pied un système quelconque permettant d'éviter un armement nucléaire allemand national, sans paraître trop clairement opérer une discrimination à l'égard de l'Allemagne.

Mais, en fait, la position du Général était déjà arrêtée, et aucune offre de négociation ou d'assistance technique ne pouvait rien y changer ni modifier son interprétation immédiate et totalement négative de Nassau, interprétation qui était d'ailleurs l'aboutissement logique de sa conception

---

66. Pactes, carton 344.
67. Pactes, carton 344.

rigoureuse de l'indépendance nucléaire et de toute sa réflexion depuis la rencontre de Champs en juin avec Macmillan. Il était persuadé en effet que la force multilatérale et l'entrée de la Grande-Bretagne dans le Marché commun constituaient deux éléments d'une même manœuvre destinée à conforter l'hégémonie américaine sur l'Occident. Au Conseil des ministres du 3 janvier, la veille de son entretien avec Bohlen, il exposa que la Grande-Bretagne avait perdu son indépendance à Nassau, que l'offre de Polaris était inutile à la France, celle-ci n'ayant ni sous-marin nucléaire ni têtes thermonucléaires. Au-delà, il s'agissait d'une question de principe : la France devait garder « les mains libres », alors que les Américains étaient « résolus à abolir leurs alliés ». Elle avait parfaitement les moyens de se doter seule d'une force de dissuasion suffisante : le Mirage IV était un bombardier beaucoup plus efficace que les avions anglais et pourrait percer les défenses soviétiques. Pour la génération suivante de la force de frappe, on pouvait être optimiste : les essais de fusées au Sahara étaient très satisfaisants et avaient permis de dépasser la portée de 3 000 kms [68]. Ajoutons que la technique de l'enrichissement de l'uranium par diffusion gazeuse, indispensable pour la maîtrise de la bombe H, était au point depuis quelques mois. Il est certain, que pour Paris, les allusions américaines à une éventuelle aide technique avaient désormais moins de valeur, encore que Palewski, ministre chargé de la Recherche scientifique, ait souligné au Conseil du 3 janvier que l'aide américaine pourrait faire gagner un temps précieux.

En fait, il semble bien que la position du Général s'était encore durcie par rapport aux premiers mois de 1962, probablement pour les raisons de politique intérieure évoquées plus haut et à cause du développement du « grand dessein » de Kennedy. Ses options stratégiques étaient désormais clairement arrêtées : la France devait disposer de quatre types de forces : l'une, sous commandement OTAN, pour la « bataille

---

68. Alain Peyrefitte, *C'était de Gaulle, op. cit.*, pp. 282 et 338 *sqq*.

d'Allemagne » ; l'autre, sous commandement national, pour la « bataille de France » ; la troisième pour défendre les intérêts français ailleurs dans le monde ; enfin une force de dissuasion « qui ne dépende que de nous ». Celle-ci pourrait coopérer avec les forces nucléaires anglaise et américaine, mais il est clair que désormais le Général était très sceptique à ce sujet. Comme il devait le dire à Adenauer le 22 janvier, sans renoncer à la réforme de l'Alliance sur une base tripartite qu'il réclamait depuis 1958, il s'était à ce sujet « calmé », et il ne parlait plus de réaliser cette réforme tout de suite, comme il l'avait encore proposé à Kennedy en janvier 1962. En tout cas, rien dans ce domaine ne bougerait tant que la France ne disposerait pas d'une force nucléaire opérationnelle. Sans être abandonné, le projet de réforme de l'Alliance était renvoyé à plus tard, quand son armement atomique permettrait à Paris de discuter avec les Américains en meilleure position [69].

Cependant, force est de constater que de Gaulle, en repoussant toute discussion sur Nassau avec les Américains et en renvoyant à plus tard toute discussion sérieuse sur l'OTAN, faisait ainsi échouer une chance, certes ténue, de réaliser très rapidement la réforme de l'Alliance sur une base tripartite qu'il avait réclamée depuis 1958. Macmillan, pourtant, y était favorable, et Kennedy était prêt, on l'a vu, à discuter. Au moment où il reculait dans le temps la perspective d'une réforme de l'Alliance, le Général n'avait peut-être jamais été plus près d'y parvenir. En effet, la rupture entre Paris et Washington n'était pas encore intervenue, les solidarités de la guerre mondiale et de la guerre froide étaient encore vivantes, et le président américain, dans les conditions de l'époque et dans son souci très net de contrôler l'Allemagne, ne pouvait pas se permettre d'ignorer le point de vue français.

---

69. *C'était de Gaulle, op. cit.*, pp. 345 et 351-352. De Gaulle devait expliquer cette idée d'une réforme de l'OTAN ajournée jusqu'à ce que la force de frappe soit opérationnelle à Erhard le 3 juillet 1964, et à Rusk le 14 décembre 1964 (MAE, cabinet, entretiens 1964).

On s'est très sérieusement demandé, dans le chapitre précédent, si de Gaulle n'avait pas eu une chance réelle, au début de 1962, de faire accepter la mise sur pied d'une union politique européenne avec un volet défense ; de même on doit se demander s'il n'avait pas, au début de 1963, une chance, sans doute moins probable, de réaliser une réforme de l'Alliance faisant reconnaître à la France une place égale à celle de l'Angleterre. Entre janvier 1962 et janvier 1963, il n'a jamais été plus près de parvenir à réaliser l'ensemble du programme stratégique défini dès 1958. Alors que la force de frappe française ne serait opérationnelle que le 1er octobre 1964, avec quatre Mirage ! Pourtant, selon moi, sans dissimuler la difficulté de l'entreprise et les arrière-pensées de ses partenaires, il manqua dans les deux cas le succès, un succès extraordinaire qui aurait modifié et assaini l'ensemble des structures européennes et occidentales, par suite d'une certaine précipitation et d'une vision trop pessimiste des objectifs de ses interlocuteurs et trop radicalement exigeante des siens propres.

Ce point de vue sera certainement contesté. Ce qui ne peut pas l'être, c'est que le refus et de l'offre américaine et de l'entrée de la Grande-Bretagne dans le Marché commun — double refus encore dramatisé et systématisé par la conférence de presse du 14 janvier 1963 au cours de laquelle le président français exposa de façon courtoise mais définitive sa position [70] —, devait projeter sur le traité de l'Élysée du 22 janvier une signification qu'il n'avait pas du tout au départ et en faire une sorte de défi aux Anglo-Saxons, une solution alternative tranchée. Du coup l'Amérique, nous le verrons, allait intervenir et largement contribuer à faire échouer ce traité. C'est pourquoi les événements de décembre 1962-janvier 1963 ont retenti si directement sur les relations franco-allemandes.

---

70. *Discours et Messages 1962-1965*, *op. cit.*, pp. 61 *sqq.*

Le traité de l'Élysée du 22 janvier 1963

L'histoire du traité de l'Élysée est complexe, et celui-ci comporta, à Paris comme à Bonn, beaucoup d'arrière-pensées [71]. On se souvient qu'en juillet 1962, lors de sa visite en France, le chancelier était tombé d'accord avec le Général pour reprendre provisoirement à deux la coopération prévue primitivement à six dans le cadre du plan Fouchet. On sait que la visite de De Gaulle en RFA en septembre fut un triomphe. On notera en particulier le discours à la Führungs-akademie de Hambourg le 7 septembre :

« La coopération organique [expression certainement pas choisie par le Général au hasard] de nos armées en vue d'une seule et même défense est donc essentielle à l'union de nos deux pays [72]. »

En vue de ce voyage, Couve de Murville avait préparé, à partir des instructions du Général, un mémorandum destiné aux Allemands, mais qui ne leur fut finalement pas remis. Dans ce texte, fort prudent, il ne s'agissait en aucune façon de conclure un traité ou même un accord quelconque, mais d'organiser de façon pragmatique des rencontres systématiques au niveau des fonctionnaires dans les domaines des Affaires étrangères, de la Défense, de l'Éducation et de la Jeunesse, afin de développer la coopération entre les deux pays [73]. Finalement, un mémorandum nettement plus ambitieux fut remis aux Allemands le 18 septembre. Et on commença à se diriger vers la signature d'une déclaration commune (il ne

---

71. Cf. Georges-Henri Soutou, « Les problèmes de sécurité dans les rapports franco-allemands » *op. cit* ; Jacques Bariéty, « De Gaulle, Adenauer et la genèse du traité de l'Élysée du 22 janvier 1963 », in *De Gaulle en son siècle*, t. V, Institut Charles de Gaulle, 1992.
72. De Gaulle, *Discours et Messages*, t. IV, pp. 12-13.
73. Texte du 6 septembre 1962, Pactes, carton 320.

s'agissait pas encore d'un traité) à l'occasion de la visite qu'Adenauer devait faire en France en janvier 1963. Entre-temps, en effet, le voyage en Allemagne avait été un grand succès, et les Allemands avaient fait savoir qu'ils souhaitaient qu'on en profitât pour asseoir la collaboration entre les deux pays sur des bases solides [74]. On prévoyait désormais, à Paris, des rencontres régulières des chefs d'État ou de gouvernement, des ministres des Affaires étrangères, de la Défense, de l'Éducation. En matière internationale, même s'il n'était pas toujours possible de parvenir à une position analogue, aucune décision ne devrait être prise sans consultation préalable du partenaire, en particulier pour les questions concernant l'Europe ou les relations avec l'URSS. En matière militaire, outre les rencontres des ministres et des chefs d'état-major, il faudrait parvenir « dans tous les domaines stratégiques et tactiques [...] à des conclusions concrètes par l'établissement de documents communs et, pour faciliter les travaux, de créer des centres franco-allemands de recherche opérationnelle ». Il faudrait multiplier les échanges entre les officiers et les unités. En matière d'armements, il faudrait travailler en commun dans des commissions mixtes dès le stade de l'élaboration des données opérationnelles, des programmes d'armements, des budgets, puis au stade de la recherche dans des bureaux d'études mixtes, la production étant ensuite répartie entre les deux industries [75].

Les Allemands remirent un mémorandum en réponse le 8 novembre. Leur texte reprenait les grandes lignes du mémorandum français, mais avec d'importantes nuances. D'une part, il ne se prononçait pas sur les procédures de coopération alors que les Français, sans vouloir les institutionnaliser, s'étaient attachés à les décrire de façon précise. D'autre part les Allemands voulaient placer la coopération en matière de défense dans le cadre de l'OTAN, ce qui annon-

______

74. Télé. de Margerie, ambassadeur à Bonn, du 13 septembre, *ibid*.
75. *Ibid*.

çait bien des divergences ultérieures [76]. Cela n'empêcha pas pourtant pas, dans les semaines suivantes, fin 1962-début 1963, les négociateurs français d'insister pour que la future déclaration commune, à signer lors de la venue d'Adenauer à Paris en janvier (à cette époque il n'était toujours pas question d'un traité), comprenne des dispositions ambitieuses en matière de défense. Les Allemands, quant à eux, continuaient à freiner, voulant éviter toute complication avec l'OTAN [77].

Le 17 décembre, Couve de Murville et son homologue Schröder mirent au point le mécanisme de consultations et le projet d'accord qui devait le formaliser [78]. Celui-ci reprenait à peu près exactement le mémorandum français du 18 septembre. Comme on le voit, il n'était toujours pas question d'un traité en bonne et due forme, mais les événements avaient marché, pendant l'automne 1962. Tout d'abord la crise de Cuba : comme le montrait la comparaison avec la crise de Berlin, les Américains se montraient beaucoup plus disposés à recourir à des menaces nucléaires quand il s'agissait de leur propre continent que lorsqu'il était question de problèmes concernant l'Europe occidentale, ce qui paraissait confirmer le scepticisme du Général à l'égard de leur garantie nucléaire. Comme l'écrivit de Gaulle à Adenauer le 26 octobre :

> « Cette affaire, quelque tournure qu'elle prenne locale-
> ment, ne peut manquer d'avoir, tôt ou tard, des suites
> quant aux données actuelles de la sécurité politique et stra-
> tégique de l'Europe [79]. »

---

76. Mémorandum allemand, note de la sous-direction d'Europe orientale du 23 novembre, note du service des Pactes du 1ᵉʳ décembre, *ibid*.

77. Note de l'*Auswärtiges Amt* du 14 janvier 1963, *Akten zur Auswärtigen Politik der Bundesrepublik Deutschland 1963*, vol. 1, pp. 82 *sqq*.

78. MAE, Pactes, carton 320.

79. *Lettres, Notes et Carnets 1961-1963*, *op. cit.*, pp. 270-271.

D'autre part, la réunion de Nassau entre Kennedy et Macmillan persuada, on l'a vu, le Général mais aussi le chancelier de la volonté des Anglo-Saxons de reprendre en main les affaires atlantiques sans tenir compte des intérêts de Paris et Bonn. De Gaulle, bien sûr, persuadé que les Anglo-Saxons voulaient limiter les ambitions nucléaires de la France, ne pouvait être que renforcé dans sa volonté de se rapprocher de Bonn. De son côté, Adenauer se trouvait sans doute aussi conforté dans ses orientations : Nassau était une très importante affaire de sécurité, et l'Allemagne n'en avait pas même été informée ! Et il soupçonna (à juste titre, on l'a vu) une sorte de retour aux idées de directoire tripartite dans l'invitation adressée à la France d'adhérer à Nassau. Le chancelier réagit de deux façons. Il poursuivit et même approfondit le dialogue avec Paris, mais il sauta en même sur le nouveau projet de MLF présenté par les Américains au conseil de l'OTAN qui se réunit à Paris en décembre. Le 14 janvier 1963, il fit connaître à George Ball, en visite à Bonn, l'adhésion de la RFA au projet de force nucléaire multilatérale. En fait, il continuait à poursuivre une double politique : le rapprochement avec la France, parce qu'il ne faisait plus totalement confiance aux États-Unis ; en même temps, il s'emparait de tout ce qui pouvait lier davantage les États-Unis à la sécurité de la RFA. Dans son esprit, les deux aspects de sa politique se confortaient sans doute mutuellement, comme une double réassurance, et en rendant la RFA un interlocuteur plus désirable et à Washington, et à Paris.

Mais la conférence de presse du Général du 14 janvier, avec sa dramatisation et le rejet de la candidature britannique, plaça Adenauer dans une situation difficile : la signature d'une convention avec la France, qui devait avoir lieu lors de sa visite, à Paris les 21 et 22 janvier 1963, prenait désormais un sens très différent de celui qu'elle avait au départ, et devenait un soutien à de Gaulle dans l'affaire de la candidature britannique et un défi aux Anglo-Saxons. Situation d'autant plus difficile que le monde politique allemand était divisé : si le chancelier, avec toutes les arrière-pensées et objectifs ultérieurs que l'on pressent, poursuivait la politique entamée à Rambouillet en juillet 1960, la majorité des dirigeants et des hauts fonctionnaires, en particulier Schröder et l'Auswärtiges Amt, ne se consolaient pas de l'exclusion de la Grande-Bretagne. D'autre part, le « grand dessein » de Kennedy, celui d'une communauté atlantique bâtie sur deux piliers, américain et européen, avait convaincu beaucoup d'Allemands. A côté des « gaullistes », il y avait des « atlantistes ». En particulier la SPD, jusque-là très froide à l'égard des États-Unis, s'était ralliée aux conceptions de Kennedy. Il y avait désormais, face au concept gaullien d'une Europe des États reposant sur la collaboration franco-allemande, un autre concept, plus vaste, faisant coopérer l'Allemagne avec un partenaire bien plus puissant : l'Amérique. Et ce concept nourrissait désormais davantage l'imagination d'une majorité d'Allemands (je dirais dans une proportion des deux tiers) [80].

Indiquons ici qu'il y avait, en France également, de nombreuses oppositions au prochain accord franco-allemand. Au Quai d'Orsay, on redoutait une crise avec les Américains et les Anglais, sans compter qu'un rapprochement aussi étroit avec la RFA heurtait encore beaucoup de responsables [81]. Au ministère des Armées aussi, on était souvent sceptique : on pourrait éventuellement s'entendre avec les Allemands en matière de conceptions tactiques, de recherche opérationnelle et d'armements (encore que ce dernier point parût problématique), mais on ne s'entendrait pas sur les questions stratégiques. En effet, on ne pouvait pas les suivre dans leur conception d'une stratégie tout entière tournée vers la défense de l'avant, avec l'utilisation pour ce faire de toutes les réserves stratégiques, y compris des divisions françaises

---

80. Cf. Georges-Henri Soutou, « Les problèmes de sécurité dans les rapports franco-allemands de 1956 à 1963 », *op. cit.*

81. François Seydoux, dans son livre *Dans l'intimité franco-allemande*, Paris, 1977, p. 21, note ces fortes réticences jusqu'au Quai d'Orsay.

stationnées en France et non affectées au commandement OTAN [82].

Ce fut donc dans cette situation de crise que le gouvernement fédéral décida, le 16 janvier, de proposer à la France de conclure non pas une simple convention mais un traité en bonne et due forme, devant être ratifié par le Bundestag [83]. La direction juridique de l'Auswärtiges Amt estimait désormais que la procédure du traité était indispensable, pour des raisons constitutionnelles. Adenauer aurait préféré éviter le traité et toutes les difficultés d'un débat de ratification, qu'il pressentait et qui ne pouvait que compliquer la très délicate manœuvre entre Paris et Washington dans laquelle il s'était engagé. On peut d'ailleurs se demander si une simple convention n'aurait pas été acceptable, d'un point de vue juridique ; ceux qui firent valoir l'obligation de conclure un traité ne cherchaient-ils pas en fait à faire capoter toute l'affaire ? On a vu, en effet, les réticences que le simple projet de déclaration avait déjà suscitées dans les deux pays. Quoi qu'il en soit, de Gaulle et Adenauer, contre ce qui avait été prévu au départ, s'inclinèrent et acceptèrent la formule du traité. Mis au point les jours suivants entre hauts fonctionnaires à Paris et à Bonn, il devait être signé à l'Élysée le 22 janvier 1963, à l'issue de la visite du chancelier à Paris.

Ce traité était dans son contenu très proche du mémorandum français du 18 septembre. Les chefs d'État ou de gouvernement se rencontreraient au moins deux fois par an, les ministres des Affaires étrangères et de la Défense au moins une fois tous les trois mois, les chefs d'état-major au moins tous les deux mois. Une coopération étendue en matière de politique extérieure, « en vue de parvenir, autant que possible, à une position analogue » sur tous les problèmes d'intérêt commun, était prévue. D'autre part, le traité de l'Élysée comportait en matière de défense un volet important. Le pré-

---

82. Note de l'état-major de armées du 26 novembre et note du service des Pactes du 29 novembre, MAE, Pactes, carton 320.
83. Cf. le récit déjà cité de J. Bariéty.

ambule constatait « la solidarité qui unit les deux peuples [...] au point de vue de leur sécurité ». L'objectif était ambitieux ; outre des échanges de personnel et un travail en commun en matière d'armements dès le stade d'élaboration des projets, il prévoyait :

> « Sur le plan de la stratégie et de la structure, les autorités compétentes des deux pays s'attacheront à rapprocher leurs doctrines en vue d'aboutir à des conceptions communes. Des instituts franco-allemandes de recherche opérationnelle seront créés. »

Cette notion de « conceptions stratégiques communes » retrouvait l'expression même qui figurait dans l'accord Bourgès-Maunoury-Strauss du 17 janvier 1957, ainsi que dans l'accord tripartite franco-germano-italien du 28 novembre 1957 qui devait aboutir au projet de coopération nucléaire que nous connaissons. Cette notion avait été voulue dès le départ par les négociateurs français ; les Allemands n'en voulaient pas, car ils craignaient qu'elle n'évoque trop un bilatéralisme stratégique franco-allemand en marge de l'OTAN [84]. Mais, comme on le voit, ils avaient fini par l'accepter : s'ils étaient soucieux de ne pas compliquer leurs relations avec l'OTAN, ils étaient en même temps très désireux, on l'a vu, de bénéficier de l'appui de la France contre la dérive de la stratégie américaine. En effet, cette notion de « conceptions communes » prend tout son sens dans l'opposition commune franco-allemande à la nouvelle stratégie américaine. A mon avis, les formulations souples du traité pouvaient conduire fort loin, et il n'est donc pas inintéressant d'essayer d'imaginer ce que les signataires du traité avaient en tête.

---

84. Note du 15 janvier 1963, *Akten zur auswärtigen Politik...*, vol. I, pp. 86 *sqq.*

Jusqu'où pouvait aller le rapprochement stratégique franco-allemand ?

En ce qui concerne le Général, ses orientations ressortent clairement des propos qu'il tint à Adenauer les 21 et 22 janvier 1963[85]. Les deux hommes tombèrent une fois de plus d'accord pour exprimer les plus grandes réserves à l'égard de l'évolution de la stratégie américaine : on ne pouvait pas savoir quand et si les États-Unis utiliseraient leurs armes nucléaires pour la défense de l'Europe. Selon de Gaulle, la France, elle, utiliserait d'emblée tous ses moyens, y compris nucléaires, pour la défense de l'Allemagne, « car il n'y aurait pas de chance pour la France après la prise de l'Allemagne » (il devait déclarer à peu près exactement la même chose à l'École militaire le 15 février suivant)[86]. Il y aurait une première bataille en Allemagne et, si elle échouait, une deuxième bataille en France. On notera que de Gaulle était très pessimiste sur le plan de guerre de SACEUR en Allemagne, qu'il trouvait mauvais, et était persuadé que la France serait rapidement atteinte par les troupes soviétiques[87]. N'oublions pas que, pour ce militaire, l'inanité stratégique de la planification de l'OTAN face à la puissance soviétique, tout au moins à ses yeux, pesa lourd dans sa réflexion.

Il faudrait bâtir une défense européenne avec des plans à mettre au point entre gouvernements et commandements nationaux, avec une direction de la défense européenne assurée par les gouvernements et, sous cette direction, un commandement allemand pour la bataille d'avant-garde, la bataille d'Allemagne, avec l'aide des éléments français, américains, britanniques présents en RFA ; et un commandement

---

85. MAE, cabinet, entretiens 1963.

86. *Discours et Messages 1962-1965, op. cit.*, p. 86.

87. Par ex. à Dean Rusk, le secrétaire d'État américain, le 12 décembre 1962 (State Department, télé. de Paris à Washington du 13 décembre 1962, NARA, Declassified Documents).

français pour la seconde bataille éventuelle, celle de France. En outre il faudrait réformer l'OTAN pour que les Européens y aient « une part égale à celle des Américains pour l'emploi des armes stratégiques », le Général laissant entendre néanmoins que cette réforme lui paraissait plus difficile qu'en 1958, aussi longtemps du moins que les États-Unis détiendraient le monopole des armes nucléaires.

Dans cette vision, le Général était certainement sincère : il avait tenu des propos très comparables à Alain Peyrefitte le 3 janvier [88], et en 1964 il donna la consigne suivante à l'état-major des armées et au commandement des forces aériennes stratégiques : « La France doit se sentir menacée dès que le territoire de l'Allemagne fédérale et du Benelux serait violé [89]. » On notera également ce brouillon de sa main en vue du Conseil de défense du 7 mars 1964 : « Si l'Occident attaque, nous attaquons aussi. Si c'est l'Est qui attaque l'Europe, nous contre-attaquons aussitôt, sur le sol russe atomiquement, en Allemagne si nous avons le temps, en France [90]. » Il y avait donc chez lui, et cela est à mes yeux fondamental, la claire conscience de la communauté de destin stratégique de la France et de l'Allemagne face à l'URSS, même si — j'y reviendrai — sa conception de deux batailles successives en Allemagne puis en France brouillait cette vision au yeux des Allemands.

Il faut s'arrêter ici sur les entretiens passionnants qu'eurent, du 28 au 30 octobre 1963 le général Foertsch, inspecteur général de la Bundeswehr, et le général Ailleret, chef d'état-major des armées et, rappelons-le, l'un des pères de la bombe atomique française [91]. Ces conversations permettent de comprendre comment était conçu à l'époque, à Paris, le rôle de la force de frappe, en liaison avec les Alliés et dans le cadre de la défense de l'Europe. Ailleret, après avoir décrit en détail l'évolution prévue de la force de frappe, précisa

---

88. *C'était de Gaulle, op. cit.*, pp. 345-346.
89. Jacques Isnàrd dans *Le Monde* des 29-30 octobre 1995.
90. *LNC 1964-1966*, p. 44.
91. *NHP-Stelle*, doc. 145.

« que la force de frappe française participerait à la planification commune des objectifs » avec les Américains et les Britanniques. Ce n'était que si l'OTAN ne réagissait pas en nucléaire et si le territoire français était menacé que la France utiliserait sa force de frappe selon ses propres plans. Il est très important de souligner ce passage, qui prouve que les choses n'étaient pas en 1963 (même après la conférence de presse du 14 janvier) dans la situation où elles se trouveraient à partir de 1965, car, au fond, dans ces conditions, la position des forces nucléaires françaises par rapport à l'Alliance n'aurait guère été différente de celle des forces britanniques. Ailleret ajouta, en présentant l'argument classique de l'incertitude accrue aux yeux des Soviétiques par l'existence de la force nucléaire française :

> « Le concept français de dissuasion sera compris dans le cadre de la planification de l'OTAN. Il évite néanmoins un nouveau " complexe Maginot " qui ne miserait de façon rigide que sur une seule carte. Pour les Soviétiques l'addition du potentiel dissuasif français à celui des États-Unis et de la Grande-Bretagne dans le cadre d'un concept souple compliquera de façon extraordinaire leurs calculs en vue d'une agression. »

On remarquera dans ce contexte les déclarations de responsables français en 1963, indiquant de façon assez vague qu'un jour la force française pourrait constituer le noyau d'une force nucléaire européenne [92]. Il apparaît maintenant

---

92. Cf. Kohl, *op. cit.*, pp. 281 *sqq.* En particulier un article du ministre de la Défense, Pierre Messmer, dans la *Revue de Défense nationale* au mois de mai, un article du ministre de l'Information, Alain Peyrefitte, dans *Le Monde* du 30 mai, une interview du ministre des Affaires étrangères, Maurice Couve de Murville, à la télévision allemande le 28 juin, un discours du secrétaire d'État aux Affaires étrangères, Michel Habib-Deloncle, devant le Conseil de l'Europe en septembre, un entretien entre Michel Debré et Raymond Aron publié dans le *Figaro* du 5 novembre.

clairement que, contrairement à ce que l'on crut à l'époque, ces interventions n'étaient pas de vagues ballons d'essai sans grande portée mais correspondaient bien à la pensée du Général. Quand le ministre de la Défense, Pierre Messmer, écrivait dans la *Revue de Défense Nationale* en mai 1963 que l'Europe devrait le moment venu « disposer d'armes nucléaires » et qu'alors la force de frappe française serait « une pièce maîtresse de la construction européenne », il s'inscrivait directement dans la ligne des propos tenus par de Gaulle à Adenauer au mois de janvier.

A partir de ces propos et d'autres, y compris ceux tenus à Alain Peyrefitte, et en tenant compte des déclarations du général Ailleret, de Gaulle devait avoir en tête l'ensemble suivant : la force de frappe française serait une garantie *de facto* pour l'Europe, à cause de la communauté de destin stratégique entre la France et ses voisins ; elle ne prétendrait pas se substituer à la force nucléaire américaine, mais constituerait pour les Soviétiques un facteur d'incertitude supplémentaire, tout en forçant le cas échéant les Américains à nucléariser un conflit plus tôt qu'ils n'auraient eu envie de le faire. Pour les plans de frappe, la force française pourrait collaborer avec les Anglo-Saxons. L'Alliance serait reconstruite sur une base trilatérale, entre les États-Unis, la Grande- Bretagne et un ensemble européen conduit par la France. Cet ensemble aurait ses propres plans et ses commandements, sans doute sur le modèle du pacte de Bruxelles de 1948, alliance non intégrée mais coordonnée, et qui avait représenté pour beaucoup de militaires français un idéal équilibré. Cet ensemble conclurait le cas échéant, avec les Américains des accords de mise à disposition opérationnelle de certaines forces, pour une tâche déterminée, avec l'accord des gouvernements concernés et sans intégration, sur le modèle des accords Ailleret-Lemnitzer de 1967.

Le 21 janvier, de Gaulle avait également abordé très franchement le problème d'un éventuel armement atomique de l'Allemagne. Il avait très clairement expliqué au chancelier que la RFA avait évidemment les moyens scientifiques et techniques nécessaires pour mettre au point de telles armes, mais que ce n'était pas son intérêt : les Américains, dans ce cas, se retireraient de la défense de l'Europe, et il faudrait abandonner tout espoir de détente avec l'URSS. Comme il l'avait dit à Peyrefitte le 3 janvier, « c'est le dernier casus belli qui existe dans le monde ». Mais on voit également clairement que, dans ce couple de sécurité franco-allemand tel qu'il pouvait s'établir à partir du traité de l'Élysée, la possession de l'arme nucléaire donnerait à la France le leadership. Le Général n'avait en rien abandonné ses arrière-pensées.

Les suites immédiates du traité de l'Élysée

La thèse habituelle est que, tout de suite, de Gaulle ne se fit pas d'illusions sur la portée réelle du traité [93] et que, pour Adenauer, il n'avait été signé que pour faire pression sur les Américains et les amener à mieux tenir compte des intérêts stratégiques allemands [94]. Incontestablement il y a chez les deux hommes des arrière-pensées : de Gaulle s'intéresse sans doute surtout au traité s'il permet une réelle rupture avec l'intégration atlantique et le début de la construction d'une Europe sous leadership français, Adenauer ne peut pas ne pas vouloir améliorer ses relations avec Washington et essayer de servir de médiateur entre Américains et Français, en rehaussant ainsi le standing international de la RFA.

A mon avis, les choses, en 1963-1964, ont été plus complexes que le récit qu'on en fait habituellement. D'abord, bien sûr, à cause de l'accord profond des deux hommes sur l'existence d'une communauté de destin stratégique entre les

---

93. Cf. François Seydoux, *Dans l'intimité franco-allemande*, Paris, 1977, p. 17.

94. Hans-Peter Schwarz, « Adenauer, le nucléaire et la France », *op. cit.*

deux pays, et de leur rejet commun de la nouvelle stratégie américaine : le traité du 22 janvier n'était pas circonstanciel mais reposait sur des bases profondes, établies depuis juillet 1960. Aux yeux de De Gaulle, le traité était une pièce essentielle pour la réalisation de son projet stratégique européen. Pour Adenauer, c'était la consécration de la réconciliation franco-allemande avant qu'il ne quitte le pouvoir. C'était aussi un moyen d'influencer de Gaulle, de freiner sa tendance à remettre en cause l'OTAN (au-delà d'une réforme que lui-même estimait nécessaire) et à rechercher une entente avec l'URSS par-dessus la tête de la RFA. Pour les deux hommes, le traité était important.

Disons ici que l'argument souvent invoqué selon lequel, en acceptant la MLF le 14 janvier 1963, à l'occasion de la visite de George Ball, huit jours avant de signer le traité de l'Élysée, Adenauer aurait marqué que sa priorité allait à l'Amérique, ne me semble pas valable, ou du moins anachronique et déformé par les événements des années suivantes. Pour le chancelier, en effet, il n'y avait pas incompatibilité entre accepter l'offre américaine de participer à la force multilatérale et reconnaître « toute l'importance que présentait pour la défense du territoire de la République fédérale l'existence d'une force de frappe française indépendante », comme il le déclara à Roland de Margerie, l'ambassadeur à Bonn, le 16 janvier [95]. Bien entendu, le chancelier cherchait toujours tous les moyens d'améliorer la posture nucléaire de la RFA, et la MLF pouvait être l'un de ces moyens. En même temps, il était désormais convaincu que les incertitudes nucléaires américaines rendaient utile l'existence d'un pôle nucléaire indépendant en Europe.

En effet, en 1962-1963, il n'y avait pas pour les Allemands opposition entre la MLF, qui serait chargée de détruire des objectifs militaires tactiques dans la profondeur du dispositif soviétique, et les forces nucléaires européennes nationales,

---

95. Télé. Margerie du 16 janvier, Pactes, carton 344.

comme la force britannique et la future force française, qui exerçaient une action dissuasive toute différente sur les villes de l'URSS. Pour Bonn, les deux forces étaient donc compatibles : la MLF renforcerait les moyens nucléaires tactiques de SACEUR, en particulier en remplaçant des chasseurs-bombardiers devenus obsolètes devant les progrès de la défense antiaérienne soviétique, alors que les forces nucléaires britannique et française renforceraient la dissuasion occidentale aux yeux des Soviétiques en ajoutant, à côté des forces stratégiques américaines, un facteur d'incertitude supplémentaire, bénéfique également pour la RFA. Ce n'est qu'à partir de 1964 que les Allemands conçurent leur adhésion à la MLF comme antinomique d'un soutien à la force de frappe française [96].

Ajoutons que de Gaulle, à qui Adenauer remit un compte rendu de son entretien avec George Ball lors de sa visite à Paris [97], ne s'offusqua pas et qu'il acceptait à l'époque, nous allons le voir, que la RFA fasse éventuellement partie d'une MLF à laquelle il n'attachait pas une grande importance.

Certes, le fameux préambule, inspiré par Jean Monnet et ajouté par le Bundestag au traité de l'Élysée lors de sa ratification le 16 mai 1963, qui faisait référence à l'Alliance atlantique, aux États-Unis et à la Grande-Bretagne, le vidait en fait en grande partie de sa signification, et on sait que les socialistes, les libéraux et même une partie de la CDU étaient hostiles à un rapprochement aussi étroit avec Paris, surtout dans le contexte d'hostilité aux États-Unis engendré par la conférence de presse du Général le 14 janvier. Mais, pour Strauss

---

96. Sur cette question complexe, cf. « De Gaulle, Adenauer und die gemeinsame Front gegen die amerikanische Nuklearstrategie », in Ernst Willi Hansen, Gerhard Schreiber et Bernd Wegner (éd.), *Politischer Wandel, organisierte Gewalt und nationale Sicherheit, Schriftenreihe des Militärgeschichtlichen Forschungsamtes*, Munich, 1995. Pour la nature purement tactique des missions prévues pour la MLF, cf. deux notes du service des Pactes des 22 et 29 avril 1963, Pactes, carton 344.
97. MAE, cabinet, entretiens 1963.

et la CSU, pour Adenauer et une partie de la CDU la volonté d'un rapprochement avec la France était incontestable. On constate d'autre part que ces oppositions ne surprirent pas Paris : on s'y serait contenté d'une convention, c'était Bonn qui avait voulu un traité, avec toutes les difficultés liées à la ratification. Quant au préambule, il ne fut pas pris au tragique à Paris, contrairement à ce que l'on a tendance à croire avec le recul [98]. Pour les responsables français l'échec du traité n'a pas du tout été évident aussi vite qu'on le croit aujourd'hui souvent.

On constate d'ailleurs qu'à la suite du traité de l'Élysée les conversations entre ministres de la Défense et états-majors en 1963 se déroulèrent fort bien dans l'ensemble. En particulier, on se mit d'accord, lors de la rencontre entre Messmer et le nouveau ministre de la Défense allemand, von Hassel, en janvier 1963 à l'occasion de la venue d'Adenauer à Paris, sur la « stratégie de l'avant », et il fut convenu que, dès que possible, la Iᵣᵉ DB serait établie dans le secteur Augsbourg-Munich [99]. C'était pour les Allemands un point essentiel, l'aboutissement d'une revendication capitale, le résultat de longues négociations avec les Français. C'était pour eux la pierre de touche de l'engagement stratégique de Paris (rappelons que deux divisions françaises étaient stationnées en Allemagne, mais très à l'Ouest, dans la région du Rhin, en fait toujours dans l'ancienne zone d'occupation française).

En revanche, il n'était pas question pour Paris d'accepter d'affecter à l'avance à la défense de l'avant les forces françaises stationnées sur le territoire national et non placées sous commandement OTAN. On retrouve là le concept des deux batailles successives qui rendait certains militaires allemands très sceptiques quant aux intentions réelles des Français. Le général Speidel, commandant Centre-Europe,

---

98. Télé. de Paris à Bonn du 8 avril 1963, Pactes, carton 321.

99. Note du Service des Pactes du 20 avril 1963, carton 344, et carton 321, *passim.*

déclara au journaliste américain Cyrus Sulzberger (particulièrement bien introduit et renseigné), le jour même de la signature du traité de l'Élysée, que, sur le plan militaire, le traité
ne signifiait rien, car l'Allemagne avait une stratégie de
l'avant alors que la France ne s'intéressait qu'à la défense de
son territoire, ce qui était une interprétation très excessive de
la stratégie française à cette époque, malgré effectivement
cette notion de deux batailles successives [100].

Quant à de Gaulle, il était certes conscient des difficultés de
mise en œuvre du traité et des oppositions, mais il n'avait pas
du tout renoncé à l'appliquer : on a souvent mais mal cité son
toast à Bonn le 4 juillet 1963 ; il parla certes de la « rose qui ne
dure que l'espace d'un matin », mais il ajouta que le traité n'était
pas une rose mais une roseraie, qui fleurirait aussi longtemps
que l'on en prendrait soin [101]. Il se donnait du temps, et ses propos lors des sommets franco-allemands de juillet 1963 et de
février 1964 (Adenauer avait, en octobre 1963, été remplacé par
Erhard) montrent qu'il n'abandonnait pas l'objectif : établir une
communauté stratégique franco-allemande. Certes, l'OTAN était
un obstacle « à l'élaboration d'une stratégie commune franco-
allemande ». Certes, la RFA s'accommodait de l'OTAN, pas la
France, mais il avait souvent déclaré à ses collaborateurs et à
ses ministres qu'il comprenait très bien que Bonn ne pouvait
pas prendre ses distances à l'égard de l'OTAN du jour au lendemain [102]. Certes, la France comptait sur ses propres armes
nucléaires, l'Allemagne sur la MLF. Mais cela n'empêchait pas la
coopération entre les deux pays. De Gaulle n'était pas encore,
à cette époque-là, opposé à l'intérêt de la RFA pour la MLF
(« Nous vous souhaitons bonne chance »). On collaborait sur le
plan des matériels, certes insuffisamment, de la logistique, des
échanges de personnels. Et on avait pu se mettre d'accord sur
le principe de la défense de l'avant et d'une participation fran-

---

100. Cyrus Sulzberger, *The Last of the Giants*, New-York, 1970, p. 950.
101. *LNC 1961-1963*, p. 348.
102. Cf. par ex. *LNC 1958-1960*, p. 399.

çaise à cette défense, en décidant en principe de porter en avant une des divisions françaises d'Allemagne.

Et de Gaulle concluait sur ce qui était à ses yeux l'essentiel : la défense de l'Europe incombait d'abord à la France et à l'Allemagne qui y engageaient les forces les plus importantes de tous les pays européens et qui, à la différence de l'Amérique, s'y engageaient tout entières. En février 1964 encore, avec patience mais conviction, il appelait à développer la coopération militaire. En même temps, on perçoit les limites de sa conception : attaché au contrôle national sur toutes les forces établies sur le territoire français ainsi qu'à sa vision de deux batailles successives, celle de France et celle d'Allemagne, il n'était pas disposé à accepter les demandes pressantes des Allemands d'autoriser l'installation en France d'éléments logistiques opérationnels de la Bundeswehr, au-delà des écoles et des hôpitaux. En effet, ces éléments auraient posé le problème des rapports avec le commandement intégré [103]. Un moment occultée par leur commune opposition à la stratégie de « riposte flexible » et grâce au mouvement donné par le traité de l'Élysée, la différence fondamentale d'appréciation des deux pays envers l'OTAN faisait déjà sentir ses effets. Elle le ferait de plus en plus dans les mois et les années suivants, et aggraverait les arrière-pensées nationales présentes à Paris comme à Bonn dès le début.

En effet, de Gaulle était passé du raisonnable, c'est-à-dire d'un projet de construction politique et militaire de l'Europe et de rééquilibrage de l'Alliance atlantique, à l'excessif : ses affirmations, répétées imprudemment devant tous les interlocuteurs, selon lesquelles la garantie nucléaire américaine avait disparu et seule la France pouvait réellement mettre ses forces nucléaires au service de l'Europe [104], ne pouvaient être

---

103. Pactes, carton 321.

104. Par exemple lors de son entretien avec Spaak le 25 mai 1961, qui s'empressa d'aller le raconter aux Américains (NARA Declassified Documents, département d'État, télé. de Bruxelles à Washington du 29 mai 1961).

pleinement crédibles alors que les États-Unis venaient de décider un accroissement gigantesque de leurs forces nucléaires stratégiques et tactiques ; qu'ils avaient mises celles-ci en état d'alerte lors de la crise de Cuba sans tenir compte des subtilités de la « riposte graduée [105] », et que la planification *Live Oak* pour Berlin comportait de très sérieuses hypothèses nucléaires, même si Washington cherchait à les rendre aussi prudentes que possible [106]. La France, elle, et ses partenaires le savaient, aurait quatre bombardiers nucléaires opérationnels le 1er octobre 1964, et cinquante en 1969... Les Allemands ne pouvaient pas ne pas en tenir compte, même s'ils partageaient beaucoup des critiques formulées par de Gaulle à l'encontre de la stratégie de l'OTAN. D'autre part, on a vu que, tout au long de la négociation du traité de l'Élysée, Paris avait eu tendance à vouloir forcer la main de Bonn, qui ne souhaitait pas vraiment aller aussi loin dans l'évocation d'un bilatéralisme stratégique franco-allemand, en tout cas qui aurait préféré ne pas l'inscrire aussi nettement dans le texte d'un traité solennel.

Pourtant, et malgré la dramatisation de la conférence de presse du 14 janvier, je suis persuadé que de Gaulle n'avait pas voulu rompre avec Washington et qu'il pensait avoir du temps devant lui. Washington me paraît d'ailleurs avoir interprété l'attitude de De Gaulle en janvier 1963 de façon trop pessimiste, et il n'est pas question de sous-estimer les responsabilités des États-Unis dans la crise franco-américaine qui allait s'ouvrir et durer des années. En particulier, le Général n'avait aucun désir de favoriser les ambitions nucléaires de la RFA, contrairement à ce que les Américains pensaient. Ce fut cependant la très vive réaction américaine au traité de l'Ély-

---

105. Cf. Marc Trachtenberg, « The Influence of Nuclear Weapons in the Cuban Missile Crisis », *International Security*, été 1985.

106. Cf. Gregory W. Pedlow, communication au Colloque *Nuclear History Program* d'Ebenhausen 26-29 juin 1991, « Multinational Contingency Planning during the Berlin Crisis : the Live Oak Organization, 1959-1963 » ; Paul Nitze, *From Hiroshima to Glasnost*, pp. 200 *sqq.*

sée qui allait précipiter le cours des événements et contribuer en grande partie à en faire échouer l'application.

Néanmoins, il me semble que le dialogue stratégique franco-allemand en 1960-1963 est allé plus loin qu'on ne l'a dit jusqu'ici, malgré beaucoup d'oppositions dans les deux pays, et que ses protagonistes envisageaient la possibilité d'une réelle communauté stratégique. Je pense que le moteur essentiel de ce dialogue a été une perception largement partagée de la menace soviétique, différente de la philosophie américaine. En outre Paris et Bonn avaient des conceptions stratégiques nucléaires comparables, et hostiles à ce qui apparaissait comme une dérive dangereuse de la stratégie américaine vers le non-emploi nucléaire et donc vers l'abandon de la dissuasion, introduisant le spectre d'une guerre conventionnelle perdue et ruineuse pour l'Europe. Mais cette perception partagée devait disparaître dès 1964. Peut-être aurait-elle disparu moins vite, malgré les incontestables ambiguïtés de la politique allemande, si l'on avait été plus prudent à Paris et si on n'avait pas paru vouloir mettre la RFA en face d'un choix impossible pour elle, entre la France et l'Amérique. D'autant plus qu'il n'était pas en fait dans l'esprit du Général à cette époque encore de la placer devant un tel choix.

CHAPITRE VIII

1963-1969 : l'échec du traité de l'Élysée

Il ne faut pas sous-estimer les conséquences psychologiques bénéfiques du traité de l'Élysée. Il symbolisa le rapprochement franco-allemand aux yeux des deux peuples et investit celui-ci de l'autorité morale de ses signataires, de Gaulle et Adenauer : ce fut à partir de là que l'on passa du simple apurement du contentieux à une véritable réconciliation. En particulier, les dispositions concernant la jeunesse et l'Office franco-allemand de la jeunesse créé par le traité connurent un succès profond et durable [1].

Cependant, sur le plan de la coordination des politiques extérieures et de la coopération militaire, il en alla autrement. En juillet 1963, le Général avait comparé le traité de l'Élysée à une roseraie, qui pourrait donner beaucoup de roses si on l'entourait de soins. Force est de constater que les fleurs furent rares : les échanges d'officiers et d'unités se déroulèrent très favorablement, en 1965 on parvint à un accord sur la création d'un terrain d'exercice commun [2], mais les instituts de recherche opérationnelle prévus ne furent pas créés, l'élaboration de concepts stratégiques et tactiques communs marqua très vite le pas, comme nous allons le voir. Sur le plan de la coopération dans l'élaboration et la construction des

---

1. Cf. Henri Ménudier (éd.), *Le Couple franco-allemand en Europe*, Publications de l'Institut d'allemand d'Asnières, 1993.

2. Dieter Menyesch, Henrik Uterwedde, « Der deutsch-französische Vertrag und seine Verwirklichung », *Dokumente*, décembre 1978.

matériels, à laquelle le Général accordait personnellement la plus grande importance comme point de départ pour une véritable industrie européenne d'armement, on constate que, dès l'été 1963, le projet de char moyen commun échouait. Dans ce domaine, on ne peut signaler qu'un seul succès : une importante collaboration entre Bölkow et Nord-Aviation dans le domaine des missiles. Les deux firmes avaient noué des contacts dès 1955. Le 16 janvier 1963 (une semaine avant la signature du traité de l'Élysée), les deux sociétés tinrent leur première grande réunion de travail en commun. En février 1963, les deux gouvernements conclurent un accord en vue de confier à ces deux firmes la fabrication des engins Milan et Hot (antichars), et, en 1964, on décida de lancer le Roland (antiaérien). Malgré le succès de ces matériels par la suite, le bilan restait mince [3].

La contre-attaque américaine

Kennedy fut fort mécontent de la signature du traité de l'Élysée, intervenant juste après la retentissante conférence de presse du Général du 14 janvier 1963. Il l'interpréta comme la condamnation par Adenauer de la politique américaine à l'égard de l'Europe [4]. On craignait en particulier, à Washington, où se déchaînaient désormais les soupçons à l'égard de la France, que la collaboration militaire franco-allemande ne

---

3. Gustav Bittner, « La coopération franco-allemande en matière d'armement classique », *Le Couple franco-allemand et la défense de l'Europe*, IFRI, 1986.

4. Différents documents allemands, in *Akten zur Auswärtigen Politik der Bundesrepublik Deutschland 1963*, pp. 162, 166, 169, 173. Télé. d'Alphand du 28 janvier 1963, Pactes, carton 321, et compte rendu de la séance du National Security Council du 5 février, NARA, Declasssified Documents.

s'étende aux armes nucléaires [5], ou encore que la France ne cherche désormais à constituer l'Europe en troisième force occupant une position médiatrice entre les deux grands [6]. On était maintenant persuadé que de Gaulle poursuivait l'exécution d'un plan cohérent, consistant à réorganiser l'Europe autour d'un axe franco-allemand dominé par la France afin d'en chasser progressivement l'influence américaine [7]. On estimait que cette politique était très dangereuse, dans la mesure où elle pouvait conduire à une renaissance du nationalisme allemand [8]. Cette conviction ne devait plus varier, malgré des avis beaucoup plus nuancés, comme ceux de Charles Bohlen, l'ambassadeur à Paris, qui estimait que si, certes, son obsession de l'indépendance nationale conduisait de Gaulle à se montrer très réservé à l'égard de la politique américaine et de l'intégration atlantique, il restait fidèle à l'Alliance, n'avait aucune intention de conclure un accord avec Moscou et ne souhaitait pas voir les forces américaines se retirer d'Europe [9].

L'Amérique réagit de différentes façons. On freina considérablement les ventes de matériels (ordinateurs, appareils scientifiques, etc.) que Paris voulait commander pour poursuivre la mise au point de la force de frappe, on freina même les ventes de matériels de guerre conventionnels [10]. On décida immédiatement de préciser et développer le projet de force multilatérale, de façon à encadrer la RFA et à la lier fermement à la politique américaine. En outre, on encouragerait discrètement le Bundestag à faire précéder le Traité de l'Ély-

---

5. Télé. d'Alphand du 15 janvier 1963, à la suite d'une conversation avec Rostow, Pactes, carton 344.

6. Télé. d'Alphand du 23 janvier, carton 321.

7. Note de l'ambassadeur David Bruce du 9 février 1963, NARA, Declasssified Documents.

8. Mémorandum de George Ball pour Kennedy du 20 juin 1963, NARA Declassified Documents, 1992.

9. Dépêche de Bohlen du 13 décembre 1963, National Security Council, Johnson Library.

10. Note du SGDN du 6 janvier 1965, Pactes, carton 261.

sée d'un préambule d'esprit atlantiste au moment de sa ratification, pour en émousser la signification [11] ; on sait avec quel succès l'opération réussit. A partir de ce moment-là, la MLF devenait ce qu'elle n'était pas au départ : pas seulement un moyen pour contrôler les ambitions nucléaires allemandes, ce qui avait été l'objectif majeur initial, mais « un moyen opérationnel pour contrer le projet de De Gaulle d'organiser une Europe dirigée par la France en amenant les Allemands à soutenir la force de frappe [12] ». Il faudrait un certain temps à Paris, nous le verrons, pour comprendre que la MLF n'était plus désormais seulement un gadget destiné à calmer les Allemands, donc sans inconvénient majeur pour la France même si celle-ci ne souhaitait pas y participer, mais bien une arme pour casser l'ensemble de la politique gaulliste.

Indiquons ici que, de leur côté, les Soviétiques préféraient sans aucun doute encore la MLF à une éventuelle collaboration nucléaire franco-allemande. En effet, les États-Unis leur paraissaient de toute évidence plus crédibles que la France pour contrôler les aspirations atomiques de la RFA. Ils protestèrent vigoureusement à l'occasion du traité de l'Élysée, affirmant, à tort, que celui-ci comportait des clauses secrètes de collaboration nucléaire [13]. L'année précédente, ils avaient fait savoir discrètement aux diplomates français que si jamais la RFA devait avoir un accès à l'arme nucléaire, il fallait au moins que le pays qui contrôlerait cet accès soit le plus puissant possible... Ainsi apparaissait, comme pour d'ailleurs l'ensemble des questions de non-prolifération, ce que Paris redoutait par dessus-tout : un accord américano-soviétique, même implicite, contre la France.

La contre-attaque américaine déboucha rapidement sur le terrain politique : en juin 1963, Kennedy se rendit en RFA et

---

11. Cf. les deux documents NARA ci-dessus.

12. Mémorandum pour Kennedy du NSC du 6 octobre 1963, NARA Declassified Documents 1994.

13. L'ambassadeur soviétique Vinogradov remit une note de protestation à de Gaulle le 30 janvier, Pactes, carton 321.

à Berlin ; son succès auprès de la population éclipsa celui du Général l'année précédente. Le but du voyage était très clair : arrimer fermement la RFA au système atlantique sous direction américaine, l'assurer de la valeur de la garantie nucléaire des États-Unis, la convaincre qu'elle réaliserait mieux ses objectifs nationaux en suivant Washington plutôt que Paris, la persuader de la valeur de la MLF comme moyen d'accès à la stratégie nucléaire de l'OTAN, lui montrer enfin que, dans le cadre d'un *partnership* atlantique, elle jouirait d'une égalité de statut qu'elle ne pourrait pas espérer dans le cadre d'une Europe dirigée de Paris [14]. Disons tout de suite que, lorsque Erhard remplaça Adenauer à la chancellerie en octobre 1963, Bonn devint désormais très sensible à cette argumentation [15].

La riposte des États-Unis se poursuivit sur le terrain militaire : en septembre 1963, McNamara conclut avec Bonn toute une série d'accords très importants en matière d'achats d'armements américains par la RFA et en matière d'organisation logistique qui désormais liaient encore plus étroitement la République fédérale à l'Amérique sur le plan de la défense et réduisait évidemment — c'était le but cherché — l'espace disponible pour une collaboration militaire franco-allemande [16]. Bien entendu, on comprit cela tout de suite à Paris et l'on s'en inquiéta : ce fut le premier signe montrant clairement que le traité de l'Élysée n'aurait pas beaucoup d'effet en ce qui concernait la défense...

---

14. Mémorandum de George Ball du 20 juin 1963, déjà cité.

15. Horst Osterheld, *Aussenpolitik unter Bundeskanzler Ludwig Erhard 1963-1966*, Dröste, 1992.

16. Catherine M. Kelleher, *Germany and the Politics of Nuclear Weapons*, Columbia, 1975, p. 208.

1963-1964 : sous l'effet de la pression américaine et du durcissement français, rupture de l'unité de vues stratégique entre Paris et Bonn

La grande affaire de l'OTAN en 1963, en dehors de la MLF, était la question du document MC/100/1. D'inspiration américaine, ce texte reprenait la doctrine McNamara de « riposte graduée » : en cas de conflit en Europe, on commencerait par une phase conventionnelle, puis, si nécessaire, une phase nucléaire tactique très prudente avec des « pauses », un emploi « sélectif » des armes, afin de donner sa chance à une ultime négociation et par-dessus tout d'éviter ou retarder le plus possible les frappes touchant le sol soviétique.

Comme on le sait, les Français étaient de plus en plus opposés à cette doctrine et maintenaient la nécessité d'opérer d'emblée des frappes stratégiques sur l'URSS, seul moyen à leurs yeux de maintenir intacte la dissuasion. En décembre 1963, Paris devait bloquer l'adoption par l'OTAN du MC/100/1, qui ne serait approuvé qu'après le départ de la France, en 1967.

Soumise donc à une très forte pression américaine, la RFA devait en tenir compte et ne pouvait pas repousser directement la nouvelle doctrine de « riposte graduée ». En même temps, elle continuait à faire à cette doctrine d'importantes objections et ne souhaitait pas perdre le contact avec la France sur cette question. C'est ainsi qu'au cours de l'été et de l'automne 1963 Bonn chercha à établir avec les Français une position commune dans les conseils de l'OTAN pour faire amender la rédaction du MC/100/1, en particulier pour mieux y souligner la nécessité de la défense de l'avant, au plus près du Rideau de fer, et celle de recourir rapidement aux armes nucléaires, l'OTAN ne pouvant pas résister longtemps en conventionnel [17].

---

17. Lettre d'Ailleret du 17 juin 1963, notes de l'état-major allemand des 23 juillet et 19 octobre, SHAT, 2 S 45 et 47.

Du 28 au 30 octobre 1963, le général Ailleret et son homologue allemand, le général Foertsch, eurent d'importants entretiens à Biarritz [18]. Le général français exposa le point de vue de Paris sur le MC/100/1 : la nouvelle doctrine de « riposte flexible » risquait de conduire à la perte de l'Europe et à sa destruction par les armes nucléaires tactiques. La seule manière efficace d'arrêter une agression de l'Est était de tirer en nucléaire sur le potentiel soviétique lui-même (bases, dépôts, aérodromes, etc.), c'est-à-dire sur le territoire de l'URSS. Ce serait beaucoup plus dissuasif. Foertsch répondit que, s'il était d'accord avec Ailleret en cas d'agression majeure, en cas d'agression limitée il fallait préserver une ultime chance de rétablir la paix en se contentant au départ d'une défense conventionnelle et nucléaire tactique, mais sans toucher au territoire soviétique. D'autre part on ne pouvait pas se contenter de frapper en nucléaire les arrières soviétiques : il fallait également détruire les forces russes entrées en RFA, car Foertsch estimait qu'il ne suffirait pas de s'en prendre à la queue du serpent mais qu'il faudrait frapper également à sa tête.

Néanmoins, Ailleret constata qu'une conciliation était possible entre les deux théories si on limitait étroitement dans le temps la phase de la « riposte graduée » et si on revenait très vite, une fois constaté que l'agression soviétique était « sérieuse », au principe de frappes stratégiques sur le potentiel soviétique. Foertsch en convint, tout en souhaitant voir aboutir rapidement le MC/100/1. On se mit donc d'accord pour se concerter afin d'aboutir à une position commune à l'égard de ce document, et il fut entendu que le représentant allemand à Washington, le général Heusinger, et l'amiral Douguet, représentant français au *Standing Group*, tenteraient de définir cette position commune. Un échange de

---

18. Compte redu allemand, *NHP-Stelle* doc. n° 145, et compte rendu français, Pactes, carton 321. Le compte rendu français paraît mieux rendre la discussion.

lettres entre les deux chefs devait confirmer cet accord quelques semaines plus tard [19].

En effet, Français et Allemands avaient déjà réussi à faire modifier un premier jet désastreux du MC/100/1, qui conduisait à l'abandon de larges portions du territoire allemand. Même si les Allemands devaient de toute évidence tenir compte du point de vue américain, ils souhaitaient l'appui français pour limiter le plus possible dans le document en cours de préparation la notion dangereuse à leurs yeux d'agression « limitée » et pour rétablir le plus fermement possible, en maintenant aussi peu élevé que possible le seuil nucléaire, la notion de dissuasion.

Mais, finalement, on n'aboutit pas à une position commune à propos du MC/100/1, et le 13 décembre 1963, devant le Comité militaire de l'OTAN, Ailleret devait annoncer que la France refusait ce document [20]. Il est vrai qu'entre-temps de Gaulle avait interdit toute recherche d'un accord sur les conceptions stratégiques de l'OTAN, « aussi longtemps que l'OTAN serait : l'intégration et le monopole stratégique américain [21] ».

En 1964 le successeur de Foertsch comme inspecteur général de la Bundeswehr, le général Trettner, continua cependant à tenter de trouver un terrain de conciliation avec Paris, alors pourtant qu'il penchait lui-même encore plus que son prédécesseur vers la thèse américaine : il n'était pas question pour lui d'envisager une riposte nucléaire « automatique [22] ». Sans être *a priori* hostile au départ, Ailleret fut néanmoins définitivement confirmé dans son opposition au MC/100/1 à la suite de l'exercice OTAN FALLEX 64 : après une attaque soviétique par 40 divisions et l'invasion de l'Allemagne, de la Grèce, de la Turquie et de la Norvège, SACEUR n'avait répondu aux

---

19. Lettre de Foertsch du 19 novembre 1963 et réponse d'Ailleret le 10 décembre, SHAT, 2 S 47.

20. SHAT, 2 S 47.

21. Note de De Gaulle, du 8 novembre 1963, *LNC 1961-1963*, p. 38.

22. SHAT 2 S 47, *passim*.

demandes de frappes nucléaires de ses subordonnés qu'après 12 heures de délai, que pour 25 % des demandes et uniquement au moyen de frappes sélectives sur le territoire ami. « Riposte d'une timidité manifeste », notait Ailleret [23]. Désormais, il n'était plus question pour lui de suivre les Allemands dans la recherche d'un compromis avec les thèses américaines, comme il le laissa clairement entendre à une réunion des chefs d'état-major de l'OTAN en décembre 1964 [24].

En effet, à l'automne 1964, Paris était amené à durcir sa position dans toutes les questions stratégiques : l'opposition aux thèses américaines se précisait, aussi bien à propos de la MLF (j'y reviendrai) que des conceptions stratégiques de l'OTAN. En effet, l'ensemble de la politique stratégique américaine paraissait désormais avant tout destiné à faire échec aux projets français plutôt qu'à répondre à de réelles considérations militaires. Désormais, à la différence des années précédentes, il n'était plus question d'admettre le moindre compromis : toute notion de flexibilité dans la riposte serait totalement bannie par la France [25]. Ce durcissement ne pouvait que rejaillir sur les rapports franco-allemands.

La même année 1964, un accord auquel on était pourtant parvenu en janvier 1963, le transfert dans la région Munich-Augsbourg de la Ire DB, fut remis en cause. Les Allemands en auraient pourtant souhaité un début d'exécution rapide, à la suite du retrait prochain du 11e régiment de cavalerie américain qui avait été envoyé en Bavière au moment de la crise de Berlin. Mais les Français refusèrent de remplacer ce régiment à la frontière tchèque. Le déplacement de la Ire DB était d'autre part renvoyé à un avenir indéterminé, et en fait, malgré des discussions encore en 1965, il n'eut jamais lieu [26].

---

23. Note Ailleret du 6 novembre 1964, SHAT, 2 S 47.

24. Rapport Ailleret du 15 décembre 1964, SHAT, 2 S 47.

25. Note du service des Pactes du 2 novembre 1964, et lettre de Messmer au chef de la délégation française au groupe permanent de Washington, du 6 novembre, Pactes, carton 267.

26. Pactes, carton 321, *passim.*

Bien entendu, derrière les raisons logistiques et financières évoquées, on trouvait une question de fond : les Français n'étaient plus prêts à apporter un soutien concret à la stratégie allemande « de l'avant » parce qu'ils estimaient que, malgré le traité de l'Élysée, les Allemands continuaient à donner la priorité à l'OTAN [27].

Dans les années suivantes, ces divergences n'allaient faire que s'accroître, et la France allait s'éloigner toujours plus de la « stratégie de l'avant » en coopération avec la RFA et marquer de plus en plus clairement son souci prioritaire de défense du territoire national. En 1965, les différentes rencontres ministérielles et d'état-major franco-allemandes débouchèrent, sauf pour des questions secondaires, sur un constat de désaccord. Comme le notait le service des Pactes le 24 janvier 1966 :

> « La coopération militaire franco-allemande [...] sera nécessairement limitée à des points secondaires, car les objectifs de défense des deux pays sont totalement différents.
>
> « Les Allemands ne peuvent envisager que l'emploi de forces conventionnelles, et dans le seul cadre de l'OTAN. Ils subissent l'emprise des conceptions et de l'industrie américaines. En outre, ils réclament de la France la possibilité d'utiliser son territoire comme zone arrière pour leur corps de bataille.
>
> « De son côté, la défense française est fondée sur une stratégie nucléaire et d'indépendance nationale. Entre ces deux conceptions, il ne peut y avoir de véritables points de convergence permettant une coopération dans des secteurs fondamentaux [28]. »

---

27. Ceci ressort très clairement d'un échange de lettres entre le général Kielmansegg et Ailleret les 23 juillet et 10 août 1964, SHAT, 2 S 45.

28. Pactes, carton 322. Cf. aussi un télé. du ministère des Armées à l'attaché militaire à Bonn du 14 août 1965, *ibid.*

Paris ne devait plus changer d'opinion jusqu'à une époque en fait récente, et ces phrases, pendant des années, allaient constituer une véritable vulgate pour la plupart des responsables...

Le 22 juin 1966, le ministère allemand de la Défense relevait les propos du général Ailleret lors d'un exposé devant le collège de défense de l'OTAN. On était très loin des formules souples de coopération nucléaire atlantique qu'évoquait le général en 1963. Ailleret parlait désormais uniquement de l'intégrité du territoire national face à n'importe quel adversaire, qui ne serait pas forcément l'Union soviétique. En fait, c'était l'annonce de la stratégie tous azimuts que devait exposer le même Ailleret dans son article fameux de la *Revue de défense nationale* de décembre 1967.

Bien entendu, au niveau quotidien (échanges d'unités, accords logistiques divers, réunions d'état-major), la collaboration se poursuivait, mais sans correspondre, et de loin, aux promesses beaucoup plus riches de la période 1961-1963. Quant à la coopération en matière d'armements, aucun programme nouveau ne voyait le jour. On assistait en fait à une profonde léthargie des dispositions militaires du traité de l'Élysée [29]. Notons que les Allemands essayèrent à différentes reprises de renouer le dialogue politico-stratégique avec Paris. En juin 1965, le ministre fédéral de la Défense proposa à son collègue français d'entreprendre en commun l'étude de thèmes tactiques et stratégiques [30]. De fait, certains thèmes tactiques furent étudiés lors des rencontres d'état-major suivantes, mais sans grande portée semble-t-il. En mars 1967, l'Auswärtiges Amt proposa d'étudier en commun l'évolution politique à long terme et la sécurité de l'Europe dans les années 70. En effet, le nouveau ministre des Affaires étrangères allemand dans le cabinet de Grande Coalition formé en décembre 1966,

---

29. Note du service des Pactes du 5 mars 1969, carton 323.

30. Note du ministère des Armées du 12 novembre 1965, Pactes, carton 322.

Willy Brandt, souhaitait améliorer les rapports avec Paris. Au sommet franco-allemand de juillet 1967, de Gaulle et la chancelier Kiesinger décidèrent donc de créer un groupe de travail sur la sécurité européenne et la défense de l'Europe dans les années 70, groupe formé de diplomates et de militaires et qui tint sa réunion constitutive à Bonn en janvier 1968. Son programme de travail comportait pour commencer une vaste analyse des problèmes de l'Europe de l'Est et de l'URSS, des relations intereuropéennes et des relations Est-Ouest [31]. Il ne semble pas que, du côté français cet exercice ait correspondu à autre chose qu'à la volonté de « donner une satisfaction de forme aux Allemands [32] ». Il n'y avait plus d'intimité politique et stratégique réelle entre les deux pays, à la différence, malgré les ambiguïtés, de la période 1961-1963.

On a vu qu'en 1960-1962 le rapprochement des vues stratégiques françaises et allemandes et leur commune opposition aux vues américaines avait été un facteur essentiel dans les origines du traité de l'Élysée. Désormais, au contraire, la stratégie contribuait fortement à opposer Paris et Bonn.

Juillet 1964 : la crise

Le Général avait essayé dans un premier temps, malgré le préambule au traité de l'Élysée voté par le Bundestag en mai 1963 et malgré le départ d'Adenauer en octobre 1963, de poursuivre la politique qu'il avait voulu mettre sur pied en 1960-1963 [33]. En même temps, et dès l'été 1963, les doutes commençaient à apparaître dans les propos du Général. Les dirigeants allemands étaient encore plus médiocres que ceux

---

31. Pactes, carton 322, *passim*.

32. Note du service des Pactes du 26 juin 1967, *ibid.*

33. Cf. Horst Osterheld, *Aussenpolitik unter Bundeskanzler Ludwig Erhard 1963-1966*.

de la IVe République, « ils se rallieraient à tous les accords passés entre Soviétiques et Américains [34] ». Ils commençaient à envisager des solutions qui conduiraient progressivement à la reconnaissance de la RDA [35]. D'une façon **générale**, d'ailleurs, que ce soit sur les questions Est-Ouest, l'évolution du Marché commun ou l'aide aux pays sous-développés, aucun point de vue commun entre Bonn et Paris au cours de cette période ne parvenait à se dégager. Et il est vrai que le gouvernement Erhard, à partir d'octobre 1963, allait regarder bien davantage vers Washington que vers Paris, même si des milieux influents en Allemagne regrettaient cette évolution et auraient préféré poursuivre avec la France sur la voie ouverte avec le traité de l'Élysée [36].

Ces doutes se précisèrent à la suite de l'échec du sommet de Bonn, début juillet 1964 : de Gaulle ne parvint évidemment pas à établir avec le chancelier Erhard, dont la philosophie était très différente de celle de son prédécesseur, un rapport utile. Le Général rappela son projet d'une Europe organisée « européenne », à noyau franco-allemand, qui conclurait ensuite une alliance « d'égal à égal » avec les États-Unis. Une telle transformation de l'Alliance était désormais possible, puisque les États-Unis n'y détenaient plus le monopole de l'arme atomique. Cependant, pour qu'elle réussisse il fallait que l'Allemagne suive la France dans sa volonté d'une politique indépendante de Washington ; mais de Gaulle, brutalement, indiqua qu'à son avis la RFA n'y était pas prête et « qu'il ne se faisait aucune illusion sur le résultat de la réunion ». Les molles dénégations de son interlocuteur et ses rappels constants des liens entre Bonn et l'OTAN et l'Amérique ne pouvaient que le confirmer dans son point de vue [37]. Néanmoins, quand Erhard essayait de

---

34. Propos tenus à Hervé Alphand le 19 août 1963, Hervé Alphand, *L'Étonnement d'être*, Paris, Fayard, 1977, p. 402.

35. Propos tenu à Hervé Alphand le 31 décembre 1963, *op. cit.*, p. 420.

36. Osterheld, *op. cit.*

37. Compte rendu des réunions des 3 et 4 juillet à Bonn, MAE, cabinet, entretiens 1964.

faire comprendre à son interlocuteur que la RFA ne pouvait pas se permettre de choisir Washington contre Paris et ne souhaitait surtout pas être placée devant un tel choix, il exprimait l'opinion d'une très grande majorité de responsables allemands, même de ceux qui se trouvaient beaucoup plus proches des thèses gaullistes que lui : il s'agissait là d'un problème structurel de la politique extérieure fédérale.

Cette rencontre de juillet 1964 marqua un point de rupture dans les rapports franco-allemands. Lors de sa conférence de presse du 23 juillet, trois semaines plus tard, de Gaulle, tout en se référant toujours pour sa part à l'inspiration du traité franco-allemand, établit un impressionnant catalogue des divergences entre les deux pays, de la politique de défense à l'aide au Tiers Monde en passant par la politique envers l'Est ; mais le fond de ses reproches, le Général ne le cacha pas, était dû à l'alignement du gouvernement Erhard sur Washington [38]. Inutile de dire que la conférence de presse fut très mal reçue à Bonn [39]. Les choses ne s'améliorèrent pas avec une série de fuites allemandes, de protestations françaises suivies de démentis maladroits de la part du gouvernement fédéral concernant un épisode curieux du voyage du Général à Bonn [40] : selon ces fuites, de Gaulle aurait parlé au secrétaire d'État à l'Auswärtiges Amt, Karl Carstens, d'une participation allemande à la force de frappe. On sait maintenant que les Allemands étaient sincères et avaient effectivement cru comprendre que le Général leur proposait une participation au moins financière à la force de frappe en échange de la mise sur pied d'une défense commune [41].

Mais il s'agissait sans nul doute d'un malentendu. En fait le Général avait seulement dit, de façon elliptique, que, si les

---

38. Charles de Gaulle, *Discours et Messages*, Paris, Plon, 1970, t. IV, p. 230.

39. Différents télés. du 23 et du 24 juillet, Pactes, carton 321.

40. Télé. à Washington du 29 juillet et à Bonn du 30, Pactes, carton 321.

41. Osterheld, *op. cit.*, pp. 99 *sqq.*

Allemands marchaient avec les Français, ils seraient davantage associés à la dissuasion française qu'ils ne le seraient jamais à l'américaine [42]. On sait que c'était sa thèse habituelle, et qu'elle n'impliquait aucune participation allemande aux armes proprement dites. D'ailleurs, lorsque, le 10 juillet, les Allemands, peut-être pour tester les intentions réelles de Paris, demandèrent l'établissement d'une collaboration leur permettant d'étudier les effets des explosions nucléaires, qu'ils n'avaient jamais pu observer directement, la réponse négative du Général tomba dès le 13 :

« Tant que l'application du traité franco-allemand est aussi vaine qu'elle l'est, avant tout en matière politique et au sujet de la défense, nous n'avons pas à ouvrir aux Allemands la moindre porte sur ce que nous faisons dans le domaine atomique.

« Puisqu'ils placent leur confiance dans les États-Unis c'est à Washington qu'ils doivent s'adresser pour être informés de ce qu'ils souhaitent savoir [43]. »

Les relations n'étaient pas bonnes : une visite du directeur politique du Quai d'Orsay, Charles Lucet, à Bonn le 15 septembre 1964, déboucha sur un constat de désaccord à peu près complet, en particulier dans le domaine militaire [44].

Néanmoins, cela ne veut pas dire que de Gaulle avait définitivement abandonné sa conception d'une communauté stratégique franco-allemande, au moins pour le long terme. La note exacte sur ce que le Général pensait à l'époque d'une éventuelle coopération stratégique franco-allemande, si Bonn acceptait de se rallier à ses idées, me paraît donnée par un

---

42. Rapport de Carstens du 4 juillet, *Akten zur Deutschen Auswärtigen Politik 1964*, p. 768, avec une hésitation dans la traduction des propos du Général (« *Anteil erhalten* » ou « *beteiligt werden* ») qui a sans doute contribué au malentendu.

43. *LNC 1964-1966*, p. 79.

44. Télé. de Bonn du 18 septembre, Pactes, carton 321.

entretien entre de Gaulle et Adenauer, lors de sa venue à Paris le 9 novembre 1964 pour sa réception à l'Institut [45]. Certes, Adenauer n'était plus chancelier mais la substance de ce qu'allait lui dire le Général correspond selon moi le plus exactement à la philosophie de De Gaulle dans cette affaire.

Il commença par attaquer la MLF, inventée par les Américains pour isoler la France qui refusait d'intégrer ses forces nucléaires dans un système contrôlé par Washington. La MLF ne donnerait à la RFA que l'illusion de participer à l'emploi de l'arme nucléaire. Si l'on croyait qu'il n'y avait rien à faire en dehors de ce que les États-Unis proposaient, alors on ne pouvait pas organiser l'Europe pour la défense et la politique. A une question d'Adenauer le Général répondit que, six mois plus tard (le premier escadron de Mirage-IV venait d'entrer en service), la France serait capable de détruire Moscou, Léningrad, Odessa, Stalingrad et Kiev. Donc, selon lui, la paix était obligatoire.

A l'heure actuelle, où il n' y avait pas de solidarité militaire entre la France et l'Allemagne en dehors de l'OTAN, il n'était pas possible d'associer d'autres pays européens à la capacité atomique française. Mais si un jour une réelle organisation politique européenne existait, avec des responsabilités pour la politique et la défense, la force atomique française ferait partie des moyens de l'Europe et serait consacrée nécessairement à la défense de l'Europe, notamment à celle de l'Allemagne.

Quant à savoir si la France pouvait donner à l'Allemagne les moyens de fabriquer la bombe, la question n'avait pas beaucoup d'intérêt. L'Allemagne pouvait disposer de ces moyens si elle le voulait. Elle ne le voulait pas pour le moment et elle avait raison. Mais, le jour où il y aurait une politique et une défense communes européennes, toute la question des forces nucléaires serait à revoir. On peut retenir de cet entretien qu'encore à ce moment-là, et malgré la crise

---

45. Archives du MAE, cabinet, entretiens 1964.

de ses rapports avec Erhard, de Gaulle n'abandonnait pas ses conceptions de 1960-1963 et qu'il continuait à souhaiter la mise sur pied d'une communauté stratégique franco-allemande comme base d'une véritable politique extérieure et de défense européenne. Mais l'évolution de la situation internationale, en particulier la question de la MLF, celle de l'OTAN et les changements qu'il croyait percevoir au sein du monde communiste allaient rapidement le faire évoluer

La MLF : Paris veut forcer Bonn à choisir entre la France et l'Amérique

Les États-Unis avaient poursuivi depuis le début de l'année 1963 la mise au point de leur projet de MLF — il n'est pas nécessaire ici d'entrer dans le détail. Mais ils ne fixèrent leur position qu'au printemps 1964. Il devint alors clair pour Paris que l'entreprise était essentiellement portée par les États-Unis et l'Allemagne, et que les objectifs de ces deux pays étaient d'abord politiques et pas seulement militaires : pour Washington il s'agissait de « maintenir l'Allemagne dans leur sillage », pour Bonn de « s'assurer un appui outre-Atlantique et de se hausser d'un cran dans la politique internationale ». On pouvait même se demander si, devant les difficultés de l'Alliance, il ne s'agissait pas de créer une sorte d'OTAN *bis*[46]. Du coup, il ne s'agissait plus seulement, comme on l'avait pensé au début à Paris, d'un gadget pour donner à l'Allemagne l'illusion d'un accès au nucléaire, mais d'une affaire beaucoup plus importante. De ce fait, la position française initiale, selon laquelle on ne s'opposerait pas à la parti-

---

46. Selon un rapport du 23 avril 1964 de l'amiral Douguet, chef de la délégation française au groupe permanent à Washington, qui paraît avoir eu un grand écho au ministère des Armées et au Quai d'Orsay (Pactes, carton 345).

cipation de l'Allemagne à la MLF, position rappelée encore par de Gaulle en février 1964, allait être considérablement modifiée.

L'inquiétude de Paris allait s'accroître à la suite de toute une série de déclarations allemandes fin septembre-début octobre 1964, en particulier après une conférence de presse d'Erhard le 6 octobre selon laquelle Washington et Bonn signeraient le traité MLF avant la fin de l'année, éventuellement d'abord seulement à deux [47]. Quant aux Américains, ils étaient eux aussi décidés à aller de l'avant et ne cachaient pas qu'ils y voyaient d'abord un objectif politique essentiel : resserrer des liens transatlantiques qui ne leur paraissaient pas encore assez étroits dans le cadre de l'Alliance [48].

Le 20 octobre, les collaborateurs du Général attirèrent son attention sur l'évolution récente de la question : la MLF était devenue une affaire d'abord politique, il s'agissait pour les Américains « de faire échec à la diplomatie française, dans la mesure où celle-ci tend à l'apparition d'une Europe disposant de ses propres moyens de défense et entretenant avec les États-Unis des relations fondées sur l'égalité des partenaires ». Quant à la RFA, elle « pensait ainsi s'approcher de l'arme nucléaire, sinon se l'approprier ». Dans ces conditions, la France ne pouvait plus accepter, comme elle l'avait fait jusque-là, de voir la RFA entrer dans la MLF sans y participer elle-même. Elle devait elle aussi placer l'affaire sur le terrain politique, sinon elle donnerait « l'impression d'accepter l'ajournement indéfini d'une Europe politique répondant à ses vues et, du même coup, d'acquiescer à la suprématie des États-Unis sur notre propre continent ». D'autant plus que les problèmes pressants du Marché commun (fixation des prix agricoles et négociations du Kennedy Round) rendaient impératif de ne pas laisser la RFA s'aligner sur les États-Unis.

---

47. Notes du service des Pactes du 22 septembre et du 8 octobre 1964, *ibid*.

48. Télé. de Seydoux, ambassadeur à l'OTAN, après une conversation avec son homologue Finletter, le 19 octobre 1964, *ibid*.

Il fallait donc réagir et faire connaître sans retard aux Américains et aux Allemands l'opposition de la France à la MLF [49].

De toute évidence, de Gaulle fut convaincu par cette argumentation, et, dès le 24 octobre, Couve de Murville informa Carstens de la nouvelle position française. La France était désormais hostile à la MLF. De façon très caractéristique, l'entretien porta également sur les problèmes du Marché commun (la France n'accepterait de poursuivre le développement de celui-ci que si, au préalable, le problème des prix agricoles, alors l'objet de très vives discussions et d'une véritable crise, était réglé d'une façon qui lui convînt) et sur celui d'une relance de l'Europe politique dont les Allemands s'entretenaient alors avec les autres partenaires. Couve souligna que celle-ci n'avait de sens que si l'on était prêt à se mettre d'accord sur des objectifs communs, indépendamment des États-Unis. Carstens répondit au contraire que « les contacts avec les Américains devaient être quotidiens et parallèles à ceux que les Six pouvaient avoir entre eux ». Le débat de fond était donc parfaitement clair [50]. On remarquera qu'au-delà de la MLF c'était tout le problème de l'organisation européenne et des rapports transatlantiques qui était en cause : la MLF était vraiment devenue le lieu géométrique de l'opposition entre « l'Europe européenne » et la « communauté atlantique ». Ainsi se mettaient en place tous les éléments qui devaient déboucher en 1965 sur la crise de la « chaise vide » au sein de la Communauté européenne.

Quelques jours plus tard, la contre-attaque française devint publique. Le 5 novembre 1964, Georges Pompidou, Premier ministre, et Maurice Couve de Murville déclarèrent qu'un accord germano-américain sur la MLF serait incompatible avec le traité de l'Élysée [51]. Au cours d'un débat, les 1er et 2 décem-

---

49. Note du cabinet de la présidence de la République du 20 octobre 1964, *ibid.*
50. Télé. de Paris à Bonn du 26 octobre 1964, *ibid.*
51. Wilfrid L. Kohl, *French Nuclear Diplomacy*, p. 293.

bre sur la deuxième loi de programme militaire, débat avancé pour que la loi, qui fixait la deuxième étape du développement de la force de frappe, soit votée avant la signature considérée comme imminente du traité MLF entre Washington et Bonn, beaucoup de députés, de la majorité mais aussi de l'opposition, condamnèrent la MLF et exprimèrent leur crainte d'un « condominium » nucléaire germano-américain [52]. Au cours du même débat, Pompidou déclara que la seule dissuasion certaine que possédait l'Europe était la force de frappe française, qui serait employée pleinement et automatiquement pour sa défense, inséparable en effet de celle de la France.

On était donc en pleine crise, une crise dont on a du mal aujourd'hui à imaginer la virulence. Le 22 novembre, dans un discours à Strasbourg, de Gaulle avait solennellement réaffirmé son idéal d'une Europe européenne, avec une réelle union économique, une union politique et une défense, certes alliée à l'Amérique, « mais avec ses objectifs, ses moyens et ses obligations [53] ». Force est de constater que l'offensive réussit : à la fin de décembre, devant la réaction française et aussi devant les vives réticences du nouveau gouvernement travailliste à Londres, le président Johnson abandonna en fait la MLF, même si le projet connut encore en 1965 quelques soubresauts [54]. Le Général remportait une nouvelle victoire (« la MLF est morte, c'est moi qui l'ai tuée », aurait-il dit) [55], mais qu'allait-il en faire ?

---

52. Colette Barbier, « La force multilatérale dans le débat atomique français », *Revue d'histoire diplomatique*, 1993/1, et « La France et la force multilatérale (MLF) », in Maurice Vaïsse, Pierre Mélandri et Frédéric Bozo (éd.), *La France et l'OTAN 1949-1996*, Bruxelles, Complexe, 1996.

53. *Discours et Messages 1962-1965*, *op. cit.*, p. 315.

54. Télé. de Washington du 21 décembre, Pactes, carton 345, et note de la direction des Affaires politiques du 7 janvier 1965 sur une visite de Bohlen : « le plan américain était mort », carton 346.

55. Cité par Colette Barbier, *La France et l'OTAN 1949-1996*, p. 303.

1965 : la fin de l'esprit de Rambouillet et du traité de l'Élysée et la nouvelle politique allemande de De Gaulle

Bien entendu, la RFA ne renonça pas volontiers ni tout de suite à la MLF, et une bonne partie de l'année 1965 se passa à essayer de la remettre sur pied. Mais c'était surtout l'Auswärtiges Amt et le chancelier qui y tenaient. En effet, dès que l'échec de la MLF devint probable, c'est-à-dire dès la fin de 1964, les milieux allemands favorables à la coopération avec Paris (en particulier la CDU-CSU et la plupart des grands journaux) souhaitèrent une relance de la construction européenne en association avec la France, afin de trouver par là les garanties de sécurité que l'on avait espérées, en vain, de la MLF [56]. On était disposé à les suivre jusque parmi certains conseillers du chancelier Erhard, et cette tendance s'accrut tout au long de l'année 1965 au fur et à mesure qu'il devint évident que les États-Unis avaient décidément abandonné le projet de MLF et que désormais la seule chose qui les intéressait, c'était la conclusion avec Moscou d'un traité de non-prolifération nucléaire [57]. Or, pour beaucoup d'Allemands, ce traité en cours de négociation (il serait signé en 1968) apparaissait comme dirigé d'abord contre eux et comme l'expression d'une entente implicite entre Washington et Moscou contre la RFA, ce qui n'était d'ailleurs pas faux, loin de là [58]. Franz Josef Strauss devait parler au mois d'août, en faisant allusion au traité de non-prolifération, de « traité de Versailles de dimension cosmique ». Et il devait, dans le cadre de la campagne en vue des élections de l'automne 1965, rappeler ses idées de défense européenne fondée sur la collaboration franco-allemande [59].

---

56. Télé. de Margerie à Bonn du 26 novembre 1964, Pactes, carton 345.

57. Osterheld, pp. 212-219.

58. Küntzel, *Bonn und die Bombe*.

59. Télé. de Bon du 27 août 1965, Pactes, carton 346.

Donc l'atmosphère avait de nouveau changé à Bonn, à la suite de la déception de la MLF, et on y était à nouveau plus favorable à une coopération avec la France. Même autour d'Erhard, qui connaissait d'ailleurs des problèmes intérieurs, on y était sensible. Mais de Gaulle n'en tint pas compte. Certes, les sommets franco-allemands de Rambouillet en janvier, et de Bonn en juin 1965 se passèrent beaucoup mieux que celui de juillet 1964. Il faut dire qu'en décembre la RFA avait fortement aidé la France à faire triompher son point de vue dans la question de la fixation des prix agricoles européens : Bonn avait même consenti pour ce faire des sacrifices non négligeables. Mais les participants allemands aux sommets de 1965 conclurent des propos du Général (et selon moi à juste titre) que désormais, pour lui, il n'était plus question d'un lien étroit et privilégié entre Paris et Bonn, mais d'une relation beaucoup plus pragmatique.

D'autre part, de Gaulle aborda à plusieurs reprises et avec insistance au cours de ces sommets un thème nouveau : celui de la réunification allemande dans le contexte des rapports Est-Ouest. Elle ne serait éventuellement possible qu'à trois conditions : que l'Europe se retrouve de part et d'autre du Rideau de fer, quand le communisme se serait estompé ; que l'Allemagne accepte les frontières de 1945 ; qu'elle n'ait pas d'armes nucléaires [60]. Très clairement, apparaissaient là deux choses qui allaient désormais marquer la politique française : la recherche d'une Europe « de l'Atlantique à l'Oural » et la volonté de limiter le statut d'une Allemagne éventuellement réunifiée dans le cadre de cette Europe. En effet, l'Allemagne ne pourrait être réunifiée qu'en échange de garanties de sécurité données à ses voisins (en particulier la reconnaissance définitive des frontières de 1945 et la dénucléarisation).

Notons ici que le thème de la réunification était revenu en force dans le débat politique allemand en 1965, dans le contexte de la campagne électorale, et on croyait voir ici ou

---

60. Osterheld, pp. 139-146 et 199-203.

là une résurgence du nationalisme allemand. La réunification avait par exemple constitué un thème central du congrès de la CDU à Dusseldorf en mars 1965. C'était la conséquence de la détente Est-Ouest, fermement établie depuis 1963 et dont les Allemands craignaient qu'elle ne renvoie aux calendes grecques la question de la réunification qu'ils souhaitaient au contraire maintenir ouverte. On sait aujourd'hui que l'année 1966 marqua un grand bouillonnement intellectuel en matière de réunification aussi bien chez les démocrates-chrétiens que chez les socialistes, ainsi qu'au sein du gouvernement et de l'administration. Willy Brandt eut des entretiens secrets, cette année-là, avec l'ambassadeur soviétique à Berlin-Est, Abrassimov ; la SPD établit des contacts avec le SED est-allemand et avec le Parti communiste italien. Les socialistes commençaient à s'orienter vers la reconnaissance temporaire de deux États allemands, pour sortir de l'impasse, tandis que la CDU et le gouvernement Erhard penchaient pour l'instauration d'un système européen de sécurité en accord avec les États-Unis et l'URSS, qui faciliterait l'acceptation par cette dernière de la réunification. Tous les arguments pour ou contre l'*Ostpolitik* qui devait commencer en 1969 se mettent en place en fait dès 1965-1966.

Il faut insister sur le fait que le changement de politique de De Gaulle à l'égard de Moscou à partir de 1965 était un élément fondamental dans l'évolution des rapports franco-allemands. En effet, un facteur important de rapprochement entre la France et la RFA de 1960 jusqu'au traité de l'Élysée avait été une perception partagée de la menace soviétique, et un refus commun de la politique d'apaisement qui tentait de plus en plus les Américains et les Anglais. Mais désormais le facteur soviétique allait au contraire contribuer à séparer Allemands et Français : ceux-ci recherchaient « la détente, l'entente et la coopération » avec l'Est, tandis que Bonn, jusqu'en 1969, allait rester beaucoup plus réservée et même inquiète face à Moscou, et donc d'autant plus soucieuse de ne pas compromettre ses liens avec Washington. Certes, à partir de 1969, l'*Ostpolitik* allait modifier cet état de choses, mais alors ce serait au tour de Paris d'éprouver au sujet de celle-ci des réserves dont nous verrons la signification.

La politique allemande du Général me paraît avoir changé de nature en 1965, dans ce contexte Est-Ouest et allemand en cours de modification. Il ne chercha pas, en effet, à exploiter le regain d'intérêt à Bonn, après l'échec de la MLF, pour une coopération avec Paris. Au contraire, dès le début de l'année 1965, on vit réapparaître, dans les propos publics et privés du Général, l'Allemagne comme un problème permanent qui empoisonnait la vie de l'Europe depuis Charles Quint, qui ne pourrait être résolu que dans le cadre d'une entente européenne de l'Atlantique à l'Oural, avec l'aide des Soviétiques et en imposant à une Allemagne réunifiée certaines limitations. Le Général exposa pour la première fois sa nouvelle conception en public lors de la conférence de presse du 4 février 1965 : la division de l'Allemagne rendait impossible une « paix réelle » en Europe, il fallait y mettre fin, mais pas selon les conceptions qui avaient eu cours jusquelà, soit à l'Est, soit à l'Ouest : c'était aux Européens tous ensemble de le faire, dans le cadre « de la concorde et de la coopération de l'Atlantique à l'Oural [61] ». Étant entendu que les frontières et les armements de l'Allemagne réunifiée feraient l'objet de l'accord de tous ses voisins, à l'Est et à l'Ouest, ce qui impliquait en fait la reconnaissance des frontières de Potsdam et la dénucléarisation. Le 2 janvier précédent, de Gaulle s'était montré avec Hervé Alphand encore plus précis ; après avoir évoqué la perspective, après la détente et une « transformation véritable en Russie », d'une Allemagne réunifiée dans un système européen de l'Atlantique à l'Oural auquel les Américains ne participeraient pas, et comme son interlocuteur lui avait demandé si la réunification allemande ne présenterait pas un danger, il ajouta :

---

61. *Discours et Messages, 1962-1965*, pp. 338-342.

« Non, si l'accord existe entre l'Est et l'Ouest pour maintenir les obligations de l'Allemagne. Cet accord n'existait pas en 1936. Et puis l'âge atomique a transformé les données du problème. Nous n'avons pas l'intention, ni les uns ni les autres, d'aider l'Allemagne à devenir une puissance nucléaire, ni d'accepter qu'elle le soit [62]. »

En effet, le Général était convaincu que Bonn n'avait rien abandonné de ses ambitions nucléaires malgré l'échec de la MLF. Son attitude à l'égard de l'Allemagne à cette époque est fixée dans les propos qu'il tint lors d'un comité interministériel, le 4 février 1966, au cours duquel il parut revenir à ses positions d'avant 1960 :

« ... Il existe entre nous une difficulté croissante de s'accorder. Cette difficulté semble inévitable du moment que l'Allemagne n'est plus le vaincu poli et honnête qui cherche à gagner les bonnes grâces du vainqueur. Les Allemands sentent aujourd'hui renaître parmi eux des forces élémentaires et sont animés de nouvelles ambitions. Quant à nous, nous n'épousons pas leur dynamisme croissant...

« Nous sommes d'accord sur la réunification, mais non sur la modification des frontières. Nous estimons que les frontières de l'Allemagne sont satisfaisantes, à l'est comme au sud. Nous aurions souhaité qu'elles soient différentes à l'ouest, mais Staline ne nous a pas suivis sur ce point et ce chapitre est clos.

« Or nous constatons que les Allemands ne prennent pas aujourd'hui le chemin de la réunification. Ils se sont lancés dans une prétention à l'arme nucléaire. Ils veulent être pour quelque chose dans le système nucléaire occidental, c'est-à-dire américain. Ils veulent devenir un élément dynamique dans la dissuasion, même offensive. Nous nous y

---

62. Hervé Alphand, *op. cit.*, p. 445.

opposons, pour eux comme pour nous. Pour eux, car cette prétention est contraire à ce qui devrait être leur objectif essentiel, la réunification. Pour nous, car nous en avons assez vu pour savoir ce que signifie la renaissance de la puissance militaire en Allemagne... L'Allemagne a une ambition politique renaissante, qui s'exprime par le détour des armes atomiques... Elle voudrait devenir le moteur de la dissuasion occidentale [63]. »

Il est bien clair que la page 1960-1963 était tournée aux yeux du Général. Disons que sa vision de la RFA était beaucoup trop pessimiste par rapport à la politique allemande réelle en 1965-1966, même s'il devait y avoir effectivement à Bonn des ambitions d'ordre nucléaire jusqu'à l'arrivée du gouvernement de Grande Coalition entre la CDU et la SPD en décembre 1966. Mais ces ambitions étaient de nature moins apocalyptique et visaient surtout, après l'échec de la MLF, à donner à la RFA, directement intéressée, un droit d'information et de regard sur la politique nucléaire de l'Alliance, conformément aux objectifs constants et parfaitement compréhensibles apparus dès 1954. Il y avait certes, on l'a vu, un réveil du sentiment national, mais il commençait à s'orienter beaucoup plus vers la recherche d'un accord avec l'Est que vers les tentations révisionnistes que croyait déceler le Général. Mais c'est cette vision, de toute évidence, qui l'amena à négliger la dernière possibilité d'agir en accord avec Bonn, possibilité présente à nouveau en 1965 après l'échec de la MLF, répétons-le. C'est donc seule que la France exploiterait, pour réaliser son programme, sa victoire contre la MLF, MLF comprise à Paris — et ce n'était pas faux — comme ayant été avant tout une arme contre l'« Europe européenne ».

---

63. LNC 1964-1966, pp. 246 *sqq.* Sur l'attitude allemande à l'égard des armes nucléaires cf. une note du service des Pactes du 24 janvier 1966, qui va tout à fait dans le sens des inquiétudes de De Gaulle, carton 322.

*La France est désormais décidée à réaliser son programme
en se passant de la RFA : l'or, l'Europe, le retrait
du commandement intégré (1965-1966)*

Après l'échec de la MLF, tout le monde attendait de la
France qu'elle formulât enfin de façon précise sa conception
sur la réforme de l'OTAN et sur la défense européenne, d'autant plus que Pompidou et de Gaulle lui-même avaient repris
ces thèmes fin 1964 à l'Assemblée et à Strasbourg. Mais justement le Général ne souhaitait pas apporter plus de précisions : « silence et sérénité » au sein de l'agitation internationale, telle était le mot d'ordre donné alors aux ministres [64]. La
France allait désormais renoncer à réaliser son programme
(qui d'ailleurs ne changeait pas) en négociant avec ses partenaires : elle allait le réaliser seule, par elle-même, en mettant
les autres devant une série de faits accomplis.

Tout d'abord en matière de finances internationales (mais
tout, dans ces affaires, était lié), en commençant par ses
propres moyens à remettre en cause le rôle dominant du
dollar dans le système monétaire international : le 6 janvier
1965, de Gaulle ordonna d'échanger contre de l'or un
pourcentage considérable des dollars inclus dans les
réserves monétaires nationales [65]. Et ce fut la fameuse
conférence de presse du 4 février critiquant le rôle international du dollar et réclamant le retour à l'étalon-or. C'était
pour le Général une étape capitale dans sa lutte contre
« l'hégémonie américaine » [66].

Ensuite en matière européenne. A partir de juin 1965, de
Gaulle s'en prit directement au fonctionnement des
Communautés de Bruxelles, qui à ses yeux se prenaient de

---

64. Note du 4 décembre 1964, *LNC 1964-1966*, p. 103. Cf. aussi une
note du 2 novembre, pp. 96-97.
65. *Ibid.*, p. 124.
66. Alain Prate, *Les Batailles économiques du général de Gaulle.*

plus en plus pour l'embryon d'un État fédéral. Pendant six mois, jusqu'au « compromis de Luxembourg » de janvier 1966, la France allait se tenir à l'écart des commissions de Bruxelles. Cette grave crise avait pour de Gaulle sans doute deux objectifs. D'abord un but immédiat : reprendre le contrôle du processus communautaire avant le passage à l'étape décisive du vote majoritaire prévue pour janvier 1966 dans les textes de 1957. Cette crise avait été prévue par de Gaulle dès 1960, en cas d'échec du Plan Fouchet, qui avait justement pour but, entre autres objectifs, de contrôler le développement des Communautés et de les empêcher de dériver vers un système d'inspiration supranationale ou fédérale. Comme on sait la crise aboutit au début de 1966 au « compromis de Luxembourg », qui était en fait un *gentleman's agreement* par lequel on décidait de ne pas aller jusqu'au vote formel si un pays estimait que ses intérêts vitaux étaient menacés. Cela représentait en réalité un retour à la règle de l'unanimité pour les questions importantes. Pour les dirigeants français, et aussi pour les successeurs du Général, c'était un point essentiel qui maintenait la construction européenne au niveau d'une coopération interétatique en bloquant le passage à un système majoritaire, d'inspiration supranationale.

Mais il y avait sans doute un deuxième objectif, plus constructif : forcer les partenaires à revenir à la conception qui avait présidé à la signature du traité de l'Élysée et avant lui au Plan Fouchet, celle d'une Europe des États, coopérant en matière de politique extérieure et de défense, dégagée de l'intégration atlantique, certes alliée aux États-Unis, mais en état de dialoguer avec les deux grands[67]. La crise de la Chaise vide n'a pas été seulement une volonté de blocage défensif devant le développement du rôle de Bruxelles, comme on l'interprète souvent : elle s'inscrit directement dans le projet gaullien d'une Europe des États, dont elle doit

---

67. John Newhouse, *Collision in Brussels : the Common Market Crisis of 30 June 1965*, New-York, Norton and Cy, 1967.

permettre de précipiter la réalisation en forçant la main des partenaires.

On pourrait sans doute en dire autant de la décision de se retirer du commandement intégré de l'OTAN, annoncée en mars 1966, et qui provoqua à l'époque une crise considérable dans le monde occidental [68]. Ce départ fut souvent compris par les autres Occidentaux comme un tournant de la France vers l'URSS ou tout au moins vers une forme de neutralisme. Mais, en fait, il s'inscrivait dans la droite ligne des projets de De Gaulle à l'égard de l'OTAN depuis 1958. Seulement, las d'attendre un accord avec Washington, par sa décision de mars 1966, à ses propres yeux, il entamait seul un processus de révision de l'Alliance par un fait accompli qui, à terme, devait déboucher sur une révision générale à l'occasion de la fin de la première phase du Pacte atlantique en 1969 (à partir de cette date les pays membres pouvaient décider de se retirer).

Dans cette affaire, le Général allait d'abord réfléchir à une formule radicale, comportant la substitution au Pacte atlantique d'une série de traités bilatéraux. Dès le 23 février 1965, de Gaulle, dans cette optique, demandait d'étudier la substitution à l'OTAN d'une alliance bilatérale franco-américaine, comportant un engagement « à agir conjointement et simultanément contre tout État agresseur direct de l'un d'entre eux » (on sait que le Pacte atlantique de 1949 ne comporte pas d'engagement aussi rigoureux, ce que de Gaulle lui reprochait depuis le début). La France n'accepterait aucune forme d'intégration ou de subordination, mais accepterait « l'organisation d'une éventuelle coopération des deux pays, notamment en matière d'action militaire [69] ».

En même temps, le Général ne s'enfermait pas dans une seule formule. Il faudrait au minimum procéder avant 1969

68. Cf. *La France et l'OTAN 1949-1996*, Maurice Vaïsse, Pierre Mélandri et Frédéric Bozo (éd.), Bruxelles, Complexe, 1996.
69. *LNC 1964-1966*, p. 134.

(terme de la première période du Pacte atlantique) « à une refonte complète de l'organisation actuelle » qui en aucun cas ne devrait comporter l'intégration [70]. Une des directions envisagées, sans qu'elle liât à l'avance le Général le moins du monde mais très significative des réflexions qui avaient cours à Paris, fut décrite dans la revue *Politique étrangère* en octobre 1965. L'article, non signé et intitulé « Faut-il réformer l'Alliance atlantique ? », était le fruit des réflexions d'un groupe de travail officieux [71]. Il préconisait de constituer côte à côte deux ensembles : un système de défense occidental incluant les États-Unis mais sans intégration, reposant surtout sur une coopération stratégique entre les trois pays occidentaux disposant de l'arme nucléaire, et un système européen plus étroit mais beaucoup plus fortement structuré voire intégré pour les plans, les forces, les commandements, les armements. Ce dernier ensemble formerait un pilier européen au sein de l'Alliance atlantique. Il est intéressant de noter les arguments invoqués en faveur de ce système : il donnerait aux pays voisins de la France et en particulier à l'Allemagne la garantie de sa dissuasion nucléaire, tout en laissant la porte ouverte à une véritable détente avec l'Est et en permettant de contrôler la RFA. On retrouvait bien là les grands axes de la réflexion gaullienne à la même époque.

Mais, le 20 janvier 1966, le Général annonça au secrétaire général de l'OTAN, Manlio Brosio, que la France allait très prochainement proposer à ses partenaires de carrément remplacer le pacte multilatéral de 1949 par une série d'accords bilatéraux [72]. Dans les milieux initiés, cette annonce radicale provoqua une considérable agitation. Cependant, le 10 février, le Général indiqua à Bohlen, l'ambassadeur améri-

---

70. Instructions à Pierre Messmer du 28 avril 1965, *ibid.*, p. 154, et télé. circulaire du 21 mai 1965, dans une deuxième version durcie de façon significative, Pactes, carton 261.

71. Cet article a été republié en 1995 (1995/4) dans la même revue, avec une introduction de Walter Schütze racontant sa genèse.

72. Note du 21 janvier 1966, Pactes, carton 261.

cain, quelque chose de tout à fait différent : la France ne remettrait pas en cause sa participation à l'Alliance de 1949, mais à l'OTAN (qui n'en est que l'émanation), ce qui était fort différent et beaucoup plus limité. Cette position plus modérée devait être annoncée publiquement lors de la conférence de presse du 21 février. Que s'était-il passé entre ces deux dates pour amener ainsi le Général à changer aussi nettement de point de vue ?

On sait seulement que, depuis la mi-janvier, aussi bien les services de l'Élysée que le service des Pactes au Quai d'Orsay réfléchissaient à la formule selon laquelle la France aurait remis en cause sa participation à l'OTAN mais non à l'Alliance [73]. On peut supposer que ce sont ces réflexions qui ont convaincu le Général de changer d'avis sur ce point essentiel, encore qu'il paraisse avoir sur cette affaire conservé un secret impénétrable, même auprès de ses plus proches collaborateurs, jusqu'à la conférence de presse du 21 février.

On n'entrera pas ici dans le détail des questions, extrêmement complexes, liées à la réflexion en cours à l'époque sur la position de la France envers l'OTAN [74]. Il faut néanmoins souligner un aspect essentiel qui amena finalement les services du Quai et de l'Élysée à recommander le retrait de l'organisation intégrée plutôt que de l'Alliance : la question allemande. En effet, la France ne pourrait maintenir son contrôle militaire sur la RFA qu'en continuant à faire partie de l'Alliance atlantique. En particulier, elle ne pourrait maintenir ses troupes en RFA et continuer à participer au contrôle des limitations imposées à celle-ci par les accords de Paris de 1954 que si elle faisait toujours partie de l'Alliance. Comme tous ses autres objectifs (fin de l'intégration, départ des forces américaines de France, etc.) pouvaient être atteints en restant dans le cadre du traité de 1949 et en ne remettant en cause que la participation au commandement intégré et une série

---

73. Notes du service des Pactes des 17 janvier et 15 février 1966, carton 261.

74. Cf. Frédéric Bozo, *La France et l'OTAN*, Paris, Economica, 1994.

d'accords bilatéraux franco-américains, il est clair qu'il n'y avait pas à hésiter [75]. D'ailleurs, dans de très intéressantes déclaration au sénateur américain Church le 4 mai 1966, de Gaulle expliqua très nettement qu'une des raisons qui rendait finalement souhaitable le maintien de l'Alliance atlantique et le maintien des forces américaines, britanniques et françaises en RFA était la nécessité pour les Occidentaux de contrôler de très près l'évolution de la question allemande et du problème de la réunification, le facteur de déstabilisation en Europe le plus dangereux selon lui [76].

On retiendra donc qu'un facteur essentiel dans la décision de choisir le simple retrait du commandement intégré, décision annoncée aux Alliés en mars 1966, plutôt finalement que la remise en cause de l'Alliance elle-même, fut le facteur allemand. Il s'agissait de précipiter, là encore par un fait accompli, l'évolution de l'Alliance vers une coopération entre États de type classique, tout en permettant à la France de conserver une marge de supériorité sur la RFA au sein même de l'Alliance. On remarquera également que dans sa lettre au chancelier Erhard le 9 mars pour lui annoncer la décision de retrait le Général soulignait que rien n'était changé, outre les obligations découlant du Pacte atlantique lui-même, ni aux Accords de Paris de 1954 ni au traité de l'Élysée. De Gaulle ajoutait même : « Laissez-moi souhaiter [...] qu'à partir des mesures dont j'ai l'honneur de vous faire part, cette sorte de communauté, que la RFA et la République française avaient alors décidé d'établir entre elles, se précise plus nettement dans le domaine de la défense [77] ».

Là aussi, le programme initial d'une refonte de la défense de l'Europe sur une base franco-allemande et dans une alliance atlantique complètement transformée était maintenu, mais Paris voulait désormais imposer à ses partenaires, sans

---

75. Note du service des Pactes du 17 janvier 1966, carton 261. Deux notes des 25 février et 4 mars devaient développer ce point de vue.

76. *LNC 1964-1966*, pp. 295-296.

77. *LNC 1964-1966*, p. 264.

plus attendre, la réalisation de ce programme (car c'est bien de cela qu'il s'agissait : on était certain à Paris que les décisions françaises forceraient en 1969 une révision générale de l'Alliance dans le sens des vues gaulliennes). Mais, en fait, la décision française, unilatérale, allait plutôt pousser les partenaires à faire bloc et allait annuler toute possibilité de réforme de l'OTAN en vue de l'échéance de 1969. D'autre part, cette décision de retrait de l'OTAN allait faire de la RFA le premier partenaire des États-Unis au sein de l'Alliance, et donc accroître son poids international, ce qui n'était certainement pas le but recherché. Une fois de plus, la fenêtre d'opportunité de nouveau ouverte en 1965 après l'échec de la MLF pour réaliser les objectifs poursuivis depuis 1958 n'avait pas été exploitée de façon efficace, en particulier à l'égard de l'Allemagne, malgré le changement radical de tactique, ou plutôt en partie à cause de lui.

L'influence du retrait français du commandement intégré sur les rapports franco-allemands

Le retrait français eut d'importantes conséquences sur les rapports militaires franco-allemands. En effet, se posait désormais le problème du statut des troupes françaises en Allemagne et de leur rôle en cas de guerre, puisqu'elles ne dépendaient plus des états-majors de l'OTAN. Bonn, tout en déclarant d'emblée souhaiter le maintien des troupes françaises, manifesta immédiatement deux exigences : d'abord la conclusion d'arrangements précis entre la France et l'OTAN pour le commandement et les plans d'opérations des forces françaises en cas de guerre. Bonn voulait être sûr que ces forces participeraient effectivement à la défense commune le cas échéant et ne se contenteraient pas de couvrir les approches du territoire français. D'autre part, la RFA estimait que le retrait du commandement intégré faisait que la France ne pouvait plus se réclamer des accords de 1954 pour définir le statut de ses forces en Allemagne. Un nouveau statut devrait donc être négocié, et il devrait affirmer clairement la souveraineté de la RFA et en particulier, à la différence des accords de 1954, ambigus sur ce point, préciquer que le stationnement des troupes françaises était subordonné à l'autorisation de Bonn [78].

Dans cette affaire, Bonn allait manifester une certaine ambivalence. Les Allemands étaient en effet très soucieux d'éviter tout affaiblissement de l'OTAN à la suite du retrait français. Plus que l'intégration en tant que telle, c'était le maintien d'une coopération étroite entre la France et l'OTAN, et la France et l'Allemagne qui les préoccupait, en particulier parce qu'une telle coopération était capitale pour le maintien de la stratégie de l'avant et donc la défense de la totalité de leur territoire. D'autre part, ils voulaient conserver le bénéfice de l'accord du 25 octobre 1960 et, d'une façon générale, pouvoir continuer à compter sur l'*Hinterland* français en temps de paix et de guerre pour l'entraînement, la logistique, etc.

En même temps, Bonn cherchait à profiter de la décision française pour revoir le statut des troupes françaises en RFA et mieux affirmer la souveraineté allemande que ce n'était le cas dans les accords de 1954, qui avaient succédé au statut d'occupation pur et simple et en conservaient encore largement la marque. Certains pensaient étendre éventuellement un nouveau statut des FFA aux autres forces présentes en Allemagne, de façon à tirer des avantages politiques et juridiques de la situation créée par Paris et à améliorer le standing international de la RFA [79]. Et il est clair que, si la décision française posait des problèmes à Bonn, d'un autre côté, elle faisait désormais de la RFA le principal partenaire atlantique des États-Unis en Europe. Certains, à Bonn, en étaient fort conscients et satisfaits [80].

---

78. Télé. de Bonn du 8 avril 1966, Pactes, carton 262.
79. Télé. de Bonn du 14 avril 1966, *ibid*.
80. Télé. de Bonn du 21 mai, carton 263.

Du côté français, la thèse officielle était que l'on n'était pas demandeur et que, si les Allemands souhaitaient le maintien des forces françaises, ils devraient le manifester clairement[81], sinon les forces françaises seraient évacuées dans le délai d'un an. D'autre part, on contestait tout à fait, sur le plan juridique, que les accords de 1954 fussent remis en cause par le retrait : si les forces françaises restaient, leur statut devrait rester inchangé. Celui-ci présentait en effet pour Paris de grands avantages : il comportait pour les forces françaises en Allemagne (par un ensemble de dispositions très complexes dans le détail desquelles on n'entre pas) tous les avantages, souvent fort concrets, d'un véritable statut d'extraterritorialité. Mais surtout, et bien au-delà, parce que, pour Paris, les accords de 1954 liaient la présence des troupes françaises en Allemagne aux « droits réservés » des Quatre, d'après les accords de Potsdam, concernant Berlin et la question allemande. C'était donc toute la supériorité de statut international de la France par rapport à la RFA qui était en cause, ainsi que le contrôle que Paris pouvait exercer sur l'évolution de la question allemande, et on sait que c'était pour de Gaulle une question essentielle.

En fait, la thèse selon laquelle la France ne demandait pas à maintenir ses troupes en RFA était tactique. Paris souhaitait bien sûr les maintenir, pour les raisons générales qui viennent d'être rappelées, comme le Général l'indiqua très clairement lors d'un conseil restreint tenu à l'Élysée le 2 juin, et encore dans une note manuscrite du 4 juillet 1966, rappelant la « responsabilité quadripartite concernant le sort du pays, et, au surplus, de Berlin[82] ». Et comme on le sait, on aboutit avec Bonn à un compromis.

Tout d'abord, il fut très vite entendu avec les Allemands que la France négocierait avec l'OTAN un accord de coopéra-

---

81. Mémorandum adressé à Bonn le 18 mai 1966, carton 263. Seydoux martèle ce point de vue auprès des interlocuteurs allemands, carton 263, *passim.*

82. Pactes, carton 263.

tion pour ses forces en Allemagne [83]. Nous avons vu que c'était une revendication allemande essentielle, mais, à Paris, on était de toute façon depuis le début décidé à parvenir avec l'OTAN à un tel accord, et, le 2 juin, en conseil restreint, de Gaulle en avait défini la nature : ce serait un accord d'état-major, soumis au gouvernement français, entre le général Ailleret, chef d'état-major des armées, et le général Lemnitzer, commandant en chef de l'OTAN en Europe [84].

Finalement, à la suite de négociations fort difficiles et soumises à de fortes pressions de Washington, Ailleret et Lemnitzer parvinrent à un accord le 22 août 1967. Cet accord prévoyait, si et quand le gouvernement français le décidait, le passage des forces françaises en Allemagne sous le contrôle opérationnel de l'OTAN, c'est-à-dire pour une mission déterminée à l'avance et définie en temps et en volume. Le rôle des FFA serait celui de réserve opérationnelle, chargée d'une contre-offensive groupée au profit des forces engagées dans la défense de l'avant du secteur Centre-Europe. Incontestablement, tout en affirmant très clairement l'indépendance totale de Paris dans le choix d'engagement de ses forces et en limitant strictement en volume et en durée cet engagement, l'accord assurait une continuité avec le rôle précédemment dévolu aux FFA avant mars 1966. Il limitait les conséquences militaires concrètes du retrait français [85].

Soulignons encore que l'accord Ailleret-Lemnitzer était lié à l'accord concernant le stationnement des forces françaises en Allemagne : les deux négociations ont formé un ensemble, et Bonn a tenu à ce parallélisme [86]. Certes, Paris souhaitait de son côté établir ce lien opérationnel avec l'OTAN, mais il y

---

83. C'est clairement dit dans la lettre adressée par de Gaulle à Erhard le 16 juin, carton 263.

84. Note du service des Pactes du 27 mai, faisant allusion aux décisions prises dans ce sens par le Conseil de Défense du 7 mai, carton 263, et conseil restreint du 2 juin déjà cité.

85. Frédéric Bozo, *Deux Stratégies pour l'Europe*, pp. 189 *sqq.*

86. Télés. de Bonn des 18 juin et 22 décembre 1966, carton 263.

avait été également en quelque sorte obligé : c'était le prix du maintien des forces françaises en Allemagne. Et comme nous le verrons, on doit se demander si Paris n'est pas allé de ce fait plus loin dans l'accord Ailleret-Lemnitzer qu'on ne le souhaitait au départ.

En ce qui concerne l'autre volet de la négociation, le statut des FFA, le compromis fut entériné par un échange de lettres entre les deux ministres des Affaires étrangères, Couve de Murville et Brandt, le 21 décembre 1966. Les Allemands acceptaient de ne pas remettre en cause le statut des FFA, moyennant quelques aménagements limités, contrairement à leur position initiale ; les Français admettaient que le stationnement de leurs troupes, même d'après les accords de 1954, impliquait l'accord du gouvernement fédéral, reconnaissant ainsi sa souveraineté [87]. On remarquera que l'ambiguïté des accords de Paris sur ce point était désormais résolue en faveur de Bonn, et que la France devait ainsi céder un peu de cette supériorité de statut sur la RFA dont elle était si consciente et que de Gaulle avait discrètement mais constamment utilisée.

Néanmoins, des deux côtés, on pouvait être satisfait, et il est clair que les conséquences possibles du retrait français avaient été limitées : on avait évité une rupture entre la France et l'OTAN, et entre la France et la RFA. Néanmoins, je ne partage pas la thèse habituelle, selon laquelle, finalement, avec les accords Ailleret-Lemnitzer et l'échange de lettres Couve de Murville-Brandt, la décision française de retrait n'avait rien changé d'essentiel à la participation française à l'OTAN et n'avait pas affaibli celui-ci ni modifié les données de la collaboration militaire franco-allemande, enfin que le retrait français avait surtout une signification « politique » et « déclaratoire ». Je crois au contraire que, même si, bien sûr, on avait évité une rupture complète, que d'ailleurs personne ne souhaitait, les données fondamentales de la participation

---

87. Service des Pactes, carton 264.

de la France à la défense de l'Allemagne et de l'Europe étaient désormais sérieusement modifiées.

Il faut tout d'abord noter que, si Ailleret était au départ prêt à envisager une coopération étroite avec l'OTAN, revenant à mettre les FFA sous le commandement de celui-ci dès lors que le gouvernement français aurait décidé d'entrer en guerre et aurait accepté les grandes lignes de la mission confiée aux forces françaises [88], le Général se montrait beaucoup plus restrictif. Selon lui, la France, même si elle décidait d'intervenir, conformément à l'article V du Pacte atlantique, « dans le début, peut-être quelques heures seulement, devrait garder une attitude de réserve afin de voir comment les choses tourneraient et se décider ensuite (cela n'est pas à dire aux Alliés) ». Quant à la participation aux opérations le cas échéant, le Général n'acceptait au départ, en temps de paix, que la préparation des liaisons à établir le moment venu entre l'état-major français et celui de l'OTAN, un échange d'informations sur les plans et l'étude des différentes hypothèses possibles et des dispositions qui pourraient être prises selon ces hypothèses pour les actions à mener en commun, le gouvernement français « se réservant de donner, ou non, le cas échéant, les ordres d'exécution [89] ». Conformément à ces directives, Ailleret reçut pour ses négociations avec Lemnitzer des instructions très restrictives : il n'était pas question d'accepter pour les FFA des missions de l'OTAN, mais seulement une coordination de leurs plans avec ceux de l'OTAN ; il n'était pas question d'accepter de mettre les FFA sous les ordres d'un commandement OTAN pour la conduite des opérations, mais tout au plus d'établir des liaisons entre les états-majors, même en temps de guerre [90].

Mais, dans le cours de la négociation avec les Américains, Ailleret fut amené à aller beaucoup plus loin : si la France

---

88. Note Ailleret du 22 avril 1966, carton 263.

89. Conseil restreint du 2 juin et note manuscrite du Général du 4 juillet 1966, carton 263.

90. Note du service des Pactes du 25 octobre 1966, carton 264.

marquait fermement sa volonté de conserver l'indépendance de sa décision d'entrer en guerre, en fait elle faisait beaucoup de concessions par rapport à ses positions initiales sur les conditions de l'engagement éventuel de ses forces. Comme Ailleret l'écrivit à Lemnitzer le 24 janvier 1967, « dans l'ensemble, et sous réserve de certaines précautions et garanties », la France acceptait finalement de « placer ses forces en cas de bataille sous les ordres du commandant allié du groupe armée Centre [91] ». Finalement, on l'a vu, ce fut sur ces bases que fut conclu l'accord Ailleret-Lemnitzer du 22 août 1967.

On doit se demander pourquoi de Gaulle accepta d'aller nettement plus loin que ce qu'il était disposé à accepter au départ. Peut-être parce que la question du maintien des forces françaises en Allemagne était liée, on l'a vu, à celle de la conclusion d'un accord entre Paris et l'OTAN. L'aspect franco-allemand de l'affaire a en effet pesé de tout son poids dans la question des accords Ailleret-Lemnitzer, dans la mesure où Bonn exigeait un minimum de compatibilité entre la France et l'OTAN. C'est un aspect qui n'a guère été évoqué jusqu'ici, mais qui explique bien des choses par la suite, y compris les interventions de Brandt auprès de Pompidou au sujet de l'application des accords Ailleret-Lemnitzer — on le verra dans le prochain chapitre.

Mais, en fait, il faut s'interroger sur la valeur réelle, à l'époque, de ces accords. En effet, la France prenait très au sérieux sa volonté d'indépendance de décision. C'est ainsi que, dès 1966, elle retira ses forces aériennes stationnées en Allemagne, dont l'action aurait supposé une très étroite coordination avec l'OTAN et risquait donc de l'engager. Il semble bien que les arrière-pensées de désengagement éventuel qu'on a vues chez de Gaulle subsistaient, malgré la signature des accords Ailleret-Lemnitzer. Cela faisait régner une incertitude, fort gênante pour les Alliés, quant à l'engagement français.

---

91. Notes du service des Pactes des 10 et 26 janvier 1967, carton 264.

D'autre part, ces accords étaient frappés d'une faiblesse congénitale : la stratégie française évoluait désormais de plus en plus loin de celle de l'OTAN, qui entérina officiellement en 1967 la « riposte graduée ». L'armée française commençait quant à elle à se réorganiser en fonction et autour de l'arrivée future des armes nucléaires tactiques, et sa mission était clairement définie par le Général en 1968 : frapper un coup puissant, à la frontière ou plus à l'est, avec tous ses moyens, y compris atomiques [92]. Il y avait donc désormais clairement deux stratégies différentes pour la défense l'Europe : celle de l'OTAN, cherchant à relever le seuil nucléaire, et celle de la France, reposant sur l'utilisation brutale de l'arme nucléaire tactique. Malgré ce que l'on a pu dire à ce sujet dès l'époque, il est difficile d'imaginer ce qu'aurait donné la mise des forces françaises à disposition opérationnelle de l'OTAN dans ces conditions.

C'est si vrai que cette situation devait agir très vite sur les relations stratégiques franco-allemandes. A la fin de l'année 1968, Pierre Messmer, ministre des Armées, et Michel Debré, ministre des Affaires étrangères, tombèrent d'accord pour estimer que le départ de la France de l'OTAN entraînait une révision des concepts de défense français, afin que le gouvernement « conserve à tout instant, et notamment pendant les périodes de crise, son autonomie de décision ». Mais du coup seraient superposés en RFA deux systèmes militaires, celui de l'OTAN et celui des forces françaises en Allemagne, répondant à deux politiques de défense incompatibles, l'une reposant sur la riposte graduée et l'autre sur la riposte massive. Il fallait donc revoir « la coopération militaire opérationnelle franco-allemande », pour éviter le risque de malentendus militaires et politiques en cas de crise. En fait, la coopération militaire franco-allemande paraissait de moins en moins compatible avec la différence de statut des deux

____

92. François Valentin, *Une politique de défense pour la France*, Paris, 1980, pp. 91 *sqq.*

pays au sein de l'Alliance atlantique [93]. Et il est clair que les FFA, bientôt équipées d'armes nucléaires tactiques, entraient de plus en plus dans le cadre de la manœuvre dissuasive nationale couvrant le territoire français et étaient de moins en moins disponibles pour une véritable coopération avec l'OTAN (voir mes remarques précédentes sur l'évolution de la stratégie française à partir de 1964). Des deux batailles évoquées souvent par le Général depuis 1960, celle d'Allemagne puis celle de France, c'était désormais clairement la seconde qui avait la priorité : la communauté de destin stratégique entre les deux pays était de moins en moins à l'ordre du jour à Paris, et la dissuasion nationale devenait l'objectif essentiel des forces françaises.

Loin de faciliter la réalisation des objectifs stratégiques du traité de l'Élysée, le départ de la France du commandement intégré aggravait plutôt la dérive stratégique des deux pays l'un par rapport à l'autre. D'autre part, il accroissait le poids de la RFA dans l'Alliance.

Le virage de Paris vers Moscou (1966)

Le retrait de l'OTAN doit aussi être compris à la lumière de la nouvelle politique de Paris à l'Est : les deux ont de toute évidence considérablement interféré. Le Général avait réévalué depuis 1964 de façon considérable sa perception de l'URSS : la rupture sino-soviétique, la menace chinoise sur la Sibérie [94] et les ferments d'indépendance qu'il croyait percevoir en Europe orientale l'amenaient à penser que Moscou

---

93. Lettre de Messmer du 29 novembre, réponse de Debré du 9 décembre, Pactes, carton 323.

94. Cf. par exemple la conférence de presse du 31 janvier 1964, *Discours et Messages*, t. IV, p. 179 et ses propos à Hervé Alphand le 2 janvier 1965, *L'Étonnement d'être, op. cit.*, p. 445.

pourrait abandonner son projet idéologique totalitaire et redevenir pour la France un partenaire, « retrouvant la sympathie séculaire et l'affinité naturelle » qu'il se plut à souligner le 23 mars 1965 dans un toast très remarqué à l'occasion du départ de l'ambassadeur soviétique Vinogradov [95].

Il s'agissait maintenant d'établir, par un accord, direct et explicite ou indirect et implicite avec Moscou, un nouvel ordre européen dans lequel l'Allemagne serait soit maintenue divisée, soit réunifiée, mais de toute façon resterait soumise à certaines limitations et à un statut discriminatoire contrôlé en principe par l'Europe mais en fait bien sûr par Moscou et Paris. Il est évident que, pour le Général, la page qu'il avait voulu écrire en 1960-1964 était tournée. Il s'en expliqua fort clairement lors de sa conférence de presse du 28 octobre 1966 : « Ce n'est pas notre fait si les liens préférentiels, contractés en dehors de nous et sans cesse resserrés par Bonn avec Washington, ont privé d'inspiration et de substance cet accord franco-allemand. [Pendant ce temps], les événement marchaient ailleurs et *notamment à l'Est*, [...] brouillant les données de l'affaire telles qu'elles étaient au départ [96]. » On ne pouvait dire plus nettement que la Détente d'une part et le manque d'intérêt de Bonn de l'autre allaient conduire Paris, dans le triangle Paris-Bonn-Moscou, à privilégier à nouveau le côté Paris-Moscou. En même temps, les arrière-pensées de la période 1958-1964 réapparaissaient, mais sous une autre forme : puisque la France n'arrivait pas à prendre l'ascendant sur l'Allemagne dans le cadre du partenariat franco-allemand et des Six, elle le ferait dans le cadre de l'Europe de l'Atlantique à l'Oural avec l'aide de l'URSS.

Cette option avait d'ailleurs probablement existé, comme possibilité alternative éventuelle, dans l'esprit du Général depuis le début, et on retrouve là ses balancements de 1944-

---

95. *Discours et Messages, op. cit.*, t. IV, pp. 348-349.
96. *Ibid.*, pp. 101-102.

1945 : l'expression d'Europe de l'Atlantique à l'Oural apparaît en effet dès 1959 et revient à plusieurs reprises dans les années suivantes, avant même le réchauffement des relations franco-soviétiques à partir de 1964. Lorsque de Gaulle partit pour son voyage en URSS en juin 1966, après avoir quitté le commandement intégré de l'OTAN en mars et exigé le départ des états-majors de cette organisation ainsi que des troupes américaines stationnées en France, ses conceptions à long terme étaient probablement les suivantes : l'instauration d'un système de sécurité intereuropéen, les Américains lui étant associés mais sans en faire partie, le départ de leurs troupes d'Europe étant en quelque sorte payé par les Soviétiques par leur abandon de la RDA, permettant la réunification de l'Allemagne et une réelle détente sur le continent. Les deux piliers de ce système seraient évidemment l'URSS et la France, détentrice de l'arme nucléaire, éventuellement renforcée par ce que l'on pourrait mettre sur pied entre les Six.

Brejnev se montrant fort peu réceptif, de Gaulle n'eut pas l'occasion de développer devant lui ce programme, de toute façon valable à long terme plus que dans l'immédiat. Mais il lui proposa néanmoins d'entamer une concertation spécifiquement européenne sur le problème allemand : « La question allemande, dit-il, est devenue aujourd'hui un accessoire de la rivalité des deux grandes puissances URSS et USA. Si la Russie était soucieuse de sa sécurité dans cette partie du monde, il fallait donc faire sortir ce problème de son contexte actuel pour essayer d'élaborer entre Européens et naturellement avec le plein accord des Allemands, un début de solution [97]. » Que le refus des Soviétiques d'envisager cette voie (méconnaissant peut-être l'intérêt de ce projet de leur propre point de vue) ait condamné dès le départ cette tentative à l'échec est évident aujourd'hui, ainsi d'ailleurs que le

---

97. Pour tout ce passage, cf. Pierre Maillard, *De Gaulle et l'Allemagne*, Paris, Plon, 1990, pp. 247-252. M. Pierre Maillard était conseiller diplomatique à l'Élysée de 1959 à 1964.

fait que la réunification allemande s'est produite pour finir dans un cadre tout différent, par une entente entre Moscou, Bonn et Washington, grâce à la crise finale du système soviétique, et non par une entente franco-soviétique dans un nouvel équilibre européen rappelant le « concert européen » d'avant 1914. Je ne partage donc pas les vues fréquemment exprimées ici ou là selon lesquelles les conceptions de De Gaulle en 1966 à propos de l'Europe de l'Atlantique à l'Oural et de l'Allemagne étaient prophétiques. En fait ses idées de 1966 étaient largement un retour à celles de 1944, à l'époque du Pacte franco-russe [98].

Il est encore trop tôt pour savoir avec certitude ce que de Gaulle pensa des conséquences des événements de Prague de 1968 pour sa conception de l'Europe de l'Atlantique à l'Oural. En public il défendit l'idée selon laquelle ces événements ne faisaient que retarder une évolution inéluctable, et il réaffirma la validité de ses conceptions [99]. D'après Olivier Wormser, alors ambassadeur à Moscou, le gouvernement et le Général parvinrent en effet tout de suite à la conclusion que la France devait pour sa part maintenir la politique de détente [100]. Cette détente, dans le cas franco-soviétique, soulignons-le, comprenait depuis juin 1966 un processus de consultation politique permanente entre le ministère des Affaires étrangères français et l'ambassade soviétique à Paris : on ne souhaitait évidemment pas remettre en cause l'intimité croissante que l'on croyait avoir établie avec Moscou et qui contrastait avec la froideur croissante à l'égard de Bonn [101]. D'autre part, il est possible que la crise tchécoslovaque ait ravivé les méfiances à l'égard de l'Allemagne, de nouveau perceptibles à Paris depuis 1965. En septembre 1968, Michel Debré, alors

---

98. M. Maillard souligne lui-même cet aspect, *ibid.*, p. 241.

99. Conférence de presse du 9 septembre 1968, *Discours et Messages*, *op. cit.*, t. V, pp. 332-335.

100. Olivier Wormser, « L'occupation de la Tchécoslovaquie vue de Moscou », *Revue des Deux Mondes*, 1978, pp. 590-605 et 31-45.

101. *Ibid.*, p. 32.

ministre des Affaires étrangères, reprocha à Brandt « le trop vif intérêt » pris par Bonn au Printemps de Prague. Et il devait déclarer à des diplomates soviétiques en janvier 1969, moins de cinq mois donc après l'intervention soviétique :

« Qu'à Moscou comme à Paris on n'oublie jamais les leçons de l'histoire et de la géographie et que l'on sache entre Français et Russes s'entraider. La paix de l'Europe est à ce prix [102] ! »

On était décidément bien loin du traité de l'Élysée.

Non-prolifération et Groupe des plans nucléaires :
la RFA résout ses problèmes nucléaires (décembre 1966)

Pendant ce temps, la RFA améliorait sa situation internationale et sa place au sein de l'OTAN en modifiant sa position dans les affaires nucléaires. En effet, le nouveau gouvernement formé par le chancelier Kiesinger en décembre 1966, dit de Grande Coalition et qui réunissait chrétiens-démocrates et socialistes avec Willy Brandt aux Affaires étrangères, décida immédiatement de renoncer définitivement à toute tentative de ressusciter la MLF et d'obtenir une participation à un armement nucléaire stratégique de l'OTAN, tout en conservant les armes tactiques sous double clé confiées depuis des années à la Bundeswehr. En même temps, le nouveau gouvernement mettait un terme à l'opposition de la RFA au traité de non-prolifération que les Américains cherchaient depuis 1961, et encore plus depuis 1965, à conclure avec l'URSS. C'était un élément capital et pour rapprocher Bonn

---

102. Michel Debré, *Mémoires*, Paris, Albin Michel, 1993, t. IV, pp. 260-261.

de Washington et pour permettre une amélioration des rapports germano-soviétiques.

En effet, l'URSS ne cachait pas depuis des années qu'elle faisait de l'abstention nucléaire de la RFA un objectif essentiel de sa politique ; l'adhésion de Bonn en 1969, après la victoire électorale de Brandt et la formation d'un gouvernement SPD-FDP, au traité de non-prolifération (qui avait été signé en juillet 1968), allait permettre de lancer à ce moment-là l'*Ostpolitik*. C'était l'une des conditions essentielles posées par Moscou au rapprochement.

Dans cette affaire, la RFA se montra en décembre 1966 fort habile. Elle sut en effet monnayer sa renonciation à la MLF et son acceptation de principe du traité de non-prolifération, alors pourtant que, de toute façon, elle ne pouvait pas faire autrement, puisque et les États-Unis et l'URSS y tenaient et que c'était une condition *sine qua non* de toute possibilité d'amélioration de ses rapports avec Moscou.

En effet, en décembre 1966, en fait en échange de sa renonciation à la MLF, Bonn obtint la création du Groupe des plans nucléaires de l'OTAN. Ce nouvel organisme associait les États-Unis, la Grande-Bretagne, la RFA, l'Italie et trois autres pays de l'OTAN à tour de rôle (la France, bien sûr, n'en faisait pas et n'en fait toujours pas partie). On y discuta dès lors des principes de la planification nucléaire de l'Alliance, et en particulier les Américains y informèrent leurs alliés de l'état de leur armement nucléaire et de leurs conceptions et plans d'emploi. Enfin, la RFA était informée à ce sujet ; rappelons que, depuis le début de sa participation à l'OTAN, elle ne savait officiellement rien dans ce domaine et ignorait même les objectifs prévus pour ses forces nucléaires sous double clé. D'autre part, le GPN lui permettait de participer sinon à la définition détaillée des objectifs, du moins à l'élaboration des règles définissant le choix des cibles et des moyens nucléaires (éloignement par rapport aux villes, puissances admises, etc.). Il s'agissait évidemment pour elle, si l'on tient compte qu'une bonne partie des objectifs visés se trouvaient sur le territoire des deux Allemagnes, de questions essentielles, pour lesquelles elle obtenait enfin satisfaction.

En outre, la RFA obtint des concessions importantes des États-Unis pour son industrie nucléaire civile. Elle fit adopter par ceux-ci puis, grâce à eux, par l'Agence atomique internationale de Vienne un système de contrôle des réacteurs nucléaires civils aussi peu gênant que possible pour ses intérêts industriels et économiques. D'autre part, le TNP était beaucoup plus favorable pour elle sur le plan nucléaire civil que les engagements pris en 1954 par Adenauer : désormais la RFA pouvait produire du plutonium, et son usine de retraitement démarra en 1970 ; elle pouvait également enrichir l'uranium, et l'accord pour l'établissement de la société d'enrichissement par centrifugation (un procédé allemand) URENCO fut signé avec la Grande-Bretagne et les Pays-Bas le jour même de l'entrée en vigueur du TNP [103].

Là aussi, la RFA avait su monnayer au mieux de ses intérêts sa renonciation à la MLF et son acceptation du TNP, de toute façon inévitables. Elle posait à la fois les bases de son industrie nucléaire, de sa future *Ostpolitik*, de son nouveau statut au sein de l'OTAN après le retrait français, en étant associée à la définition de la stratégie nucléaire de l'Alliance.

L'échec du projet gaullien

Quant à l'OTAN, grâce à la création du GPN en décembre 1966 et aussi grâce à l'exercice du rapport Harmel préparé au sein des instances atlantiques en 1966-1967, elle avait surmonté la crise provoquée par le retrait français et sortait en fait renforcée de l'épreuve. L'échéance de 1969 passerait ainsi

---

103. Bertrand Goldschmidt, *Le Complexe atomique*, Paris, Fayard, 1980, pp. 217-218, et Jean-Marc Wolff, *Histoire de la société Eurochemic 1956-1990*, Paris, OCDE, 1996.

sans aucun problème, contrairement à ce que l'on avait pensé à Paris. Désormais les problèmes nucléaires qui avaient empoisonné l'Alliance depuis 1956 étaient réglés et ne se reposeraient plus avant l'affaire des euromissiles, à partir de 1977. D'autre part, le rapport Harmel, qui prévoyait que seraient menés de front et le renforcement continu de l'Alliance et les négociations de désarmement avec l'URSS, instaurait un compromis et même une philosophie qui allaient permettre de maintenir vaille que vaille la cohésion des Alliés face à l'URSS dans les années suivantes, marquées par l'*Ostpolitk*, la Détente et les négociations stratégiques américano-soviétiques. Là aussi, la crise larvée qui couvait entre Bonn et Washington depuis 1961, on l'a vu, au sujet de la politique à suivre à l'égard de l'URSS pouvait être considérée comme surmontée [104]. Malgré la transformation de la situation internationale depuis 1949 et le sommet de la Guerre froide, l'Alliance et l'OTAN allaient traverser sans dommages les temps nouveaux de la Détente pendant les années 70.

De Gaulle avait donc échoué dans sa tentative d'imposer en 1965-1966, par une série d'actes unilatéraux, la réforme de l'Alliance et la formation d'une personnalité européenne de politique extérieure et de défense qu'il poursuivait depuis des années. Quant à sa politique « d'entente, de détente et de coopération » avec l'URSS, le printemps de Prague en avait montré les limites. Et si Moscou était tout disposée à empocher la politique française dans la mesure où elle affaiblissait l'Alliance atlantique [105], on a vu que Brejnev n'était pas désireux de parler sérieusement de l'avenir de l'Europe avec la France. En revanche, c'est avec Bonn qu'il allait le faire à partir de 1969.

---

104. Sur ce complexe cf. Helga Haftendorn, *Kernwaffen und die Glaubwürdigkeit der Allianz : die NATO-Krise von 1966/1967*, Baden-Baden, Nomos, 1994.

105. Cf. les confidences de Brejnev rapportées par le traducteur de Gomulka, E. Weit, *Dans l'ombre de Gomulka*, Paris, 1971, p. 188.

Comme on l'a vu, si la réalisation des projets gaulliens était certainement difficile, elle n'était pas impossible, et certaines opportunités se sont présentées en 1961, en 1962 et même encore en 1965. Mais je dirai que la réalisation tactique de ces projets n'a pas été à la hauteur de leur portée stratégique : si les États-Unis et la RFA eurent une part dans leur échec, Paris eut aussi la sienne, en particulier en exigeant chaque fois trop de ses partenaires et en surestimant son influence. L'occasion ne devait plus se présenter par la suite, d'autant plus que la France sortit durablement affaiblie par la crise de mai 1968 et par ses conséquences à long terme. L'équilibre politique et économique entre elle et la RFA était désormais rompu, ou plus exactement, la marge de supériorité globale de la France sur l'Allemagne, encore réelle, tout bien pesé, dans les années 60, et sur laquelle de Gaulle avait compté à fond, n'existait plus malgré la différence de statut nucléaire entre les deux pays. En effet, l'économie allemande allait prendre, dans les années 70, très nettement la première place en Europe, et Bonn allait devenir un partenaire essentiel et pour Washington et pour Moscou, occupant cette position centrale que de Gaulle avait recherchée pour la France.

CHAPITRE IX

Georges Pompidou et l'Allemagne :
l'impasse stratégique

Les rapports franco-allemands étaient devenus mauvais au moment du départ du général de Gaulle en avril 1969, et en tout cas inexistants sur le plan politico-stratégique. D'autre part, mai 1968 avait affaibli la France par rapport à la RFA, comme le montra la crise du franc à l'automne de cette année et les réactions de Bonn à cette occasion, jugées arrogantes par les Français. C'est à partir de là que l'Allemagne allait très vite dépasser la France sur le plan économique, de façon permanente et profonde, alors que jusque-là le déséquilibre entre les deux pays restait somme toute limité. Parallèlement, l'autorité internationale de la RFA s'accroissait aussi bien à l'intérieur du monde occidental, dont elle était désormais un pilier essentiel, que dans les relations avec l'Est, à la suite de l'*Ostpolitik*.

Quelle vision avait Georges Pompidou de l'Allemagne au début de son mandat ? Il semble qu'il était persuadé que le « problème allemand », c'est-à-dire la division, risquait fort d'imposer des limites à la construction européenne. En particulier, il était fort douteux que, dans ces conditions, l'Europe parvienne à établir une politique extérieure et une défense communes, ce qui revenait à reconnaître l'échec du grand projet gaullien des années 1960-1964[1]. Comme nous le ver-

---

1. Cyrus Sulzberger, *An Age of Mediocrity*, New York, 1973, p. 563, premier entretien avec le président le 29 juillet 1969.

rons, le président allait revenir souvent sur cette idée, d'autant plus qu'il était persuadé qu'à long terme le grand objectif de la politique allemande, *Ostpolitik* ou pas, était la réunification. D'autre part, Pompidou ne croyait visiblement pas à une transformation profonde, ontologique, de l'Allemagne : le 1er décembre 1970, il déclara au journaliste américain Cyrus Sulzberger, fort bien introduit auprès de tous les dirigeants occidentaux importants, que l'Allemagne ne reconnaissait l'Oder-Neisse « qu'à cause du rapport de forces existant. Si l'Allemagne devait jamais redevenir grande et puissante, elle irait à nouveau vers l'est ». Mais, ajoutait-il, « c'était très improbable », ce qui montre à mon avis qu'il ne croyait pas à la réunification[2]. Enfin, il y avait pour lui une différence de nature entre la France et l'Allemagne : celle-ci n'avait jamais été un puissance mondiale : « elle n'était qu'une puissance européenne, et l'allemand n'avait jamais été une langue internationale ». Tout cela n'était pas différent, semble-t-il, de la vision des choses du Général à partir de 1965 et jusqu'à la fin[3].

Néanmoins, sur certains points la position de Pompidou me paraît avoir évolué pendant sa présidence. En particulier, il me semble avoir pris progressivement davantage conscience de la nouvelle puissance allemande. D'autre part, sa vision du problème s'est développée, affinée. Il l'a davantage perçu comme une question de stabilité et d'équilibre en Europe que comme un danger révisionniste, comme il avait tendance à le faire au début. Et il a rapidement admis, à sa manière, ce qui avait été le fil conducteur de tous les dirigeants français depuis 1948 : pour écarter toute résurgence du « danger allemand », la France devait s'associer étroitement à la RFA. C'est le sens de la relance européenne que voulut Georges Pompidou, avec prudence et méfiance à l'égard de la supranationalité, mais avec détermination[4]. Ajoutons que, sans

---

2. *Ibid.*, p. 689.

3. Cf. le dernier et passionnant entretien de Sulzberger avec le général le 14 février 1969, *ibid.*, pp. 504-511.

4. Cf. *Georges Pompidou et l'Europe*, Bruxelles, Complexe, 1995.

jamais rompre ouvertement avec la politique extérieure suivie par son prédécesseur, le président Pompidou lui fit néanmoins subir d'importantes inflexions, au moins par rapport à la dernière période de cette politique, à partir de 1965. C'est ainsi qu'il se montra nettement plus réservé à l'égard de l'URSS, et qu'il chercha à réchauffer les rapports franco-américains, au moins jusqu'à leur nouvelle aggravation en 1973, à la suite de la guerre du Kippour et du choc pétrolier.

L'opinion commune est sans doute que les rapports de Georges Pompidou avec l'Allemagne en général et avec Willy Brandt en particulier furent difficiles. Cela me paraît très excessif. Certes, il y eut bien des frictions, voire des crises, et il est certain que Pompidou n'était pas parfaitement à l'aise avec le chancelier [5]. Mais il était tout à fait conscient du caractère central des rapports franco-allemands, et chercha sur bien des points à pousser très loin la coopération, en particulier dans le domaine industriel et, contrairement à ce que l'on dit parfois, monétaire. D'autre part, sa position à l'égard de l'*Ostpolitik* lancée par Brandt à partir de son arrivée à la chancellerie en octobre 1969 fut beaucoup plus complexe et nuancée qu'on ne l'a dit. Les archives permettent ici certaines mises au point utiles. Il est vrai qu'à partir de 1973 Pompidou manifesta visiblement certaines inquiétudes à l'égard des orientations de Bonn, mais ces inquiétudes ne portaient pas, en tout cas pas prioritairement, sur ce que l'on croit parfois, c'est-à-dire sur un prétendu excès de puissance allemande à compenser par un appui anglais, voire soviétique. Elles portaient sur les équivoques d'un gouvernement fédéral en crise et de plus en plus divisé sur la conduite à tenir à l'égard des États-Unis, de l'URSS et de la construction européenne, elles portaient sur les dérives et arrière-pensées d'une *Ostpolitik* qui, pour certains dirigeants allemands, pouvait aller jusqu'à établir un système de sécurité en Europe en rupture complète avec ce qui existait.

---

5. Michel Jobert, *Mémoires d'avenir*, Paris, 1974, p. 165.

*Pompidou et l'*Ostpolitik

Le premier grand sujet qu'eut à traiter Pompidou à propos de l'Allemagne fut évidemment l'*Ostpolitik*, qui modifiait en profondeur les données de la politique européenne. En effet, Willy Brandt, parvenu à la chancellerie à la suite des élections de septembre 1969, décida de modifier profondément les bases de la politique allemande : la RFA renoncerait à réclamer tout de suite la réunification, elle reconnaîtrait l'existence *de facto* de la RDA, elle reconnaîtrait la frontière de l'Oder-Neisse, elle renoncerait définitivement aux armes nucléaires et adhérerait au traité de non-prolifération, elle conclurait une série de traités définissant cette nouvelle politique avec l'URSS (ce qui fut fait le 12 août 1970), avec la Pologne, avec la Tchécoslovaquie, avec la RDA. Bien entendu, à long terme, on n'abandonnait pas l'objectif de l'auto-détermination du peuple allemand et de la réunification, objectif rappelé aux partenaires orientaux à chaque étape de l'*Ostpolitik*. Mais on ne comptait plus pour réaliser celui-ci sur les pressions occidentales, voire sur l'armement nucléaire de la RFA, mais sur un processus progressif de mise en confiance, d'amélioration de la sécurité en Europe et de développement des relations économiques entre la RFA et l'Est. C'était le « changement par le rapprochement » annoncé par Willy Brandt et par son premier conseiller dans ce domaine, Egon Bahr, processus à l'issue duquel — quand et comment on ne pouvait le savoir à l'avance — la réunification deviendrait possible. En attendant et dans l'immédiat, cette politique devrait permettre de trouver une solution convenable pour le problème délicat et toujours explosif de Berlin-Ouest (ce qui fut fait par l'accord quadripartite de septembre 1971). Elle devrait permettre également d'encourager les dirigeants est-allemands à libéraliser leur régime, à rétablir un minimum de contacts entre les deux Allemagne, de façon à éviter que la dérive progressive des deux États allemands n'entraîne l'affaiblissement de la nation allemande (« deux États, une nation », répétait Brandt).

En soi, cette *Ostpolitik* était parfaitement compatible avec la politique générale de détente que l'Occident et les États-Unis décidaient à la même époque d'entamer et qui devait conduire en particulier aux accords SALT de 1972 et à un développement non négligeable des échanges économiques est-ouest. Ainsi, la RFA, en abandonnant ses positions précédentes (exigence préalable de la réunification et renvoi de la question de l'Oder-Neisse à une conférence de la paix), évitait d'être isolée. En même temps, elle jouait, pour la première fois depuis 1949, un rôle international propre : elle était désormais majeure. Willy Brandt, ancien résistant à Hitler, en était tout à fait conscient : les dirigeants allemands socialistes n'avaient pas de complexe à avoir, et, comme il l'expliqua, il serait un allié fidèle de l'Occident, mais pas un allié commode. En cela il rejoignait l'évolution profonde amorcée au sein de l'opinion allemande en 1965-1966 [6].

Tout cela était parfaitement compris et admis par tous les responsables occidentaux un tant soit peu informés. Ce qui en revanche allait poser problème et susciter beaucoup de suspicions, ce furent les arrière-pensées de certains responsables de l'*Ostpolitik*, en particulier Egon Bahr, Brandt lui-même se montrant ambigu, mais suivant en fait Bahr en demi-teinte. En effet, ce dernier estimait qu'au-delà d'une simple détente il faudrait parvenir à établir en Europe un système de sécurité totalement nouveau. Ce système reposerait sur la dissolution des pactes militaires existants (Pacte atlantique et pacte de Varsovie) et sur un accord de sécurité européen, en fait sur un accord germano-soviétique, le rôle des

---

6. Bracher, Jäger, Link, *Republik im Wandel 1969-1974. Die Ära Brandt*, t. 5/I de la *Geschichte der Bundesrepublik Deutschland*, Stuttgart, 1986 ; Joseph Rovan, *Histoire de la social-démocratie allemande*, Paris, Seuil, 1978 ; Peter Bender, *Neue Ostpolitik*, DTV ; Patrick Wajsman, *L'Illusion de la détente*, Paris, 1977 ; Arnulf Baring, *Machtwechsel*, DVA, 1982 ; Willy Brandt, *Mémoires*, Paris, Albin Michel, 1990.

États-Unis se limitant dans le meilleur des cas à une simple garantie extérieure du système. C'eût été là un bouleversement complet, et Paris se montra fort méfiant quand, en 1973, les dirigeants allemands commencèrent à y faire allusion.

Pompidou quant à lui n'était pas hostile à l'*Ostpolitik*, contrairement à ce que l'on a dit parfois trop rapidement, du moins si on comprenait cette politique comme une simple volonté de détente entre l'Allemagne et Moscou. Comme il le dit à Brandt le 4 décembre 1971, la France souhaitait, « entre l'Europe occidentale et l'Union soviétique, un état de tranquillité et la possibilité pour l'Europe de se développer et de vivre en paix », et elle approuvait donc l'*Ostpolitik*[7].

Les arrière-pensées de Pompidou

Mais l'*Ostpolitik* n'était pas seulement une politique de détente, c'était aux yeux de Bonn une stratégie à long terme pour tenter de résoudre la question allemande et parvenir à la réunification[8]. A l'égard de cette stratégie, Pompidou était beaucoup plus réservé. Il fut très clair quand il rencontra Brejnev en octobre 1970 : la France approuvait la reconnaissance de la RDA ; certes, il ne fallait pas priver Bonn de l'espoir de la réunification, mais Paris n'était nullement pressé. Il avertit même les Soviétiques que désormais les deux Allemagne allaient vouloir développer leurs liens. Jusqu'où les Soviétiques souhaitaient-ils que ce processus se déve-

---

7. Georges-Henri Soutou, « L'attitude de Georges Pompidou face à l'Allemagne », in *Georges Pompidou et l'Europe*, Bruxelles, Complexe, 1995. Cette étude est fondée sur les archives du Cabinet de la présidence Pompidou, aux Archives nationales.

8. Cf. Link, p. 163 *sqq.*

loppe ? Il est bien évident que Pompidou ne souhaitait pas la réunification de l'Allemagne [9].

Certes, Pompidou joua un rôle important et ignoré dans le processus très difficile de ratification des traités de l'Est en 1972, traités fort contestés par l'opposition chrétienne-démocrate. Le 22 mars 1972, recevant Barzel, le chef de la CDU, qui exprimait son refus de voter en l'état la ratification des traités de l'*Ostpolitik* au Bundestag et qui craignait une dérive faisant que la France, après cinq ou six ans, ne trouverait plus en la RFA, « entraînée par un tourbillon qui aurait ses propres lois physiques, [...] le partenaire qu'elle connaissait actuellement », Pompidou l'engagea très fermement « à ne pas faire dérailler le train » des traités ; si cela devait se produire, la RFA devrait accepter plus tard une solution encore pire, c'est-à-dire la pure et simple reconnaissance de la RDA [10]. On sait que, pour finir, la CDU s'abstint dans le vote crucial qui eut lieu, rappelons-le, dans une atmosphère dramatique, après avoir longtemps menacé de voter contre les traités [11]. Pompidou s'entremit d'ailleurs discrètement entre Barzel et les Soviétiques pour faciliter leurs rapports après la ratification des traités [12]. Donc non seulement il était partisan des traités de l'*Ostpolitik*, mais il s'employa à faciliter leur ratification (qui fut l'occasion de l'une des plus graves crises politiques de la RFA) et à améliorer les relations entre Moscou et l'opposition CDU.

---

9. Éric Roussel, *Georges Pompidou, 1911-1974*, Paris, 1994, pp. 395 *sqq.*

10. Georges-Henri Soutou, « L'attitude de Georges Pompidou face à l'Allemagne », *op. cit.*

11. Cf. Link.

12. Note du président pour Jobert le 22 septembre 1972 indiquant que Pompidou avait transmis un message de Barzel aux Soviétiques en la personne de l'ambassadeur à Paris Abrassimov ; le 30 septembre Schumann notait à la suite d'un entretien avec Gromyko à New-York que celui-ci demandait à Paris « de rappeler éventuellement à M. Barzel le prix de la politique d'ouverture à l'Est » ; note marginale de Pompidou sur ce document : « je l'ai fait ! » (« L'attitude de Georges Pompidou... », *op. cit.*).

A mon avis, la raison profonde de ce soutien de Pompidou à l'*Ostpolitik* était, outre qu'elle favorisait dans l'immédiat la détente, qu'elle confortait le *statu quo*, la division de l'Allemagne. On a peu d'indications à ce sujet, mais elles sont claires. Dès le 25 mars 1970, Jean-Bernard Raimond, conseiller diplomatique à l'Élysée, notait à propos des conséquences possibles de l'*Ostpolitik* : « Il appartient aux Allemands de juger s'ils acceptent le partage de leur pays », ce qui, selon moi, correspondait tout à fait à la position de Pompidou [13]. Apprenant, le 29 mai 1972, que les responsables ouest-allemands souhaitaient que les trois occidentaux fassent preuve « de plus de souplesse face au désir de la RDA d'être admise dans les organisations internationales », Pompidou notait :

> « Quelle comédie ! Allons donc de l'avant si la RFA le désire ! On cherche à faire porter aux Trois le chapeau de la rigueur, c'est se moquer des gens [14]. »

La conclusion est évidente. Il faut se souvenir que l'*Ostpolitik* était un processus ambigu. Dans un premier temps, elle revenait à reconnaître les réalités, donc, de fait et malgré toute les réserves qui furent posées par Bonn, la division de l'Allemagne. Mais, en même temps, les dirigeants allemands nourrissaient l'arrière-pensée que l'*Ostpolitik* était la seule manière de maintenir la possibilité d'une réunification à terme, probablement dans un nouveau système de sécurité européen édifié en accord avec Moscou. Il me paraît clair que Pompidou a soutenu le premier aspect de l'*Ostpolitik* : dès lors que Bonn d'elle-même s'engageait dans une politique qui réduisait les tensions en Europe et revenait à renvoyer la réunification aux calendes grecques, il n'était pas de l'intérêt de la France de freiner ce processus. En

---

13. *Ibid.*
14. *Ibid.*

revanche, le président français était très méfiant à l'égard des arrière-pensées de l'*Ostpolitik*, qu'il avait en gros comprises.

Pompidou me paraît en effet avoir redouté les conséquences lointaines possibles de l'*Ostpolitik* : pas tant les déstabilisations en chaîne en Europe que l'émergence d'un accord de fond, d'une forme de collusion germano-soviétique. Comme il le dit à Barzel, chef de la CDU, le 5 mars 1970 : « La logique de la position allemande serait, au fond, une Europe de l'Atlantique à l'Oural. C'est le vrai moyen pour que l'Allemagne de l'Ouest et l'Allemagne de l'Est puissent vivre ensemble [15]. » De façon intéressante, dans la suite de ses propos Pompidou, déconseillait formellement à Bonn de poursuivre cet objectif. L'Europe de l'Atlantique à l'Oural n'était plus à l'ordre du jour à Paris, dès lors que, de toute évidence, c'était la RFA qui était désormais en mesure de l'envisager sérieusement !

Or il est clair qu'une telle évolution était bien envisagée, certes à long terme, par Egon Bahr sinon par Brandt lui-même [16]. Ce que l'on sait aujourd'hui (à partir de travaux allemands qui ont pu utiliser les archives du chancelier Brandt, soulignons-le) montre que la vision nuancée de l'*Ostpolitik* qu'avait Georges Pompidou, distinguant entre un court terme acceptable et un long terme beaucoup plus dangereux, était pertinente. D'autant plus que certains responsables soviétiques pensaient effectivement possible d'utiliser l'*Ostpolitik* pour parvenir dans un deuxième temps, au-delà de la simple reconnaissance de la RDA et de la ligne Oder-Neisse, à l'établissement d'un nouveau système de sécurité en Europe écartant les Américains [17].

Les craintes de Georges Pompidou quant aux conséquences à long terme de l'*Ostpolitik* ont probablement large-

---

15. *Ibid.*

16. Cf. Link.

17. Julij A. Kwizinskij, *Vor dem Sturm*, 1993 ; Valentin Fallin, *Politische Erinnerungen*, 1993.

ment contribué à façonner sa politique allemande, européenne et occidentale. Dans des conversations privées avec des journalistes, il expliqua dès septembre 1970 qu'il craignait à la fois la nouvelle indépendance de Bonn à l'égard des Alliés occidentaux et les moyens de pression croissants dont disposait désormais Moscou à l'égard de la RFA. Il craignait un départ des troupes américaines d'Europe (ce fut chez lui une obsession constante) qui pourrait conduire à un accord germano-soviétique. L'Allemagne pourrait alors se trouver réunifiée, neutralisée, mais disposant d'armes nucléaires : la pire des situations possible pour la France ! La seule défense possible était d'ancrer l'Allemagne dans une Europe occidentale solide, de façon à ce qu'elle ne pût plus s'en détacher [18]. C'est dans ce contexte que doit être comprise la politique européenne de Georges Pompidou : créer prudemment des solidarités concrètes entre Européens, pour contrôler l'évolution de la question allemande de façon à ce qu'elle ne sorte pas du cadre européen et ne conduise pas à un condominium germano-soviétique.

L'Allemagne et l'Europe

Mais, tout en estimant que « l'entente entre la RFA et la France était l'une des bases essentielles de l'Europe [19] », Pompidou éprouvait de toute évidence de sérieux doutes quant à la profondeur de l'engagement allemand dans la construction européenne. D'une part, il y avait le souci permanent de Bonn de maintenir avec Washington des rapports prioritaires, mais il y avait aussi le poids de la division de

---

18. Éric Roussel, *op. cit.*, pp. 393-394.

19. Comme il le dit à Brandt le 26 novembre 1973 : « L'attitude de Georges Pompidou face à l'Allemagne », *op. cit.*

l'Allemagne et de l'*Ostpolitik*. Répétons ce que déclara Pompidou à Brandt le 25 janvier 1971, après avoir évoqué la nécessaire souplesse dans l'organisation progressive de l'Europe :

> « Je pense franchement que vous avez peut-être plus besoin que nous de souplesse, car vous avez un objectif fondamental et vous avez raison : la réunification. Et ceci ne peut pas ne pas vous conduire à beaucoup de souplesse dans l'organisation de la Communauté. Cela, je le pense profondément [20]. »

Ce à quoi Brandt répondit quelque chose qui correspondait effectivement à la philosophie profonde de l'*Ostpolitik*, mais qui, à mon avis, n'était en rien propre à rassurer Pompidou :

> « C'est vrai. Néanmoins, nous avons acquis la conviction que notre problème national ne sera pas résolu de façon isolée, mais qu'il le sera s'il y a une modification entre les deux parties de l'Europe. »

Or cette philosophie n'était pas du tout celle de Pompidou qui comptait plus, dans les rapports avec l'Est, sur une fermeté lucide que sur l'attente d'éventuelles convergences ; il déclara au chancelier le 3 décembre 1971 :

> « Pour moi, la politique de rapprochement avec l'Europe de l'Est, la nôtre et la vôtre, suppose une Europe occidentale forte. Si l'Europe occidentale se divise, cette politique deviendra vite dangereuse [21]. »

---

20. *Ibid.*
21. *Ibid.*

Pompidou et l'équipe de l'Élysée étaient fort sceptiques quant aux protestations de foi européenne de Bonn [22]. D'où la volonté constante du président, dans ses relations avec Bonn au sujet de la construction européenne, de revenir aux questions concrètes, sans s'arrêter à la phraséologie des partenaires, qui était considérée comme une forme d'hypocrisie.

En effet, il y avait pour lui un lien très étroit entre la question allemande et la question européenne ; or ce lien recelait des dangers que seul l'établissement progressif de solidarités effectives franco-allemandes et européennes au-delà des constructions théoriques et du mythe de l'intégration pouvait écarter. Le président essaya de bâtir les relations franco-allemandes sur des réalités. Et il s'y attacha certes en fonction de sa philosophie constante de l'action politique, fort concrète, mais aussi parce qu'il redoutait les dérives éventuelles de l'*Ostpolitik*. D'où l'importance pour lui des relations bilatérales dans les domaines industriels et technologiques : elles seraient le support concret d'une construction européenne raisonnable. D'autre part, elles renforceraient le grand projet pompidolien de développement économique de la France, qui avait aussi pour but de rétablir l'équilibre franco-allemand après le choc de mai 1968 [23].

---

22. Dans une note du 18 janvier 1971, le conseiller diplomatique de la présidence, Jean-Bernard Raimond, soulignait que « l'insistance sur les conceptions européennes » était pour Brandt « un moyen de désarmer partiellement l'opposition, en définissant ainsi un contrepoids à la politique à l'Est », *ibid.* ; Pompidou notait le 24 février 1972 la « tendance apparente à la supranationalité européenne des Allemands », tout en soulignant la contradiction entre ce « superétatisme communautaire » et l'affirmation de la permanence de la nation allemande qui était à la base de l'*Ostpolitik*, *ibid.*

23. Bernard Esambert, *Pompidou, capitaine d'industries*, Paris, Odile Jacob, 1994.

Les affaires bilatérales franco-allemandes : technologies de pointe et armements

Dans cet esprit, Pompidou insista à différentes reprises sur la nécessité de développer la coopération industrielle entre les deux pays, y compris pour l'atome, l'espace, l'aéronautique et les armements [24].

Pour l'atome, il essaya en particulier d'amener les Allemands à s'associer au projet français d'usine d'enrichissement de l'uranium à usage civil EURODIF et d'abandonner leur projet par centrifugation URENCO. Mais il échoua. Derrière cette affaire on trouvait bien sûr des intérêts industriels et énergétiques considérables à l'époque où, avant même le choc pétrolier de 1973, les prix de l'énergie commençaient à augmenter et où les perspectives de développement de la production d'électricité d'origine nucléaire devenaient considérables. Mais bien sûr la vision pompidolienne d'une collaboration franco-allemande dans le domaine nucléaire comportait incontestablement la volonté d'une direction française, et peut-être le souci de se prémunir contre une éventuelle tentation militaire de la part des Allemands, le procédé allemand de centrifugation, méthode facile à décentraliser et à dissimuler, ayant toujours provoqué beaucoup de méfiance à Paris [25].

En matière d'armements, Pompidou exprima à Brandt très fermement sa volonté de coopération, souhaitant que les deux états-majors harmonisent leurs besoins, dès leur rencontre de juillet 1970 [26]. La coopération connut certains succès jusqu'à la fin de l'année 1970, avec la définition du programme d'avion-école Alphajet en juillet et la commande de vingt vedettes lance-missiles par la RFA en octobre. Mais, à

---

24. Par exemple dans ses entretiens avec Brandt le 22 janvier 1973, « L'attitude de Georges Pompidou... », *op. cit.*

25. *Ibid.*

26. *Ibid.*

partir du début de 1971, la collaboration se fit beaucoup plus difficile, à cause de l'Eurogroup [27] qui amenait Bonn à rechercher la coopération britannique pour les programmes importants et à cause des achats de compensation pour les frais de stationnement de leurs troupes exigés par les Américains [28]. Sur ce dernier point, Pompidou déclara à Brandt le 14 décembre 1971, que tout en déplorant cette situation, il pouvait la comprendre, étant donné la nécessité pour Bonn de répondre aux demandes financières américaines. Mais, en revanche, dans le domaine spatial, capital pour l'avenir, la France et l'Allemagne devaient prendre la tête d'un effort européen [29]. Finalement, on devait aboutir en décembre 1972 à la création de l'Agence spatiale européenne et à la définition du projet Ariane, essentiellement grâce à la coopération franco-allemande qu'avait appelée de ses vœux le président français.

Mais, en dehors de ce dernier domaine, on constate que la coopération en matière de technologies de pointe et d'armements était toujours aussi difficile avec la RFA. Cela ne faisait que refléter la situation générale des rapports stratégiques entre les deux pays, toujours largement au point mort.

L'évolution de la stratégie française :
un pas prudent vers l'Alliance et Washington

Nous avons vu qu'à partir de 1966, et malgré la signature des accords Ailleret-Lemnitzer d'août 1967, les relations mili-

---

27. Qui réunissait les membres européens de l'OTAN en dehors de la France.

28. Note de Michel Debré du 22 juin 1971, « L'attitude de Georges Pompidou... », *op. cit.* ; note du Quai d'Orsay, direction des affaires économiques et financières du 16 juin 1971, *ibid.* ; note du général Thenoz, chef de l'état-major particulier, du 14 juin 1973.

29. *Ibid.*

taires et stratégiques entre la France et l'OTAN s'étaient considérablement distendues. Les forces françaises en Allemagne, dans la perspective de l'arrivée de leurs armes tactiques de fabrication française, se préparaient de plus en plus à leur mission d'« ultime avertissement » dans le cadre de la stratégie nationale de dissuasion, comme cela avait été décidé par le Général en 1968 et expliqué au public par le général Fourquet, chef d'état-major des armées, dans un article de la *Revue de Défense nationale* de mars 1969. Cette stratégie était de moins en moins compatible avec celle de l'Alliance.

Une inflexion semble s'être produite après 1969, sans que l'on puisse encore en connaître les circonstances. On constate que le livre blanc sur *La Politique de défense de la France* de 1972, qui décrivait la doctrine de défense officielle du pays, tout en insistant sur la nécessité de l'indépendance nationale et sur le fait que la dissuasion nucléaire ne pouvait se partager, soulignait l'attachement de la France à l'Alliance atlantique et surtout sa solidarité stratégique avec ses voisins européens avec des accents que l'on n'était plus habitué à entendre à Paris. En fait on revenait aux thèses défendues par de Gaulle en 1963-1964, dont on a vu qu'elles étaient beaucoup plus ouvertes et souples que celles de la période suivante.

Cette évolution fut concrétisée par la négociation, à partir de 1972, et la signature, le 3 juillet 1974, des accords Valentin-Ferber. Conclus entre le chef de la Ire armée française et le commandant OTAN Centre-Europe, ces accords élargissaient à toute la Ire armée et plus seulement au seul corps d'armée stationné en Allemagne, les accords Ailleret-Lemnitzer de 1967. C'était un renforcement de deux à cinq divisions (c'est à-à-dire l'ensemble des forces de manœuvre) de la participation éventuelle de la France aux opérations de l'OTAN, dans les mêmes conditions (mise à disposition opérationnelle) qu'en 1967 [30].

Toujours dans le même sens, on peut signaler la déclara-

---

30. Frédéric Bozo, *La France et l'OTAN, op. cit.*, p. 117.

tion de l'Alliance atlantique au conseil d'Ottawa en avril 1974, selon laquelle la dissuasion française contribuait à la dissuasion d'ensemble de l'Alliance. On peut dire que la hache de guerre était enterrée entre l'OTAN et la France. En même temps, et bien sûr là tout est lié, on sait désormais qu'un dialogue discret avec les Américains sur les armes nucléaires et des échanges de renseignements s'étaient instaurés depuis l'arrivée de Pompidou. Les Français étaient enfin parvenus, dans une certaine mesure, à obtenir un appui américain, limité mais incontestable, dans la mise au point de leurs armes nucléaires [31]. C'était d'autant plus important pour eux qu'à cette époque, dans le contexte des négociations stratégiques américano-soviétiques et des accords SALT, on redoutait à Paris un désengagement militaire des États-Unis en Europe (c'était en particulier l'obsession de Pompidou). Pour certains responsables français, dans ce cas, la seule issue serait d'obtenir une aide américaine pour la mise au point d'armes nucléaires françaises, stratégiques et tactiques, encore plus performantes [32]. Il est incontestable que Pompidou était convaincu que la sécurité de l'Occident reposait d'abord sur l'engagement militaire direct des Américains en Europe. Le maintien de celui-ci était désormais clairement, explicitement et publiquement souhaité par les Français, alors que, depuis 1966, on pouvait se demander si Paris n'imaginait pas, dans la perspective de « l'Europe de l'Atlantique à l'Oural », la possibilité d'un départ des troupes américaines et tout au plus d'une garantie américaine à l'Europe de nature plus lointaine et plus abstraite.

On aurait pu penser que cette amélioration des rapports entre la France et l'Alliance allait faciliter un rapprochement stratégique franco-allemand. En fait, il n'en a rien été, pour plusieurs raisons. Tout d'abord, il faut bien voir que le rap-

---

31. Pierre Mélandri, « Aux origines de la collaboration nucléaire franco-américaine », in Maurice Vaïsse (éd.), *La France et l'Atome, op. cit.*

32. Note du général François Maurin, chef d'état-major des Armées, pour le ministre de la Défense, le 7 décembre 1971, SHAT, 2 S 45.

prochement avec l'OTAN restait limité : les Français faisaient toujours régner une incertitude fondamentale sur leur engagement effectif aux côtés des Alliés en cas de guerre, expliquant même que cette incertitude présentait une valeur dissuasive supplémentaire à l'égard des Soviétiques. Mais cette incertitude était évidemment plus difficile à faire accepter par les Alliés, en particulier par les Allemands : ils auraient voulu un engagement ferme, celui justement que représente l'intégration au sein de l'OTAN (c'est le sens historique premier de celle-ci). D'autre part, les accords avec l'OTAN ne prévoyaient l'intervention des troupes françaises qu'en réserve, en deuxième ligne, alors que Bonn souhaitait un engagement en première ligne, dans le cadre de la « stratégie de l'avant ». Enfin, la stratégie française reposait sur l'emploi précoce de l'arme nucléaire tactique, ce qui s'écartait de plus en plus de la stratégie de l'OTAN de riposte flexible et posait, en particulier avec les Allemands, les problèmes que nous allons voir.

Les discussions de défense franco-allemandes

Certes, la routine des accords de défense franco-allemands se poursuivait. L'accord de coopération logistique du 25 octobre 1960, base de l'essentiel de la coopération militaire entre les deux pays, fut reconduit pour une nouvelle période de dix ans. Les réunions d'état-major se tenaient régulièrement, ainsi que les échanges d'unités. Les directeurs politiques des deux ministères des Affaires étrangères se rencontraient régulièrement. Le « groupe d'études stratégiques franco-allemand pour les années 70 », composé de diplomates avec la simple participation de représentants des états-majors et constitué en 1968, poursuivait ses travaux [33]. On connaît les principaux

---

33. MAE, service des Pactes, carton 323, *passim.*

thèmes étudiés par le groupe franco-allemand : les négociations stratégiques américano-soviétiques, la CSCE, les MBFR et leur conséquence sur la sécurité de l'Europe. De l'avis général, c'était un utile forum pour confronter les conceptions franco-allemandes[34]. Mais, dans tout cela, il s'agissait malgré tout, à ce niveau, de thèmes qui restaient techniques, en marge de la stratégie proprement dite.

Les Allemands ne se contentaient pas de cette situation. Ils manifestèrent très rapidement leurs préoccupations dans deux domaines : les liens entre la France et l'OTAN, qu'ils souhaitaient évidemment renforcer pour lier davantage la France à la « stratégie de l'avant » et d'une façon générale obtenir une plus grande certitude quant à son engagement en cas de guerre. D'autre part le problème qui commençait à devenir urgent de l'arme nucléaire tactique française et de sa doctrine d'emploi. En effet, les bombes d'avion transportées par l'aviation tactique devaient entrer en service en 1972, les fusées Pluton en 1974, dans le cadre d'une doctrine d'« ultime avertissement » comportant, très vite après l'entrée en ligne des troupes françaises, un tir massif et groupé d'armes tactiques qui, pour des raisons de portée, tomberaient probablement largement sur le territoire allemand, alors que l'OTAN quant à lui évoluait de plus en plus vers un emploi « sélectif » et prudent de l'ANT. On voit sans peine les problèmes que cette situation présentait pour Bonn, qui pouvait influencer ou au moins être informée de la stratégie nucléaire de l'OTAN au sein du Groupe des plans nucléaires, mais qui ne disposait d'aucune influence ni même d'aucune information sur les engins nucléaires tactiques français.

En ce qui concernait les liens entre la France et l'OTAN, dès le 3 juillet 1970, Brandt entreprit le président français pour que la France acceptât de reprendre les conversations avec l'OTAN afin de « perfectionner » les accords Ailleret-

---

34. Notes du Quai d'Orsay du 13 juin 1970 et du 18 juin 1971, « L'attitude de Georges Pompidou... », *op. cit.*

Lemnitzer de 1967 ; Pompidou répondit de manière fort évasive, insistant en revanche sur la coopération dans le domaine des armements [35].

Brandt revint à la charge le 25 janvier 1971, déclarant qu'il souhaitait développer les conversations militaires et stratégiques franco-allemandes, rappelant que la présence en Allemagne de troupes françaises non intégrées à l'OTAN posait à Bonn certains problèmes. Pompidou accepta d'aborder le sujet lors de la prochaine rencontre, à laquelle, pour la première fois, pourraient participer les deux ministres de la défense [36]. Jusque-là, en effet, il s'était opposé à leur présence [37].

Le 5 juillet 1971, Brandt aborda la question d'« un rapprochement plus étroit sur la défense » de la Communauté européenne dans les années 80, comme un développement logique de son renforcement par ailleurs. Cela annonçait, de façon encore vague, les suggestions allemandes de l'automne 1973. Mais, en même temps, Brandt demandait à la France de participer aux débats de l'Eurogroup, organisme atlantique fort mal vu à Paris et considéré comme un instrument essentiel de « l'intégration » et qui était chargé de coordonner la politique d'armements des membres européens de l'OTAN. Il était clair que la RFA souhaitait avant tout le rapprochement de la France avec l'OTAN, et cela entraînait de la part des interlocuteurs français une vive méfiance, que l'on retrouvera dans les discussions stratégiques franco-allemandes jusqu'à une date toute récente : la crainte que, au nom d'une défense européenne ou à base franco-allemande, la RFA ne cherche en fait qu'à ramener la France dans le bercail atlantique.

C'est ainsi que Pompidou opposa une fin de non-recevoir à la suggestion de Brandt de rejoindre l'Eurogroup, rappelant que la position de la France était différente de celle de la RFA : celle-ci était plus exposée, donc plus sensible à la

---

35. *Ibid.*
36. *Ibid.*
37. Notes de Raimond des 24 janvier et 10 décembre 1970, *ibid.*

nécessité, d'ailleurs incontestable, de l'alliance américaine ; la France, un peu moins exposée, était plus sensible au problème de son indépendance. « En outre, le risque de l'intégration complète serait que la Russie et l'Amérique se mettent d'accord pour neutraliser l'Europe [38]. » Les termes du débat étaient posés, pour des années.

Le problème du Pluton et de l'ANT

Les forces françaises commencèrent à être dotées d'armes nucléaires tactiques aéroportées à partir de 1972. A partir de 1974, elles devaient recevoir un missile tactique de 130 km de portée, le Pluton, doté d'une tête de 20 kilotonnes, c'est-à-dire l'équivalent d'Hiroshima, dont la fabrication avait été décidée en 1966. Comme on l'a vu, son emploi aurait été groupé, conjugué à celui des armes aéroportées, afin de permettre à la Iʳᵉ armée de frapper sur l'envahisseur soviétique un coup massif destiné à détruire un pan entier de son dispositif, l'obligeant soit à renoncer, soit à monter une nouvelle manœuvre stratégique, et constituant un ultime avertissement avant l'entrée en action des forces stratégiques [39].

Mais cette stratégie posait un gros problème de coordination nucléaire avec l'Alliance atlantique qui envisageait un emploi beaucoup plus sélectif et gradué de l'ANT. Outre le problème du seuil nucléaire proprement dit (quand passerait-on aux armes atomiques ?), qui était redoutable — car comment imaginer une attitude différente de l'OTAN et de la France en la matière —, se posaient toute sorte de questions complexes (choix des cibles, redondance des frappes, coor-

---

38. *Ibid.*

39. François Valentin, *Une politique de défense pour la France*, op. cit., pp. 91-94, et *Regards sur la politique de défense de la France*, op. cit., pp. 55-56.

dination des forces, informations sur les objectifs, limitation des dommages collatéraux). Les accords Valentin-Ferber laissaient de côté les questions nucléaires, pourtant essentielles. Des premiers entretiens à ce sujet entre le chef d'état-major français et SACEUR à l'époque de Pompidou échouèrent, et ce ne fut qu'à partir de 1975, comme nous le verrons, que la question fut abordée entre le commandement français et le commandement atlantique [40].

Bien entendu, cette situation était particulièrement gênante avec les Allemands, les premiers concernés. Ceux-ci étaient en effet, depuis la création du Groupe des plans nucléaires de l'OTAN en 1966, très correctement informés des principes d'emploi des armes nucléaires tactiques de l'OTAN et associés à leur définition et aux restrictions d'emploi (par exemple pas d'armes supérieures à 10 kilotonnes, ou à 5 kilotonnes à moins de six kilomètres des villes de plus de 25 000 habitants) [41]. Il leur était difficile d'admettre qu'ils ne seraient pas informés par les Français de façon équivalente.

En juin et de nouveau en décembre 1970, la délégation allemande à l'OTAN exposa à son homologue française la nécessité d'un échange bilatéral discret : la RFA informerait la France sur la stratégie nucléaire de l'OTAN en Europe et les travaux du Groupe des plans nucléaires (dont la France ne faisait pas partie) ; en échange, Paris informerait Bonn au sujet du Pluton et de ses conditions d'emploi. Les Français ne relevèrent pas cette invitation à établir un canal d'informations nucléaires réciproques [42].

D'autre part, se posait le problème du stationnement des Pluton en RFA. En effet, la portée relativement réduite de cet engin faisait qu'il était nécessaire de le placer à proximité des

---

40. Frédéric Bozo, *La France et l'OTAN, op. cit.*, pp. 119-121.

41. Télé. de Bonn du 21 avril 1967, MAE, Pactes, carton 268, et note du SGDN du 19 novembre 1970, carton 323.

42. Dépêche de François de Rose, ambassadeur auprès de l'OTAN, du 5 juin 1970, et note du 22 décembre 1970, MAE, service des Pactes, carton 268 et carton 409.

divisions du 2ᵉ corps, stationné en Allemagne. Le Conseil de défense devait étudier cette question le 23 juillet 1970 ; on était conscient et de la nécessité militaire de cet stationnement et des problèmes qu'il poserait aussi bien avec l'OTAN, pour tous les problèmes de coordination que nous avons vus, qu'avec la RFA : celle-ci exigerait d'être au moins consultée pour l'emploi, et voudrait que les conditions de celui-ci respectent les directives et limitations élaborés au sein du Groupe des plans nucléaires [43]. Mais, prudemment sondées, les autorités fédérales firent savoir qu'elles étaient très gravement préoccupées par le problème du stationnement du Pluton et n'accepteraient qu'une solution du type « double clé », c'est-à-dire donnant à la RFA un véritable droit de regard sur l'emploi des missiles [44].

C'était bien entendu tout à fait inacceptable pour les Français qui maintenaient rigoureusement le principe de l'indépendance absolue de décision en matière nucléaire. Du coup, les Pluton ne furent jamais stationnés en temps de paix en RFA. Se réservait-on à Paris la possibilité de les faire avancer sur le territoire allemand en cas de tension ? Aujourd'hui encore, il ne peut être répondu à cette question.

En tout état de cause, malgré l'amélioration des rapports avec l'OTAN, le problème de l'ANT, de son emplacement, de ses règles d'emploi et de sa coordination avec l'Alliance se posait de façon toujours aussi nette. C'était désormais un frein considérable au développement de la coopération militaire avec Bonn. La RFA ne pouvait pas, en effet, accepter l'application sur son territoire de deux stratégies nucléaires différentes, ni d'être moins informée par Paris qu'elle ne l'était désormais dans ce domaine par Washington. La France ne pouvait pas accorder à la RFA un droit de regard sur ses

---

43. Note du 22 juillet 1970, Pactes, carton 268.

44. Le chef de la mission militaire auprès du Groupe d'armées Centre au CEMA, à la suite d'une conversation avec un officier allemand sous-chef d'EM du CENTAG, le 13 décembre 1971, SHAT, 2 S 45.

armes nucléaires qu'elle avait refusé à l'Amérique. La décision de 1966 continuait à engendrer sa propre logique.

1972-1973 : inquiétudes croissantes
de Georges Pompidou à l'égard de l'Allemagne

La coopération militaire franco-allemande était d'autant moins à l'ordre du jour qu'à partir de 1972-1973 les soupçons de Paris à l'égard de la RFA s'accrurent. Du point de vue du président Pompidou, l'année 1973 fut marquée par une aggravation de la situation internationale de la France et de l'Europe. Outre bien sûr la guerre du Kippour et ses conséquences politiques et économiques, Paris avait été très frappé par l'accord américano-soviétique du 22 juin qui paraissait annoncer une forme de condominium des deux superpuissances nucléaires [45]. En outre, si les négociations d'Helsinki depuis novembre 1972, sur la Conférence sur la sécurité et la coopération en Europe, débouchant sur la conférence des ministres des Affaires étrangères du mois de juillet 1973 dans la même ville paraissaient à Paris prometteuses, en revanche le début des négociations MBFR à Vienne sur la réduction des forces conventionnelles en Europe (auxquelles ne participait pas la France) inquiéta beaucoup le président français, car il y voyait un engrenage conduisant au départ des troupes américaines d'Europe. De plus, l'« année de l'Europe » annoncée par Henry Kissinger paraissait correspondre à une volonté de reprise en main des alliés européens par Washington. Sur tous ces points, Pompidou rechercha l'appui de l'Allemagne, mais largement sans succès. D'autre part, on fut très frappé, à Paris, par l'importance prise par la visite de Brejnev à Bonn en mai 1973 et par l'ampleur des accords

---

45. M. Jobert, *op. cit.*, pp. 261 *sqq.*

économiques conclus à cette occasion [46]. Quant à l'*Ostpolitik*, que Pompidou avait approuvée, elle paraissait s'engager effectivement dans la voie de ce qui n'avait été au départ que des arrière-pensées, qu'il n'approuvait pas, c'est-à-dire vers la création d'un nouveau système de sécurité en Europe à base germano-soviétique. Et, à l'automne de cette même année 1973, Bonn proposa à la France la création d'un système européen de défense fort ambigu. Tout cela ne pouvait qu'inquiéter le président français.

La RFA avait joué un rôle considérable dans le début du processus des MBFR et de la CSCE. La proposition faite par les Occidentaux à la conférence de l'OTAN de Reykjavik en juin 1968 de lancer des négociations sur la réduction équilibrée des forces en Europe (MBFR) était largement d'origine allemande (le fameux « signal de Reykjavik » auquel la France ne s'était pas associée). Le premier dirigeant occidental à accepter le vieux projet soviétique de conférence sur la sécurité en Europe fut Brandt lors de sa rencontre avec Brejnev à Oreanda en septembre 1971.

En fait, les positions respectives de Paris et de Bonn dans ces deux affaires capitales de la CSCE et des MBFR étaient opposées. Paris était contre les MBFR, redoutant leurs conséquences pour la défense occidentale, Bonn, en revanche, était pour, dans l'idée que l'on pourrait, par des mesures progressives de désarmement, aboutir un jour à un nouvel ordre de sécurité en Europe permettant, dans une conjoncture transformée, la réunification. Mais, pour la CSCE, c'était Pompidou qui en était partisan, alors que les Allemands étaient en fait fort réticents (bien que Brandt en ait accepté le principe à Oreanda), car ils avaient bien compris que, pour Moscou, une telle conférence européenne avait d'abord pour but de faire reconnaître l'ordre existant, y compris les frontières et la division de l'Allemagne. Ou, plus exactement, Bonn aurait voulu que la CSCE se concentrât exclusivement

---

46. M. Jobert, *op. cit.*, p. 234.

sur la question de la réduction des forces, sans aborder des sujets pouvant entraîner une reconnaissance du *statu quo* allant au-delà de ce que comportaient les traités de l'*Ostpolitik*[47]. On voit bien le jeu des arrière-pensées respectives et divergentes de Bonn et de Paris dans ces affaires.

Dès le 3 juillet 1970, Pompidou expliqua à Brandt son inquiétude devant le processus des MBFR, qui selon lui pouvait conduire à terme au départ d'Europe des Américains[48]. En ce qui concernait la CSCE, le président déclara à son partenaire le 25 janvier 1971 qu'il n'était pas opposé à son principe, car elle pouvait donner « une plus grande liberté de parole » aux pays de l'Est et rendre plus difficile une intervention soviétique. Mais les deux hommes n'étaient pas d'accord sur le contenu d'une telle conférence : Pompidou insistait sur le développement des échanges commerciaux et culturels entre les deux Europe, Brandt sur la sécurité ; il aurait voulu d'ailleurs que la question de la réduction des forces fut traitée à la CSCE et non dans un forum séparé[49]. D'autre part l'Élysée éprouva visiblement une certaine inquiétude devant l'ampleur des conversations Brandt-Brejnev à Oreanda en septembre 1971, à propos de la réduction des forces et de la CSCE[50]. Néanmoins, Pompidou déclara à Brandt le 4 décembre que, s'il était toujours hostile à la réduction des forces conventionnelles, qui conduirait au départ des Américains et favoriserait d'autant plus l'URSS que la garantie nucléaire américaine devenait « plus improbable », il approuvait en revanche la CSCE, espérant même qu'elle déboucherait sur un organisme permanent. Alors « le bloc de l'Est serait ébranlé en tant que bloc[51] ».

---

47. La position allemande est expliquée dans Link, *op. cit.*, pp. 163 *sqq*. Cf. également une note de Jean-Bernard Raimond du 23 juin 1972, « L'attitude de Georges Pompidou... », *op. cit.*

48. *Ibid.*

49. *Ibid.*

50. Note de Jean-Bernard Raimond du 20 septembre 1971, *ibid.*

51. *Ibid.*

Mais la rencontre d'Oreanda avait provoqué un peu partout en Occident des interrogations sur les orientations réelles de la politique de la RFA. Le 10 février 1972, Pompidou prodigua à Brandt des assurances mais qui étaient selon moi aussi une mise en garde discrète :

« Je vais vous parler très franchement. Vous avez fait allusion [...] à des bruits selon lesquels nous redoutions une finlandisation de la RFA. Je vous dis très franchement que nous n'avons aucune envie de voir la RFA se finlandiser et nous ne croyons absolument pas que ce soit là votre politique. »

Certes, c'était bien la politique que visait l'URSS avec les MBFR et la CSCE, et il était probable que Moscou pensait à une réunification-neutralisation de l'Allemagne. D'où l'importance de l'unité occidentale (et c'est là à mon avis que résidait la mise en garde) :

« Je pense que si nous sommes tous ensemble, nous pourrons dissoudre un peu les blocs et aussi le bloc soviétique. Le rapprochement de tous les peuples de l'Est et de l'Ouest, et aussi des deux États allemands, pourra ainsi se faire dans une atmosphère politique de coopération et de détente et non pas de neutralisation de l'Europe centrale et donc de l'Allemagne [52]. »

Fin 1972-début 1973, les divergences entre Paris et Bonn s'accroissaient plutôt, semble-t-il. La RFA était de plus en plus désireuse de négocier une réduction des forces, non seulement des forces étrangères stationnées mais même des forces nationales en Europe, alors que Pompidou maintenait sa méfiance [53]. En revanche, le président, à la suite de son voyage à Minsk en janvier 1973, accordait de plus en plus

---

52. *Ibid.*

53. Note du 30 décembre 1972 avec annotation de Pompidou ; note de Jean-Bernard Raimond du 19 janvier 1973, *ibid.*

d'importance à la CSCE et n'était pas défavorable à la proposition soviétique de créer un organisme européen permanent. Comme il le dit à Brandt le 22 janvier, un tel organisme ne devrait bien sûr pas être pour Moscou un moyen de contrôler l'Europe occidentale, mais il pourrait rendre plus difficile « les actes de force et de brutalité » de la part de l'URSS [54].

L'inquiétude sur la politique de l'Allemagne à l'Est et sur ses orientations générales parut s'accroître à Paris fin 1973. Dans une longue note du 23 novembre 1973, quelques jours avant une rencontre entre Pompidou et Brandt, Jean-Bernard Raimond résumait la situation [55]. Bonn était toujours partisan d'une position minimaliste à propos de la CSCE pour que celle-ci ne puisse être le succédané d'un traité de paix. En revanche, la RFA voulait développer les MBFR de façon à aboutir à un système de sécurité européen « fondé sur le retrait des forces étrangères [*donc sur le départ des forces américaines*] [...] et garanti par les superpuissances », donnant ainsi aux MBFR « le caractère d'un acheminement progressif vers un système de sécurité européenne somme toute assez proche de celui que les Soviétiques proposaient depuis vingt ans [56] ». Mais, en même temps, Bonn restait fidèle à l'Alliance atlantique et souhaitait même que les rapports entre la CEE et les États-Unis soient institutionnalisés (ce dont ne voulait en aucun cas Pompidou). Seulement Bonn s'inquiétait « des aspects par trop impérieux de la politique américaine », comme lorsque Washington avait prétendu ravitailler Israël lors de la guerre du Kippour à partir des bases américaines en RFA. En outre, la RFA partageait les craintes de Paris à propos de l'accord américano-soviétique de juin 1973, qui paraissait entraîner une réduction de la garantie nucléaire américaine à l'Europe. Bonn proposait donc une réflexion

---

54. *Ibid.*

55. *Ibid.*

56. J.-B. Raimond appuyait sa démonstration sur un document effectivement rédigé par Egon Bahr en 1968 et récemment publié dans la presse ; sur cette affaire capitale cf. Link, pp. 163 *sqq.*

franco-allemande dans le domaine militaire, afin sans doute d'évoquer la possibilité d'une défense européenne (nous allons revenir sur ce point essentiel). Jean-Bernard Raimond concluait : l'Allemagne se trouvait dans des « contradictions particulièrement profondes », remarque qui rejoint ce que l'on peut savoir des difficultés et des divisions du gouvernement Brandt en politique extérieure en 1973-1974 [57]. En effet, Bonn hésitait entre la fidélité atlantique, un rapprochement très étendu et « neutraliste » avec l'URSS, et le développement d'une identité européenne de défense et de sécurité [58]. Les déclarations de Pompidou à Kohl le 15 octobre 1973, que nous analyserons plus loin, montrent qu'il partageait bien les inquiétudes de son conseiller diplomatique. Essayons de voir comment le président français réagissait face à cette situation.

En effet, Bonn n'hésita pas à proposer à Paris, à l'automne 1973, un dialogue confidentiel sur la sécurité de l'Europe, y compris sur ses aspects militaires, en dehors de l'Alliance et des Américains. C'était, pour l'époque, révolutionnaire. Il s'agit de toute évidence d'une affaire capitale, encore obscure, mais sur laquelle les archives que nous avons pu consulter apportent des éléments passionnants, qu'il faut replacer dans l'ensemble du dialogue stratégique franco-allemand, depuis de Gaulle.

Un système de sécurité et de défense européen sans les États-Unis ?

En 1973, le dialogue stratégique entre les deux pays parut sur le point de se dégeler. Lors de sa première déclaration

---

57. Cf. Link.

58. Ces trois orientations entre lesquelles hésitait Bonn, ou plutôt qui divisaient les dirigeants allemands, avaient été soulignées par Jean-Bernard Raimond dès le 23 juin 1972, « L'attitude de Georges Pompidou... », *op. cit.*

devant l'Assemblée, peu après son arrivée aux Affaires étrangères le 5 avril, Michel Jobert appela les Européens à réfléchir à une défense européenne ayant « un caractère propre [59] ». Le chancelier, peut-être encouragé par les déclarations de Jobert, reprit avec Pompidou le thème d'une concertation franco-allemande en matière de défense le 21 juin 1973, cette fois de façon fort précise et évidemment gênante pour le président français, et avec une nette évolution par rapport à ses interventions précédentes, fort « atlantiques » d'inspiration, on s'en souvient :

> « Le moment viendra où dans nos conversations nous devrons être plus pratiques et dépasser ce stade d'études théoriques. J'ai besoin de réponses de votre part... à quelques questions... Comment devons-nous comprendre le plan d'intervention français, quelles sont les villes que visent les armes nucléaires françaises [60], dans quelle partie de l'Allemagne se trouvent-elles ? Est-ce qu'elles seraient même dans la partie de l'Allemagne qui est si étroitement liée à la France ? Je ne parle même pas de l'armée française en Allemagne et de sa position particulière, l'accord Ailleret-Lemnitzer de 1967 a esquissé cette situation qui ne correspond plus aujourd'hui à la position de nos deux pays... Je ne voudrais pas qu'il y ait un malentendu. Je ne cherche pas et n'ai jamais cherché à obtenir des armes nucléaires pour l'Allemagne. Mais si l'Allemagne est dans une organisation de défense commune qui s'ajoute ou remplace l'OTAN, il n'est pas possible qu'elle ne joue que le rôle de l'infanterie [61]. »

Dans ce mouvement oratoire, Brandt posait à la fois trois immenses questions, actuelles et qu'il avait déjà posées,

---

59. *Mémoires d'avenir*, *op. cit.*, p. 267.

60. Rappelons que les premières armes nucléaires tactiques (sur avion) étaient entrées en service en 1972.

61. « L'attitude de Georges Pompidou... »., *op. cit.*

comme celle de la position de la France par rapport à l'OTAN et celle des rapports stratégiques franco-allemands (mais on remarquera que, cette fois-ci, à propos de l'ANT française, il se montrait particulièrement mordant) et prospective, à propos d'une nouvelle organisation de défense où l'Allemagne jouerait un rôle de premier plan (il s'agissait peut-être là de l'écho du discours de Michel Jobert devant l'Assemblée). D'une façon ambiguë deux logiques fort différentes s'entrelaçaient : celle, « orthodoxe », de l'intégration atlantique, reprenant les griefs de l'OTAN à l'égard de Paris depuis 1966 et commandant en particulier que la France renonce à l'indépendance totale de sa planification nucléaire, et celle, révolutionnaire, d'une défense européenne où l'Allemagne aurait toute sa place, y compris sur le plan nucléaire.

Devant ce qui était à notre connaissance l'interrogation mais aussi l'ouverture la plus insistante et la plus précise d'un chancelier allemand dans ce domaine depuis les conversations d'Adenauer avec les dirigeants français sur les questions nucléaires à l'automne 1957 (avec de Gaulle, Adenauer n'avait jamais été aussi incisif malgré la portée de certaines de leurs conversations), Pompidou réagit fort prudemment. Il rappela tout d'abord la doctrine française en matière d'armes nucléaires tactiques : en raison de la supériorité soviétique la France ne pouvait « séparer l'emploi d'armes nucléaires de celui d'armes conventionnelles », en d'autres termes elle ne pouvait toujours pas se rallier à la stratégie de riposte graduée de l'OTAN et donc, implicitement, elle ne pouvait pas aller plus loin dans la coopération que les accords Ailleret-Lemnitzer de 1967. Il rappela ensuite deux propositions concrètes déjà faites à plusieurs reprises, correspondant à sa position constante mais qui n'étaient peut-être pas à la hauteur où avait voulu se placer Brandt : une coopération en matière d'armements et en matière d'uranium enrichi civil, chacun entrant dans le programme de l'autre (EURODIF et URENCO). Il donna ensuite deux assurances : la France n'était pas favorable au projet qu'agitaient officieusement les

Anglais d'une force nucléaire franco-britannique, « pour beaucoup de raisons concernant notre indépendance et nos relations avec d'autres, et notamment avec vous ». Et surtout (mais qu'en était-il en réalité ?) :

> « Quant à nos forces nucléaires, nous n'avons pas d'objectifs sur le territoire de la RFA, gardez cela pour vous, je vous en donne ma parole [62]. »

Et pour finir Pompidou consentait une toute petite ouverture vers l'avenir bien vague de la défense européenne :

> « Ceci dit, il est évident que, sur le plan stratégique, nous ne pouvons pas nous contenter d'une défense européenne qui ne serait que conventionnelle. Dans une défense conventionnelle nous serions actuellement écrasés sans difficulté par la masse. »

Pompidou n'avait donc pas sur le moment totalement refermé la porte. Et à Paris certains méditaient — au cours de ces semaines qui suivaient l'accord soviéto-américain du 22 juin et devant la perspective que beaucoup croyaient imminente d'un désengagement militaire des États-Unis — sur l'établissement d'un système de défense européen reposant sur une collaboration nucléaire franco-britannique et une collaboration conventionnelle franco-allemande, appuyée par l'ANT française. Le chef d'état-major des armées, le général Maurin, rédigea une note dans ce sens le 21 août 1973 [63]. Mais, finalement, et quelles qu'aient été les hésitations un moment à Paris, on

---

62. Ce passage du compte rendu est sous enveloppe, avec une note manuscrite de Georges Pompidou : « à ne communiquer à qui que ce soit ». Pour Brandt cette affirmation pouvait paraître à la rigueur crédible tant que l'ANT française était transportée par des avions disposant d'un certain rayon d'action ; mais en 1974 le Pluton devait entrer en service, avec une portée de 120 kms...

63. SHAT, 2 S 45.

refusa de suivre les Allemands dans cette voie. On allait le constater très vite.

Dès le mois de septembre, en effet, le ministre des Affaires étrangères allemand, Scheel, avec l'accord de Brandt, entra en contact avec son homologue Jobert « pour un échange de vues approfondi et confidentiel sur le développement futur de la sécurité en Europe [64] ». L'entretien entre les deux ministres eut lieu le 9 novembre [65]. Scheel insista sur la nécessité pour l'Europe de développer une politique commune de défense lui permettant, le moment venu « d'assurer sa défense par des moyens propres », le cas échéant en dehors de l'Alliance : « Je crois qu'un jour arrivera où l'Europe devra, en tout état de cause, se libérer de cette dépendance " indissoluble " [...] Je considère qu'une communauté européenne ayant une volonté politique centrale, et souhaitant également se défendre, devra nécessairement avoir une défense nucléaire », ce qui ne poserait pas de problème juridique car une telle communauté hériterait des droits en la matière de la France et de la Grande-Bretagne [66]. On le voit, c'était encore plus direct que les propos de Brandt en juin.

On ne sait pas ce que Michel Jobert répondit à Scheel le 9 novembre. Le président indiqua simplement « vu » en marge du compte rendu de l'entretien ; mais l'importance de celui-ci fut bien comprise à Paris, comme le montre la note déjà citée de Jean-Bernard Raimond du 23 novembre. La véritable réponse française, ce fut, me semble-t-il, le fameux discours de Jobert devant l'assemblée de l'UEO le 21 novembre. Ce discours provoqua un émoi considérable à l'époque, mais en fait le ministre français s'y montra beaucoup plus modéré que ne l'avait été son homologue allemand le 9 novembre (ce que ne pouvaient évidemment pas savoir les contempo-

----

64. Lettre de Brandt à Pompidou du 29 septembre, « L'attitude de Georges Pompidou... », *op. cit.*

65. *Ibid.*

66. A notre avis M. Jobert, dans ses *Mémoires d'avenir*, pp. 268-269, minimise beaucoup trop la portée des déclarations de Scheel.

rains) : il soulignait la nécessaire fidélité à l'Alliance atlantique et invitait simplement les Européens « à un effort de dialogue et de réflexion » sur les problèmes de défense, dans le cadre de l'UEO [67]. Or ce discours suscita des réactions diverses au sein du gouvernement allemand, fort divisé alors à propos des questions de sécurité : le ministre de la Défense Leber, parlant après Jobert devant l'assemblée de l'UEO, appelait au contraire à plus d'intégration atlantique, Scheel « clamait son hostilité à l'égard de l'UEO [68] », tandis que Brandt déclarait à Jobert quelques jours plus tard qu'il n'était pas en désaccord avec lui [69]. Les journalistes soulignaient les réticences des Allemands à l'égard de l'UEO, qui comportaient certaines discriminations à leur égard [70]. Le 27 novembre, Michel Jobert précisa sa pensée par l'intermédiaire d'un journaliste du *Monde* visiblement « inspiré » : la France se prononçait pour le maintien des troupes américaines en Europe (Pompidou n'avait jamais cessé de le faire, en public et en privé) et le maintien de la garantie nucléaire américaine. « Sur tous ces points, [...] la France et l'Allemagne ne sauraient être opposées » (phrase qui prend une saveur particulière quand on la rapproche des déclarations de Scheel le 9 novembre...). « Quant à la défense européenne spécifique, c'est une entreprise de longue haleine dont on peut dire seulement qu'elle n'est pas pour demain. » Comme l'écrivit Jobert en 1976, son discours à l'UEO « n'était peut-être pas la réponse qu'espérait [Scheel] aux questions qu'il avait posées [71] »...

En effet, de toute évidence, et même si on souhaiterait bien sûr en savoir plus sur cette affaire, Paris n'avait aucune intention de s'engager dans la voie esquissée par le ministre allemand ; lorsque, le 26 novembre (cinq jours après le dis-

---

67. Texte dans *Le Monde* du 23 novembre.
68. Jean Schwoebel, *Le Monde* du 27 novembre.
69. *Mémoires d'avenir*, p. 268.
70. Jean Schwoebel et Daniel Vernet, *Le Monde* des 21 et 25-26 novembre.
71. *L'Autre Regard*, *op. cit.*, p. 348.

cours de Michel Jobert), Brandt fit une discrète allusion au fait que Bonn était prêt à parler de défense européenne, Pompidou se montra parfaitement évasif [72]. Quand les Allemands revinrent à la charge quelques jours plus tard au sein du « Groupe d'études stratégiques franco-allemand » pour que l'on discute, outre des MBFR, de la « définition d'une politique de sécurité dans le cadre des Neuf », Pompidou résuma ses instructions d'un mot : « prudence ! [73] ». Jusqu'à la fin, la prudence resta de mise. Le 7 novembre 1973, le général Maurin, chef d'état-major des armées, rencontra à Bonn son homologue allemand, l'amiral Zimmerman, inspecteur général de la Bundeswehr. Celui-ci l'interrogea sur l'emploi du Pluton qui devait entrer en service l'année suivante. Le général Thenoz, chef de l'état-major particulier, nota pour Pompidou :

> « Le général Maurin semble s'être un peu avancé lorsqu'il a laissé entendre à son interlocuteur qu'un échange de vues au sujet du Pluton pourrait avoir lieu avec le gouvernement allemand vers le milieu de 1974 [74]. »

Comme on le voit, Bonn avait à plusieurs reprises tenté d'ouvrir un dialogue stratégique franco-allemand. Pompidou s'y refusa, à mon avis pour deux raisons. D'abord, un tel dialogue aurait remis en cause, sur le plan de la dissuasion française, des choses que Pompidou ne voulait, ni sans doute ne pouvait remettre en cause. D'autre part, en 1973 en tout cas, les avances de Brandt étaient fort ambiguës, comme l'ensemble de la politique allemande cette année-là, telle en tout cas qu'elle apparaissait à l'Élysée, en particulier à la lumière des déclarations de Scheel à Jobert en novembre, et aussi des entretiens qu'eurent Michel Jobert et Egon Bahr le 20 novem-

---

72. « L'attitude de Georges Pompidou... », *op. cit.*
73. Télé. de Bonn du 3 décembre 1973, *ibid.*
74. Note du 23 novembre 1973, *ibid.*

bre [75]. Elles pouvaient conduire aussi bien au retour de la France au bercail atlantique qu'à l'édification d'un système militaire européen sans les Américains, à vocation neutraliste, englobé dans un système de sécurité européen reposant en fait sur un accord germano-soviétique. Un tel système, on le voit, aurait parfaitement correspondu aux arrière-pensées de l'*Ostpolitik*. Aucune de ces orientations ne pouvait convenir à Georges Pompidou malgré les allusions, finalement prudentes, de Michel Jobert à une défense européenne. On aimerait évidemment en savoir plus sur le côté allemand de cette affaire, sur les débats et arrière-pensées qu'elle recouvrait sans doute à Bonn.

Un moyen de retenir l'Allemagne :
une relance européenne pragmatique ?

Il est incontestable qu'à l'automne 1973 Pompidou éprouvait de profondes inquiétudes conjuguées au sujet de l'évolution de l'Allemagne, des relations Est-Ouest et de l'Europe. C'est avec Helmut Kohl, le successeur de Barzel à la tête de la CDU, dans l'audience qu'il lui accorda le 15 octobre 1973, que Pompidou développa le plus sa pensée sur les relations qui existaient dans son esprit entre la question allemande, sa conception de la construction européenne et sa vision du problème Est-Ouest et du danger soviétique ; on est ici au cœur de ses conceptions en cet automne de crise [76] :

> « Je ne vois pas les dirigeants de la RFA décider à froid de changer de position et de s'orienter à l'Est... Par contre, je crois que, dans une grande crise économique, politique

---

75. *L'Autre Regard, op. cit.*, p. 348.
76. *Ibid.*

ou nationale allemande, une espèce de flambée ou de mouvement pourrait naître auquel il serait difficile de s'opposer. Tout en étant très favorable à la construction européenne, je ne crois pas que l'on puisse " ficeler " un peuple et une nation aussi puissante que l'Allemagne... Ceci est vrai non seulement du côté allemand mais, dans une véritable grande crise, on peut aussi imaginer d'autres pays qui, sans forcément tomber à l'Est, tentent d'y échapper. C'est bien que de galoper sur la route de l'Europe, mais l'Europe restera longtemps encore très fragile. C'est pourquoi je pense finalement qu'il est plus efficace de multiplier les contacts, de mélanger les intérêts et que les hommes, les affaires, tout s'interpénètre, que de signer des papiers... Il me semble que certains Européens ont tendance à vouloir s'encercler dans une série de textes qui ne résisteraient pas à un drame. Si les peuples et les affaires sont mélangés, si l'habitude est prise de vivre comme dans un seul pays, alors un retournement sera plus difficile. »

On peut se demander, sans pouvoir insister sur ce point ici, si la réponse de Pompidou aux « contradictions particulièrement profondes » dans lesquelles se trouvait l'Allemagne, pour reprendre l'expression de Jean-Bernard Raimond, outre la détérioration de la situation générale, ne fut pas sa tentative de relancer la coopération politique à l'automne 1973, mais de façon pragmatique, alors que certains partenaires songeaient plutôt à un nouveau développement institutionnel. Dans sa conférence de presse du 27 septembre 1973, Pompidou avait proposé que les chefs d'État et de gouvernement se réunissent régulièrement pour traiter de la coopération politique, reprenant probablement une idée de Jean Monnet. Le 31 octobre, à l'issue d'un conseil des ministres consacré à cette question, le président adressa à Brandt une lettre qui précisait sa pensée : les chefs d'État et de gouvernement devraient se réunir seuls, sans ordre du jour, pour des conversations très ouvertes en vue d'« harmoniser leur attitude dans le cadre de la coopération politique ». En outre, il fallait mettre au point très vite une procédure prévoyant en cas de crise la réunion d'urgence de représentants des Neuf [77]. Le 26 novembre, il expliqua au chancelier ce qu'il avait en tête : chacun des Neuf nommerait au sein de son gouvernement un secrétaire d'État spécialisé ; ceux-ci se réuniraient à la demande de l'un des partenaires en cas de crise [78].

Brandt accepta le 7 novembre le principe de réunions des chefs d'État et de gouvernement « plus fréquentes » ; mais il déconseillait tout formalisme, c'est-à-dire tout engagement précis sur la tenue régulière de tels Conseils [79], et il ne releva pas la proposition de créer des secrétaires d'État spécialisés. Un sommet se tint bien à Copenhague les 15 et 16 décembre 1973, mais il fut beaucoup trop nombreux et formaliste pour correspondre réellement à cette « conversation au coin du feu » que Pompidou avait en tête [80]. Néanmoins, c'était le point de départ de l'actuel Conseil européen, qui fut institutionnalisé par la suite à l'initiative de Valéry Giscard d'Estaing. Le président avait quand même en partie réussi à faire triompher la conception qu'il avait exposée à Brandt dans une lettre du 17 octobre :

« Pour moi, ce qui compte avant tout c'est le développement pratique de la construction européenne plus que des querelles de mots qui peuvent nous masquer le fond des choses et nous empêcher, par là même, de faire des progrès réels [81]. »

Il ne faut jamais oublier que la présidence de Georges Pompidou a coïncidé avec une période de profonds changements du système international, comportant en particulier une modification considérable de l'orientation de la politique

---

77. *Ibid.*
78. *Ibid.*
79. Lettre de Brandt du 7 novembre, *ibid.*
80. M. Jobert, *op. cit.*, pp. 278-279.
81. *Ibid.*

allemande et l'acquisition par la RFA d'une indépendance dans son action extérieure qu'elle n'avait pas vraiment connue jusque-là. En outre, c'est à partir de 1969 que, sur le plan économique et sans doute d'une façon générale, la RFA commença à peser davantage que la France en Europe. Malgré tout, Pompidou sut maintenir les liens établis précédemment avec Bonn, et même en fait améliorer les relations entre les deux pays par rapport à leur état très dégradé entre 1965 et 1969.

Néanmoins, le président redoutait de toute évidence les développements possibles de l'avenir. En particulier, il craignait que la logique de la situation ne conduisît un jour à un rapprochement germano-soviétique. A ce sujet, le président s'est montré plus inquiet à partir de 1973, dans le contexte général de crise de cette année-là. On sait avec le recul que ses inquiétudes n'étaient pas injustifiées, étant donné les hésitations et les équivoques du gouvernement fédéral cette année-là sur la suite à donner à l'*Ostpolitik* et ses oscillations entre l'atlantisme et la tentation neutraliste, même si la suite des événements ne devait pas les vérifier. Ce sont sans doute ces inquiétudes qui expliquent que les offres répétées et insistantes de Bonn en 1973 de parler défense et stratégie n'aient eu qu'un écho limité à Paris, outre le fait que, dans leur ambiguïté, et même si on comprend maintenant qu'il s'agissait au fond de tout autre chose, ces offres résonnaient d'abord comme un appel à la France à rejoindre le bercail atlantique. Pour aller plus loin dans ce domaine, il aurait fallu un dialogue franco-allemand plus approfondi, sans doute une évolution de la stratégie française, et aussi moins d'ambiguïtés à Bonn. Tout compte fait, il valait sans doute mieux, dans les circonstances de l'époque, ne pas s'engager dans la voie que suggérait Bonn.

En même temps, il est clair, en dehors même des ambiguïtés de la politique allemande, que tout rapprochement stratégique franco-allemand bilatéral était désormais très difficile, malgré l'amélioration des rapports entre la France et l'OTAN et entre la France et les États-Unis sous le président Pompidou. En effet, la RFA était de plus ne plus étroitement liée à la stratégie de l'OTAN où elle jouait un rôle de plus en plus important, alors que la stratégie française restait fort différente et que Paris ne cédait rien en ce qui concernait le principe de l'indépendance nationale la plus rigoureuse. L'entrée en service progressif de l'ANT française ne faisait que compliquer le problème, en particulier avec l'Allemagne.

CHAPITRE X

Valéry Giscard d'Estaing et l'Allemagne

Dans la conscience commune, la période 1974-1981, durant laquelle les rapports franco-allemands furent conduits par le président Valéry Giscard d'Estaing et par le chancelier Schmidt, reste comme une période particulièrement fructueuse des relations entre les deux pays. C'est de cette époque que date l'apparition de l'expression, qui deviendra banale, de « couple franco-allemand ». En fait, c'est surtout sur le plan économique, en particulier avec la création du Système monétaire européen en 1979, et dans une certaine mesure dans le domaine de la construction européenne, que ce jugement optimiste se justifie [1]. C'est en effet moins vrai dans le domaine de la politique internationale, et encore moins dans le domaine militaire, malgré certains efforts des Français pour sortir de l'impasse stratégique décrite dans le chapitre précédent. En effet, la RFA évoluera en ces années vers un refus croissant des armes nucléaires (pas seulement l'opinion publique ; aussi, dans une large mesure, ses dirigeants). Cela rendra une conciliation avec la stratégie française encore plus difficile, malgré la tendance de Paris à se rapprocher à l'époque de l'OTAN, sinon sur le plan des structures, du moins sur celui de la stratégie et de la concertation opérationnelle. Mais, justement dans cette période, la RFA

---

1. Haig Simonian, *The Privileged Partnership. Franco-German Relations in the European Community 1969-1984*, Oxford, 1985.

tendra au contraire à prendre ses distances avec la stratégie de riposte graduée de l'OTAN. Malgré certaines velléités, il n'y aura donc pas dans ces années de rapprochement militaire franco-allemand bilatéral. Néanmoins, nous allons le voir, le problème stratégique posé par la RFA allait considérablement préoccuper Paris, beaucoup plus que dans la période précédente.

Le contexte international et stratégique

A l'époque, la politique de Helmut Schmidt et encore plus celle de Valéry Giscard d'Estaing ont été souvent fort critiquées. Un jugement plus fondé devra attendre l'ouverture des archives. Mais nous disposons dès maintenant d'un recul suffisant pour mieux apprécier les conditions difficiles dans lesquelles les deux hommes ont dû opérer. En effet, le contexte international s'était profondément modifié depuis le début des anées 70. Ce fut d'abord le « choc Nixon » de 1971, le flottement du dollar et la fin du système monétaire international établi à Bretton Woods. Cela entraîna sur le moment et par la suite d'immenses conséquences dont nous n'avons pas épuisé les effets encore aujourd'hui. Les problèmes monétaires pesèrent de tout leur poids sur la politique extérieure des deux pays et encore plus de la France, obligée de quitter le « serpent monétaire européen », ancêtre du SME, en 1974 et de nouveau en 1976. Ces problèmes furent évidemment considérablement aggravés par la crise des prix de l'énergie, puis la crise économique déclenchées par la guerre du Kippour de 1973. La RFA surmonta ces difficultés dans l'ensemble mieux que la France, mais ce fut une période difficile pour tout le monde.

Sur le plan Est-Ouest, c'est l'époque des négociations stratégiques américano-soviétiques, les accords SALT-II de 1979 suivant les accords SALT-I de 1972. On pouvait s'interroger sur la valeur réelle désormais de la garantie nucléaire américaine à l'Europe, dans ce climat de détente et de limitation des armements stratégiques. D'autant plus que la conférence d'Helsinki de 1975 (CSCE) avait multiplié les ambiguïtés : certes, les Occidentaux (largement à l'initiative de la diplomatie française) avaient obtenu l'affirmation de certaines garanties théoriques dans les rapports humains entre les deux Europes et d'une façon générale dans le domaine des droits de l'homme, mais Moscou avait obtenu la reconnaissance juridique définitive des frontières de 1945 et des régimes établis en Europe orientale.

Les années qui suivirent la conférence d'Helsinki virent d'ailleurs un renforcement constant du potentiel militaire soviétique, et une extension par les armes du communisme en Afrique (Angola, Mozambique, Éthiopie) et au Moyen-Orient (Yémen et Afghanistan). Les interventions militaires soviétiques (ou cubano-soviétiques) étant favorisées par l'atonie de la politique américaine à la suite de la crise du Vietnam et de la chute de Saïgon en 1975 et par l'idéologie de l'administration Carter, au moins jusqu'en 1980.

En effet, les Américains se durcirent en 1980, encore du temps du président Carter, à la suite de l'invasion de l'Afghanistan, et l'on entra dès lors dans une période dite de « nouvelle Guerre froide ». D'autant plus que l'Occident se préoccupait de plus en plus depuis quelques années des progrès stratégiques des Soviétiques, aussi bien pour les missiles intercontinentaux que pour les missiles destinés au théâtre européen (les fameux SS-20 qui commencèrent à entrer en service en 1976) et que dans le domaine des armements conventionnels. Les Américains en particulier se persuadèrent que les Soviétiques ne poursuivaient pas une stratégie de dissuasion par capacité anticités, mais par capacité antiforces : à la menace de destruction des villes américaines, menace suicidaire et finalement peu crédible, Moscou substituait la menace sur les forces stratégiques de l'adversaire, par une première frappe désarmante, renvoyant à Washington la décision terrible de frapper le premier les centres de population [2]. Il n'est pas sûr du tout, avec le recul, que les Soviétiques aient effectivement autant raffiné leurs concepts de guerre nucléaire, et quasiment certain qu'ils n'ont jamais eu les moyens d'une telle stratégie. Mais les Américains, à partir du milieu des années 70, commencèrent pour leur part à adopter cette doctrine, dite des « options nucléaires sélectives » et à se doter des moyens nécessaires pour une stratégie antiforces (têtes moins puissantes et plus précises, capacités d'observation et de commandement renforcées par tous les moyens spatiaux et électroniques de façon à pouvoir conduire et contrôler une guerre atomique ne se limitant pas à une brève série de spasmes nucléaires). L'un des objectifs de cette doctrine, proclamée par le secrétaire d'État à la Défense Schlesinger en 1974, était de permettre aux armements stratégiques américains de concourir plus efficacement à la défense de l'Europe, malgré l'accroissement des moyens nucléaires russes, en leur ouvrant des options d'emploi plus crédibles que la destruction des villes soviétiques [3].

Parallèlement, les Américains commençaient à réfléchir très sérieusement au problème de la défense du théâtre européen face à la supériorité numérique croissante des forces soviétiques en Europe, et en tenant compte de l'arrivée prochaine d'une nouvelle génération d'armements : les armes dites « intelligentes », auxquelles les progrès de l'électronique allaient conférer une précision et une certitude de coup au but inconnues jusque-là. A partir de 1976, une nouvelle doctrine fut étudiée, qui aboutit en 1982 à un nouveau manuel officiel de l'armée américaine et au concept d'*Airland battle*. Ce concept devait être repris peu après par l'OTAN sous l'appellation de FOFA. Il s'agissait de substituer à une défensive statique et sans profondeur le long du Rideau de fer une stratégie beau-

---

2. Cette notion fut popularisée par un article très remarqué de Richard Pipes dans *Commentary* en juillet 1977 : « Why the Soviet Union thinks it could fight and win a nuclear war. »

3. Sur cette problématique, cf. Janet Finkelstein, *Vers une nouvelle doctrine de l'OTAN aux États-Unis*, FEDN, 1976.

coup plus offensive, comprenant des contre-attaques sur le territoire du pacte de Varsovie, dans la profondeur du dispositif soviétique, contre-attaques utilisant à la fois la manœuvre des unités classiques terrestres et aériennes, et l'emploi des nouveaux armements « intelligents », ainsi que, le cas échéant, des frappes nucléaires très précises et à faibles effets collatéraux dans toute la profondeur, y compris sur le territoire soviétique [4]. En 1991, la guerre du Golfe fut menée selon cette doctrine *Airland battle* : c'est dire son efficacité !

Il est clair que ces études en cours aux États-Unis allaient aboutir à des stratégies, aussi bien pour les armements centraux américains que pour l'OTAN, encore plus différentes de la stratégie française de dissuasion anticités et d'« ultime avertissement » nucléaire tactique que les stratégies précédentes. Il n'était évidemment pas question d'imiter ces stratégies au niveau français, mais de nombreux responsables estimaient qu'il n'était pas possible d'ignorer totalement ces évolutions dont l'orientation générale, sinon le détail commençait à être perçue à Paris dans les milieux initiés.

En même temps, ces années virent l'apparition de la contestation nucléaire dans de nombreux pays occidentaux et en particulier en RFA, à la suite, initialement, de la décision du président Carter en 1976, annoncée puis rapportée sous la pression des opinions publiques (manipulées par une habile campagne soviétique) d'équiper les forces américaines en Europe d'armes à rayonnement renforcé (dites « bombes à neutrons ») capables en particulier de détruire les unités blindées ennemies avec très peu de dommages collatéraux. La contestation nucléaire devait encore se développer dans le monde occidental à la suite de l'accident de la centrale de Three Miles Island en 1979. Tout cela allait profondément modifier le climat en Occident : les armes nucléaires apparaîtraient de moins en moins comme un atout stratégique et

---

4. Yves Boyer, *Les Forces classiques américaines. Structures et stratégies*, FEDN, 1985.

politique face à l'URSS, et de plus en plus, au mieux, comme une triste nécessité, au pire comme une abomination. Cela allait constituer un problème essentiel pour Helmut Schmidt et également, quoique moins directement, pour Valéry Giscard d'Estaing.

La politique extérieure d'Helmut Schmidt

Un élément essentiel dont devait tenir compte le président français était l'évolution de la politique extérieure allemande. Celle-ci, après la chute de Brandt, entraîné au printemps 1974 par les remous de l'affaire de l'espion Guillaume, continuait à reposer largement sur l'*Ostpolitik*, mais comprise par Schmidt, au moins au début, de façon beaucoup plus prudente que par Brandt ou Bahr : la détente avec l'URSS serait fondée sur des mesures concrètes de désarmement en Europe beaucoup plus que sur un grand concept de sécurité européenne transfomée et avec la participation soviétique, tel que l'avait conçu l'équipe précédente [5]. Cela dit, à partir de 1980, cette politique devint de nouveau plus ambiguë, à cause de l'évolution croissante de la SPD vers le pacifisme et l'anti-américanisme. Helmut Schmidt manifesta de plus en plus clairement le souci de maintenir les relations interallemandes à l'abri de la reprise de la Guerre froide à partir de 1980, et il revint vers des idées de système européen de sécurité et d'éventuelle disparition des pactes militaires rappelant celles de Bahr. Cette tendance était accrue par ses réticences croissantes à l'égard de la politique américaine et par sa conscience très nette de la puissance renforcée de la RFA, aussi bien sur le plan économique que par le poids de la Bundeswehr deve-

---

5. Jäger, Link, *Geschichte der Bundesrepublik Deutschland*, t. V/II, DVA, 1982, et Timothy Garton Ash, *In Europe's Name. Germany and the Divided Continent*, Random House, 1993.

nue enfin vraiment opérationnelle et première force conventionnelle occidentale en Europe. On avait affaire à une Allemagne différente, à la fois plus sûre d'elle-même et où les postulats prooccidentaux et antisoviétiques des années 50 et 60 étaient battus en brèche, mais aussi une Allemagne grosse d'incertitudes que l'on a bien oubliées aujourd'hui mais qui devaient inspirer en 1985 à Brigitte Sauzay le titre révélateur et très représentatif des craintes de beaucoup de Français dès ces années devant l'évolution de leurs voisins : *Le Vertige allemand*[6]. Il semblerait que cette évolution préoccupa les dirigeants français beaucoup plus qu'on n'en eut conscience à l'époque.

Les grandes lignes de la politique extérieure de Valéry Giscard d'Estaing[7]

Il n'était pas possible pour le nouveau président, ne serait-ce que pour des raisons de politique intérieure, de rompre avec les grandes lignes de la politique extérieure fixée par ses prédécesseurs. En particulier avec l'« indépendance » à l'égard de Washington et des « blocs », et le souci de détente envers Moscou. Et de fait la position officielle négative de la France envers l'OTAN et sa stratégie ne fut pas modifiée dans le discours. Dans certains domaines, on alla même au-delà de la politique précédente : le 21 mai 1975, Giscard d'Estaing déclara qu'il ne fallait pas aborder la question de la défense européenne pour ne pas susciter les « craintes » de Moscou[8].

---

6. Olivier Orban.

7. Samy Cohen et Marie-Claude Smouts, *La Politique extérieure de Valéry Giscard d'Estaing*, Paris, Presses de la FNSP, 1985, et Haig Simonian, *op. cit.*

8. Ce que Raymond Aron stigmatisa dans un article du *Figaro* intitulé « Finlandisation volontaire », le 6 juin 1975.

L'attitude prudente de Paris à la suite de l'invasion de l'Afghanistan suscita également beaucoup de commentaires. D'une façon générale, il est vrai que l'Élysée paraissait sous-estimer la composante idéologique de la politique extérieure soviétique.

A côté de cela, dans la réalité des choses, les relations avec Washington s'améliorèrent nettement par rapport à la crise de 1973-1974. De même semble-t-il, on va y revenir, les rapports avec l'OTAN. Quant à l'URSS, le discours public modéré fut sérieusement corrigé dans la pratique par une résistance française très nette, et parfois armée (Kolwezi, par exemple), aux manœuvres de pénétration et de déstabilisation soviétiques et aux troubles suscités par Moscou en Afrique, et ce en plein accord avec Washington[9]. Si le discours n'avait pas changé, la solidarité pratique avec les États-Unis était beaucoup plus marquée, tandis que se poursuivait avec eux le dialogue nucléaire secret entamé sous Pompidou[10].

Mais la principale contribution du septennat de Giscard d'Estaing fut une série d'initiatives destinées à structurer davantage l'Europe et l'ensemble du monde occidental en cette période de bouleversements et de doute : l'élection du Parlement européen au suffrage universel ; la création du Conseil européen, qui prit la suite structurelle des conférences au sommet des chefs d'État et de gouvernement des Neuf lancées par le président Pompidou à partir du sommet de La Haye en 1969 et qui devint rapidement une instance de la Communauté européenne des plus importantes ; le SME en 1979 ; les sommets des pays industrialisés à partir de la réunion de Rambouillet de novembre 1975, ancêtre de l'actuel G-7. Or il semble bien que l'un des objectifs de cette politique, outre bien sûr son contenu politique et écono-

---

9. Sur cet aspect, cf. des informations importantes dans Michael Ledeen, William Lewis, *Débacle. L'échec américain en Iran*, Paris, Albin Michel, 1981.

10. Valéry Giscard d'Estaing, *Le Pouvoir et la vie*, t. II, Paris, 1991, pp. 187 *sqq*.

mique intrinsèque, était de lier toujours davantage l'Allemagne à l'Europe et à l'Occident, pour prévenir les dérives que l'on craignait [11]. Il me semble qu'en matière de défense également on était très conscient à l'époque, à Paris, de la nécessité de tenir compte de l'Allemagne, sans néanmoins vouloir, ni pouvoir pour de nombreuses raisons, y compris de politique intérieure, modifier la stratégie de dissuasion du faible au fort fixée depuis les années 60.

La politique de défense de la France

De son propre aveu peu informé jusque-là des questions de défense, le nouveau président chercha tout de suite à se faire une religion. C'est alors qu'eut lieu le fameux déjeuner de travail, organisé quelque temps après son élection, auquel participaient Raymond Aron, le général Méry, alors chef du cabinet militaire du président avant de devenir en 1975 chef d'état-major des armées, les généraux Pierre Gallois et André Beaufre (experts bien connus), Jacques Isnard, *du Monde*, et Jean-Pierre Mithois, du *Figaro* [12]. Cette réunion eut le mérite de poser les problèmes. Raymond Aron en particulier souligna la contradiction où se trouvait la politique française de défense, entre d'un côté l'affirmation du rôle privilégié de la dissuasion nucléaire nationale, qui confinait parfois à une forme de neutralisme au nom de la volonté de maintenir jusqu'au bout la liberté d'action de la France, et de l'autre la participation à l'Alliance atlantique, en tout cas par ses forces conventionnelles. Cette contradiction était aggravée par la volonté du président de la République, qu'Aron approuvait, de faire progresser l'unité européenne. Or « l'autonomie de

---

11. Simonian, p. 279.

12. R. Aron a raconté la scène dans ses *Mémoires*, pp. 792-793, et s'en inspira dans deux articles du *Figaro* (23 et 24-25 août 1974).

l'Europe exige une défense commune encore plus qu'un tarif extérieur commun », mais on ne faisait rien pour s'en rapprocher, même pas dans le cadre des relations franco-allemandes où se posait le problème délicat de l'armement nucléaire tactique français qui commençait à entrer en service à ce moment-là [13]. Nous avons vu en effet que le problème s'était effectivement déjà posé de façon vive entre Pompidou et Brandt.

Le président de la République devait d'ailleurs rapidement infléchir la politique militaire de ses prédécesseurs. En particulier, il s'écarta nettement des thèses des partisans du « tout nucléaire » : on réduisit de six à cinq le nombre de régiments Pluton prévu, et l'on accrut dans la loi de programmation 1977-1982 la part des armements conventionnels, quelque peu négligés depuis quelques années. Quant à la force de frappe, sa doctrine d'emploi, sans être fondamentalement modifiée, fut infléchie en 1977-1979 pour tenir compte de l'entrée en service, déjà effective ou programmée pour les années 80, d'un nombre croissant de têtes plus performantes : les objectifs ne seraient plus seulement démographiques, mais également économiques et industriels. Ce n'était certes pas l'équivalent de la doctrine américaine des « frappes sélectives », mais la contradiction devenait malgré tout moins criante [14]. Peut-être même commença-t-on à envisager la possibilité de « frappes fractionnées », réservant les villes soviétiques pour une seconde et ultime frappe, de façon à maintenir la dissuasion même une fois déclenchés les premiers tirs nucléaires [15].

Mais le plus neuf fut l'insistance avec laquelle différentes autorités affirmèrent en 1976 leur volonté de ne pas limiter la défense de la France à la simple sanctuarisation du territoire national, mais de considérer que la sécurité du pays était liée

---

13. R. Aron dans *Le Figaro* du 23 mai 1975.

14. David Yost, *La France et la sécurité européenne*, Paris, PUF, 1985, pp. 50 *sqq.*

15. *Ibid.*, p.115.

à celle de ses voisins. Ce qui était esquissé comme une possibilité dans le *Livre blanc* de 1972 devenait désormais une stratégie affirmée. De l'incertitude volontairement maintenue sur l'engagement français on passait désormais à l'affirmation de la probabilité de celui-ci. Cela apparaît clairement dans le préambule de la loi de programmation militaire discutée et votée cette année-là au Parlement ; cela apparaît également dans un article du chef d'état-major des armées, le général Méry, dans la *Revue de défense nationale* de juin 1976, reprenant son intervention devant l'IHEDN le 15 mars. Le général Méry, tout en rappelant bien entendu que la France conserverait son autonomie de décision en ce qui concernait l'entrée en guerre, évoquait en particulier la possibilité de participer en cas de guerre à la bataille de l'avant de l'OTAN, en Allemagne occidentale, ce à quoi Paris s'était toujours refusé depuis 1964, on s'en souvient, n'acceptant que la possibilité d'opérer en réserve de Centre-Europe. Le général Méry, récusant la notion de « sanctuaire national », qui avait ses défenseurs chez beaucoup de partisans d'une défense reposant sur la seule dissuasion nucléaire, formulait l'idée de la « sanctuarisation élargie », pour souligner que l'Europe et la Méditerranée constituaient pour la France des zones d'intérêt vital et pour marquer ainsi sa solidarité stratégique, y compris sur le plan nucléaire, avec ses voisins. Ainsi était levée la contradiction apparue depuis 1966-1968 entre la dissuasion nucléaire française et la participation à l'Alliance : on pouvait désormais imaginer le jeu de la dissuasion française, y compris l'ANT, dans le cadre de la participation à l'Alliance, pas seulement pour la seule défense de l'intégrité du territoire national. On revenait d'une certaine façon aux conceptions beaucoup plus souples exposées par le général de Gaulle et le général Ailleret en 1963-1964. Au-delà même, on essayait de faire de l'ANT le point de passage et de conciliation entre la stratégie de riposte graduée de l'OTAN et la stratégie de dissuasion nationale française, l'ANT permettant à la fois de participer à la première et de signaler la menace de la seconde.

D'autre part, le général Méry insistait de façon nouvelle sur la souplesse nécessaire de la doctrine : contrairement à ce qui avait été décidé depuis 1968, une première phase conventionnelle, avant l'utilisation des armes nucléaires tactiques, était désormais concevable. Quant à l'utilisation de l'ANT, la décision relevait du seul président de la République : mais elle pourrait être prise en tenant compte de multiples facteurs, y compris de la situation des alliés. De façon beaucoup moins précise, Valéry Giscard d'Estaing insista lui aussi, lors d'une allocution devant l'IHEDN le 1ᵉʳ juin, sur la nécessité de la souplesse dans la doctrine et les moyens [16].

Il est évident que cette souplesse et la notion de « sanctuarisation élargie » permettaient un rapprochement discret avec l'OTAN. Et de fait, à partir de 1975, des conversations eurent lieu entre le général Méry et SACEUR, le général Haig, sur un sujet tabou jusque-là : on mit dès lors au point les principes et le mécanisme de concertation entre la France et l'OTAN le cas échéant, pour le passage au nucléaire et pour les modalités de la frappe tactique française (coordination des tirs et répartition des objectifs entre la France et l'OTAN) [17]. La question la plus délicate depuis le retrait français de 1966 pouvait être considérée comme largement résolue.

On aurait pu penser qu'était ainsi levé l'obstacle majeur sur la voie d'une collaboration stratégique franco-allemande, puisque depuis 1964 la divergence croissante entre la France et l'OTAN avait constitué la pierre d'achoppement. Mais, en fait, il ne devait rien en être. D'abord, l'évolution française n'était pas totale et ne pouvait d'ailleurs pas l'être : outre le fait brut que la France ne pensait pas une seconde rejoindre le commandement intégré, elle continuait à affirmer sa liberté de décision en cas de crise, sa singularité en Europe, qui restait perçue comme un facteur d'incertitude par les Alliés. D'autre part, l'ANT, malgré l'assouplissement de Paris, continuait malgré tout à faire problème. Du côté allemand, on

---

16. *Revue de Défense nationale*, juillet 1976.
17. Frédéric Bozo, *La France et l'OTAN*, *op. cit.*, p. 121.

était toujours plus allergique au Pluton et au nucléaire en général : Schmidt déclara très clairement à Giscard d'Estaing en mai 1977 qu'il ne comprenait pas l'utilité des Pluton, et que, si un seul engin nucléaire, ami ou ennemi, explosait sur le sol allemand, le pays capitulerait tout de suite [18] ! En fait, les Allemands continuaient sans doute surtout à souhaiter que l'ANT française soit très étroitement coordonnée avec celle de l'OTAN, selon des plans préétablis [19].

Du côté français, en revanche, on était très conscient du fait que la possession de l'ANT donnait à la France une position spéciale au sein de l'Alliance, lui permettait d'influencer le cas échéant le cours des choses, en faisait un centre de décision autonome, le seul en Europe en dehors des Américains [20]... Même la volonté de renforcement sur le plan conventionnel, outre ses justifications proprement militaires, correspondait au souci de « contrebalancer » la Bundeswehr, devenu une puissante armée [21]... C'était toujours la même contradiction depuis 1954 : on souhaitait coopérer avec la RFA, mais en même temps on voulait conserver une supériorité sur elle.

Néanmoins les propos du général Méry sur la sanctuarisation élargie et la participation à la bataille de l'avant de l'OTAN furent très critiqués dans certains milieux gaullistes, et provoquèrent un débat étoffé qui montra que, personne ne remettant plus en cause la force de frappe et la dissuasion nucléaire nationale, c'étaient les relations entre la défense de la France, celle de l'Europe et l'Alliance qui constituaient désormais le problème essentiel. François de Rose, diplomate souvent chargé de suivre, au service des Pactes et plus tard

---

18. *Le Pouvoir et la vie*, op. cit., pp. 197-198.

19. François de Rose, *La France et la défense de l'Europe*, Paris, le Seuil, 1976, p. 65.

20. Note très caractéristique du général Maurin, prédécesseur de Méry, le 27 janvier 1975, SHAT, 2 S 45.

21. Général Méry dans l'article de *Défense nationale* de juin 1976 déjà cité.

comme ambassadeur auprès de l'OTAN, les questions stratégiques, publia en 1976 un livre remarqué, *La France et la défense de l'Europe*, qui allait tout à fait dans le sens d'une solidarité accrue avec les voisins européens et l'OTAN. Dans cet ouvrage, l'auteur s'attachait à démontrer que l'indépendance de décision que voulait conserver Paris n'était nullement incompatible avec la solidarité envers les Alliés, que les doctrines militaires de la France et de l'OTAN n'étaient pas nécessairement inconciliables dans les faits, que la France devait être en mesure de participer à la défense de l'avant de l'OTAN par ses moyens conventionnels, que ses moyens nucléaires stratégiques apportaient une contribution à la capacité dissuasive d'ensemble de l'Alliance, et que son ANT pouvait et devait être coordonnée avec celle de l'OTAN. C'était une démonstration très complète des thèses exposées brièvement par le général Méry, et c'était sans doute au fond le meilleur exposé des tendances profondes à Paris à l'époque.

D'autres, en revanche, restaient très réticents, estimant que la force de frappe ne sanctuarisait que le territoire national, qu'il ne pouvait y avoir de dissuasion élargie et que la France ne pouvait manifester le cas échéant sa solidarité avec les Alliés qu'au moyen de ses forces classiques [22]. En décembre 1980, un grand débat eut lieu sur ces questions, organisé par la Fondation pour les études de défense et la revue *Défense nationale* [23]. La vigueur de la controverse amena les autorités gouvernementales à réduire sensiblement la portée des propos du général Méry en 1976 : au camp de Mailly, le 18 juin 1977, Raymond Barre, alors Premier ministre, limita la portée de la dissuasion française à la sécurité du territoire national et à la participation à la sécurité des « voisins immédiats ». Par rapport à 1976, le recul était net et représentait en fait un

---

22. Lucien Poirier, « Quelques problèmes actuels de la stratégie nucléaire française », *Défense nationale*, décembre 1979.

23. *Défense nationale*, mars 1981.

retour au *Livre blanc* de 1972 [24]. Néanmoins, il s'agissait surtout d'une inflexion du discours : dans la réalité des choses,
les nouvelles orientations annoncées en 1976 étaient mainte-
nues — pour autant qu'on puisse le savoir.

La question des euromissiles

De plus, depuis 1976, un nouveau problème se posait, qui
allait concerner indirectement les relations franco-allemandes :
celui des SS-20. Il s'agissait de nouveaux engins soviétiques
capables d'atteindre l'ensemble du théâtre européen. Leurs
caractéristiques (nombre, souplesse d'emploi et une relative
précision) leur permettaient théoriquement de détruire en
20 minutes les 400 objectifs fixes (bases, aérodromes, etc.) de
l'OTAN. Ils posaient un très sérieux problème à la défense
occidentale, dans la mesure où la seule réaction possible à
l'époque eût été une série de frappes sur le sol soviétique
avec des armements américains dits centraux, ce qu'un président américain pouvait hésiter à décider en raison des risques
encourus en retour sur les villes des États-Unis. Le SS-20 était
l'arme du « découplage » stratégique entre l'Europe et les États-
Unis, le cauchemar des Occidentaux depuis l'apparition des
armements nucléaires soviétiques. Et ce d'autant plus qu'ils
n'entraient dans aucun des deux cadres de négociations sur
les armements à l'époque : engins nucléaires, ils n'entraient
pas dans le cadre des négociations MBFR de Vienne ; engins
d'une portée inférieure à 5 500 km, ils ne concernaient pas les
SALT.

Dans un discours à l'Institut international d'études stratégiques de Londres, le 28 octobre 1977, le chancelier Schmidt
souleva le problème posé par les SS-20 qui tombaient dans la

---

24. *Défense nationale*, août-septembre 1977.

« zone grise » entre les SALT et les négociations MBFR. Il demandait en fait soit l'inclusion des SS-20 dans la négociation, soit l'installation par l'OTAN d'armements équivalents, capables de frapper le sol soviétique à partir de l'Europe occidentale. Mais il est clair qu'il privilégiait la solution de la négociation. Cela correspondait tout à fait à sa politique d'ensemble envers l'URSS : utiliser les négociations de désarmement pour parvenir en Europe à une situation nouvelle permettant d'envisager un jour la réunification [25].

Finalement, au sommet de la Guadeloupe en décembre 1979, les présidents Carter et Giscard d'Estaing, le Premier ministre Callaghan et le chancelier Schmidt parvinrent à la fameuse « double décision » : on proposerait à l'URSS de négocier le retrait des SS-20 ; si elle s'y refusait, les États-Unis installeraient en Europe à partir de 1983 des fusées Pershing-II et des missiles de croisière capables d'atteindre le territoire soviétique [26]. Quelques jours après, l'OTAN entérinait cette décision.

Il semble bien en fait que Valéry Giscard d'Estaing avait grandement contribué à la double décision. Pourtant, la France s'abstint de la soutenir publiquement par la suite. Cette abstention fut beaucoup critiquée ici ou là à l'époque. On a eu tendance souvent à y voir un effet des complaisances de Paris envers Moscou (complaisances plus formelles que réelles, on l'a vu). Mais il y eut à mon avis d'autres raisons. D'abord, certainement celle qui fut invoquée dès l'époque en privé par les responsables français, et publiquement par la suite par Valéry Giscard d'Estaing : la crainte de voir l'URSS, si la France s'engageait trop du côté de l'OTAN, demander l'inclusion ou au moins la prise en compte de ses forces nucléaires dans les négociations de désarmement, et donc réduire la liberté d'action nucléaire de la France [27].

---

25. Helga Haftendorn, *Sicherheit und Stabilität*, DTV, 1986.
26. *Le Pouvoir et la vie*, *op. cit.*, pp. 375-380.
27. David Yost, *La France et la sécurité européenne*, pp. 309 *sqq*.

D'autre part, il semble que certains, à Paris, soupçonnaient Bonn, dans cette affaire, de chercher surtout à accroître son poids dans les affaires nucléaires de l'Alliance. Les arrière-pensées n'avaient pas totalement disparu...

La conscience du problème allemand

En fait, malgré ces arrière-pensées rémanentes, on était devenu très conscient, à Paris, du problème allemand. On était très préoccupé par l'évolution d'une partie de la SPD et de l'opinion allemande vers le neutralisme. On redoutait la politique soviétique envers la RFA, considérée comme une tentative de finlandisation. On comprenait les interactions entre les problèmes stratégiques de l'Alliance et le problème allemand, on comprenait qu'un rapprochement entre la France et l'OTAN était aussi nécessaire pour maintenir la RFA fermement arrimée au camp occidental. On comprenait en particulier la nécessité de mieux afficher la solidarité avec l'Alliance qu'on ne l'avait fait depuis les années 60.

Il n'était certes pas question de rejoindre le commandement intégré, mais on a vu que les conversations sur le nucléaire tactique avec SACEUR, complétant les accords Valentin-Ferber de 1974, ainsi que les inflexions de la doctrine française vers la « sanctuarisation élargie » et la participation à la bataille de l'avant de l'OTAN donnaient de la crédibilité à cette affirmation de solidarité.

D'autre part, certaines décisions dans le domaine des matériels montraient que l'on avait compris que le problème de l'ANT était désormais au cœur de la problématique franco-allemande. C'est ainsi que, en juin 1980, Giscard d'Estaing annonça que la France avait mis au point la bombe à neutrons et se réservait la possibilité d'en équiper ses forces. Il s'agissait aussi de diminuer les dommages collatéraux d'éventuelles frappes tactiques, en particulier sur le sol allemand [28]. D'autre part, on décida d'allonger la frappe de l'ANT avec un nouveau missile devant succéder au Pluton, le Hadès, avec une portée de plus de 300 km, permettant en théorie de tirer au-delà du territoire fédéral. Mais, en fait, rien de tout cela ne pouvait suffire à satisfaire Bonn : les Allemands étaient allergiques à l'arme à neutrons. Quant au Hadès, il n'était pas destiné à tirer plus loin en avant, mais de plus loin en arrière du front, afin de pouvoir assurer plus facilement la défense des unités Hadès qui, en cas de guerre, seraient un objectif prioritaire des Soviétiques. En fait donc, les Hadès continueraient à retomber sur la RFA. L'ANT française continuait malgré tout à poser un problème très difficile avec les Allemands.

Cependant, et même s'il ne s'agissait pas de constituer une communauté stratégique avec l'Allemagne, et même si l'on voulait garder sur elle une marge de supériorité, on avait compris que la dissuasion nationale ne devait pas déboucher sur une forme de neutralisme, que la France devait s'engager clairement dans la défense de l'Europe, et qu'il fallait tenir compte aussi de tous les aspects du problème allemand pour définir la politique militaire française. Il fallait tenir compte de tous les interfaces politico-stratégiques, en particulier dans le domaine névralgique de l'ANT, au point de jonction entre la dissuasion nationale, la sanctuarisation élargie, les rapports avec l'Alliance et l'Allemagne. Apparemment sans grand relief, ces années furent en fait cruciales dans l'évolution des perceptions et des réflexions en France.

Mais, en même temps, l'Allemagne aussi de son côté évoluait. Les nouvelles orientations françaises auraient sans doute été accueillies avec soulagement à Bonn si elles étaient apparues plus tôt. Mais les choses marchaient. Désormais les Allemands souhaitaient de plus en plus que l'OTAN mette sur pied un dispositif de défense de l'avant reposant d'abord sur les forces conventionnelles et permettant de retarder le plus

---

28. Yost, pp. 139 *sqq*.

possible, voire d'écarter le passage au nucléaire. Dans ce contexte, ce qu'ils attendaient des Français, c'était qu'ils aillent au-delà des accords existants, qui mettaient la Iʳᵉ armée en réserve générale de Centre-Europe : il fallait que les forces françaises aillent occuper un « créneau » sur le Rideau de fer pour compléter le dispositif conventionnel allié de défense de l'avant, il fallait donc également, dans la pratique, qu'elles rejoignent le commandement intégré et qu'elles abandonnent leur stratégie d'« ultime avertissement [29] ». On était donc, en 1981, toujours aussi loin d'un accord stratégique franco-allemand, malgré les évolutions en cours à Paris et le rapprochement de la France et de l'OTAN. Il n'y avait d'ailleurs même pas de vrai dialogue bilatéral sur les questions de défense entre les deux pays.

---

29. Note du général Maurin, le 27 janvier 1975, SHAT, 2 S 45.

CHAPITRE XI

1981-1989 : reprise et ambiguïté du dialogue stratégique franco-allemand

Les années 1981-1989 ont vu une reprise du dialogue stratégique bilatéral franco-allemand, dialogue interrompu en fait, en dehors de la routine, depuis 1964. On assista à une résurrection des dispositions militaires du traité de l'Élysée. En même temps, à la différence de son prédécesseur, le président François Mitterrand s'engagea publiquement dans l'affaire des euromissiles et appuya le chancelier Kohl dans sa volonté d'appliquer la double décision de l'OTAN de 1979 et de faire accepter par son peuple l'installation en RFA des Pershing-II américains à la date prévue, en 1983. Cependant, ce dialogue allait être marqué par les ambiguïtés que nous avons constamment constatées. D'autant plus que, sur le plan de la doctrine stratégique française, on assistait plutôt, après les ouvertures du septennat précédent, à un retour à la dissuasion nucléaire purement nationale dans son acception la plus dure.

Bien entendu, la stratégie française doit être replacée dans l'ensemble de la politique extérieure du nouveau septennat. Il est évidemment trop tôt pour formuler à son sujet des thèses définitives. Elle a souvent été critiquée pour son opportunisme et une certaine incohérence [1]. Je crois pour ma part, que s'il y a eu effectivement de nombreux ratés dans

---

1. Par exemple Jacques Jessel, *La Double Défaite de Mitterrand*, Paris, Albin Michel, 1992.

l'exécution, les grands axes correspondaient à une vision d'ensemble. Celle-ci me paraît avoir été marquée par la volonté, devant la reprise de la Guerre froide, d'éviter dans un premier temps tout ce qui pourrait conforter les « blocs », puis, dans un deuxième temps, d'éroder ceux-ci. En effet, il fallait permettre à l'Europe, dont la construction serait relancée à l'initiative de la France, d'affirmer dans tous les domaines sa personnalité face à l'URSS mais aussi face aux États-Unis, en particulier dans les rapports avec le Sud afin de diminuer l'emprise mondiale du capitalisme américain et ses conséquences. Cette Europe serait dirigée en fait par le couple franco-allemand, mais Paris étant en tête de l'attelage pour les raisons que nous connaissons bien : division de l'Allemagne, armement nucléaire français, etc. Sur le plan tactique, des relations correctes avec les États-Unis contribueraient à freiner l'expansionnisme soviétique dans un premier temps (et accessoirement à manifester la liberté du nouveau pouvoir à l'égard des ministres communistes entrés au gouvernement après mai 1981...) ; dès que « l'équilibre » (une expression favorite du nouveau président) serait rétabli, un rapprochement franco-soviétique deviendrait possible, pour freiner désormais à son tour la prépotence américaine, aggravée aux yeux de Paris par les options reaganiennes, et pour veiller à ce que l'évolution du triangle Paris-Bonn-Moscou reste bien conforme aux intérêts français.

A partir de 1985, le gorbatchévisme ferait apparaître une dimension supplémentaire : la possibilité d'un rapprochement en profondeur entre les deux Europe, entre le communisme réformé en Europe orientale et le socialisme démocratique à la mode de l'Europe occidentale. La dimension idéologique en plus, et dans des conditions qui étaient fort différentes, on ne peut pas nier une certaine parenté avec les orientations de De Gaulle à partir de 1964. Le président Mitterrand me paraît avoir formulé lui-même ce schéma dans un texte qui n'a peut-être pas à l'époque suscité tout l'intérêt qu'il méritait : son introduction à un recueil de ses discours de politique étrangère paru en mars 1986, *Réflexions sur la politique extérieure de la France*[2].

Les ambiguïtés de la stratégie française

On revint avec le nouveau septennat à une interprétation rigoriste de la dissuasion nucléaire : elle ne couvrait décidément que le territoire national, le « premier cercle », comme on disait volontiers à l'époque. Comme l'expliqua François Mitterrand au Conseil des ministres le 21 avril 1982, la dissuasion protégeait d'abord le « sanctuaire »[3]. Elle protégeait aussi les intérêts vitaux, certes, et ceux-ci pouvaient inclure la RFA, mais on ne pouvait le dire *a priori*, et c'était au président de la République de le décider, uniquement le moment venu. Bien entendu, avant 1981 non plus, on ne définissait pas avec précision les intérêts vitaux, pour maintenir l'incertitude dans l'esprit des Soviétiques. Mais le *Livre blanc* de 1972 et les déclarations du temps de Giscard d'Estaing indiquaient les grandes lignes de ces intérêts vitaux (l'Europe et la Méditerranée, ou les voisins immédiats...) comme des facteurs permanents. Maintenant, il ne s'agissait plus que de facteurs contingents, momentanés, appréciés le moment venu. La notion d'« intérêts vitaux » allant au-delà de l'intégrité du territoire national, qui depuis 1972 permettait de concilier dans la doctrine l'indépendance de la dissuasion nationale et la solidarité avec les Alliés et donc facilitait grandement nos rapports stratégiques et politiques avec l'Alliance, était ainsi érodée.

En fait, Mitterrand était persuadé que ce n'était pas à la

---

2. Chez Fayard. Cf. Georges-Henri Soutou, « La France et les bouleversements en Europe, 1989-1991, ou le poids de l'idéologie », *Histoire, économie et société*, 1994/1.

3. Jacques Attali, *Verbatim I*, Paris, Fayard, 1993, p. 125.

France de garantir nucléairement la RFA, mais aux États-Unis. Il n'était d'ailleurs plus question de « sanctuarisation élargie ». D'autre part, le gouvernement français revenait à la dissuasion du faible au fort au sens strict : ce serait (au moins dans le discours, car les plans de frappe effectifs restent eux bien sûr ultra-secrets) une stratégie purement anticités, sans les évolutions vers une différenciation des objectifs et un fractionnement des frappes que l'on pressentait les années précédentes. L'écart avec la doctrine de riposte graduée de l'OTAN s'accroissait à nouveau.

Le rôle de l'armement nucléaire tactique lui-même était réévalué : rebaptisé « préstratégique », constitué avec le futur Hadès en unité autonome, sa chaîne de commandement contournait désormais le commandant de la Iʳᵉ armée. Cet armement participerait maintenant de la manœuvre dissuasive nationale d'ensemble et n'entrerait plus dans la perspective ouverte par le général Méry, celle d'un combat à la fois classique et nucléaire de la Iʳᵉ armée aux côtés de l'Alliance. En fait, François Mitterrand ne croyait pas vraiment à l'« ultime avertissement » ; il était très réticent à l'égard du Hadès dont finalement il devait suspendre la mise en service en 1992 [4].

Ces idées furent reprises dans ses interventions par Charles Hernu, ministre de la Défense [5]. Elle le furent également dans le préambule de la loi de programmation 1984-1989 discutée au Parlement en 1983, préambule très marqué par le concept, fréquemment exposé à l'époque, des « trois cercles » (le territoire national, couvert par la dissuasion nucléaire ; l'Europe occidentale, où la France n'interviendrait aux côtés de l'Alliance qu'avec ses seules forces classiques ; la défense des intérêts français dans le reste du monde). Il y avait là un incontestable durcissement doctrinal non seulement par rap-

---

4. *Ibid.*

5. Charles Hernu, « Face à la logique des blocs : une France indépendante et solidaire », *DN*, décembre 1982 ; « Équilibre, dissuasion, volonté : la voie étroite de la paix et de la liberté », *Défense nationale*, décembre 1983 ; *Défendre la paix*, Paris, J.-C. Lattès, 1985.

port à la période précédente mais même par rapport au *Livre blanc* de 1972, dans lequel la notion d'intérêts vitaux dépassait nettement la seule intégrité du territoire national. Certains retrouvaient là l'écho des thèses du général Poirier, qui avait toujours défendu une conception très stricte de la dissuasion[6]. En effet beaucoup étaient gênés par le rôle ambigu, ou double, de la Ire armée dans la conception précédente : à la fois réserve de l'Alliance et instrument de la mise en œuvre de l'ultime avertissement. Là où les équipes précédentes voyaient dans ce rôle double un facteur d'incertitude bénéfique face aux Soviétiques et un moyen d'améliorer la coopération avec l'OTAN sans remettre en cause la doctrine de dissuasion, on voyait désormais un danger d'entraînement dans un conflit nucléaire réduisant la liberté de décision de la France. On adoptait donc une attitude tranchée qui n'avait jamais été affichée aussi clairement, même entre 1966 et 1972 : le nucléaire pour la défense du territoire national, les forces conventionnelles, le cas échéant, pour la collaboration avec les Alliés.

Il était désormais clairement affirmé (du moins dans le discours) que la participation de la France à la bataille éventuelle de l'Alliance serait strictement limitée à ses forces conventionnelles. Mais cette espèce de retour derrière la ligne Maginot nucléaire était d'une certaine façon compensé par l'annonce de la volonté française d'intervenir (si Paris le décidait) au profit de ses alliés à la fois plus tôt et plus loin vers l'est[7]. Pour ce faire, on annonça en 1983 la création d'une nouvelle force, la Force d'action rapide ou FAR, dotée de moyens très mobiles, en particulier d'hélicoptères, et pouvant effectivement intervenir très rapidement et beaucoup plus loin à l'est que la Ire Armée, très sévèrement limitée par ses moyens logistiques insuffisants. Le rôle de la nouvelle force fut spectaculairement démontré par l'exercice Moineau

---

6. Lucien Poirier, « La greffe », *Défense nationale*, avril 1983.

7. Exposé du général Lacaze, chef d'état-major des Armées, le 3 mai 1983, devant l'IHEDN, *DN*, juin 1983.

hardi, avec la Bundeswehr, en septembre 1987, au cours duquel 20 000 soldats français furent projetés en RFA. Cela dit, la FAR était plus propre à une frappe rapide mais isolée et très limitée dans le temps qu'à de véritables opérations aux côtés des forces beaucoup plus lourdement équipées des partenaires ou des adversaires éventuels. D'autre part, son rôle était ambigu : elle était en effet également chargée des interventions outre-mer, et une seule de ses composantes, la division aéromobile, était adaptée au combat en Europe. Et on pouvait se demander si, pendant ce temps, les unités blindées de la Ire armée ne se voyaient pas réduites, beaucoup plus étroitement que dans la période précédente, à la stricte défense du territoire national et de ses approches immédiates.

En effet, la logique de la nouvelle doctrine, avec la création de la FAR et celle de l'unité autonome Hadès[8], revenait à ôter à la Ire armée son rôle dans la dissuasion, rôle qui auparavant inscrivait sur le terrain, là où était stationnée la Ire armée, pour partie en RFA, les « intérêts vitaux » de la France. Désormais il n'y avait plus de risque d'engrenage avec l'OTAN, car il n'y avait plus d'engagement nucléaire marqué sur le terrain en Allemagne, les intérêts vitaux n'étaient plus en quelque sorte matérialisés, et surtout on les sortait du cadre des accords Ailleret-Lemnitzer et Valentin-Ferber. Le jeu de l'ultime avertissement serait désormais dégagé de la problématique de la coopération opérationnelle avec l'OTAN.

En revanche, l'envoi de la FAR pouvait rapidement affirmer l'engagement de la France, donc d'une puissance nucléaire, le cas échéant dès le début d'une crise[9], et le Hadès pouvait exercer sa fonction d'ultime avertissement de façon beaucoup plus souple que le Pluton, permettant ainsi au président de la République, s'il le décidait, d'intervenir très rapidement, et dégagé des lourdeurs de la Ire armée et des problèmes de

---

8. Charles Hernu, *Défendre la paix*, *op. cit.*, pp. 64-65.

9. Dominique David, « La FAR en Europe : le dire des armes », *DN*, juin 1984.

collaboration avec l'OTAN. Inversement, le non-envoi de la FAR en cas de crise serait lui aussi un geste très significatif, alors qu'il était difficile de faire revenir en France la Iʳᵉ armée au dernier moment... Une fois de plus, l'essentiel paraissait de rendre totale la liberté de décision de la France, dans un sens comme dans l'autre.

Retour à la stricte indépendance nucléaire d'un côté, affirmation d'une solidarité seulement conventionnelle et très autonome mais éventuellement plus précoce et plus en avant vers l'est de l'autre, mais sans doute moins puissante que depuis 1976, le nouveau message issu de Paris était ambigu. Certes, certains aspects pouvaient intéresser les Allemands, et on va voir que le dialogue stratégique bilatéral reprenait. En même temps, Bonn avait toujours une série de desiderata à faire valoir, justement pour tenter de faire sortir Paris de l'ambiguïté. Ceux-ci allaient conditionner le dialogue qui s'ouvrait.

Tout d'abord, les Allemands ne demandaient à la France ni de réintégrer le commandement intégré de l'OTAN ni de leur fournir une couverture nucléaire explicite. Ils comprenaient que ni l'un ni l'autre n'était concevable, sous peine de remettre en cause certains équilibres fondamentaux de la Vᵉ République. En revanche, ils demandaient aux Français de sortir de cette ambiguïté concernant leur engagement en cas de conflit qu'ils maintenaient depuis 1966 : ils faisaient remarquer que, si le Pacte atlantique ne faisait pas obligation à ses membres d'intervenir par les armes pour aider un allié agressé, il n'en allait pas de même du traité de l'UEO de 1954, qui prévoyait au contraire cette obligation de façon automatique. Ils demandaient à Paris d'affirmer clairement cet engagement, ainsi que l'unicité du théâtre d'opérations européen, et de considérer que l'intégrité de la RFA était pour la France un intérêt vital.

Ils souhaitaient d'autre part qu'en cas de crise la France mette son territoire à la disposition de l'Alliance, en particulier pour l'arrivée des renforts américains, de façon précoce (c'était un problème crucial pour l'OTAN, trop souvent oublié dans la littérature). Ils souhaitaient une information sur les objectifs nucléaires français comparable à celle qu'ils obtenaient des Américains dans le cadre du Groupe des plans nucléaires de l'OTAN. Ils souhaitaient que l'ultime avertissement français ait lieu sur les arrières du pacte de Varsovie, plutôt que sur les forces au contact en Allemagne. Ils souhaitaient, sinon que la France occupe un « créneau » à l'avant, du moins qu'elle prévoie une intervention en avant rapide, assez loin à l'est. Enfin, les Allemands souhaitaient avec insistance que Paris renforce son potentiel conventionnel, dans le souci déjà maintes fois souligné de relever autant que possible le seuil nucléaire [10]. Comme on le voit, on était toujours très loin d'un accord réel.

Le discours du Bundestag du 20 janvier 1983 et ses arrière-plans à l'égard de la RFA et de l'URSS

Et ce malgré la fameux discours prononcé le 20 janvier 1983 par le président français au Bundestag, au plus fort de la crise des euromissiles en Allemagne. Certes, le soutien du chef d'État français, de surcroît socialiste, fut précieux pour le chancelier Kohl, arrivé au pouvoir à l'automne précédent essentiellement à cause de cette crise et qui se battait pour amener son pays à accepter la mise en place des Pershing-II après l'échec désormais probable des négociations avec les Soviétiques, conformément à la double décision de 1979. Mais à mon avis, ce discours a été souvent mal interprété, dans le sens de l'atlantisme dont on a souvent crédité (ou accusé) François Mitterrand. La chose était sans doute plus

---

10. Georges-Henri Soutou, « L'accord INF, le problème stratégique allemand et la France », *Défense nationale*, juin 1988. Cf. également *Le Couple franco-allemand et la défense de l'Europe*, sous la direction de Karl Kaiser et Pierre Lellouche, Paris, IFRI, 1986.

complexe, et caractéristique des arrière-pensées qui avaient cours à Paris. L'image d'un couple franco-allemand idyllique à l'époque de Mitterrand et Kohl tient en effet un peu de l'image d'Épinal.

Tout d'abord, il faut souligner que François Mitterrand était dans cette affaire partisan d'une solution « équilibrée » : il n'était pas favorable à l'« option 0 » de Reagan (suppression des SS-20 existants et non-déploiement du côté occidental), car elle lui paraissait trop favorable aux Américains. Il était aussi contre la proposition de gel de Brejnev (maintien des SS-20 déjà en place, pour équilibrer les moyens tactiques américains en Europe, pas de SS-20 supplémentaires mais pas de Pershing du tout) pour ne pas donner une supériorité à URSS. Il déclara dès 1982 qu'il voulait une solution intermédiaire [11]. La raison qu'il invoquait pour souhaiter la mise en place d'un certain nombre de Pershing était intéressante (et on va y revenir) : il y avait sans cela danger à voir la RFA demander la protection nucléaire de la France ; or il ne voulait pas la lui accorder, mais alors Bonn risquerait de basculer dans le neutralisme [12].

Le discours au Bundestag comportait cinq points essentiels : tout d'abord bien sûr l'appui important à Kohl dans l'affaire des Pershing-II. Mais, en même temps, la priorité était nettement donnée au succès des négociations qui se poursuivaient encore avec les Soviétiques à Genève : c'était le souci d'une solution « équilibrée » noté plus haut. En même temps, Mitterrand réaffirmait l'indépendance nucléaire de la France. Mais d'autre part il rappelait les dispositions militaires du traité de l'Élysée dont on célébrait le vingtième anniversaire et qui avait été, on va le voir, réactivé l'année précédente, et il ouvrait ainsi la porte à une collaboration accrue dans le domaine conventionnel, tout en lançant enfin un vibrant appel à une relance européenne. En fait, c'était tout son programme futur envers l'Allemagne qui était annoncé !

---

11. *Verbatim I, op. cit.*, p. 345.
12. *Ibid.*, p. 375.

Ce discours complexe s'éclaire sans doute si l'on tient compte des arrière-pensées de son auteur à l'égard de la RFA et de l'URSS. En effet, une dérive allemande vers le neutralisme, telle que beaucoup à l'époque et Mitterrand lui-même, on l'a vu, la craignaient, aurait fait échapper l'Allemagne au contrôle occidental et en aurait fait le premier interlocuteur européen de Moscou. Or, de tout évidence, Paris ne voulait pas d'une Allemagne dégagée de ses liens atlantique et européens ; le président de la République renouait par là avec une orientation fondamentale de la IVe République de 1949 à 1958 : la construction européenne et l'Alliance atlantique avaient *aussi* pour but, aux yeux de la France, d'encadrer et de contrôler l'Allemagne. D'autre part, François Mitterrand estimait sans doute que, le moment venu, le premier interlocuteur européen de l'URSS devrait être la France, ce qui était une tendance bien ancrée de la Ve République. D'ailleurs, un mois plus tard, Mitterrand envoyait Claude Cheysson, ministre des Affaires étrangères, à Moscou, pour tenter de renouer le dialogue, en fait interrompu depuis mai 1981 [13]. Et il expliqua dès le 6 avril 1983 au Conseil des ministres que son discours du Bundestag n'était pas antirusse, que les Soviétiques l'avaient compris, que la conciliation avec Moscou était possible et que les relations soviéto-françaises iraient vite mieux [14].

D'autre part, à l'égard de Bonn les choses s'éclairent également par le souci parallèle de Paris de conforter la position internationale de la RDA, alors que jusque-là on s'était montré prudemment réservé : ce fut la visite officielle à Berlin-Est de Laurent Fabius, alors Premier ministre, en 1984, suivie par toute une série de missions de hauts fonctionnaires [15]. Il est

---

13. Pierre Favier, Michel Martin-Roland, *La Décennie Mitterrand*, t. I, Paris, 1990, pp. 269-271.

14. *Verbatim I*, pp. 420-421. Voir aussi les positions très dures envers les États-Unis au sommet de Williamsburg en mai 1983, pp. 454-459.

15. Louis Wiznitzer, *Le Grand Gâchis ou la faillite d'une politique étrangère*, Paris, 1991, p. 128.

clair que la vision présidentielle des choses comportait, comme en fait pour la plupart de ses prédécesseurs depuis 1950, une forte intégration de l'Allemagne au sein de l'Europe occidentale, mais d'une Allemagne divisée, privée de sa partie orientale, ce qui ménageait à la France une marge de supériorité psychologique et politique et lui facilitait un certain contrôle sur sa voisine dans le cadre européen.

Dans cet ensemble le discours du Bundestag et la philosophie qui l'inspire s'éclairent : il fallait bien sûr éviter que l'URSS ne l'emporte dans cette crise des euromissiles, il fallait aussi éviter si possible qu'elle ne subisse un échec total, pour ne pas trop renforcer les États-Unis, dont Mitterrand critiquait sévèrement la politique [16]. Il fallait également empêcher la RFA de sombrer dans le neutralisme. Avec une Union soviétique assagie et une RFA fermement liée à l'Occident et à l'Europe, la France pourrait jouer son rôle d'intermédiaire privilégié entre l'Est et l'Ouest et contribuer à éroder les « blocs ». Pour ce faire, l'URSS lui servirait d'utile contrepoids face à l'Allemagne et aux États-Unis, tandis qu'elle prendrait la tête d'une construction européenne renouvelée. Si le lecteur éprouve ici des doutes, je l'invite à relire l'introduction donnée par Mitterrand à un recueil de ses discours de politique extérieure publié en mars 1986 [17], et à méditer par exemple la citation suivante :

> « Nos intérêts, plus souvent qu'on ne croit, nous rapprochent. La Russie a toujours représenté dans notre histoire et peut encore représenter un contrepoids utile, soit à l'échelle de l'Europe, soit à l'échelle de la planète. »

---

16. *Verbatim, op. cit., passim.*
17. François Mitterrand, *Réflexions sur la politique extérieure de la France*, Paris, Fayard, 1986.

Le début du rapprochement stratégique avec l'Allemagne et ses limites

Le 25 février 1982, François Mitterrand et le chancelier Schmidt annoncèrent par une déclaration commune que Paris et Bonn allaient faire revivre les dispositions militaires du traité de l'Élysée : il y aurait désormais des rencontres conjointes des ministres des Affaires étrangères et de la Défense à l'occasion des sommets franco-allemands ; on créerait une commission sur la sécurité et la défense comprenant les chefs d'état-major et les directeurs politiques des deux ministères des Affaires étrangères ; trois groupes seraient formés au sein de cette commission : un groupe de coordination politico-stratégique, un sur la coopération en matière d'armements, un sur la coopération militaire [18]. Comme on peut le constater, on renouait ici effectivement avec l'inspiration de 1963. On peut penser que Paris, plus froid à l'égard de l'OTAN depuis mai 1981 comme on l'a vu, et Bonn, où Schmidt se montrait également plus tiède à l'égard des États-Unis depuis la reprise de la Guerre froide et l'arrivée à la présidence de Reagan, étaient satisfaits de trouver un cadre tout préparé et distinct de l'OTAN pour parler de défense. D'autre part, répétons-le, on craignait à Paris une « dérive » allemande vers le neutralisme, devant la crise politique provoquée par l'affaire des euromissiles. D'où le souhait de resserrer le bilatéralisme [19].

Cela dit les ambiguïtés demeuraient. Au Conseil de défense du 4 avril 1984, il fut certes clairement dit que la Force d'action rapide créée dans le cadre de la nouvelle loi de programmation (voir plus haut) était destinée « à concrétiser pour le futur l'option allemande de la défense française »,

---

18. *Le Couple franco-allemand et la défense de l'Europe*, p. 51.

19. Françoise Manfrass-Sirjacques, « La coopération militaire depuis 1963 », *Le Couple franco-allemand en Europe*, p. 107.

dans le cadre de la récente revitalisation du traité de l'Élysée [20]. Mais, en même temps, Charles Hernu avait affirmé devant le Sénat, en décembre 1983, que la création de la FAR n'impliquait pas un engagement automatique dans la bataille de l'avant de l'OTAN, mais plutôt que la France, le cas échéant, « accepterait d'intervenir, à titre dissuasif, dans un contexte de crise, afin de le désamorcer et d'éviter qu'il ne dégénère en conflit », car l'agresseur saurait « qu'il s'engage ouvertement contre la seule puissance nucléaire réellement indépendante de l'Europe occidentale [21] ». D'autre part, au-delà de ces déclarations bien vagues et fort théoriques, il n'était plus question de « dissuasion élargie », et l'accent était mis dans les déclarations et textes de l'époque, on l'a vu, sur la dissuasion, garante de l'intégrité du seul territoire national. Les observateurs étrangers, devant ces ambiguïtés, soulignaient plutôt le retour de la France à une conception purement nationale de la dissuasion nucléaire, au service du seul sanctuaire [22].

Le nouveau dialogue franco-allemand se heurtait d'ailleurs bientôt aux obstacles habituels. En mai 1984, le ministre allemand de la Défense, Wörner, indiqua aux Français que Bonn voulait être consultée sur l'emploi du Pluton, si celui-ci devait intervenir sur le territoire allemand (y compris la RDA) ou à partir du territoire allemand. Mitterrand refusa : la France ne pouvait pas assurer la défense de l'Allemagne, et aucun étranger n'avait à se mêler de la décision nucléaire française [23]. Et, en janvier 1985, le général Altenburg, inspecteur général de la Bundeswehr, demanda, bien sûr en vain, que Paris s'engage à se rapprocher des commandements de l'OTAN en cas de guerre [24]. En fait, au fond de toutes les démarches allemandes

---

20. *Verbatim I, op. cit.*, p. 618.
21. *Le Monde*, 4-5 décembre 1983.
22. Par exemple Christian Müller dans la *Neue Zürcher Zeitung* des 3/4 juillet 1983.
23. *Verbatim I, op. cit.*, pp. 639-640.
24. P. 745.

de l'époque, il y avait toujours avant tout l'idée que, pour commencer, la France devrait se rapprocher de l'OTAN...

Mais bien sûr les Français ne voulaient pas se rapprocher de l'OTAN ; ils ne voulaient pas étendre la dissuasion nucléaire à la RFA, ni même parler avec elle de l'ANT. En même temps, ils voyaient l'inconvénient de ne rien faire, ce qui serait interprété par les Russes comme un repli neutraliste. Le mieux à leurs yeux serait de maintenir l'ambiguïté, mais cela allait être de plus en plus difficile [25].

A partir de 1985, Mitterrand veut approfondir la coopération stratégique avec l'Allemagne

En 1985, la conjoncture internationale se modifia, des facteurs nouveaux apparurent. Depuis 1983, le programme américain de défense antimissiles dit « guerre des étoiles » (IDS) inquiétait Paris qui y voyait un risque de dévalorisation de la force de frappe française et de prise en main militaire de tout l'Occident par Washington. En 1985, celui-ci voulut d'ailleurs amener ses alliés européens à participer au programme. Dès lors Mitterrand durcit sa position à l'égard des États-Unis, et il suscita le programme technologique européen Eurêka, ainsi qu'un programme de satellites militaires. Mais, pour cela, on avait besoin de la collaboration de l'Allemagne.

Parallèlement, l'arrivée au pouvoir de Gorbatchev donnait l'espoir de sortir de la tension de la période brejnevienne, qui ne permettait aucun jeu. Désormais la France pouvait entamer avec Moscou la politique d'équilibre décrite plus haut. Et lors de son premier entretien avec Gorbatchev le 2 octobre 1985, Mitterrand indiqua que la France était alliée aux États-Unis, mais dans le rapport de forces existant :

---

25. P. 746.

l'Alliance était une réalité actuelle, mais « pas une perspective ». La « perspective » c'était l'Europe occidentale et son renforcement, mais celui-ci n'aurait pas lieu contre l'URSS. Et il laissa entendre qu'il était pour le maintien de la division de l'Allemagne. Néanmoins, il annonça le resserrement des liens militaires entre la France et la RFA, mais uniquement dans le domaine conventionnel [26].

C'est sans doute dans cette « perspective » ouverte par l'arrivée au pouvoir de Gorbatchev et rendue plus urgente aux yeux de Mitterrand par le durcissement de la politique américaine, à laquelle le président français reprochait, outre l'IDS, l'idéologie reaganienne, les manipulations du dollar, l'attitude envers le Tiers Monde, etc., que Paris souhaitait développer désormais les liens stratégiques avec Bonn, afin de parvenir aux grands objectifs soulignés plus haut.

C'est ainsi qu'une importante conversation eut lieu entre Kohl et Mitterrand au bord du lac de Constance le 28 mai 1985, illustrant bien cette nouvelle orientation. Le président français proposa en particulier de développer le programme Eurêka pour contrer l'IDS ; le ton général de ses propos fut d'ailleurs nettement antiaméricain. Il proposa également à son partenaire de relancer la construction européenne, en adoptant une position commune en vue de la conférence de Milan, qui devait conduire finalement à l'Acte unique, étape très importante puisque, outre l'instauration du marché unique, elle remettait en cause le compromis de Luxembourg de 1966 et développait les procédures de vote à la majorité simple et amorçait la préparation de l'union économique et monétaire : c'était le début du processus qui conduirait à Maastricht. En outre, le président français évoqua ce jour-là la mise sur pied d'une Europe de la sécurité [27].

Charles Hernu devait développer le sens de cette approche en déclarant le 20 juin suivant en RFA, à l'occasion d'une

---

26. Pp. 856 *sqq.*
27. Pp. 814-824.

manœuvre franco-allemande, que les deux pays « partageaient des intérêts de sécurité qui étaient communs ». Tous les observateurs, et le ministre allemand Wörner lui-même, soulignèrent la nouveauté du langage : pour la première fois depuis 1981, Paris indiquait clairement de nouveau que la RFA n'était pas un simple « glacis » pour la stratégie française de dissuasion nationale [28].

Le sens politique ultime de cette orientation paraît indiqué par un rapport sur la défense publié par le Parti socialiste le 2 juillet 1985, après concertation avec les socialistes allemands et, de façon significative, en particulier Egon Bahr dont nous connaissons les idées en matière de sécurité européenne (rappelons que, début 1987, des élections législatives devaient avoir lieu en RFA, pour lesquelles, comme à l'accoutumée, tout le monde donnait déjà le chancelier Kohl comme perdant...). Ce rapport allait même plus loin, nous allons le voir, que les positions du ministre de la Défense et du président de la République, mais en même temps on ne peut penser qu'il avait été rédigé sans prendre langue d'une façon ou d'une autre avec le gouvernement... Le PS soulignait la solidarité stratégique entre la France et le reste de l'Europe et particulièrement l'Allemagne, il souhaitait l'engagement explicite des forces françaises, y compris nucléaires, pour la sécurité de l'Europe, il relevait l'érosion de la garantie américaine et réclamait un « rééquilibrage interne de l'Alliance atlantique, fondé sur une coopération européenne accrue et plus autonome en matière de défense et un élargissement des responsabilités propres de la France dans ce domaine [29] ». Tout cela était assez nouveau dans le contexte de l'époque (même si cela rappelait assez les conceptions gaulliennes de 1960-1964, sans probablement que les auteurs du rapport en aient conscience...). Il s'agissait sans doute de bien autre chose

---

28. *Le Monde*, 22 juin 1985.

29. *Le Figaro* du 3 juillet 1985, *Le Monde* du 4 juillet, *Neue Zürcher Zeitung* du 6 juillet.

que ce que l'on appelle communément la constitution d'un « pilier européen » au sein de l'OTAN : cela allait potentiellement beaucoup plus loin. Et tout cela correspondait évidemment à l'orientation soulignée au début de ce chapitre et qui paraissait maintenant réalisable : renforcer l'Europe occidentale à partir du couple franco-allemand, sous direction française grâce à la force de frappe, gagner davantage d'indépendance par rapport aux États-Unis, préparer un rapprochement avec une URSS avec laquelle on pouvait enfin discuter, rééquilibrer ainsi le continent européen et le reste du monde.

Le climat idéologique d'hostilité aux « blocs » qui régnait dans certains milieux de la majorité de l'époque et dans lequel tout cela baignait largement, climat difficile à reconstituer aujourd'hui, me paraît pouvoir être compris en relisant le livre publié en 1985 par Régis Debray, qui faisait partie à l'époque des conseillers de l'Élysée, *Les Empires contre l'Europe*. L'auteur soulignait que les conditions, sans qu'on en prenne conscience, avaient changé par rapport aux années 70 : désormais c'était l'URSS qui était en crise, et les États-Unis en plein redressement offensif. Pour préserver « l'équilibre », la France, « seule puissance moyenne dotée d'une capacité mondiale », devait prendre la tête de l'Europe pour affirmer son indépendance aussi bien face à Moscou qu'à Washington [30]. On remarquera que Régis Debray recommandait en particulier une collaboration sincère avec l'Allemagne, dégagée des arrière-pensées de réassurance à Moscou et de supériorité que j'ai souvent soulignées, et qui à mon avis régnaient encore largement dans les milieux dirigeants parisiens [31]. En effet, ce n'est que si l'Europe de l'Ouest, sans toutefois rompre avec les États-Unis mais en exigeant une réforme de l'Alliance, se dégageait de l'emprise américaine que Moscou, affaiblie mais toujours puissante, accepterait une transformation démocratique de l'Europe de

---

30. Pp. 20-22, 163 et 332 *sqq.*
31. P. 330.

l'Est. Cela me paraît correspondre de près au climat mental qui régnait à l'Élysée à l'époque, y compris quant à la surévaluation des moyens qu'avait la France d'influencer l'évolution des choses dans ce sens. On retrouve en effet un écho en demi-teinte de ces idées dans les *Réflexions sur la politique extérieure de la France* de François Mitterrand : l'évocation de la « communauté de destin » franco-allemande, l'appel au continent européen, y compris la Russie, à rester « soi-même » face aux États-Unis, à ne pas se soumettre « à l'impérialisme américain », à réconcilier les deux Europe sur la base de valeurs communes et du socialisme démocratique, une fois éliminés les excès du libéralisme à l'américaine comme du communisme [32].

A plus court terme, ce rapprochement stratégique franco-allemand et le début d'évocation d'une Europe de la sécurité avaient sans doute deux objectifs : se prémunir contre toute dérive de la RFA vers le neutralisme, permettre à la France de conserver un moyen d'influence sur elle (malgré le déséquilibre économique croissant entre les deux pays) et commencer à desserrer les liens de sécurité privilégiés entre Bonn et Washington au nom de l'identité européenne, de façon à permettre l'apparition d'une Europe de la sécurité alliée aux États-Unis, mais dégagée de l'atlantisme.

En même temps, il y avait des limites à la nouvelle orientation stratégique française, ce qui en affaiblissait d'ailleurs la portée. Charles Hernu lui-même, le 20 juin, avait parlé des « intérêts de sécurité communs » à la France et à l'Allemagne, pas de leurs « intérêts vitaux ». Il était par là très clairement indiqué qu'il n'était pas question d'engager *a priori* et à l'avance la force de frappe pour soutenir la sécurité de l'Allemagne. Seul le président de la République déciderait, le moment venu, où et quand les intérêts vitaux français seraient concernés [33]. Pour sa part, Mitterrand était décidé désormais à

---

32. Pp. 12, 68-71, 101.

33. Jacques Isnard, visiblement « inspiré », soulignait ce point dans le *Monde* du 22 juin.

développer autant que possible la coopération franco-allemande en matière de sécurité, mais sauf si cela touchait la dissuasion nucléaire [34]. Il le dit à Kohl le 7 novembre 1985 : en matière de défense commune, « tout est possible, sauf l'intégration de l'arme nucléaire, en raison des réactions soviétiques et de l'intérêt évident de la France [35] ». Il voulait un traité de coopération militaire avec Bonn, mais il y avait pour lui une limite très nette ; quand Kohl, en décembre 1985, proposa d'aller de l'avant et d'exploiter pleinement le traité de l'Élysée, qu'il relut à son interlocuteur, celui-ci posa tout de suite le problème : l'armée allemande était intégrée à l'OTAN, pas la française, qui avait une autre stratégie et en particulier refusait l'emploi gradué du nucléaire [36].... Donc on ne sortait pas de l'ambiguïté fondamentale : la RFA souhaitait en fait que la France se rapproche de l'OTAN, ce à quoi Paris se refusait.

D'autre part, la RFA était très consciente de la supériorité que donnait le nucléaire à la France ; en février 1986, les Allemands demandèrent la signature, lors du prochain sommet franco-allemand, d'une déclaration commune qui en fait aurait engagé Paris à consulter Bonn avant tout emploi du nucléaire. Finalement, les Français réduisirent considérablement la portée de cette déclaration, signée le 27 février 1986 : « dans les limites qu'impose l'extrême rapidité de telles décisions », Paris était prêt à consulter Bonn pour l'emploi des armes préstratégiques sur le sol allemand. On voit les réserves [37] !

Et Mitterrand le précisa bien à Gorbatchev en juillet 86 : la coopération militaire franco-allemande ne signifiait pas que la

---

34. Juin 85, *Verbatim I, op. cit.*, p. 825.
35. P. 874.
36. Pp. 902-905.
37. Pp. 924-925, 928-929, 932-933. Il est possible aussi que l'on ait décidé de se mettre d'accord sur les restrictions de tir : localisation des objectifs près des zones habitées, hauteur et puissance des explosions ? Attali y fait une allusion...

France rejoignait l'OTAN ; et il n'y aurait pas d'élargissement de la dissuasion : « pas de défense [nucléaire] au-delà du territoire français [38] ». « Pour tout ce qui concerne le conventionnel, nous resserrons nos liens avec Bonn, mais le nucléaire, ça non ! La France ne peut pas partager l'arme nucléaire avec l'Allemagne parce que cela mettrait en péril tout l'équilibre européen, d'abord par rapport à vous, mais surtout parce que nous n'y avons pas intérêt [39]. » Et il le marquera très clairement face au gouvernement de cohabitation de 1986-1988 qui par rapport à l'OTAN et à la RFA éprouvait certaines velléités d'innovation [40].

Cette attitude s'explique : Paris souhaitait collaborer avec Bonn pour les raisons que nous avons vues, mais justement ces raisons interdisaient de se rapprocher de l'OTAN (puisqu'il s'agissait d'accroître l'indépendance de l'Europe par rapport à l'Amérique). Elles interdisaient également, dans l'esprit de Mitterrand, de « provoquer » l'URSS en élargissant la dissuasion française à la RFA, puisqu'il s'agissait d'améliorer les relations avec Moscou. Et elles interdisaient de partager le nucléaire avec Bonn de quelque façon que ce soit, puisque, dans cet exercice de collaboration franco-allemande, la supériorité française était soutenue par la force de frappe. Tout cela était sans doute cohérent dans l'esprit des responsables français, mais peu attrayant pour les Allemands... L'offre française de coopération stratégique faite en 1985 et la reprise du dialogue militaire bilatéral, en soi choses importantes et positives et bien accueillies à Bonn, étaient affaiblies par toutes les arrière-pensées qui s'y rattachaient envers Washington, envers Moscou, envers Bonn. Les deux grandes pierres d'achoppement demeuraient les mêmes depuis vingt ans : l'OTAN et la force de frappe.

---

38. Jacques Attali, *Verbatim II*, Paris, Fayard, p. 118.
39. Favier et Martin-Rolland, pp. 249 *sqq.*
40. *Verbatim II, op. cit.*, pp. 174-179, 186-188 192-198.

En 1987-1988 Kohl à son tour est demandeur

Pourtant, en 1987, le chancelier Kohl était effrayé par les suites du sommet américano-soviétique de Reykjavik d'octobre 1986, au cours duquel Reagan avait été à deux doigts d'abandonner pratiquement la garantie nucléaire à l'Europe, et par la perspective de l'accord sur les missiles intermédiaires du 8 décembre 1987 qui allait entraîner la disparition des Pershing-II si difficilement mis en place et qui annonçait la disparition progressive d'autres catégories d'armes tactiques américaines en Europe. On se trouvait devant la perspective d'un désengagement nucléaire américain en Europe, Reagan ayant décidé de négocier avec Gorbatchev et de faire de son second mandat (1985-1988) « *a second term for peace* ». Du coup, Kohl souhaita très fortement un rapprochement stratégique avec la France, où le gouvernement de cohabitation, depuis le printemps 1986, n'était pas hostile à un rapprochement avec l'OTAN et à un engagement stratégique de la France envers l'Europe et la RFA plus marqué [41].

Cela conduisit à la proposition du chancelier Kohl, en juin 1987, de créer une brigade franco-allemande [42]. Cela conduisit en septembre 1987 à l'exercice Moineau hardi (déjà mentionné et dont je souligne qu'il se déroula en dehors de l'OTAN...) et à la proposition allemande de créer un Conseil franco-allemand de défense, réunissant les plus hautes autorités, avec un comité permanent [43].

Mais, à ce moment-là, les Français mirent une condition significative et qui annonçait toute la dynamique de Maastricht : ils n'accepteraient le Conseil de défense que si l'on mettait parallèlement en place un Conseil économique et monétaire [44]. En effet, l'enchaînement était le suivant : après

---

41. Pp. 287-291.
42. Pp. 336-337 et 342.
43. Pp. 363-365, 378-379, 381, 392.
44. Pp. 407-409.

les erreurs économiques et financières de 1981-1983, on avait choisi en 1983 la stabilisation monétaire, pour éviter une énième dévaluation, pour faire baisser les taux d'intérêt afin de pouvoir rembourser une dette accrue, pour maintenir les prix et donc les exportations ; mais, pour cela, il fallait coller au mark ; mais si l'on voulait maintenir la parité mark-franc sans dommage pour l'économie française, il fallait pouvoir influencer la gestion du mark et des taux d'intérêt allemands. En effet, Mitterrand était de plus en plus impressionné par la puissance économique allemande, qui constituait pour les dirigeants français un problème croissant [45].

Et, en novembre 1987, au sommet de Karlsruhe, on annonça la création de la brigade fanco-allemande ; on annonça celle des deux Conseils le 22 janvier 1988, sur la base juridique du traité de l'Élysée qui retrouvait ainsi une nouvelle jeunesse [46]. Et l'on décida la construction en commun d'un hélicoptère de combat : c'était le premier programme d'armements commun depuis longtemps.

Cette relance stratégique proposée par Bonn n'était pas négligeable : le texte du 22 janvier 1988 qui instaure le Conseil de Défense va loin pour concilier les thèses des deux pays. Et le comité permanent de ce Conseil de défense est devenu un organe relativement étoffé qui constitue un lieu efficace de concertation stratégique, tout à fait dans l'esprit de ce qu'aurait voulu de Gaulle en 1963, à condition bien sûr que les autorités politiques soutiennent et insufflent son acti-vité (dont le moins que l'on puisse dire est qu'elle n'a pas beaucoup percé à l'extérieur...). Mais l'instrument d'une réelle concertation permanente existe désormais. Quant à la bri-gade, elle avait bien sûr une valeur surtout symbolique, encore que sa mise sur pied n'ait pas été inutile comme labo-ratoire pour résoudre un certain nombre de problèmes de coopération très concrets, ne serait-ce que sur le plan linguis-

---

45. P. 454 et *Verbatim III*, pp. 74, 82.
46. *Verbatim II*, *op. cit.*, pp. 414-415 et 422-423. Cf. la revue *Documents*, 1, 1988.

tique. Mais on n'a pas suffisamment observé, que du côté allemand, l'unité territoriale affectée à la brigade ne relève pas du commandement OTAN : c'était nécessaire pour permettre aux Français d'accepter cette expérience, et en même temps c'était pour la RFA un geste symbolique important sur la voie du bilatéralisme franco-allemand, en marge de l'OTAN.

D'autre part, en 1988, les Allemands commencèrent à prendre très au sérieux les perspectives ouvertes par le gorbatchévisme. Ils estimèrent que de grandes évolutions, dont ils n'imaginaient cependant pas toute l'ampleur, allaient avoir lieu en Europe orientale. Le gouvernement de Bonn, soucieux de ne pas apparaître seul en première ligne, tenta alors de convaincre Paris de définir ensemble une politique et une action communes envers l'URSS et l'Europe orientale[47]. Jamais sans doute depuis 1960-1964 on n'avait été plus près de la possibilité d'une importante coopération politico-stratégique entre les deux pays.

Mais cela ne devait pas être, car les arrière-pensées étaient trop différentes de part et d'autre. En ce qui concerne la définition d'une politique commune envers l'Est, Paris s'y refusa, non pas que les dirigeants français ne souhaitassent pas agir dans cette direction, bien au contraire ; mais il n'était pas question de le faire avec les Allemands, je dirai même surtout pas avec eux. En effet, le but visé par la France dans ses rapports avec Gorbatchev était justement aussi de contrôler l'évolution de la RFA.

Quant au plan stratégique, dans le détail, on distinguait le très net souci des Allemands de ne pas perdre le contact avec l'OTAN, et toujours l'arrière-pensée d'amener la France à s'en rapprocher[48]. En effet, les Allemands souhaitaient toujours atténuer les oppositions entre Paris et Washington, très gênantes pour eux, tout en sachant aussi en jouer subtile-

---

47. Georges-Henri Soutou, « La France et les bouleversements en Europe, 1989-1991, ou le poids de l'idéologie », *Histoire, économie et société*, 1994/1.

48. *Verbatim II, op. cit.*, 426-430, 438, 445.

ment pour se rendre incontournables au sein de l'Alliance. Sur ce plan, rien n'avait changé depuis Adenauer...

Et il n'y avait toujours pas d'accord sur l'ANT. En avril 1989, les Allemands proposèrent à nouveau un texte sur le contrôle par la RFA de l'usage de l'armement tactique français, texte d'ailleurs fort exigeant. Mais Mitterrand refusa de nouveau. Il n'avait certes pas l'intention de tirer en nucléaire sur l'Allemagne (en fait il était par principe opposé à l'ultime avertissement et au préstratégique, il n'en voyait pas l'intérêt du point de vue de la dissuasion pure), mais il ne voulait pas se lier les mains et donner un droit de regard à Bonn [49].

Comme on le voit, même en ces années 1987-88, où, pour la première fois depuis 1962-1963, les deux pays souhaitaient vraiment coopérer sur le plan militaire, les arrière-pensées de part et d'autre les empêchaient de déboucher : Bonn voulait obtenir un minimum de droit de regard sur l'ANT française et ramener la France vers l'OTAN tout en s'appuyant sur elle pour amener les Américains à mieux tenir compte de ses intérêts de sécurité. Paris n'était pas prêt à réduire si peu que ce fût sa supériorité nucléaire sur l'Allemagne ou même à lui apporter des garanties nettes dans ce domaine et poursuivait, aussi bien à l'égard de Washington que de Moscou, une politique profondément différente. En particulier, son nouveau flirt avec Moscou avait aussi pour but de garder le contrôle de l'évolution de la question allemande. L'Europe qu'on avait en tête dans les deux capitales n'était pas la même. Il n'est pas étonnant que les deux pays n'aient pas été à l'unisson en 1989-1990, au moment de la réunification.

---

49. *Verbatim III, op. cit.*, Paris, Fayard, 1995, 217-218 et p. 222.

CHAPITRE XII

1989-1992 : le choc de la réunification et Maastricht

Entre 1989 et 1992, le monde s'est transformé : l'URSS, le communisme en Europe orientale, la Guerre froide, tout cela a disparu. Du monde « bipolaire » sur lequel avaient tant disserté les spécialistes, on passait au « nouvel ordre international » annoncé par le président Bush et qui paraissait reposer sur la victoire universelle des principes de la démocratie et du libéralisme. La guerre du Golfe, en 1991, montra qui conduisait, pour ne pas dire dominait, au moins pour un temps, ce nouvel ordre international : les États-Unis. Par la politique suivie par les présidents Reagan et Bush, ils avaient d'abord considérablement accéléré la crise du système communiste, et ensuite dans l'ensemble très bien géré la chute de ce système [1].

La RFA géra également très bien cette crise. Elle y retrouva son unité sans devoir laisser subsister quoi que ce soit de l'ancien système totalitaire sur le territoire de l'ex-RDA, sans faire la moindre concession quant à sa liberté d'action internationale et en particulier à son appartenance à l'OTAN et à l'Union européenne, sans devoir accepter la moindre limita-

---

1. Philip Zelikow and Condoleezza Rice, *Germany Unified and Europe Transformed*, Harvard UP, 1995 ; Michael R. Beschloss, Strobe Talbott, *At the Highest Level. The Inside Story of the End of the Cod War*, Little, Brown and Company, Londres, 1993 ; James A. Baker, Thomas M. Defrank, *The Politics of Diplomacy. Revolution, War and Peace 1989-1992*, G. P. Putnam's Sons, New York, 1995 ; Jack F. Matlock, *Autopsy on an Empire*, Random House, New York, 1995.

tion à sa souveraineté, en dehors d'un plafonnement du volume de ses forces armées à 370 000 hommes et d'une renonciation, cette fois définitive, à l'arme nucléaire[2]. C'était inespéré : même dans les années 50, quand les Occidentaux étudiaient encore sérieusement les scénarios possibles de réunification, ils étaient persuadés que celle-ci ne serait possible qu'en échange d'importantes concessions aux Soviétiques quant à la limitation de la liberté d'action de l'Allemagne réunifiée et à la « sécurité » en Europe. Quant aux Allemands eux-mêmes, de nombreux responsables, dans les années 80, s'étaient sans doute résignés à renoncer à l'objectif de la réunification[3]. Dans les milieux intellectuels de gauche, la thèse à la mode était qu'il n'y avait pas de continuité historique allemande, qu'au fond, depuis le nazisme, il n'y avait pas de « nation » allemande historiquement et légitimement enracinée, que la seule légitimité de la RFA était sa constitution démocratique et que la réunification n'était pas un objectif juridiquement et moralement justifiable. Mais, bien entendu, dans d'autres milieux et dans l'opinion en général, on assistait au contraire depuis quelques années à une renaissance du sentiment national, y compris le souci de la réunification, à une reconquête d'une histoire qui avait eu aussi ses grandes pages, à une assimilation sans complexe du rôle et des responsabilités désormais capitales de la RFA dans le système occidental, en Europe et par rapport à l'URSS. Dans ses profondeurs, en 1989 l'Allemagne était grosse de la réunification[4].

---

2. R. Fritsch-Bournazel, *L'Allemagne unie dans la nouvelle Europe*, Bruxelles, Complexe ; Karl Kaiser, *Deutschlands Vereinigung. Die internationalen Aspekte*, Lübbe, 1991 ; Georges-Henri Soutou, « La réunification allemande un échec pour Gorbatchev ? », *Géopolitique*, 29, printemps 1990.

3. Timothy Garton Ash, *In Europe's Name. Germany and the Divided Continent*, Random House, 1993.

4. Georges-Henri Soutou, « La querelle des historiens allemands : polémique, histoire et identité nationale », *Relations internationales*, 65, printemps 1991.

Le chancelier Kohl, qui avait par tous les moyens possibles encouragé ce courant depuis 1982, y compris par le choix de ses conseillers les plus directs, trouva le moment venu des élites et un peuple dans l'ensemble prêts à le suivre, malgré les grandes incertitudes, les hésitations et les difficultés des années 1989-90. En particulier, il ne se contenta pas de la formule que les Soviétiques essayèrent de proposer à l'automne 1989, celle d'une vague confédération entre les deux Allemagnes, qui aurait laissé subsister la RDA tout en stérilisant la participation de la RFA aux organisations occidentales, et qui au fond correspondait à l'une des directions parfois esquissées de la politique allemande de l'URSS depuis 1945 [5]. Nombreux à Bonn étaient ceux qui s'en seraient contentés, n'osant pas aller plus loin ou voulant profiter de l'occasion pour réaliser un projet neutraliste, ou encore attachés à la survie d'une Allemagne de l'Est « socialiste ». Le chancelier, lui, avec l'aide décisive des Américains, alla jusqu'au bout : l'Allemagne serait réunifiée dans la liberté et faisant partie intégrante de l'Occident.

Le choc de la réunification

La réunification allemande a été en revanche difficilement vécue à Paris : elle remettait en cause trop de présupposés de la politique extérieure française, et en particulier le schéma commode de la « double sécurité » qui guidait les responsables parisiens depuis les années 50. En effet, l'univers de la Guerre froide avait été relativement confortable pour la France, au moins depuis la perte d'influence du Parti

---

5. Gabriel Gorodestky (éd.), *Soviet Foreign Policy 1917-1991*, The Cummings Center Series, 1994 ; Julij A. Kwizinskij, *Vor dem Sturm*, 1993 ; Valentin Fallin, *Politische Erinnerungen*, 1993 ; Anatoli Tschernajew, *Die Lezten Jahre einer Weltmacht*, 1993.

communiste et la fin des guerres « coloniales » : la division de l'Allemagne assurait sa supériorité face à la RFA, l'intégration occidentale de celle-ci contribuait à sa sécurité face à la menace soviétique. En outre, grâce à la Guerre froide, la France bénéficiait dès le temps de paix d'une garantie américaine qui lui avait cruellement manqué en 1914 et 1939. A l'abri de cette garantie américaine, même si on affectait de la mettre en doute, et ne se trouvant pas en première ligne grâce au glacis allemand, la France pouvait mener sa politique d'« indépendance entre les blocs » et valoriser au maximum l'effet politique de sa force de frappe. Finalement, tous les projets français que nous avons vu se succéder depuis 1956, quelles que fussent leurs différences par ailleurs, visaient tous à permettre à la France de prendre la tête de l'Europe occidentale grâce au contrôle par Paris du couple franco-allemand : ils n'étaient concevables que dans les conditions très particulières de la Guerre froide, qui viennent d'être rappelées, en particulier grâce à la division de l'Allemagne. Maintenant, la France devait imaginer une nouvelle politique extérieure.

Dans son dernier livre posthume, *De l'Allemagne et de la France*, François Mitterrand a tenté de minimiser ses réticences sur le moment à l'égard de la réunification. Mais, outre les déclarations publiques à l'époque des responsables français, que chacun peut relire, il suffit de se reporter au récit par Jacques Attali de la rencontre de François Mitterrand à Kiev avec Gorbatchev le 6 décembre 1989 pour voir combien, dans son esprit, le processus de réunification devait être lent et contrôlé par les quatre puissances occupantes de 1945 et par les voisins de l'Allemagne [6]. De même le compte rendu de ses entretiens avec les Allemands de l'Est à Berlin-Est le 20 décembre 1989 [7]. Le seul choix de cette date, à laquelle l'effondrement du régime communiste allemand était

---

6. *Verbatim III, op. cit.*, pp. 358 *sqq.*
7. Publié par *Le Monde,* le 4 mai 1996.

déjà évident, pour la première visite d'un chef d'État français en RDA, était d'ailleurs significatif !

Pendant ce temps, les Américains, eux, décidaient d'appuyer le processus de réunification avec énergie, en veillant à ce que l'Allemagne réunifiée continue à faire intégralement partie de l'OTAN et en faisant échouer toutes les tentatives soviétiques de monnayer la réunification contre telle ou telle forme de neutralisation plus ou moins larvée de la RFA[8]. Le chancelier Kohl, après certaines hésitations initiales et malgré la tendance de certains à Bonn, comme le ministre des Affaires étrangères Genscher, à envisager de faire aux Soviétiques des concessions sur l'appartenance de la RFA à l'OTAN en échange de la réunification, décidait de son côté de pousser les feux[9]. On ne peut ici refaire le récit de la réunification, mais il est clair que celle-ci, telle qu'elle s'est produite, c'est-à-dire rapidement, sans restriction et sans limitations de statut, en dehors de toute formule de vague confédération entre les deux Allemagnes, ou de neutralisation plus ou moins nette de l'Allemagne réunifiée, formules qui auraient joué dans la main des Soviétiques, a été le résultat d'une étroite coopération germano-américaine. Les Allemands savent très bien qu'ils ne doivent pas grand chose dans cette affaire à Paris ou à Londres...

La réaction de François Mitterrand

Comme on l'a vu, la première réaction de François Mitterrand fut de tenter de freiner la réunification. Il comptait pour cela en particulier sur le processus dit « 2+4 », par lequel on désignait des négociations entre les Quatre et les deux

---

8. Philip Zelikow, *op. cit.* ; Gabriel Gorodestky, ed., *Soviet Foreign Policy 1917-1991*, *op. cit.*

9. Horst Teltschik, *329 Tage*, Siedler, 1991.

Allemagne. Encore en février 90, il pensait qu'avec « 2+4 » la réunification prendrait des années [10].

D'autre part, il chercha dans un premier temps à insérer la réunification dans la construction d'une grande Europe incluant l'URSS ; il le dit à Gorbatchev à Kiev le 6 décembre 1989 : « Il doit y avoir réunification, mais dans le cadre d'une grande Europe. » D'où, le 31 décembre suivant, sa proposition d'une confédération européenne comprenant l'URSS ; dans le même esprit, il voulait développer des structures de sécurité en Europe entre les deux pactes pour encadrer la réunification, ce qui rejoignait d'ailleurs le concept de « maison commune » de Gorbatchev [11], comme il le lui dit en mai 90 à Moscou [12]. Cette grande Europe aurait été facilitée, dans l'esprit du président de la République, par la fin du communisme soviétique de type classique et l'apparition en URSS et en Europe de l'Est d'un communisme réformé compatible avec le socialisme démocratique de l'Europe occidentale. C'est dans cet esprit que, dans son discours de Valladolid, en octobre 1989, il exhorta les peuples de l'Europe orientale à ne pas rejeter « les valeurs du socialisme [13] ».

On retrouve là les idées déjà exprimées par François Mitterrand dans ses *Réflexions sur la politique extérieure de la France* en 1986 : avec une URSS réformée et démocratisée, fonder un nouvel ordre de sécurité européen, permettant d'encadrer l'Allemagne et d'obtenir plus d'indépendance par rapport aux États-Unis (*cf.* le chapitre précédent). Simplement, là où, en 1986, le président pensait sans doute à une évolution sur dix ou quinze ans, les bouleversements de 1989 précipitaient les choses. Contrairement à une vision fréquente

---

10. *Verbatim III, op. cit.*, p. 412.

11. Georges-Henri Soutou, « La Maison commune européenne : tactique et stratégie », *Géopolitique*, n° 36, hiver 1991-1992.

12. *Verbatim III, op. cit.*, p. 499.

13. Georges-Henri Soutou, « La France et les bouleversements en Europe, 1989-1991, ou le poids de l'idéologie », *Histoire, économie et société*, 1994/1.

de la politique extérieure de François Mitterrand, je pense qu'on ne peut pas lui dénier sa cohérence et sa continuité.

Mais les événements marchaient encore plus vite : l'Europe de l'Est ne s'arrêtait pas à l'étape du communisme réformé, ni même du socialisme démocratique, mais procédait à une transformation d'inspiration dans l'ensemble libérale et cherchait le contact avec l'Occident atlantique beaucoup plus que la constitution d'un ordre de sécurité européen incluant l'URSS. Quand à l'URSS, elle entrait dès 1990 dans la crise finale qui devait conduire à sa disparition fin 1991.

A partir de ce moment-là, on ne peut pas contester à François Mitterrand le mérite d'avoir compris assez vite (plus vite que Magaret Thatcher) que la réunification pure et simple serait rapide, la transformation de l'Europe de l'Est radicale, et qu'une relance de l'Europe occidentale avait plus de chance de succès dans l'immédiat que la construction d'une confédération européenne englobant l'URSS. De plus en plus, à partir de février 1990, Paris admit qu'on ne pouvait plus guère freiner la réunification, dont Gorbatchev avait accepté le principe le 30 janvier, et on passa à l'idée d'encadrer la réunification dans une relance de la construction européenne. Kohl, de son côté, ne demandait que cela, et par conviction intime et pour faciliter le processus de la réunification en rassurant par sa bonne volonté les voisins de l'Allemagne [14]. Hubert Védrine, porte-parole à l'Élysée, expliquait dès mars 1990 qu'il fallait proposer aux Douze une politique extérieure et de sécurité commune [15]. Les arrière-pensées, certes, subsistaient, Paris était loin d'avoir complètement abandonné sa politique précédente, mais Bonn et Paris retrouvaient un terrain de dialogue fructueux, et, pour la première fois depuis longtemps, le problème d'une politique européenne de sécurité et de défense allait être abordé en face.

---

14. *Verbatim III, op. cit.*, pp. 419-421 et 422-429.
15. P. 449.

Maastricht, la PESC et leurs ambiguïtés

Le processus qui conduisit à Maastricht, on l'a vu, avait commencé avant la réunification, dès 1985. Cette année-là, la France et la RFA avaient proposé à leurs partenaires européens un projet de traité de coopération, incluant la politique extérieure et la sécurité. En outre, les deux pays suggéraient de relancer l'UEO (alliance militaire issue, rappelons-le, du pacte de Bruxelles de 1948 et des accords de Paris de 1954) et d'en faire une composante de la Communauté européenne. Mais, dès l'automne 1989, dans la perspective de la réunification imminente, Kohl se tourna vers Paris pour relancer le projet de 1985 [16]. Il s'agissait pour lui de faciliter l'acceptation de la réunification par les partenaires, en les rassurant par l'intégration toujours plus profonde de l'Allemagne dans un ensemble européen, de lier une Allemagne incertaine (quels seraient les équilibres politiques internes de celle-ci après la réunification ? Quel serait le poids de la SPD ? Personne ne pouvait le dire) et d'éviter toute tentation nationaliste chez ses compatriotes.

A Paris, on fut prêt à suivre à partir de mars 1990, puisque la relance de la construction européenne, avec une réunification allemande et une décomposition soviétique toutes deux beaucoup plus rapides que prévu, apparaissait comme le seul moyen désormais de contrôler l'Allemagne. En même temps, les arrière-pensées restaient divergentes, comme le montrent les modalités différentes envisagées dans les deux capitales pour la future Europe de la sécurité.

Le 6 décembre 1990, Kohl et Mitterrand adressèrent une lettre commune à leurs partenaires européens sur le thème de l'Union européenne, lettre qui évoquait déjà de nombreux thèmes (et même de nombreuses formules) du futur traité de Maastricht. En particulier, ils proposaient un élargissement

---

16. Teltschik, *329 Tage, passim.*

des compétences de l'Union européenne à la politique étrangère, qui devrait « évoluer vers une véritable politique étrangère commune », ainsi qu'une « véritable politique de sécurité qui mènerait à terme à une défense commune ». C'est dire l'ambition de ces propositions, qui renouaient avec le plan Fouchet pour la politique extérieure (l'expression de « politique étrangère commune » figurait dans le texte de janvier 1962) et allaient encore plus loin pour la défense (« défense commune », au lieu de « politique de défense commune »).

Mais on était en désaccord entre Paris et Bonn au sujet de deux points essentiels : la nature des liens entre la défense européenne et l'OTAN, et les procédures de décision en matière de politique extérieure et de défense de l'Union européenne, c'est-à-dire en fait le degré d'intégration de cette union. Paris voulait en effet établir une défense européenne reposant sur l'UEO, devenue le bras armé de l'Union européenne et donc juridiquement indépendante de l'OTAN, Bonn voulait plutôt former un « pilier européen » au sein de l'OTAN. On retrouvait là les arrière-pensées de part et d'autre, plus « européennes » d'un côté, plus « atlantistes » de l'autre, que nous connaissons bien. Le texte du 6 décembre était un compromis : on y trouvait à la fois les deux formules, celle de l'UEO, organe de l'union politique, et celle du « pilier européen » au sein de l'OTAN. La suite de la négociation devrait permette de trouver une formule définitive.

De même pour le processus de décision. Le chancelier Kohl, pour les raisons générales que nous avons vues et par conviction européenne, voulait quelque chose de très intégré, de quasi fédéral, avec des procédures de vote à la majorité qualifiée au Conseil des ministres de l'Union et un rôle important pour la Commission de Bruxelles. La France voulait quelque chose de beaucoup moins intégré, d'inspiration confédérale : les décisions en la matière seraient prises par le Conseil européen (des chefs d'État et de gouvernement) à l'unanimité. C'était toute l'ambiguïté de la position française : on voulait contrôler l'Allemagne dans un cadre européen, mais sans perdre sa propre liberté d'action, donc en conservant un droit de veto.

Un compromis particulièrement complexe entre les deux thèses figurait dans la lettre commune : les « principes et orientations » de la politique commune seraient définis par le Conseil européen à l'unanimité (conformément aux vues de Paris), mais ils seraient appliqués par le Conseil des ministres (Bonn) mais statuant à l'unanimité (Paris). Cependant, on pourrait décider (à l'unanimité) que les modalités d'application des politiques décidées pourraient être adoptées à la majorité, ce qui était une concession à Bonn mais ne rendait pas le système plus lisible.

Ces divergences allaient occuper toute l'année 1991, les Britanniques, les Espagnols et le Bénélux penchant plutôt pour les thèses allemandes concernant l'OTAN, les Italiens suivant les Français en faveur du développement de l'UEO, les Américains intervenant de leur côté dans le débat assez brutalement en février 1991 par une circulaire aux Européens rappelant leur attachement à l'OTAN.

La situation n'était pas simplifiée par l'attitude de la France envers l'OTAN cette année-là. En effet, Paris s'opposait à deux importantes réformes de l'Alliance, en cours d'élaboration : la formation de corps d'armée multinationaux regroupant des divisions de différents pays membres de l'OTAN et l'extension du rôle de celle-ci à des zones non couvertes par le Pacte atlantique (le « hors zone »). Or ces deux réformes étaient importantes pour adapter l'OTAN à la fin de la guerre froide, pour lui permettre de réorganiser ses forces en tenant compte de leur prochaine réduction numérique et d'étendre son action par exemple vers le Moyen-Orient et l'Europe orientale, là où les problèmes se posaient, plutôt que de continuer à préparer une maintenant bien improbable bataille en Allemagne. En outre, l'année précédente, François Mitterrand avait annoncé que les forces françaises en Allemagne quitteraient la RFA au plus tard en 1994. Il estimait sans doute que l'opinion allemande n'accepterait pas le maintien de troupes étrangères, même occidentales, après le départ des dernières troupes soviétiques en 1994. Mais on pouvait se demander aussi si Paris ne voyait pas là un moyen de précipiter une modification profonde de l'Alliance atlantique (il n'y aurait plus de forces d'un pays de l'OTAN dans un autre pays de l'Alliance) et en particulier de remettre en cause l'intégration sous commandement américain, ce qui correspondait tout à fait à la position de la France en matière de défense européenne.

En effet, François Mitterrand exposa celle-ci très clairement à l'École militaire le 11 avril 1991 : l'Union européenne dans le domaine de la politique étrangère et de la sécurité « entraînerait inéluctablement la création d'une capacité militaire propre européenne », ce qui provoquerait une modification profonde de l'Alliance atlantique. Malgré la participation de la France à la guerre du Golfe, on était toujours dans l'axe d'une Europe renforcée et plus indépendante des États-Unis. On se trouvait là devant un ensemble cohérent, mais qui déplaisait souverainement aux États-Unis et aux Britanniques, les Allemands, comme nous allons le voir, cherchant à jouer un rôle de médiateurs [17].

En même temps, les Français exigeaient, en échange de l'union politique pour laquelle les Allemands étaient demandeurs, une union économique et monétaire, afin d'échapper par là à la tyrannie des taux d'intérêt allemands, encore plus élevés avec les conséquences économiques de la réunification. Bonn finit par accepter, bien à contrecœur, mais exigea alors, et obtint, que la future monnaie commune fût gérée par une banque centrale indépendante ayant la stabilité monétaire comme premier objectif, alors que Paris aurait voulu que la banque centrale européenne fût chapeautée par un Conseil des ministres de l'Économie votant à l'unanimité et sans doute plus ouvert à d'autres considérations que la seule stabilité monétaire... On voit que toute la problématique européenne actuelle était dès lors en place.

---

17. Georges-Henri Soutou, « La France et les bouleversements en Europe, 1989-1991, ou le poids de l'idéologie », *Histoire, économie et société*, 1994/1.

Le compromis entre les thèses françaises et allemandes fut proposé au cours de l'été 1991 par la RFA, à la suite d'intenses consultations entre Bonn, Washington et Londres, Bonn jouant toujours son rôle de médiateur entre Paris et l'Alliance [18]. Ce compromis aboutit à une nouvelle lettre de Kohl et Mitterrand à leurs partenaires européens, le 16 octobre 1991 [19]. Cette lettre était très semblable à celle du 6 décembre 1990, mais avec une différence essentielle : il était désormais spécifié que l'UEO entretiendrait des liens très étroits avec l'OTAN. Elle serait à la fois la composante de défense de l'Union européenne et le pilier européen de l'OTAN. Cela donnait satisfaction aux partisans de l'Alliance et cela allait permettre de conclure le traité de Maastricht, mais, comme nous le verrons, cela n'en simplifierait pas l'économie.

Mais, par la même occasion, Paris avait proposé la création d'un corps franco-allemand de 35 000 hommes, ouvert aux autres partenaires et qui serait le cas échéant placé sous le commandement de l'UEO. Ce corps devait être officiellement décidé lors du sommet franco-allemand de La Rochelle en mai 1992. Il s'agissait évidemment pour Paris de constituer un premier noyau effectif de défense européenne en dehors de l'OTAN. Cependant, le problème de ses liens avec l'OTAN allait néanmoins se poser ; il n'a été résolu que récemment : l'Eurocorps peut être soit mis à la disposition de l'UEO, soit mis à disposition opérationnelle de l'OTAN. En fait, contrairement à ce que souhaitait Paris au départ, l'Eurocorps a été plutôt, pour finir, une étape du rapprochement de la France avec l'OTAN auquel nous venons d'assister (*cf.* l'épilogue de ce livre). On peut penser que c'était ce qu'avait prévu Bonn, et la raison pour laquelle la RFA avait accepté l'Eurocorps, toujours dans son jeu de conciliation entre les positions françaises et celles de l'Alliance.

Ajoutons ici que la RFA n'est pas un bloc : si la majorité

---

18. *International Herald Tribune* des 26-27 octobre 1991.
19. *Le Monde* du 17 octobre.

des responsables étaient, comme Kohl, partisans d'une défense européenne très étroitement unie à l'OTAN, d'autres étaient plus proches des thèses françaises et envisageaient une identité européenne de défense plus marquée. Avec, par la force des choses, un rôle important pour l'Allemagne [20]. A côté de cela, bien sûr, en particulier dans les milieux de l'opposition de gauche, beaucoup s'en tenaient à une lecture rigoriste de la loi fondamentale et refusait la perspective d'engagements de la Bundeswehr en dehors du territoire national, perspective évoquée par les discussions au sein de l'OTAN sur le « hors zone ». On peut penser que la volonté de Kohl de trouver des solutions de compromis entre Paris et Washington tenait aussi compte de ces aspects de politique intérieure : un consensus de tous les grands partenaires de sécurité de la RFA autour de l'organisation de la défense occidentale était bien utile pour limiter la contestation en Allemagne même. Ce qui n'empêchait pas le chancelier, une fois de plus, de poursuivre ses objectifs internationaux fondamentaux : la construction européenne, le maintien de l'Alliance atlantique, c'est-à-dire de la présence américaine en Europe, dans des circonstances qui n'avaient plus rien à voir avec celles de 1949 (n'a-t-on justement pas prédit ici et là, après 1990, une crise prochaine de l'OTAN ?) et, pourquoi pas, un rôle stratégique accru pour la RFA maintenant dégagée de la menace soviétique et de la présence de troupes russes en Allemagne. Et qui, depuis la réunification, dispose d'un commandement militaire national, ce qui n'était pas le cas auparavant (les accords de Paris de 1954 plaçaient en effet dès le temps de paix toutes les forces allemandes sous le commandement de SACEUR).

En novembre 1991, le Conseil atlantique qui se tint à Rome fixa le compromis auquel Bonn avait tant travaillé : tous les participants, y compris les États-Unis, reconnaissaient « l'identité européenne de défense », vieille revendication française.

---

20. *Le Monde* du 2 avril 1991.

Sur le plan des principes et dans l'état d'esprit très « atlantiste » de certains des partenaires de l'OTAN, c'était beaucoup. L'UEO serait à la fois le bras armé de l'Union européenne et le pilier européen de l'OTAN. Mais il était entendu que l'OTAN restait le lieu de discussion et de décision le plus important pour la sécurité des États membres. Ces compromis, d'ailleurs difficiles à traduire en termes pratiques, organisationnels et opérationnels, permirent la conclusion un mois plus tard, le 9 décembre, du traité de Maastricht.

Celui-ci comportait un Titre V consacré à la politique extérieure et à la défense et était accompagné d'une « Déclaration des États membres de l'UEO ». Cette dernière, quoique n'ayant pas la même portée juridique que le traité, était capitale elle aussi, car elle portait sur les rapports entre la défense européenne et l'Alliance atlantique, question évidemment essentielle. Ces textes reprenaient, en ce qui concernait la politique extérieure et de sécurité commune (PESC), les propositions issues des négociations franco-allemandes : une « politique étrangère et de sécurité commune », et « la formulation à terme d'une politique de défense commune qui pourrait conduire à terme à une défense commune, [...] une véritable identité européenne de sécurité et de défense [...] élaborée progressivement selon un processus comportant des étapes successives ». L'instrument de cette politique de défense était l'UEO qui devenait « partie intégrante » de l'Union européenne laquelle se trouvait ainsi dotée d'un traité d'alliance militaire et d'un embryon d'organisation, c'est-à-dire effectivement d'une dimension stratégique qui lui manquait jusqu'ici.

Les procédures seraient celles que j'ai indiquées plus haut : grandes orientations fixées par le Conseil européen à l'unanimité, exécutées par le Conseil des ministres statuant à l'unanimité mais qui peut décider à l'unanimité de recourir par la suite au vote majoritaire. Pour la défense commune, l'UEO serait l'agent d'exécution : elle serait liée à la fois à l'Union européenne et à l'OTAN.

On a tout dit sur la lourdeur de ce système. Le contenu de

la politique de défense n'était d'ailleurs pas défini : comprendrait-elle en particulier la mise sur pied des forces et leur commandement opérationnel, la défense territoriale, le renseignement, la mobilisation industrielle, la recherche militaire, la législation correspondant au temps de guerre ou à l'état d'urgence ? Outre la complexité et l'inefficacité probable des procédures en cas de crise, une série de problèmes se posaient : tous les membres de l'Union ne faisaient pas partie de l'UEO ; les rapports respectifs de l'UEO, de l'Union et de l'OTAN n'étaient pas définis, il était seulement dit que tout cela devait être « compatible » ; les politiques de défense nationales (en fait la dissuasion française et la britannique) et les accords bilatéraux étaient également reconnus. En fait, tout cela était le résultat des compromis que nous avons vus, et de toute évidence restait inachevé. C'était si clair qu'une révision était prévue en 1996 (c'est l'objet de l'actuelle conférence intergouvernementale), afin en particulier de rationaliser les procédures et de définir les liens entre l'UEO et l'OTAN.

Plus immédiatement utiles sans doute étaient un certain nombre de dispositions techniques concernant l'UEO : création d'une cellule de planification, d'une Académie européenne de sécurité et de défense, à terme d'une agence européenne des armements, rencontres entre chefs d'État-major de l'UEO, mise à la disposition de celles-ci d'unités militaires. Tout cela était sans doute plus modeste que les projets de défense commune, mais pouvait constituer la base d'une coopération concrète, de toute façon indispensable pour l'avenir.

Hormis cela, on remarquera que le problème n'avait guère évolué depuis les discussions sur le plan Fouchet en 1961-1962. La France voulait l'identité européenne de défense, en marge de l'Alliance atlantique. La plupart de ses partenaires étaient surtout soucieux de ne pas compromettre l'OTAN. On est là au cœur des arrière-pensées réciproques ; les rédacteurs des textes de Maastricht ont simplement juxtaposé les conceptions des uns et des autres : la politique de défense devra être « compatible » à la fois avec les politiques nationales, comme la dissuasion française, avec l'identité européenne, avec l'intégration atlantique.

Une fois de plus, Maastricht était considéré par ses rédacteurs eux-mêmes comme un compromis provisoire, à réviser et à préciser dès 1996. En fait, Maastricht, pouvait conduire à trois solutions différentes en matière de défense, ayant chacune sa logique. Soit une coopération européenne reposant sur les États, accompagnée d'une profonde réforme de l'OTAN permettant l'apparition effective d'une véritable personnalité européenne de défense : c'était la solution que préconisait la France en fait depuis 1960. Soit une solution de type fédéral, dont on trouve également les prémices dans Maastricht, avec les possibilités de vote à la majorité et l'insistance sur le passage ultime à une « défense commune » : c'était la solution que souhaitait l'Allemagne ou en tout cas son chancelier, qui déclara quelques jours après Maastricht devant le Bundestag que « l'unification politique » de l'Europe était désormais inéluctable et qu'il était désormais « impossible de revenir au concept de l'État-nation [21] ». Mais bien sûr la troisième possibilité était que tout le monde, y compris la France, revienne tout simplement dans le giron de l'OTAN, tout au plus dotée désormais d'un « pilier européen ». L'OTAN était en effet constamment rappelée dans les textes de Maastricht, et la défense européenne devrait être « compatible » avec elle [22].

La suite, comme nous le verrons dans le chapitre-épilogue,

---

21. *International Herald Tribune*, 14/15 décembre 1991.

22. Sur la problématique de la défense de l'Europe après Maastricht, cf. Yves Boyer (éd.), *Les Européens face aux défis d'une politique de sécurité commune, Les Cahiers du CREST,* juin 1992 ; Dieter Mahncke, *Les Paramètres de la sécurité européenne,* Cahiers de Chaillot (Institut d'études de sécurité de l'UEO), septembre 1993 ; Peter Schmidt, *Le Couple franco-allemand et la sécurité dans les années 90 : l'avenir d'une relation privilégiée,* Cahiers de Chaillot, juin 1993 ; David Yost, *Les États-Unis et la sécurité européenne,* CREST, septembre 1992 ; *The Changing Franco-American Security Relationship,* US-CREST, 1993.

allait se jouer entre ces trois possibilités. On pouvait facilement prévoir que la France allait avoir beaucoup de mal à faire triompher ses thèses, alors qu'elle n'y était pas arrivée dans le passé dans des circonstances plus favorables pour elle et malgré des occasions qu'elle n'avait pas su saisir. La solution fédéraliste heurtait quand même trop Londres et Paris, et rencontrait, même en RFA, de nombreuses oppositions. Restait l'OTAN pour l'essentiel de la sécurité de l'Europe, avec le développement de solidarités européennes « à la carte » dans certains domaines pratiques. Mais le grand projet français, poursuivi sous des formes diverses depuis 1957, repris avec de Gaulle, repris avec Mitterrand, d'un couple franco-allemand conduit par la France pour construire une défense européenne alliée aux États-Unis mais indépendante d'eux, ce projet a échoué.

Épilogue

Ce récit est finalement celui d'un échec : malgré les projets des Français, et à certains moments l'intérêt des Allemands, il n'y a pas eu pour finir et il n'y a toujours pas de communauté stratégique entre les deux pays, et l'expression de couple franco-allemand apparaît, au moins dans ce domaine, très excessive. En même temps je pense avoir montré qu'à certains moments les choses sont allées plus loin qu'on ne le croit souvent, et que d'une façon générale cette affaire n'a pas été secondaire ou épisodique, mais a constitué un problème permanent très important de la politique extérieure et de la politique de sécurité des deux pays. Il faut se garder là d'un scepticisme rétrospectif exagéré : à certains moments, en 1957, en 1962, en 1987-88 on n'a pas été si loin d'un grand accord politico-stratégique franco-allemand.

Les intérêts communs objectifs des deux pays dans ce contexte ont été en effet et restent importants. D'abord un intérêt politique et psychologique, vis-à-vis de leurs opinions publiques et du monde extérieur : quelle meilleure preuve du sérieux de la réconciliation entre les deux pays et de leur communauté de destin désormais que la possibilité de parler ensemble de défense, le sujet le plus sensible ? Guy Mollet, Félix Gaillard, puis de Gaulle, et en face d'eux Adenauer, plus tard Kohl et Mitterrand ont été sensibles à cet aspect des choses. Ne sourions pas : la multiplication de manœuvres de la *Bundeswehr* en France, sans jamais le moindre incident, la présence de dizaines de milliers de jeunes conscrits français en RFA, les exercices en commun, les contacts d'état-major, tout cela n'a pas été sans conséquences importantes en profondeur.

En même temps, sur le plan stratégique, face à l'URSS hier, face à d'autres menaces ou risques aujourd'hui, les intérêts communs des deux pays, qui ne constituent qu'un seul espace stratégique, aux relations culturelles et intellectuelles étendues, aux économies largement interpénétrées, au système politique et à l'organisation sociale certes différents mais compatibles, ont paru et paraissent évidents.

Néanmoins il est clair que d'autres intérêts (réels ou supposés) ont chaque fois empêché d'aller très loin dans la voie du rapprochement stratégique. Quels ont été les principaux points d'achoppement dans cette histoire des rapports politico-stratégiques franco-allemands depuis les années 50? Leur identification et leur analyse doivent en effet permettre de faire le point, maintenant que les conditions internationales ont été si profondément modifiées par rapport à la Guerre froide, et doivent nous inviter à envisager les possibilités futures.

On pense ici en particulier au problème nucléaire, aux rapports avec l'OTAN et avec les États-Unis, aux difficultés de la coopération en matière d'armements, aux divergences à propos de l'organisation de l'Europe, aux arrière-pensées françaises de contrôle du couple franco-allemand, aux nouvelles divergences apparues face aux problèmes nés après la chute du communisme en Europe.

Le nucléaire

Nous avons vu apparaître à plusieurs reprises dans cette histoire une contradiction entre la stratégie française de dissuasion nucléaire du faible au fort, d'essence rigoureusement nationale, et la solidarité militaire avec l'Allemagne, l'Europe et l'Alliance atlantique. Cette contradiction a été l'un des obstacles essentiels au développement d'une coopération stratégique réelle avec Bonn, pendant toute cette époque de la Guerre froide où les armes nucléaires étaient au cœur de toute stratégie face à l'URSS. Le problème nucléaire étant aggravé en ce qui concerne la RFA par celui que posait très directement l'emploi éventuel de l'ANT française sur le sol allemand.

Une réponse apportée par les Français à différents moments a été la notion « d'intérêts vitaux » plus étendus que le sanctuaire national, voire la notion de « sanctuaire élargi », reposant sur l'idée qu'un adversaire ne pourrait pas ne pas tenir compte dans ses calculs de l'engagement possible d'une puissance européenne nucléaire comme la France, directement liée à ses voisins. Mais au-delà de ce principe d'incertitude il n'avait jamais été question de « partager » la dissuasion avec les partenaires allemands et européens, tout au plus de l'étendre, de l'« octroyer »... Au début de 1992, François Mitterrand évoquait la possibilité de mettre l'arme nucléaire française au service de la défense européenne, sans toutefois la partager, dans des termes rappelant par exemple ceux qu'utilisait de Gaulle dans ses conversations avec Adenauer. Mais il était au fond très réservé : le 5 janvier 1995, devant les chefs militaires, dans sa dernière intervention publique sur cette question, François Mitterrand revenait en arrière et déclarait qu'il n'était pas question d'étendre à l'Europe la stratégie française de dissuasion. Pour voir apparaître une dissuasion européenne, il faudrait identifier des « intérêts communs » : c'était « un travail pour le siècle prochain »[1].

Certains pensaient pourtant à Paris que le volet défense de Maastricht ne pourrait se développer et sortir de l'abstraction que si on abandonnait les tabous et si on parlait sérieusement du nucléaire avec les partenaires. En janvier 1995, Alain Juppé, alors ministre des Affaires étrangères, avait utilisé

---

1. *Le Monde* du 7 janvier 1995.

pour la première fois l'expression de « dissuasion concertée » pour évoquer le dialogue stratégique nécessaire entre la France et l'Allemagne, y compris sur le plan nucléaire. Paris relança cette idée à la suite des remous provoqués par la reprise des tests nucléaires, annoncée par le président de la République en juin 1995. M. Juppé, devenu entre temps premier ministre, développa cette formule dans un important discours prononcé devant l'IHEDN le 7 septembre 1995 [2]. Il soulignait lui-même, et nous savons combien il avait raison, que sous des appellations différentes le concept d'une dissuasion française élargie aux voisins de notre pays et en particulier à l'Allemagne n'était pas nouveau. Nous avons vu en effet que l'idée de « sanctuaire élargi » a été évoquée publiquement dès les années 70, et que le général de Gaulle, sans utiliser l'expression, avait conçu l'idée de la « dissuasion élargie », que l'on pourrait qualifier de « dissuasion octroyée », et même semble-t-il celle de la « dissuasion concertée ». Rappelons néanmoins immédiatement que pour cette dernière, qui représenterait un pas supplémentaire dans la coopération stratégique entre la France et ses alliés, il mettait une condition préalable essentielle : la constitution d'une personnalité européenne de défense et d'une véritable communauté stratégique franco-allemande.

Cependant, la crise provoquée par la reprise des tests nucléaires français pendant l'été 1995 a montré les limites d'un dialogue nucléaire avec la RFA. Passons sur les réactions de l'opinion allemande, encore qu'elles soient symptomatiques de certains préjugés anti-français que l'on croyait dépassés. Mais dans les milieux politiques l'attitude est en général négative, réservée ou ambiguë. A gauche la réaction la plus répandue est sans doute celle qu'a exprimée le député socialiste Freimut Duve dans *Le Monde* du 24 août 1995 à propos des armes nucléaires françaises dans le cadre de la « dissuasion concertée » :

----

2. Publié dans la revue *Défense nationale*, novembre 1995.

« Aurions-nous un droit de regard ou même de codécision sur leur utilisation ? L'Allemagne a une fois pour toutes renoncé à l'arme nucléaire, et se considère aujourd'hui, par-delà les différences partisanes, comme le moteur de la non-prolifération. Dans cette optique, la concertation ne pourrait que signifier que l'Europe organise en commun son renoncement à cette technique militaire inadaptée à l'époque. »

Mais dans les milieux gouvernementaux, malgré la correction du chancelier Kohl dans l'affaire de la reprise des tests nucléaires et la promesse d'étudier le moment venu les propositions françaises, on constate que le ministre des Affaires étrangères Klaus Kinkel déclara que l'Allemagne ne voulait pas être impliquée dans les forces nucléaires d'un autre pays, « même par l'entrée de service ». Et le ministre de la Défense Volker Rühe expliqua qu'en dehors de la perspective encore lointaine d'une véritable défense européenne, la force nucléaire française ne pourrait pas être autre chose qu'une force de dissuasion purement nationale [3].

D'autres membres de la majorité au pouvoir à Bonn certes accueillirent au contraire avec satisfaction la proposition française. Wolfgang Schäuble, président du groupe parlementaire démocrate-chrétien, par exemple, ou encore Karl Lamers, porte-parole du même groupe pour la politique étrangère. Et les diplomates allemands firent savoir semble-t-il que l'on pouvait concevoir, si Paris en faisait la proposition, la constitution d'un groupe de travail tripartite franco-germano-britannique (rappelons qu'un tel groupe existe entre Français et Anglais depuis 1992) qui étudierait par exemple les problèmes de doctrine nucléaire et les rapports avec l'OTAN, pour aboutir à une véritable coopération et à un « double parapluie » nucléaire, américain et européen [4].

---

3. Joseph Fitchett, *International Herald Tribune*, 9-10 septembre 1995, et Christian Müller, *Neue Zürcher Zeitung*, 9-10 septembre 1995.
4. Lucas Delattre et Daniel Vernet, *Le Monde*, 9 septembre 1995.

Mais très vite apparaissent deux problèmes essentiels de la « dissuasion concertée ». Tout d'abord, qu'entend-on exactement par là à Paris ? Il ne s'agit certes pas de partager la décision nucléaire elle-même, et les Allemands, même ceux qui sont favorables à la suggestion française, sont les premiers à dire qu'ils ne veulent pas d'un tel droit de codécision. Mais il s'agit sans doute d'étudier ensemble les doctrines, la planification stratégique, les hypothèses de recours à la dissuasion dans le contexte des crises internationales, etc. En fait, il s'agit de discuter en commun de tous les aspects essentiels de la défense et de la politique extérieure de la France et de ses partenaires (c'est d'ailleurs bien cela que le Général de Gaulle avait en tête par le plan Fouchet...). Mais là on est amené à constater que les partisans de la proposition française à Bonn sont en même temps les plus chauds partisans de l'évolution de la construction européenne dans un sens fédéral. Karl Lamers lui-même, par ailleurs très favorable au fédéralisme, a relié la proposition française au fait que la France, selon lui, s'est aperçue après la crise provoquée par la reprise des tests que « l'État-nation ne dispose plus aujourd'hui d'une souveraineté absolue [5] ». Mais si la PESC définie par le traité de Maastricht devait évoluer dans un sens fédéral, il est bien clair que malgré le maintien d'une décision purement nationale d'emploi de l'arme nucléaire la politique française de dissuasion changerait complètement de signification : on ne peut pas découpler la décision nucléaire, sur laquelle repose en dernière analyse la dissuasion, de l'ensemble des décisions et engagements politiques et stratégiques qui la précèdent. Comme le dit M. Lamers :

« Le cadre général de la dissuasion concertée... doit s'insérer dans la Politique étrangère et de sécurité commune, la PESC. La défense commune demande des organes politiques de décision et l'intégration de structures militaires. »

---

5. Jean-Paul Picaper, *Le Figaro*, 22 septembre 1995.

Est-on prêt, à Paris, à aller aussi loin, quand on évoque la « dissuasion concertée » ? Et l'exercice ne risque-t-il pas de déboucher sur de nouveaux malentendus franco-allemands, comme cela a été le cas finalement chaque fois que l'on a voulu mettre sur pied une communauté stratégique entre les deux pays ?

Il résulte de ce livre que la « dissuasion élargie » est une notion qui n'est pas contradictoire de la stratégie française de dissuasion, et qu'elle a été à certaines périodes affirmée par Paris, dont les intérêts vitaux ne se limitent évidemment pas à l'intégrité de son territoire. La force de frappe française est une réalité dont doit tenir compte tout adversaire potentiel et qui renforce la sécurité de l'Occident et de l'Europe. Cette situation a été reconnue par le Conseil atlantique d'Ottawa en 1974, et par l'UEO en 1987 et encore tout récemment. Elle correspond d'ailleurs aux engagements très contraignants de l'UEO, dérivée du pacte de Bruxelles de 1948, qui prévoit l'assistance des signataires « par tous les moyens en leur pouvoir : militaires et autres ».

En revanche la « dissuasion concertée », si les mots ont un sens, est une chose beaucoup plus difficile. Elle suppose une concertation très approfondie en amont, non seulement sur le plan stratégique mais aussi sur le plan politique, reposant sur des structures de coopération très développées. Elle suppose aussi un accord profond sur les directions stratégiques et sur la perception des menaces et des risques. Que ce soit par rapport à l'Est de l'Europe ou au sud de la Méditerranée, un tel accord n'existe pas actuellement entre Européens. Parler de dissuasion concertée revient dans ces conditions à mettre la charrue avant les bœufs. D'autre part force est de constater que nos partenaires ne sont pas demandeurs, et qu'ils ont tendance à penser (à tort, comme le montre notre historique et le fait que le Général lui-même avait envisagé quelque chose d'approchant) que Paris n'a imaginé cette formule que pour échapper aux critiques suscitées par la reprise des tests. Dans ces conditions et pour le moment, on ne voit

guère comment parler utilement de la « dissuasion élargie ».
Par la suite, on verra...

En effet dans l'immédiat et avec la disparition de la Guerre froide le problème nucléaire est moins urgent, de toute évidence pour le nucléaire tactique, et même pour le stratégique : il y a désormais de larges espaces de coopération conventionnelle possibles avec l'Allemagne et les partenaires européens avant de se préoccuper du nucléaire, de larges espaces qui correspondent aux problèmes concrets qui se posent et qui vont se poser à l'Europe dans la phase historique actuelle, et qui ne relèvent pas de l'atome. Pourquoi poser une question insoluble en l'état, qui ravive immédiatement les oppositions franco-allemandes, on l'a vu en 1995, et de toute façon peu actuelle ? Actuellement, et pour la première fois depuis 1954, le nucléaire n'est pas me semble-t-il un obstacle réel *direct* au dialogue stratégique franco-allemand.

En même temps il ne constitue pas non plus un atout : si dans certains milieux français on voit reparaître l'idée que la France, en « apportant » son nucléaire à l'Europe, pourrait en échange obtenir de ses partenaires quelque chose, que ce soit sur le plan de la PESC ou même sur celui de l'Union économique et monétaire [6], ce genre de marché me paraît parfaitement théorique : nos partenaires, et d'abord les Allemands, sont actuellement soit indifférents, soit hostiles au nucléaire, et en particulier au nucléaire français.

---

6. Cf. sur ce point un excellent article de David Yost, « France's Nuclear Dilemmas », *Foreign Affairs*, janvier-février 1996.

Les relations nucléaires franco-américaines :
retour de l'option américaine

D'autre part le nucléaire reste à mon avis un obstacle *indirect* considérable à l'apparition d'une véritable communauté stratégique franco-allemande. En effet le nucléaire reste en soi bien entendu fort important[7] : il existe de par le monde des puissances nucléaires, proclamées ou non, en nombre croissant, qui ne sont pas toutes à la fois stables et pacifiques. Le problème nucléaire pourrait parfaitement se reposer à l'Europe avec acuité dans le futur. Et la France, dans la réforme actuelle de son système militaire, n'a pas réduit la place du nucléaire, auquel incombe plus que jamais la garantie du territoire national.

Mais en même temps Paris, après une ultime série de tests dans le Pacifique en 1995-1996, a décidé que ce serait la dernière : les installations sont en cours de démantèlement, et dans les négociations toujours en cours sur le renouvellement du traité de non-prolifération de 1968[8], la France a pris parti pour l'interdiction absolue de tous les tests nucléaires, même les plus limités, amenant les autres puissances à la suivre, alors que nombreux parmi les responsables américains étaient ceux qui auraient préféré conserver la possibilité de procéder à des « mini-tests ».

Or il est bien évident que l'on va malgré tout devoir continuer à s'assurer de la fiabilité des armes existantes et continuer à développer des armes nouvelles. Certes, on a annoncé parallèlement le développement des techniques de simulation. Mais celles-ci à elles seules ne peuvent totalement se substituer aux tests effectifs[9]. On en revient donc à l'« option

---

7. Bruno Tertrais, *L'Arme nucléaire après la Guerre froide*, Paris, Economica, 1994.

8. Sur la problématique de ces négociations cf. *Politique étrangère*, 3/1995, et *Défense nationale*, août-septembre 1995.

9. Sur cette question cf. le numéro hiver 1995/1996 de *Géopolitique*.

américaine », très souvent présente depuis le début de cette histoire et discrètement pratiquée depuis Pompidou : des échanges d'informations atomiques avec les États-Unis. Et en effet le 4 juin 1996 les deux pays ont signé un accord sur l'échange de données nucléaires, dans la perspective de l'arrêt des tests [10]. Ces échanges porteront semble-t-il sur les résultats des expériences faites par les lasers de grande puissance en construction dans les deux pays pour permettre la simulation de certaines réactions lors d'une explosion nucléaire, et également sur les données obtenues lors des tests nucléaires passés, qui sont indispensables pour pouvoir, tant bien que mal, se passer de nouvelles expériences. Or là les Américains ont une avance considérable (en nombre de tests et en nombre d'informations recueillies), et leurs données sont essentielles pour calibrer la simulation [11].

Loin de moi l'idée de critiquer l'accord du 4 juin : dans l'ensemble du contexte politique, stratégique, scientifique et technique, c'était sans doute la seule issue. Mais il faut bien comprendre que désormais, pour le nucléaire, les États-Unis sont pour nous un partenaire vital. Cela ne peut pas ne pas réagir sur le reste des problèmes de défense occidentaux, cela ne peut pas ne pas réagir sur les problèmes de l'Alliance atlantique, comme nous allons le voir, car cela ne peut que contribuer au rapprochement franco-américain en matière militaire auquel nous assistons depuis 1995. Et il est incontestable que ce rapprochement de la France avec l'Amérique et l'Alliance atlantique n'est pas sans conséquence pour les perspectives d'une défense européenne et d'un couple de sécurité franco-allemand. Or dans ces évolutions, sur lesquelles je vais revenir, le nucléaire joue son rôle : il pousse la France vers l'Amérique. Le fait que désormais, pour le nucléaire, la France ait noué un dialogue intime avec l'Amérique et dans une moindre mesure

---

10. *International Herald Tribune* et *Le Figaro* du 18 juin 1996.

11. A quel point cette avance est considérable, on en prendra conscience en lisant un texte diffusé par le laboratoire de Los Alamos en février 1987 : Robert N. Thorn, Donald R. Westervelt, *Hydronuclear Experiments*.

avec la Grande-Bretagne depuis 1992, relativise, me semble-t-il, les perspectives stratégiques franco-allemandes et constitue un obstacle *indirect* à leur développement. Cet obstacle n'est pas en lui-même insurmontable, puisqu'aussi bien les problèmes stratégiques immédiats et à court et moyen terme de l'Europe ne sont plus nucléaires, je l'ai dit. Cependant la différence entre pays nucléaires et non-nucléaires subsiste. Ne pas le dire, pour ne pas choquer, ou ne pas vouloir le reconnaître, ce qui est la position des Allemands pour des raisons évidentes, ne change rien à l'affaire et ne contribue en rien à permettre de surmonter la difficulté.

L'OTAN et le problème de l'identité européenne de défense

A la fin de l'année 1995 la stratégie de la France envers l'OTAN a connu un changement considérable. Depuis de Gaulle en effet la position de Paris était que l'émergence d'une véritable identité européenne de défense ne serait possible que par une réforme profonde préalable de l'OTAN. C'est pourquoi en 1966 la France avait quitté le commandement intégré : pour forcer, croyait-on, par cette décision unilatérale la réforme de l'OTAN et permettre ainsi l'émergence d'une Europe ayant sa personnalité en matière de défense. Après 1990 et la fin de la Guerre froide, on pensait même (c'était en particulier la position de François Mitterrand) que l'OTAN ne survivrait de toute façon pas à celle-ci.

Mais non seulement l'OTAN ne disparaissait pas, elle trouvait un nouveau rôle dans le contexte de l'après-guerre froide, par exemple en Bosnie ou dans l'établissement de relations avec la Russie (« partenariat pour la paix ») [12]. D'autre

---

12. Sur la problématique actuelle de l'Alliance atlantique, cf. un numéro capital de *Survival*, printemps 1996.

part l'expérience des négociations qui menèrent à Maastricht et de celles des années suivantes a montré une fois de plus que nos partenaires, et en particulier les Allemands, ne peuvent pas accepter d'être mis devant un choix entre Paris et Washington. Tout ce livre, à mon sens, prouve effectivement que les rapports stratégiques entre la France et sa voisine sont plus faciles quand les relations respectives des deux pays avec les États-Unis sont bonnes. Chaque fois que Paris l'a oublié, l'échec n'a pas manqué.

Fin 1995, Paris a donc procédé à une véritable révolution copernicienne : c'est en se rapprochant au préalable de l'OTAN que la France aurait le plus de chances d'en obtenir une réforme permettant l'apparition d'un « pilier européen ». Le 5 décembre 1995, la France annonçait que dorénavant le ministre de la Défense français ainsi que le chef d'état-major des armées participeraient aux travaux de l'Alliance. Certes, la France ne revenait pas dans le commandement intégré, mais le rapprochement était incontestable. En retour elle attendait de ses partenaires qu'ils acceptent enfin une réforme de l'OTAN permettant l'émergence d'un « pilier européen », et il ne s'agissait pas du tout pour Paris de rentrer purement et simplement au bercail, insistons là-dessus [13].

Mais Paris admettait désormais que l'on ne pourrait pas construire l'UEO, comme base de l'identité européenne de défense, en marge ou à côté de l'OTAN, comme on le prévoyait à l'époque de la négociation du traité de Maastricht : la seule formule acceptable pour les partenaires serait une interpénétration des deux organismes, évitant toute séparation. C'était une importante concession de la part de la France, et la reconnaissance du fait que, comme je l'ai montré dans le chapitre précédent, les dispositions de Maastricht concernant l'UEO, fruit de compromis multiples, étaient

---

13. Claire Tréan, *Le Monde*, 8 décembre 1995 ; William Pfaff, *International Herald Tribune*, 31 janvier 1996 ; Olivier Debouzy, « France-OTAN : la fin de l'autre guerre froide », *Commentaires*, 74, été 1996.

contradictoires et peu réalistes [14]. Cependant on pouvait évidemment se demander si dès lors l'« identité européenne de défense » sortirait de l'exercice réellement renforcée...

Néanmoins, les ambitions et attentes françaises restaient considérables : elles furent exprimées par Jacques Chirac lors de sa visite aux États-Unis en février 1996. Il fallait définir de nouvelles missions pour l'Alliance, afin de tenir compte de la disparition de la menace soviétique. Il fallait une réforme permettant l'émergence, au sein de l'Alliance, d'une identité européenne de défense. Cette réforme devrait en particulier « permettre aux alliés européens d'assurer pleinement, en s'appuyant sur les moyens de l'OTAN, leurs responsabilités, là où les États-Unis n'estimeront pas devoir intervenir avec leurs troupes terrestres », c'est-à-dire que les Européens devraient pouvoir utiliser les matériels et la logistique de l'OTAN pour des opérations auxquelles les États-Unis ne participeraient pas.

Finalement, après de difficiles négociations, on parvint au compromis lors de la réunion du Conseil atlantique à Berlin, le 3 juin 1996. Le communiqué final reconnaissait « l'identité européenne de défense au sein de l'Alliance ». Il admettait la possibilité pour l'UEO de conduire des opérations avec les moyens de l'OTAN mais sans participation des forces américaines. Pour cela les moyens et les chefs européens seront identifiés dans l'Alliance, avec une « double casquette » OTAN-UEO, afin de permettre à l'UEO de mener sa propre planification et ses exercices et éventuellement ses opérations. Les commandements seront réformés afin de permettre cette évolution, et le concept très souple et « à la carte » de « groupes de forces interarmées multinationales » devra permettre de mener le cas échéant des opérations européennes avec les moyens de l'OTAN mais sans les États-Unis.

Mais, en échange de cette reconnaissance théorique et pra-

---

14. Cf. sur ces problèmes Mathias Jopp, *The Strategic Implications of European Integration*, Adelphi Paper 290, Londres, IISS, 1994.

tique par les Américains de l'identité européenne de défense, il était entendu que l'UEO et ses moyens ne se séparaient pas de l'OTAN (« séparables mais non séparés ») et que la chaîne de commandement aboutissant à SACEUR, chef américain commandant également les forces américaines en Europe, subsistait entièrement tant qu'une opération propre à l'UEO n'était pas mise sur pied, l'OTAN et l'UEO devant conserver l'une par rapport à l'autre la plus totale « transparence ». D'autre part la France prenait l'engagement de reprendre sa place dans toutes les structures de l'OTAN et d'abandonner son statut particulier quand la réforme de l'Alliance (en principe en décembre 1996) serait réalisée. Enfin et surtout l'acceptation des missions propres à l'UEO, et donc la possibilité d'utiliser les moyens de l'OTAN, dépendra d'un vote unanime du conseil de l'Alliance, donc de l'accord des Américains. Ajoutons enfin que beaucoup de détails très importants restent à régler, comme la question cruciale d'un adjoint européen à SACEUR, qui pourrait le cas échéant prendre le commandement d'une opération de l'UEO [15]. Comme l'écrivait Joseph Fitchett dans l'*International Herald Tribune* du 4 juin, « les forces armées américaines, qui tiennent à leur contrôle de l'OTAN, sont assurées que la Communauté européenne ne formera pas une instance ou un commandement séparé au sein de l'Alliance ». A première vue, mais on va y revenir, l'expression de l'identité européenne de défense au sein de l'OTAN restera étroitement circonscrite.

Bien entendu à Paris on se montre plus optimiste. La France se prépare à rejoindre certains des organes de l'Alliance dans lesquels elle ne siégeait plus depuis 1966 (conseil de défense des ministres, et conseil militaire des chefs d'état-major) et on commence à s'interroger sur le grand commandement de l'OTAN qui pourrait lui être confié, dans le cadre

---

15. Cf. le communiqué final du conseil des ministres de l'OTAN du 3 juin 1996, et l'*International Herald Tribune* du 4 juin, qui décrit bien l'historique des dernières négociations et l'équilibre du compromis. Voir également Daniel Vernet dans *Le Monde* du 4 juin 1996.

de la réforme en cours de celle-ci [16]. Et aux yeux des dirigeants français il y a une profonde logique interne entre la réforme radicale du système national de défense, annoncée en février 1996 et reposant sur la professionnalisation de forces projetables à l'extérieur, la réforme de l'OTAN et le souci de développer l'UEO comme bras armé de l'Union européenne. La création de forces françaises de projection très mobiles correspond au nouveau paysage stratégique : les menaces ne sont plus aux frontières de la France, elles sont à la périphérie de l'Europe. Avec ses nouveaux moyens, plus adaptés, la France pourra jouer pleinement son rôle dans l'Europe de la défense, et, dans une Alliance atlantique rénovée, un rôle dirigeant, aux côtés des États-Unis, de la Grande-Bretagne, de l'Allemagne. Pour certains, c'est enfin la possibilité de réaliser dans les conditions actuelles ce que voulait faire de Gaulle en son temps. On abandonne la lettre (le retrait de 1966) pour mieux retrouver l'esprit du gaullisme [17].

Les lecteurs de ce livre ne pourront pas dénier à ce projet sa cohérence, ni son inscription dans une continuité fondamentale, ni le fait qu'il a permis, pour la première fois, d'aboutir à un compromis avec nos partenaires. Mais en même temps sa réalisation sera difficile. En effet tout le monde n'interprète pas de la même façon le compromis atlantique du 3 juin. Pour les Britanniques, les missions que l'UEO pourrait accomplir seule se limiteront à l'aide humanitaire, ce qui est vraiment très limité. Pour les Allemands, c'est toujours d'abord l'OTAN qui compte [18]. Quant aux Améri-

---

16. Jacques Isnard, *Le Monde* du 13 juin 1996.

17. Article de Debouzy déjà cité ; discours de Jacques Chirac devant les ambassadeurs français à l'étranger, le 31 août 1995, service de presse de la présidence de la République ; discours de Jacques Chirac à l'IHEDN le 8 juin 1996, *Défense*, juin 1996 ; Charles Millon, « Vers une nouvelle alliance », *Le Monde* du 11 juin 1996 ; Daniel Vernet, « La révolution stratégique chiraquienne », *Le Monde* du 8 juin 1996.

18. Lucas Delattre et Daniel Vernet, *Le Monde* du 5 juin 1996.

cains, ils ont toutes raisons d'estimer qu'ils restent en tête de la défense et de la sécurité de l'Europe, plus même que jamais. Outre les gardes-fous juridiques du compromis du 3 juin que nous avons relevés, ils rappellent que, comme en Bosnie actuellement, la plupart des moyens lourds ou de technologie complexe (avions de transport à grande capacité, moyens de communication et d'observation, etc.) dont auraient besoin les Européens ne sont pas en fait des moyens de l'OTAN, qui ne possède en propre que peu de chose, mais des moyens américains. Et cela risque d'être encore plus vrai à l'avenir, avec la révolution technique en cours dans les armements, où les États-Unis ont une sérieuse avance [19]. Les pays démocratiques ne peuvent plus de nos jours envisager que des conflits (en tout cas s'agissant de conflits extérieurs) ne provoquant que très peu de pertes dans leurs rangs. Pour parvenir à l'emporter dans ces conditions, dues aux médias et à l'évolution des mentalités, il faut posséder une surabondance de moyens militaires faisant appel aux technologies les plus sophistiquées. Seuls les Américains en disposent, à un point qui n'est que rarement perçu en Europe, en qualité et en quantité [20].

Comme je l'avais écrit dans le chapitre précédent, Maastricht pouvait déboucher soit sur une identité européenne de défense, soit sur l'OTAN. A la lumière de tous les enjeux et de tous les précédents que nous avons vu depuis le début de cette histoire, la balance du compromis du 3 juin me paraît pencher pour le moment plutôt vers la deuxième formule. Certes, cette situation a sa logique : une entente avec les partenaires et en particulier l'Allemagne n'était sans doute pas possible sur d'autres bases. Et rappelons le poids du problème nucléaire : est-ce par hasard si l'accord franco-américain sur les échanges d'informations nucléaires a été

---

19. Philip H. Gordon, « Europeanization of NATO : A Convenient Myth », *International Herald Tribune*, 7 juin 1996, et *IHT* du 30 juillet.

20. On lira avec profit sur ce point Pierre M. Gallois, *Le Sang du pétrole. Irak*, Lausanne, L'Age d'Homme, 1996.

signé le lendemain de la réunion du conseil de l'OTAN à Berlin, le 3 juin ? La position américaine avait toujours été que la coopération atomique avec la France dépendrait de l'attitude de celle-ci envers l'OTAN ! Là aussi la situation a sa logique : sur le plan nucléaire, on le sait bien maintenant, c'est avec Washington que nos rapports ont toujours été déterminants, sous la forme d'échanges scientifiques ou de ventes de certains matériels sensibles, que les États-Unis les acceptent ou les refusent. Et d'une certaine façon on retrouve dans la situation actuelle ce rapport direct franco-américain qui a presque toujours été souhaité par la France depuis 1948.

Enfin, dans les circonstances présentes, il est clair que la présence et l'engagement militaires américains en et pour l'Europe restent indispensables pour tout ce qui ne serait pas une petite crise très localisée, et qu'il ne serait pas raisonnable de risquer de compromettre la solidité d'une Alliance atlantique qui a fait la preuve de son efficacité et qui reste irremplaçable [21]. Mais on ne peut pas en rester simplement là à long terme : sans parler du fait qu'une Europe qui ne comprendrait pas un jour une dimension de défense et de sécurité resterait amputée de l'essentiel, les intérêts des Américains et ceux des Européens ne sont pas, et ne seront pas toujours identiques. Le projet à peu près constant des Français depuis les années 50 et 60 dans ce domaine (identité européenne de défense et réforme concomitante de l'OTAN) me semble toujours valable : il est plus facile à réaliser depuis le 3 juin, mais il ne l'est pas encore, et de loin. De bons esprits regretteront sans doute que l'occasion de la nécessaire réforme d'une OTAN elle-même toujours nécessaire n'ait pas été exploitée plus à fond dans ce sens.

---

21. François de Rose, *La Troisième Guerre mondiale n'a pas eu lieu. L'Alliance atlantique et la paix*, Paris, Desclée de Brouwer, 1995.

Les rapports militaires franco-allemands

D'autant plus que la relation franco-allemande pose des problèmes de fond qu'il convient de regarder en face. L'arrière-pensée essentielle et permanente depuis 1954 et même 1950 de la plupart des dirigeants français avait été que ce serait la France qui dominerait ou au moins conduirait le couple franco-allemand, l'Allemagne devant supporter les conséquences politiques et psychologiques de la division et d'un passé obéré, l'Allemagne n'ayant pas l'arme nucléaire, l'Allemagne n'ayant pas des intérêts « mondiaux ». Je n'aurais pas la cruauté d'insister sur le fait qu'après la réunification, et dans la profonde crise structurelle où se débat la France, car c'est bien ainsi qu'il faut l'appeler, les arrière-pensées de ce genre ne sont plus de saison. L'Allemagne n'a plus (si jamais elle l'a jamais vraiment eue...) l'intention d'être la seconde de la France ou de qui que ce soit.

D'une certaine façon cette nouvelle situation est beaucoup plus saine : on a vu qu'à différentes reprises les Allemands avaient fini par renoncer à un rapprochement politico-stratégique avec Paris qui par ailleurs pouvait les intéresser, parce que les arrière-pensées françaises étaient par trop évidentes. On ne construira rien de solide en Europe sur la base d'un *leadership* français sur la RFA (ou *vice versa...*) ou d'un *leadership* franco-allemand sur la Grande-Bretagne, sur l'Italie, sur l'Espagne, sur les pays du Benelux ou sur qui que ce soit. Remarquons à ce sujet au passage qu'à différents moments (1961-63, depuis 1990) des tendances à un rapprochement franco-allemand par trop exclusif ou à un « noyau dur » Paris-Bonn ont conduit les autres partenaires à faire bloc et à se rapprocher de Washington. Les intérêts nationaux bien entendu subsistent et gardent toute leur légitimité, mais ils n'ont une chance de se réaliser que si on sait les ajuster raisonnablement.

Mais force est de constater que jusqu'à maintenant cet assainissement historique, qui aurait pu favoriser dans les rapports franco-allemands une sorte de *catharsis* à laquelle ce livre tente modestement de contribuer, n'a pas eu d'effet. Disons-le franchement : les rapports entre les deux pays ne sont pas actuellement réellement intimes, malgré la mécanique toujours plus rapide des rencontres entre dirigeants, ni vraiment bons.

Tout d'abord sur le plan militaire. La profonde réforme du système militaire français annoncée au début de l'année 1996 a provoqué la mauvaise humeur de Bonn, parce qu'elle n'avait fait l'objet d'aucune concertation ni même d'aucune information, fût-ce au sein du Conseil de défense franco-allemand, parce qu'elle pose indirectement le problème du service militaire en RFA, problème politique délicat, parce que la transformation de l'armée française en force professionnelle très mobile paraît destinée aux yeux des Allemands à conforter l'ambition française de jouer un rôle « mondial » soit dans le cadre national, soit dans celui de l'Alliance rénovée, tandis que la RFA supporterait tout le poids de la garde des franges orientales de l'Europe [22]. L'ire allemande n'était pas apaisée par les réductions de crédits d'armements annoncées par Paris, qui s'est retiré du projet commun d'avion de transport lourd et qui a décidé d'importantes réductions des commandes de deux types d'hélicoptères franco-allemands. En outre il n'y avait plus semble-t-il de dialogue réelle entre les deux capitales pour préparer une position commune dans la préparation de la réforme de l'OTAN, en prévision de la réunion de Berlin en juin.

C'est pourquoi au sommet franco-allemand de Dijon du 5 juin 1996, le président Jacques Chirac et le chancelier Helmut Kohl tentèrent de prévenir l'aggravation des malentendus franco-allemands en annonçant en particulier la création d'un groupe de réflexion chargé de formuler un concept

---

22. Joseph Fitchett, *International Herald Tribune* du 30 mai 1996 ; Daniel Vernet, « Couacs franco-allemands sur la défense », *Le Monde* du 12 juillet 1996.

stratégique commun. Ce groupe, créé effectivement depuis, paraît d'ailleurs faire double emploi avec les organismes permanents du Conseil de défense franco-allemand. Le lecteur, qui se souvient que la recherche de conceptions stratégiques communes est une question qui revient par intermittences dans les relations franco-allemandes depuis maintenant quarante ans, éprouvera peut-être un certain scepticisme... En particulier, les Allemands voient toujours l'existence d'une menace venue de l'Est, et insistent en conséquence sur le maintien de relations stratégiques étroites avec l'Amérique pour la défense de l'Europe, alors que les Français réfléchissent désormais davantage en termes d'intervention sur des théâtres extérieurs, ce « hors zone » où les Allemands répugnent encore à s'engager.

Inversement, Bonn se trouve aussi renvoyée à elle-même, depuis l'amélioration des rapports franco-américains et le retour annoncé de la France dans tous les organismes de l'OTAN : avec une certaine dose de pharisaïsme, la RFA avait toujours reproché à Paris le retrait de 1966, tout en l'utilisant pour devenir le numéro deux de l'Alliance atlantique et pour édifier une relation spéciale germano-américaine. Maintenant, certains, à Bonn, au lieu de saluer le retour du fils prodigue, craignent que celui-ci n'affaiblisse le poids relatif de l'Allemagne au sein de l'Alliance. Les mêmes n'adhèrent pas totalement aux nouvelles orientations de « sécurité européenne active » et d'interventions préventives que se donne l'OTAN, missions pour lesquelles la RFA est « la moins préparée et la moins disposée », alors que la France l'est bien davantage [23]. Même si le Tribunal constitutionnel de Karlsruhe a décidé en 1994 que l'utilisation de la Bundeswehr hors de la zone OTAN était admissible, réglant ainsi un problème constitutionnel ancien. Si à Paris l'adaptation aux nouvelles réalités franco-allemandes n'est pas encore tout à fait ache-

---

23. Lucas Delattre et Daniel Vernet, *Le Monde* du 6 juin 1996.

vée, il y a à Bonn aussi des pans entiers d'« ancienne pensée » à éliminer...

D'autre part les Allemands sont beaucoup moins décidés que les Français à valoriser le compromis atlantique du 3 juin 1996 dans le sens de « l'identité européenne de défense », estimant que l'Europe ne peut rien faire en matière de défense sans les États-Unis, au moins dans le court terme. Il faut reconnaître en revanche, pour continuer à être équitable, que la nouvelle réforme militaire française risque de son côté d'affaiblir ce qui avait été jusqu'ici réalisé : le départ des 20 000 soldats français qui étaient en garnison en Allemagne (il n'en restera plus que 3 000) va évidemment réduire considérablement les échanges et manœuvres communes si nombreux depuis 1960, et qui étaient l'un des grands succès de la coopération militaire entre les deux pays. D'autre part la dissolution de la 1ère DB, qui était stationnée en Allemagne et qui faisait partie de l'Eurocorps, avec une division allemande voisine avec laquelle elle pouvait s'entraîner facilement, et qui sera remplacée sans doute par une autre division mais celle-là en garnison en France, ne pourra que rendre plus difficile la préparation opérationnelle de l'Eurocorps [24]. Or celui-ci, qui regroupe, à côté des divisions allemande et française, des unités belges, luxembourgeoises et espagnoles, avait atteint fin 1995 sa capacité opérationnelle, à la fin d'une importantes série d'exercices et de manœuvres. Fort de 50 000 hommes, pouvant intervenir soit sous le commandement de l'UEO, soit sous celui de l'OTAN (une série d'accords en ce sens ont été conclus en 1993) l'Eurocorps représente à ce jour le meilleur instrument de coopération militaire franco-allemande et européenne, et le plus concret. On a surtout retenu le défilé d'unités allemandes de ce corps le 14 juillet 1994 à Paris, mais il faut savoir que sa mise sur pied a été l'occasion de réflexions et de mises au point très fructueuses en matière de doctrines, de procédures, d'interopéra-

---

24. Christian Müller, *Neue Zürcher Zeitung* du 13-14 juillet 1996.

bilité des matériels et des transmissions. Son état-major peut soit commander une opération de l'Eurocorps lui-même, soit diriger une intervention multinationale de type humanitaire ou de type classique (éventuellement avec d'autres unités que celles qui font partie de l'Eurocorps) soit en Europe soit outre-mer [25]. Cette double capacité correspond tout à fait à l'organisation modulaire que les états-majors français et ceux de l'OTAN ont adoptée, après que les Américains aient fait la preuve de son efficacité. Il serait très dommage de risquer de compromettre ce capital, pierre d'attente pour une « identité européenne de défense » réelle, le moment venu.

Il est clair qu'actuellement tout est à nouveau en mouvement, en ce qui concerne aussi bien la défense occidentale que la défense européenne et les rapports stratégiques franco-allemands. Le compromis du 3 juin 1996 peut déboucher soit sur l'apparition progressive d'une véritable identité européenne de défense, soit sur un raffermissement définitif de l'OTAN sous direction américaine, la France rentrant au bercail et n'obtenant aucune réforme réelle en échange. Dans ce cas on peut penser que rapidement, et à nouveau, ce serait la relation bilatérale germano-américaine qui dominerait l'Alliance. Or la réforme des armées françaises, telle qu'elle va être menée, accompagnée du fait que pendant cinq ou six ans au moins leurs commandes de matériels vont être fortement réduites à cause de la conjoncture budgétaire et pour payer la professionnalisation, fait que la France ne disposera pas d'un instrument militaire pleinement opérationnel avant 2010. Il est probable que le poids de la France au sein de l'Alliance n'en sera pas accru, malgré sa disponibilité pour des opérations du type de la Bosnie. Si on tient compte de ce fait ainsi que des orientations de la plupart de ses partenaires, et en particulier des Allemands, il y a fort à parier que pour une longue période au moins c'est l'aspect « atlan-

---

25. Christian Müller, *Neue Zürcher Zeitung* du 2-3 décembre 1995, et Jacques Isnard, *Le Monde* du 1er décembre 1995.

tique » qui va l'emporter dans la mise en œuvre du compromis du 3 juin 1996. Les lecteurs de ce livre ne seraient sans doute pas étonnés par une telle issue...

Politique d'abord

Mais actuellement, en dehors de l'immense question de l'Union monétaire, qui sort du cadre cet ouvrage, le cœur de la problématique franco-allemande est bien sûr politique. Quelle Europe veut-on, dans le contexte de la conférence intergouvernementale en cours ? Est-ce une Europe très fédérale, autour d'un noyau dur essentiellement franco-allemand, telle qu'elle a été proposée par la CDU en septembre 1994 ? Europe qui semble bien avoir les préférences du chancelier Kohl, malgré certains signaux adressés ces temps-ci aux Français pour leur dire que l'on ne donne pas en Allemagne au concept de fédéralisme un sens aussi rigoureux qu'ils le croient [26]. Europe dont la matrice serait l'Union monétaire, qui aux yeux des responsables allemands a d'abord une finalité politique fédérale. Europe, disons-le, où le poids de l'Allemagne serait prédominant.

Ou est-ce, en matière de politique extérieure et de sécurité, une Europe reposant avant tout sur la coopération entre les États et beaucoup plus proche des conceptions du plan Fouchet, telle que la conçoit le gouvernement français ? La question est compliquée par le fait qu'il n'y a pas consensus national sur cette question dans chacun des deux pays. Les Français sont profondément divisés, aussi bien à l'intérieur de

---

26. Norbert J. Prill (proche conseiller du chancelier), « L'Europe, la souveraineté et le fédéralisme », *Le Monde*, 17 août 1996. Ceux qui ont vu fonctionner le fédéralisme allemand, en fait très centralisateur, de l'intérieur, seront certainement intéressés par les thèses modérées de l'auteur, mais pas totalement convaincus.

la gauche que de la majorité au pouvoir en 1996, sur le type d'Europe souhaitable. Et les Allemands aussi sont en fait fort divisés sur le sujet de l'évolution de l'Union européenne vers le fédéralisme. Beaucoup pensent qu'une construction de type interétatique, une « Europe des Nations », est la seule solution réaliste. Certes, une telle orientation permettrait sans doute de donner à la consultation stratégique franco-allemande un contenu plus modeste que ce qu'envisage la CDU dans son document de 1994, mais plus réaliste. Mais il ne faut pas se faire d'illusions : les Allemands partisans d'une « Europe des Nations » sont parfaitement conscients du rôle central de l'Allemagne désormais, et pour eux la relation stratégique essentielle est celle qui lie la République fédérale aux États-Unis [27].

Le dilemme qui se pose à la France dans sa relation politique et stratégique avec Bonn est désormais le suivant : ceux des Allemands qui partagent sa vision d'une reconstruction de l'Alliance atlantique sur deux piliers, un américain et un européen, sont en même temps partisans d'une Europe très intégrée, plus sans doute que ne le souhait Paris [28]. Avec une tendance historiquement et culturellement bien ancrée à considérer que l'Allemagne, c'est au fond le cœur de l'Europe [29]... Et pour ceux des Allemands qui se situent plus près de la conception française, davantage intergouvernementale, de l'Europe, la relation stratégique essentielle pour l'Allemagne est orientée vers Washington, pas vers Paris !

Il est évident que sur le plan institutionnel on trouvera des compromis, qui seront par la force des choses plus proches

---

27. Pour une illustration de cette orientation, on aurait intérêt à lire Hans-Peter Schwarz, *Die Zentralmacht Europas. Deutschlands Rückkehr auf die Weltbühne*, Berlin, Siedler, 1994.

28. C'est le cas de Karl Lamers ; voir ses déclarations au *Figaro* du 22 septembre 1995. Le document de la CDU de septembre 1994 dont il est en fait l'un des auteurs est à ce sujet très explicite.

29. Voir à ce propos un article passionnant de Karl Heinz Bohrer, « Europrovincialisme », *Revue des Deux Mondes*, 133, février 1992.

des thèses françaises, plus prudentes, que des thèses allemandes, ne serait-ce qu'à cause de la Grande-Bretagne, et
parce que Bonn devra bien se résoudre à comprendre qu'on
ne peut pas faire l'Europe sans les Européens, et parce que
beaucoup d'Allemands estiment au fond que leur pays peut
désormais jouer un rôle déterminant en Europe quel que soit
le type d'organisation de celle-ci. Mais plus profondément
encore, et au fond plus gravement, c'est sur les problèmes
fondamentaux du continent européen que Paris et Bonn ne
paraissent pas être vraiment d'accord, ni même entretenir un
véritable dialogue en profondeur. Je n'insisterai pas sur les
divergences d'interprétation fondamentales et bien connues
dans l'affaire yougoslave, où Paris a longtemps cru à la survie
du pays même après la mort de Tito, tandis que semble-t-il
les services secrets allemands ont joué la carte de l'indépendance croate dès 1971, la RFA imposant pour finir à ses partenaires la reconnaissance précoce et sans un minimum de
garanties de la Croatie en décembre 1991, rendant ainsi une
crise déjà très grave irréversible [30]. J'insisterai sur le fait qu'il y
a toujours une tendance très nette à Paris à voir les problèmes de nationalités en Europe centrale et orientale en
termes de droits démocratiques individuels au sein d'un État
de type jacobin transcendant les clivages ethniques, alors que
les Allemands raisonnent davantage en termes de droits collectifs des minorités. Depuis 1919 la France, au nom d'abord
de la résistance à la pénétration allemande en Europe orientale, puis au nom de la stabilité, a soutenu des États plurieth-

---

30. Erich Schmidt-Enboom, *Der Schattenkrieger*, Econ, 1995 ; Daniel
Vernet, Jean-Marc Gonin, *Le Rêve sacrifié*, Paris, Odile Jacob, 1994 ; Hans
Stark, « La France et l'Allemagne face à l'Est : le cas yougoslave », *Agir
pour l'Europe. Les relations franco-allemandes dans l'après-guerre froide*,
IFRI, 1995.

31. Bastiaan Schot, *Nation oder Staat ? Deutschland und der Minder-
heitenschutz*, Marburg, Herder Institut, 1988 ; Ghislain de Castelbajac,
mémoire de DEA sous ma direction sur « La France et les problèmes de
nationalités en Europe depuis 1989 », 1995.

niques relativement importants (comme la Tchécoslovaquie et la Yougoslavie), tandis que l'Allemagne soutenait plutôt une recomposition de la région sur des bases ethniques. Ce sont deux conceptions différentes, qui puisent leurs racines dans le XIXe siècle : la conception française repose sur la citoyenneté, selon la tradition de Jean-Jacques Rousseau et de Renan, l'allemande sur l'ethnicité, selon la tradition romantique [31]. Force est de constater qu'avec l'éclatement de la Yougoslavie et la dissolution de la Tchécoslovaquie c'est la conception allemande qui paraît actuellement l'emporter... Mais avant de futurs nouveaux désastres, une concertation franco-allemande en profondeur sur ces questions paraît urgente.

De même pour les relations envers la Russie, à l'égard de laquelle la RFA paraît se montrer nettement plus méfiante que la France [32], avec les conséquences qui en découlent pour le problème de l'élargissement de l'OTAN aux pays de l'Europe de l'Est et celui de l'architecture de sécurité européenne (OSCE, Partenariat pour la paix, etc.). En effet Bonn insiste plutôt sur l'élargissement de l'OTAN vers l'Est le plus loin et le plus vite possible, et se soucie particulièrement de la sécurité des États baltes face à la Russie [33], Paris insiste plutôt sur l'intégration de cette dernière dans l'architecture européenne de sécurité, dans le cadre d'un renforcement de l'OSCE (organisme issu de la CSCE, elle-même issue de la conférence d'Helsinki de 1975, et qui regroupe tous les États européens, y compris la Russie, ainsi que les États-Unis et le Canada) [34].

---

32. Lothar Rühl, « Le difficile partenariat germano-russe », *Géopolitique*, été 1996.

33. Christian Müller, *Neue Zürcher Zeitung* du 29 août.

34. Déclarations de Jacques Chirac lors de la réunion annuelle des ambassadeurs à l'étranger, le 29 août 1996, cf. *Le Monde* du 31 août.

35. Comme tour d'horizon très complet de la problématique franco-allemande actuelle en politique extérieure cf. *Agir pour l'Europe. Les relations franco-allemandes dans l'après-guerre froide*, IFRI, 1995.

De même à l'égard de la Turquie, que la RFA souhaite faire entrer le plus vite possible dans l'union européenne. De même à propos du fondamentalisme islamique, qui inquiète moins Bonn que Paris. Sur toutes ces questions, les deux capitales ne paraissent pas avoir la même approche [35].

Il faut bien comprendre que désormais la RFA n'hésite plus, non pas à prendre en considération ses intérêts nationaux (elle ne les a jamais perdus de vue) mais à les afficher clairement. L'Allemagne est décidée à organiser l'Europe communautaire, sur tous les plans, monétaire et économique (c'est tout l'enjeu de l'union monétaire), politique, éventuellement stratégique, s'il le faut en se passant de l'Angleterre, et en orientant fermement le couple franco-allemand, dont la hiérarchie est désormais profondément modifiée [36]. Elle est décidée à étendre l'Union européenne le plus vite possible et le plus loin possible vers l'est. L'Allemagne est prête à collaborer avec la Russie mais sans trop y croire et prête aussi s'il le faut à s'opposer à ses éventuelles ambitions. L'Allemagne souhaite le maintien d'une étroite collaboration transatlantique, mais sans être sûre que les États-Unis y seront toujours disposés. Si l'Amérique devait se détourner de l'Europe, ou du moins ne pas accepter à l'avenir d'intervenir dans une crise européenne comme elle vient de le faire pour la Bosnie, l'Allemagne se prépare progressivement, malgré ses répugnances, à assumer ses responsabilités (n'a-t-elle pas fini par participer avec 4 000 hommes aux opérations de l'OTAN en Bosnie ?). En effet les choses changent, les anciennes inhi-

---

36. Lucas Delattre, dans *Le Monde* du 28 juin 1996.

37. Série de quatre articles de Joseph Fitchett dans l'*IHT*, en décembre 1995 ; Wolfgang Schlör, *German Security Policy*, Adelphi Paper 277, IISS, 1993 ; Hans-Peter Schwarz, *Die Zentralmacht Europas. Deutschlands Rückkehr auf die Weltbühne*, Berlin, Siedler, 1994 ; Jens Hacker, *Integration und Verantwortung. Deutschland als europäischer Sicherheitspartner*, Bouvier, 1995 ; Arnulf Baring (éd.), *Germany's New Position in Europe*, Berg, 1994 ; Alfred Zänker, *Die Zukunft liegt im Osten*, Ueberreuter 1995.

38. Sur cet ensemble de problèmes on lira avec profit les numéros 1995/4 et 1996/1 de *Politique étrangère*.

bitions tombent et la RFA ne cache plus son ambition d'être un pilier de l'industrie européenne d'armements et de réorganiser ses forces militaires pour lui permettre de jouer pleinement son rôle dans le futur [37]. C'est cette nouvelle Allemagne, au cœur de l'Europe et peut-être aussi à sa tête, que les Français doivent désormais prendre en compte [38].

L'avenir

Le projet français depuis les années 50, celui d'une identité européenne de défense dirigée par la France à travers le couple franco-allemand et accompagnée d'une réforme de l'OTAN allégeant la tutelle américaine, ce projet a donc échoué.

Pour l'avenir, et sans rêver à l'apparition soudaine d'une défense européenne de pied en cap, il paraîtrait indispensable de reprendre en profondeur le dialogue politique et stratégique franco-allemand, et en amont des problèmes immédiats. Il faudrait d'abord se mettre d'accord sur l'analyse des situations, sur les concepts, qui sont encore, nous l'avons souvent constaté, fort divergents. Il faut reprendre ensemble la mise au point de ce que j'avais appelé le *software* politico-stratégique. Il faudrait bien entendu que la Grande-Bretagne, qui entretient un dialogue stratégique organisé avec la France depuis 1992, se joigne à ces réflexions à long terme ; certains signes montrent d'ailleurs que l'on prend conscience dans les trois capitales de cette nécessité d'une concertation à trois, et que la notion de « couple » est dépassée et même au fond nocive [39].

Pour l'action immédiate, et en tenant compte du fait que pour longtemps encore l'OTAN représentera l'horizon de

---

39. Joseph Fitchett, *IHT* du 31 juillet 1996.

sécurité indépassable des Européens, deux directions paraissent à privilégier. D'abord développer et renforcer l'UEO, organisme méconnu, mais qui sur le plan juridique constitue une alliance militaire très solide, sur le plan politique le bras armé de l'Union européenne, et qui a été reconnue par l'Alliance atlantique comme le pilier européen de l'OTAN. Dans le cadre de l'UEO on peut mener toutes les études de fond nécessaires, on pourra bientôt, si on le veut, conduire la planification d'opérations militaires et en assurer le commandement. D'autre part l'UEO présente l'immense avantage d'associer s'ils le souhaitent tous les membres de l'Union européenne, et de ne pas laisser de côté des pays comme l'Italie ou l'Espagne, ou ceux du Benelux, etc., qui se trouvent exclus des formules de « noyau dur » politico-statégique franco-allemand ou incluant la Grande-Bretagne que l'on évoque ici ou là [40].

L'autre direction essentielle est celle de la politique des armements. Sans une coopération à l'échelle européenne dans ce domaine, il est clair qu'il n'y aura pas même un minimum d'autonomie stratégique des pays européens à l'égard des États-Unis, dont l'industrie de défense est en train d'achever une gigantesque restructuration. Or nous avons vu que c'est dans ce domaine que la coopération franco-allemande a été particulièrement déficiente, malgré les ambitions affichées par ailleurs. C'est pourquoi le lancement en décembre 1995 d'une agence franco-allemande de l'armement est un événement potentiellement important, c'est pourquoi les restructurations en cours de l'industrie européenne dans ce domaine sont si importantes. On est à la croisée des chemins : d'un côté se développent des projets franco-allemands nouveaux, par exemple dans le domaine des satellites d'observation, ou des projets franco-anglo-allemands, comme pour certains blindés ou missiles, de l'autre la baisse des dépenses mili-

---

40. On peut se rendre compte de l'intérêt des travaux de l'UEO en consultant l'importante collection des rapports présentés à l'Assemblée de cet organisme.

taires françaises et les problèmes budgétaires de la RFA compromettent certains programmes franco-allemands, et on pense dans certains milieux industriels allemands et américains à développer plutôt une collaboration germano-américaine, ce qui confirmerait bien entendu définitivement une supériorité écrasante des États-Unis dans le domaine des armements et des hautes technologies. En particulier les États-Unis exercent de très fortes pressions sur Bonn pour la détourner de collaborer avec Paris dans le domaine crucial des satellites d'observation.

On parle volontiers, dans les milieux officiels français, de « pause stratégique » après la fin de la Guerre froide. D'une certaine façon, les Européens, et d'abord les Français et les Allemands, disposent d'une fenêtre d'opportunité pour mettre dans ce domaine leurs affaires en ordre : la menace soviétique a disparu, les États-Unis, sans abandonner leur volonté de *leadership*, ont assoupli leur attitude à l'égard de l'Alliance atlantique, les industriels européens ont encore la capacité d'édifier un pôle industriel de l'armement important. Ce serait le moment ou jamais pour réaliser, au moins dans ce qu'il avait de raisonnable et de non dogmatique, le programme de rééquilibrage de l'Alliance atlantique et de coopération politico-stratégique européenne apparu dans les années 50 et 60. Avec pragmatisme et en abandonnant toute arrière-pensée de *leadership*, quel qu'il soit, à l'intérieur de l'Europe : il ne s'agit pas d'un programme idéologique, il s'agit de déterminer le bien commun de tous les Européens et d'être en mesure de le défendre.

ANNEXES

I.

TRAITÉ DE L'ÉLYSÉE DU 22 JANVIER 1963

A la suite de la déclaration commune du Président de la République française et du Chancelier de la République fédérale d'Allemagne, en date du 22 janvier 1963, sur l'organisation et les principes de la coopération entre les deux États, les dispositions suivantes ont été agréées :

I. — Organisation

I. Les chefs d'État et de gouvernement donneront en tant que de besoin les directives nécessaires et suivront régulièrement la mise en œuvre du programme fixé ci-après. Ils se réuniront à cet effet chaque fois que cela sera nécessaire et, en principe, au moins deux fois par an.

II. Les ministres des Affaires étrangères veilleront à l'exécution du programme dans son ensemble. Ils se réuniront au moins tous les trois mois. Sans préjudice des contacts normalement établis par la voie des ambassades, les hauts fonctionnaires des deux ministères des Affaires étrangères, chargés respectivement des affaires politiques, économiques et culturelles, se rencontreront chaque mois alternativement à Paris et à Bonn pour faire le point des problèmes en cours et préparer la réunion des ministres. D'autre part, les missions diplomatiques et les consulats des deux pays, ainsi que leur représentation permanente auprès des organisations internationales, prendront tous les contacts nécessaires sur les problèmes d'intérêt commun.

III. Des rencontres régulières auront lieu entre autorités responsables des deux pays dans les domaines de la défense, de l'éducation et de la

445

jeunesse. Elles n'affecteront en rien le fonctionnement des organismes déjà existants :

— commission culturelle franco-allemande, groupe permanent d'état-major dont les activités seront, au contraire, développées. Les ministres des Affaires étrangères seront représentés à ces rencontres pour assurer la coordination d'ensemble de la coopération.

a) Les ministres des Armées ou de la Défense se réuniront au moins une fois tous les trois mois. De même, le ministre français de l'Éducation nationale rencontrera, suivant le même rythme, la personnalité qui sera désignée du côté allemand pour suivre le programme de coopération sur le plan culturel.

b) Les chefs d'état-major des deux pays se réuniront au moins une fois tous les deux mois. En cas d'empêchement, ils seront remplacés par leurs représentants responsables.

c) Le Haut Commissaire français à la Jeunesse et aux Sports rencontrera, au moins une fois tous les deux mois, le ministre fédéral de la Famille et de la Jeunesse ou son représentant.

IV. Dans chacun des deux pays, une commission interministérielle sera chargée de suivre les problèmes de la coopération. Elle sera présidée par un haut fonctionnaire des Affaires étrangères et comprendra des représentants de toutes les administrations intéressées. Son rôle sera de coordonner l'action des ministères intéressés et de faire périodiquement rapport à son gouvernement sur l'état de la coopération franco-allemande. Elle aura également pour tâche de présenter toutes suggestions utiles en vue de l'exécution du programme de coopération et de son extension éventuelle à de nouveaux domaines.

II. — Programme

a) Affaires étrangères

1) Les deux gouvernements se consulteront, avant toute décision, sur toutes les questions importantes de politique étrangère et, en premier lieu, sur les questions d'intérêt commun, en vue de parvenir, autant que possible, à une position analogue. Cette consultation portera entre autres sur les sujets suivants :

— problèmes relatifs aux Communautés européennes et à la Coopération politique européenne ;

— relations Est-Ouest, à la fois sur le plan politique et sur le plan économique ;

— affaires traitées au sein de l'Organisation du Traité de l'Atlantique Nord et des diverses organisations internationales auxquelles les deux gouvernements sont intéressés, notamment le Conseil de l'Europe, l'Union de l'Europe occidentale, l'Organisation de Coopération et de Développement Économique, les Nations Unies et leurs institutions spécialisées.

2) La collaboration, déjà établie dans le domaine de l'information, sera poursuivie et développée entre les services intéressés à Paris et à Bonn et entre les missions dans les pays tiers.

3) En ce qui concerne l'aide aux pays en voie de développement, les deux gouvernements confronteront systématiquement leurs programmes en vue de maintenir une étroite coordination. Ils étudieront la possibilité d'entreprendre des réalisations en commun. Plusieurs départements ministériels étant compétents pour ces questions, du côté français comme du côté allemand, il appartiendra aux deux ministères des Affaires étrangères de déterminer ensemble les bases pratiques de cette collaboration.

4) Les deux gouvernements étudieront en commun les moyens de renforcer leur coopération dans d'autres secteurs importants de la politique économique, tels que la politique agricole et forestière, la politique énergétique, les problèmes de communications et de transports et le développement industriel, dans le cadre du Marché Commun, ainsi que la politique des crédits à l'exportation.

b) *Défense*

I. Les objectifs poursuivis dans ce domaine seront les suivants :

1) Sur le plan de la stratégie et de la tactique, les autorités compétentes des deux pays s'attacheront à rapprocher leurs doctrines en vue d'aboutir à des conceptions communes. Des instituts franco-allemands de recherche opérationnelle seront créés.

2) Les échanges de personnel entre les armées seront multipliés. Ils concerneront en particulier les professeurs et les élèves des écoles d'État-major, ils pourront comporter des détachements temporaires d'unités entières. Afin de faciliter ces échanges, un effort sera fait de part et d'autre pour l'enseignement pratique des langues chez les stagiaires.

3) En matière d'armements, les deux gouvernements s'efforceront d'organiser un travail en commun dès le stade de l'élaboration des projets d'armements appropriés et de la préparation des plans de financement.

A cette fin, des commissions mixtes étudieront les recherches en cours sur ces projets dans les deux pays et procéderont à leur examen comparé. Elles soumettront des propositions aux ministres qui les examineront lors de leurs rencontres trimestrielles et donneront les directives d'application nécessaires.

II. Les gouvernements mettront à l'étude les conditions dans lesquelles une collaboration franco-allemande pourra être établie dans le domaine de la défense civile.

c) *Éducation et jeunesse*

En matière d'éducation et de jeunesse, les propositions contenues dans les memoranda français et allemand des 19 septembre et 8 novembre 1962 seront mises à l'étude, selon les procédures indiquées plus haut.

1) Dans le domaine de l'éducation, l'effort portera principalement sur les points suivants :

a) Enseignement des langues :

Les deux gouvernements reconnaissent l'importance essentielle que revêt pour la coopération franco-allemande, la connaissance dans chacun des deux pays de la langue de l'autre. Ils s'efforceront à cette fin de prendre des mesures concrètes en vue d'accroître le nombre des élèves allemands apprenant la langue française et celui des élèves français apprenant la langue allemande.

Le gouvernement fédéral examinera, avec les gouvernements des *Länder*, compétents en la matière, comment il est possible d'introduire une réglementation qui permettra d'atteindre cet objectif.

Dans tous les établissements d'enseignement supérieur, il conviendra d'organiser un enseignement pratique de la langue française en Allemagne et de la langue allemande en France qui sera ouvert à tous les étudiants.

b) Problème des équivalences :

Les autorités compétentes des deux pays seront invitées à accélérer l'adoption des dispositions concernant l'équivalence des périodes de scolarité, des examens, des titres et diplômes universitaires.

c) Coopération en matière de recherche scientifique :

Les organismes de recherche et les institutions scientifiques développeront leurs contacts en commençant par une information réciproque plus poussée. Des programmes de recherches concertées seront établis dans les disciplines où cela se révélera possible.

2) Toutes les possibilités seront offertes aux jeunes des deux pays pour resserrer les liens qui les unissent et pour renforcer leur compréhension mutuelle. Les échanges collectifs seront en particulier multipliés.

Un organisme destiné à développer ces possibilités et à promouvoir les échanges sera créé par les deux pays avec, à sa tête, un conseil d'administration autonome. Cet organisme disposera d'un fonds commun franco-allemand qui servira aux échanges entre les deux pays, d'écoliers, d'étudiants, de jeunes artisans et de jeunes travailleurs.

III. Dispositions finales

1) Les directives nécessaires seront donnés dans chaque pays pour la mise en œuvre immédiate de ce qui précède. Les ministres des Affaires

étrangères feront le point des réalisations acquises à chacune de leurs rencontres.

2) Les deux gouvernements tiendront les gouvernements des autres États membres des Communautés européennes informés du développement de la coopération franco-allemande.

3) **A** l'exception des clauses concernant la défense, le présent traité s'appliquera également au *Land* de Berlin, sauf déclaration contraire faite par le gouvernement de la République fédérale d'Allemagne au gouvernement de la République française dans les trois mois qui suivront l'entrée en vigueur du présent traité.

4) Les deux gouvernements pourront apporter les aménagements qui se révéleraient désirables pour la mise en application du présent traité.

5) Le présent traité entrera en vigueur dès que chacun des deux gouvernements aura fait savoir à l'autre que, sur le plan interne, les conditions nécessaires à sa mise en œuvre ont été remplie.

Fait à Paris, le 22 janvier 1963, en double exemplaire, en langue française et en langue allemande, les deux textes faisant également foi.

Le Président de la République française
Charles de Gaulle
Le ministre français des Affaires étrangères
Maurice Couve de Murville

Le ministre des Affaires étrangères de la
République fédérale d'Allemagne
Gerhard Schröder

Le Premier ministre français
Georges Pompidou
Le Chancelier de la République
fédérale d'Allemagne
Konrad Adenauer

Préambule adopté par le Parlement fédéral

Le 16 mai 1963, le Parlement fédéral a approuvé à une importante majorité le traité de coopération franco-allemand signé le 22 janvier à Paris. A ce traité, que de nombreux hommes politiques allemands appellent dès maintenant le « Traité de l'Élysée », a été adjoint — à la demande des députés de l'opposition, le préambule suivant :

« Convaincu

que le traité du 22 janvier 1963 entre la République fédérale d'Allemagne et la République française approfondira et concrétisera la réconciliation et l'amitié entre le peuple allemand et le peuple français ;

« constatant

que ce traité n'affecte pas les droits et obligations découlant des traités multilatéraux conclus par la République fédérale d'Allemagne ;

« décidé

à servir par l'application de ce traité les grandes tâches qui dirigent la politique de la République fédérale d'Allemagne et qu'elle préconise depuis des années, en commun avec les autres pays alliés avec elle, à savoir

« le maintien et la consolidation de l'entente entre les peuples libres, avec une coopération particulièrement étroite entre l'Europe et les États-Unis d'Amérique, l'application du droit à l'autodétermination du peuple allemand et le rétablissement de l'unité allemande, la défense commune dans le cadre de l'alliance de l'Atlantique Nord et l'intégration des forces des pays appartenant à cette alliance,

« l'unification de l'Europe en suivant la voie amorcée par la création des Communautés européennes et en incluant la Grande-Bretagne ainsi que les autres pays disposés à une adhésion, et la consolidation de ces Communautés,

« la suppression des barrières douanières par des négociations menées entre la Communauté économique européenne, la Grande-Bretagne, les États-Unis d'Amérique ainsi que d'autres pays dans le cadre de " l'accord général sur les tarifs douaniers et le commerce ",

« conscient

qu'une coopération germano-française axée sur ces buts profitera à tous les peuples, servira la paix dans le monde et, par là, servira en même temps les intérêts des peuples allemand et français »,

le *Bundestag* a arrêté la loi suivante :

Article premier

La Déclaration commune signée à Paris le 22 janvier 1963 entre le Chancelier de la République fédérale d'Allemagne d'une part, et le Président de la République française d'autre part, de même que le Traité entre la République fédérale d'Allemagne et la République française concernant les relations franco-allemandes sont approuvées. La Déclaration commune et le Traité seront publiés.

Article 2

Cette loi vaut également pour le *Land* de Berlin dans la mesure où le *Land* de Berlin décide de l'application de cette loi.

Article 3

1. Cette loi entre en vigueur le jour suivant sa promulgation.

2. Conformément à la clause finale n° 5 du Traité, la date d'entrée en vigueur de la Déclaration commune et du Traité devra être publiée au *Journal officiel.*

Les droits constitutionnels du *Bundesrat* sont respectés.

Par la présente, nous promulguons la loi mentionnée ci-dessus.

Bonn, le 15 juin 1963
Le Président de la République fédérale, Lübke
Le Chancelier fédéral, Adenauer
Le ministre des Affaires étrangères, Dr Schröder

II.

PROTOCOLE PORTANT CRÉATION D'UN CONSEIL FRANCO-ALLEMAND DE DEFENSE 22 JANVIER 1988

La République française et la République fédérale d'Allemagne,

— Convaincues que la construction européenne restera incomplète tant qu'elle ne s'étendra pas à *la sécurité et à la défense,*

— Déterminées, dans ce but, à étendre et à renforcer leur coopération sur la base du Traité sur la coopération franco-allemande en date du 22 janvier 1963, dont la mise en œuvre a été notamment marquée par les déclarations du 22 octobre *1982* et du 28 février *1986,*

— Convaincues de la nécessité, conformément à la déclaration des ministres des États de l'Union de l'Europe occidentale à La Haye *le 27 octobre 1987*, de promouvoir *une identité européenne en matière de défense* et de sécurité qui, conformément aux engagements de solidarité auxquels elles ont souscrit tant par le *Traité de Bruxelles* modifié que par le *Traité de l'Atlantique Nord,* traduise *effectivement la communauté de destin qui lie les deux pays,*

— Décidées à faire en sorte que, conformément aux dispositions de l'article 5 du *Traité de Bruxelles* modifié, leur détermination à défendre *à leurs frontières tous les États parties à ce traité soit manifestée et assurée par les moyens nécessaires,*

— *Convaincues que* la stratégie de dissuasion et de défense, *sur laquelle repose leur sécurité et qui est destinée à* empêcher la guerre *doit continuer à se fonder sur une combinaison appropriée de forces* nucléaires et *conventionnelles,*

— *Déterminées à maintenir, en association avec leurs autres parte-*

naires et compte tenu de leurs options propres au sein de l'Alliance de l'Atlantique Nord, *une contribution militaire adéquate, de nature à prévenir toute agression ou tentative d'intimidation en Europe,*

— *Convaincues que tous les peuples de notre continent ont un même droit à vivre dans la paix et la liberté et que le renforcement de l'une comme de l'autre est la condition de l'établissement d'un ordre de paix juste et durable dans l'ensemble de l'Europe,*

— *Déterminées à ce que leur coopération contribue à la poursuite de ses objectifs,*

— *Conscientes de leurs intérêts communs de sécurité et déterminées à rapprocher leurs positions sur toutes les questions concernant la défense et la sécurité de l'Europe,*

— *Sont convenues, à cette fin, des dispositions qui suivent :*

Article 1

En vue de donner effet à la communauté de destin qui lie les deux pays et de développer leur coopération dans le domaine de la défense et de la sécurité, *il est créé*, conformément aux objectifs et aux dispositions du Traité entre la République française et la République fédérale d'Allemagne sur la coopération franco-allemande en date du 22 janvier 1963, *un Conseil franco-allemand de défense et de sécurité.*

Article 2

Le Conseil est *composé* des chefs d'État et de gouvernement et des ministres des Affaires étrangères et de la Défense. Le chef d'État-major des armées et l'inspecteur général de la Bundeswehr y siègent ès qualité.

Le *comité du Conseil* est composé des ministres des Affaires étrangères et de la Défense. De hauts fonctionnaires civils et militaires responsables de la coopération bilatérale dans le domaine de la défense et de la sécurité peuvent être appelés à participer à ses travaux.

Article 3

Le Conseil franco-allemand de défense et de sécurité *se réunit au moins deux fois par an*, alternativement en France et en République fédérale d'Allemagne.

Ses travaux sont préparés par le comité du Conseil sur le rapport de la commission permanente de défense et de sécurité franco-allemande.

Article 4

Les travaux du Conseil franco-allemand de défense et de sécurité ont, en particulier, pour objet :
— d'élaborer des conceptions communes dans le domaine de la défense et de la sécurité,
— d'assurer le développement de la concertation des deux États sur toutes les questions intéressant la sécurité de l'Europe, y compris dans le domaine de la maîtrise des armements et du désarmement,
— d'adopter les décisions appropriées concernant les unités militaires mixtes qui sont constituées d'un commun accord,
— d'adopter les décisions relatives aux manœuvres communes, à la formation des personnels militaires ainsi qu'aux accords de soutien permettant de renforcer la capacité des forces armées des deux pays à coopérer en temps de paix, comme en temps de crise ou de guerre,
— d'améliorer l'inter-opérabilité des matériels des deux armées,
— de développer et d'approfondir la coopération en matière d'armements en prenant en considération la nécessité, pour assurer la défense commune, du maintien et du renforcement, en Europe, d'un potentiel industriel et technologique adéquat.

Article 5

Le secrétariat du Conseil franco-allemand de défense et de sécurité et du comité du conseil est placé sous la responsabilité de représentants des deux États. *Le siège du secrétariat sera établi à Paris.*

Article 6

Le présent protocole est annexé au Traité entre la République française et la République fédérale d'Allemagne sur la coopération franco-allemande en date du 22 janvier 1963, dont il constitue une partie intégrante.
Il entrera en vigueur dès que chacun des deux gouvernements aura fait savoir à l'autre que, sur le plan interne, les conditions nécessaires à sa mise en œuvre ont été remplies.
Fait à Paris, le 22 janvier 1988, en double exemplaire, en langue française et en langue allemande, les deux textes faisant également foi.

III.

Titre V du traité de Maastricht et déclaration relative à l'union de l'Europe occidentale, 7 février 1992

Article J

Il est institué une politique étrangère et de sécurité commune, régie par les dispositions suivantes.

Article J.1

1. L'Union et ses États membres définissent et mettent en œuvre une politique étrangère et de sécurité commune, régie par les dispositions du présent titre et couvrant tous les domaines de la politique étrangère et de sécurité.

2. Les objectifs de la politique étrangère et de sécurité commune sont :

— la sauvegarde des valeurs communes, des intérêts fondamentaux et de l'indépendance de l'Union ;

— le renforcement de la sécurité de l'Union et de ses États membres sous toutes ses formes ;

— le maintien de la paix et le renforcement de la sécurité internationale, conformément aux principes de la charte des Nations unies, ainsi qu'aux principes de l'acte final d'Helsinki et aux objectifs de la charte de Paris ;

— la promotion de la coopération internationale ;

— le développement et le renforcement de la démocratie et de l'État de droit, ainsi que le respect des droits de l'homme et des libertés fondamentales.

3. L'Union poursuit ces objectifs :

— en instaurant une coopération systématique entre les États membres pour la conduite de leur politique, conformément à l'article J.2 ;

— en mettant graduellement en œuvre, conformément à l'article J.3, des actions communes dans les domaines où les États membres ont des intérêts important en commun.

4. Les États membres appuient activement et sans réserve la politique extérieure et de sécurité de l'Union dans un esprit de loyauté et de solidarité mutuelle. Ils s'abstiennent de toute action contraire aux intérêts de l'Union ou susceptible de nuire à son efficacité en tant que force cohérente dans les relations internationales. Le Conseil veille au respect de ces principes.

Article J.2

1. Les États membres s'informent mutuellement et se concertent au sein du Conseil sur toute question de politique étrangère et de sécurité présentant un intérêt général, en vue d'assurer que leur influence combinée s'exerce de la manière la plus efficace par la convergence de leurs actions.

2. Chaque fois qu'il l'estime nécessaire, le Conseil définit une position commune.

Les États membres veillent à la conformité de leurs politiques nationales avec les positions communes.

3. Les États membres coordonnent leur action au sein des organisations internationales et lors des conférences internationales. Ils défendent dans ces enceintes les positions communes.

Au sein des organisations internationales et lors des conférences internationales auxquelles tous les États membres ne participent pas, ceux qui y participent défendent les positions communes.

Article J.3

La procédure pour adopter une action commune dans les domaines relevant de la politique étrangère et de sécurité est la suivante :

1) le Conseil décide, sur la base d'orientations générales du Conseil européen, qu'une question fera l'objet d'une action commune.

Lorsque le Conseil arrête le principe d'une action commune, il en fixe la portée précise, les objectifs généraux et particuliers que s'assigne l'Union dans la poursuite de cette action, ainsi que les moyens, procédures, conditions et, si nécessaire, la durée applicables à sa mise en œuvre ;

2) lors de l'adoption de l'action commune et à tout stade de son déroulement, le Conseil définit les questions au sujet desquelles des décisions doivent être prises à la majorité qualifiée.

Pour les délibérations du Conseil qui requièrent la majorité qualifiée conformément au premier alinéa, les voix des membres sont affectées de la pondération visée à l'article 148 paragraphe 2 du traité instituant la Communauté européenne et les délibérations sont acquises si elles ont recueilli au moins cinquante-quatre voix exprimant le vote favorable d'au moins huit membres ;

3) s'il se produit un changement de circonstances ayant une nette incidence sur une question faisant l'objet d'une action commune, le Conseil révise les principes et les objectifs de cette action et adopte les décisions nécessaires. Aussi longtemps que le Conseil n'a pas statué, l'action commune est maintenue ;

4) les actions communes engagent les États membres dans leurs prises de position et dans la conduite de leur action ;

5) toute prise de position ou toute action nationale envisage en application d'une action commune fait l'objet d'une information dans des délais permettant, si nécessaire, une concertation préalable au sein du Conseil. L'obligation d'information préalable ne s'applique pas aux mesures qui constituent une simple transposition sur le plan national des décisions du Conseil ;

6) en cas de nécessité impérieuse liée à l'évolution de la situation et à défaut d'une décision du Conseil, les États membres peuvent prendre d'urgence les mesures qui s'imposent, en tenant compte des objectifs généraux de l'action commune. L'État membre qui prend de telles mesures en informe immédiatement le Conseil ;

7) en cas de difficultés majeures pour appliquer une action commune, un État membre saisit le Conseil, qui en délibère et recherche les solutions appropriées. Celles-ci ne peuvent aller à l'encontre des objectifs de l'action ni nuire à son efficacité.

Article J.4

1. La politique étrangère et de sécurité commune inclut l'ensemble des questions relatives à la sécurité de l'Union européenne, y compris la définition à terme d'une politique de défense commune, qui pourrait conduire, le moment venu, à une défense commune.

2. L'Union demande à l'Union de l'Europe occidentale (UEO), qui fait partie intégrante du développement de l'Union européenne, d'élaborer et de mettre en œuvre les décisions et les actions de l'Union qui ont des implications dans le domaine de la défense. Le Conseil, en accord avec les institutions de l'UEO, adopte les modalités pratiques nécessaires.

3. Les questions qui ont des implications dans le domaine de la défense et qui sont régies par le présent article ne sont pas soumises aux procédures définies à l'article J.3.

4. La politique de l'Union au sens du présent article n'affecte pas le caractère spécifique de la politique de sécurité et de défense de certains États membres, elle respecte les obligations découlant pour certains États membres du traité de l'Atlantique Nord et elle est compatible avec la politique commune de sécurité et de défense arrêtée dans ce cadre.

5. Le présent article ne fait pas obstacle au développement d'une coopération plus étroite entre deux ou plusieurs États membres au niveau bilatéral, dans le cadre de l'UEO et de l'Alliance atlantique, dans la mesure où cette coopération ne contrevient pas à celle qui est prévue au présent titre ni ne l'entrave.

6. En vue de promouvoir l'objectif du présent traité et compte tenu de l'échéance de 1998 dans le cadre de l'article XII du traité de Bruxelles, le présent article peut être révisé, comme prévu à l'article N paragraphe 2, sur la base d'un rapport que le Conseil soumettra en 1996 au Conseil européen et qui comprend une évaluation des progrès réalisés et de l'expérience acquise jusque-là.

Article J.5

1. La présidence représente l'Union pour les matières relevant de la politique étrangère et de sécurité commune.

2. La présidence a la responsabilité de la mise en œuvre des actions communes ; à ce titre, elle exprime en principe la position de l'Union dans les organisations internationales et au sein des conférences internationales.

3. Dans les tâches visées aux paragraphes 1 et 2, la présidence est assistée, le cas échéant, par l'État membre ayant exercé la présidence précédente et par celui qui exercera la présidence suivante. La Commission est pleinement associée à ces tâches.

4. Sans préjudice des dispositions de l'article J.2 paragraphe 3 et de l'article J.3 point 4, les États membres représentés dans des organisations internationales ou des conférences internationales dans lesquelles tous les États membres ne le sont pas tiennent ces derniers informés sur toute question présentant un intérêt commun.

Les États membres qui sont aussi membres du Conseil de sécurité des Nations unies se concerteront et tiendront les autres États membres pleinement informés. Les États membres qui sont membres permanents du Conseil de sécurité veilleront, dans l'exercice de leurs fonctions, à défendre les positions et l'intérêt de l'Union, sans préjudice des responsabilités qui leur incombent en vertu des dispositions de la charte des Nations unies.

Article J.6

Les missions diplomatiques et consulaires des États membres et les délégations de la Commission dans les pays tiers et les conférences internationales, ainsi que leurs représentations auprès des organisations internationales, se concertent pour assurer le respect et la mise en œuvre des positions communes et des actions communes arrêtées par le Conseil.

Elles intensifient leur coopération en échangeant des informations, en procédant à des évaluations communes et en contribuant à la mise en œuvre des dispositions visées à l'article 8 C du traité instituant la Communauté européenne.

Article J.7

La présidence consulte le Parlement européen sur les principaux aspects et les choix fondamentaux de la politique étrangère et de sécurité commune et veille à ce que les vues du Parlement européen soient dûment prises en considération. Le Parlement européen est tenu régulièrement informé par la présidence et la Commission de l'évolution de la politique étrangère et de sécurité de l'Union.

Le Parlement européen peut adresser des questions ou formuler des recommandations à l'intention du Conseil. Il procède chaque année à un débat sur les progrès réalisés dans la mise en œuvre de la politique étrangère et de sécurité commune.

Article J.8

1. Le Conseil européen définit les principes et les orientations générales de la politique étrangère et de sécurité commune.

2. Le Conseil prend les décisions nécessaires à la définition et à la mise en œuvre de la politique étrangère et de sécurité commune, sur la base des orientations générales arrêtées par le Conseil européen. Il veille à l'unité, à la cohérence et à l'efficacité de l'action de l'Union.

Le Conseil statue à l'unanimité, sauf pour les questions de procédure et dans le cas visé à l'article J.3 point 2).

3. Chaque État membre ou la Commission peut saisir le Conseil de toute question relevant de la politique étrangère et de sécurité commune et soumettre des propositions au Conseil.

4. Dans les cas exigeant une décision rapide, la présidence convoque, soit d'office, soit à la demande de la Commission ou d'un État membre, dans un délai de quarante-huit heures ou, en cas de nécessité absolue, dans un délai plus bref, une réunion extraordinaire du Conseil.

5. Sans préjudice de l'article 151 du traité instituant la Communauté européenne, un comité politique composé des directeurs politiques suit la situation internationale dans les domaines relevant de la politique étrangère et de sécurité commune et contribue à la définition des politiques en émettant des avis à l'intention du Conseil, à la demande de celui-ci ou de sa propre initiative. Il surveille également la mise en œuvre des politiques convenues, sans préjudice des compétences de la présidence et de la Commission.

Article J.9

La Commission est pleinement associée aux travaux dans le domaine de la politique étrangère et de sécurité commune.

Article J.10

Lors d'une révision éventuelle des dispositions relatives à la sécurité conformément à l'article J.4, la conférence qui est convoquée à cet effet examine également si d'autres amendements doivent être apportés aux dispositions relatives à la politique étrangère et de sécurité commune.

Article J.11

1. Les dispositions visées aux articles 137, 138, 139 à 142, 146, 147, 150 à 153, 157 à 163 et 217 du traité instituant la Communauté européenne sont applicables aux dispositions relatives aux domaines visés au présent titre.

2. Les dépenses administratives entraînées pour les institutions par les dispositions relatives à la politique étrangère et de sécurité commune sont à la charge du budget des Communautés européennes.

Le Conseil peut également :

— soit décider à l'unanimité que les dépenses opérationnelles entraînées par la mise en œuvre desdites dispositions sont mises à la charge du budget des Communautés européennes ; dans ce cas, la procédure budgétaire prévue au traité instituant la Communauté européenne s'applique ;

— soit constater que de telles dépenses sont à la charge des États membres, éventuellement selon une clef de répartition à déterminer.

DÉCLARATION RELATIVE À L'UNION DE L'EUROPE OCCIDENTALE

La conférence prend acte des déclarations suivantes :

I — DÉCLARATION

de la Belgique, de l'Allemagne, de l'Espagne, de la France, de l'Italie, du Luxembourg, des Pays-Bas, du Portugal et du Royaume-Uni, qui sont membres de l'Union de l'Europe occidentale ainsi que membres de l'Union européenne,
sur
**LE RÔLE DE L'UNION DE L'EUROPE OCCIDENTALE ET SUR SES RELA-
TIONS AVEC L'UNION EUROPÉENNE ET AVEC L'ALLIANCE ATLANTIQUE**

Intoduction

1. Les États membres de l'Union de l'Europe occidentale (UEO) conviennent de la nécessité de former une véritable identité européenne de sécurité et de défense, et d'assumer des responsabilités européennes accrues en matière de défense. Cette identité sera élaborée progressivement selon un processus comportant des étapes successives. L'UEO fera partie intégrante du développement de l'Union européenne et renforcera sa contribution à la solidarité au sein de l'Alliance atlantique. Les États membres de l'UEO conviennent de renforcer le rôle de l'UEO dans la perspective à terme d'une politique de défense commune au sein de l'Union européenne, qui pourrait conduire à terme à une défense commune compatible avec celle de l'Alliance atlantique.

2. L'UEO sera développée en tant que composante de défense de l'Union européenne et comme moyen de renforcer le pilier européen de l'Alliance atlantique. A cette fin, elle formulera une politique de défense européenne commune et veillera à sa mise en œuvre concrète en développant plus avant son propre rôle opérationnel.

Les États membres de l'UEO prennent note de l'article J.4, relatif à la politique étrangère et de sécurité commune du traité sur l'Union européenne, qui se lit comme suit :

« 1. La politique étrangère et de sécurité commune inclut l'ensemble des questions relatives à la sécurité de l'Union européenne, y compris la définition à terme d'une politique de défense commune, qui pourrait conduire, le moment venu, à une défense commune.

2. L'Union demande à l'Union de l'Europe occidentale (UEO), qui fait partie intégrante du développement de l'Union européenne, d'élaborer et de mettre en œuvre les décisions et les actions de l'Union qui ont des implications dans le domaine de la défense. Le Conseil, en accord avec les institutions de l'UEO, adopte les modalités pratiques nécessaires.

3. Les questions qui ont des implications dans le domaine de la défense et qui sont régies par le présent article ne sont pas soumises aux procédures définies à l'article J.3.

4. La politique de l'Union au sens du présent article n'affecte pas le caractère spécifique de la politique de sécurité et de défense de certains États membres, elle respecte les obligations découlant pour certains États membres du traité de l'Atlantique Nord, et elle est compatible avec la politique commune de sécurité et de défense arrêtée dans ce cadre.

5. Les dispositions du présent article ne font pas obstacle au développement d'une coopération plus étroite entre deux ou plusieurs États membres au niveau bilatéral, dans le cadre de l'UEO et de l'Alliance atlantique, dans la mesure où cette coopération ne contrevient pas à celle qui est prévue dans le présent titre ni ne l'entrave.

6. En vue de promouvoir l'objectif du présent traité et compte tenu de l'échéance de 1998 dans le contexte de l'article XII du traité de Bruxelles modifié, les dispositions du présent article pourront être révisées, comme prévu à l'article N paragraphe 2, sur la base d'un rapport que le Conseil soumettra en 1996 au Conseil européen, et qui comprend une évaluation des progrès réalisés et de l'expérience acquise jusque-là. »

A — Les relations de l'UEO avec l'Union européenne

3. L'objectif est d'édifier par étapes l'UEO en tant que composante de défense de l'Union européenne. A cette fin, l'UEO est prête à élaborer et à mettre en œuvre, sur demande de l'Union europenne, les décisions et les actions de l'Union qui ont des implications en matière de défense.

A cette fin, l'UEO instaurera d'étroites relations de travail avec l'Union européenne en prenant les mesures suivantes :

— de manière appropriée, synchronisation des dates et des lieux de réunion, ainsi qu'harmonisation des méthodes de travail ;

— établissement d'une étroite coopération entre le Conseil et le secrétariat général de l'UEO, d'une part, et le Conseil de l'Union et le secrétariat général du Conseil, d'autre part ;

— examen de l'harmonisation de la succession et de la durée des présidences respectives ;

— mise au point de modalités appropriées afin de garantir que la Commission des Communautés européennes soit régulièrement informée et, le cas échéant, consultée sur les activités de l'UEO, conformément au rôle de la Commission dans la politique étrangère et de sécurité commune, telle que définie dans le traité sur l'Union européenne ;

— encouragement d'une coopération plus étroite entre l'Assemblée parlementaire de l'UEO et le Parlement européen.

Le Conseil de l'UEO prendra les dispositions pratiques nécessaires en accord avec les institutions compétentes de l'Union européenne.

B — Les relations de l'UEO avec l'Alliance atlantique

4. L'objectif est de développer l'UEO en tant que moyen de renforcer le pilier européen de l'Alliance atlantique. A cette fin, l'UEO est prête à développer les étroites relations de travail entre l'UEO et l'Alliance, et à renforcer le rôle, les responsabilités et les contributions des États membres de l'UEO au sein de l'Alliance. Cela s'effectuera sur la base de la transparence et de la complémentarité nécessaires entre l'identité européenne de sécurité et de défense, telle qu'elle se dégage, et l'Alliance. L'UEO agira en conformité avec les positions adoptées dans l'Alliance atlantique.

— Les États membres de l'UEO intensifieront leur coordination sur les questions au sein de l'Alliance qui représentent un important intérêt commun, afin d'introduire des positions conjointes concertées au sein de l'UEO dans le processus de consultation de l'Alliance, qui restera le forum essentiel de consultation entre les alliés et l'enceinte où ceux-ci s'accordent sur des politiques touchant à leurs engagements de sécurité et de défense au titre du traité de l'Atlantique Nord.

— Lorsqu'il y a lieu, les dates et les lieux de réunion seront synchronisés, et les méthodes de travail seront harmonisées.

— Une étroite coopération sera établie entre les secrétariats généraux de l'UEO et de l'OTAN.

C — Le rôle opérationnel de l'UEO

5. Le rôle opérationnel de l'UEO sera renforcé en examinant et en déterminant les missions, structures et moyens appropriés, couvrant en particulier :

— une cellule de planification de l'UEO ;

— une coopération militaire plus étroite en complément de l'Alliance, notamment dans le domaine de la logistique, du transport, de la formation et de la surveillance stratégique ;

— des rencontres des chefs d'état-major de l'UEO ;

— des unités militaires relevant de l'UEO.

D'autres propositions seront étudiées plus avant, notamment :

— une coopération renforcée en matière d'armement, en vue de créer une agence européenne des armements ;

— la transformation de l'Institut de l'UEO en Académie européenne de sécurité et de défense.

Les mesures visant à renforcer le rôle opérationnel de l'UEO seront pleinement compatibles avec les dispositions militaires nécessaires pour assurer la défense collective de tous les alliés.

D — Mesures diverses

6. En conséquence des mesures ci-dessus et afin de faciliter le renforcement du rôle de l'UEO, le siège du Conseil et du secrétariat général de l'UEO sera transféré à Bruxelles.

7. La représentation au Conseil de l'UEO doit être telle qu'il puisse exercer ses fonctions en permanence, conformément à l'article VIII du traité de Bruxelles modifié. Les États membres pourront faire appel à une formule dite de « double chapeau », à mettre au point, constituée de leurs représentants auprès de l'Alliance et auprès de l'Union européenne.

8. L'UEO note que, conformément aux dispositions de l'article J.4 paragraphe 6 relatif à la politique étrangère et de sécurité commune du traité sur l'Union européenne, l'Union décidera de revoir les dispositions de cet article afin de promouvoir l'objectif qu'il fixe selon la procédure définie. L'UEO procédera en 1996 à un réexamen des présentes dispositions. Ce réexamen tiendra compte des progrès et expériences acquises, et s'étendra aux relations entre l'UEO et l'Alliance atlantique.

II — DÉCLARATION

de la Belgique, de l'Allemagne, de l'Espagne, de la France, de l'Italie, du Luxembourg, des Pays-Bas, du Portugal et du Royaume-Uni, qui sont membres de l'Union de l'Europe occidentale

« Les États membres de l'UEO se félicitent du développement de l'identité européenne en matière de sécurité et de défense. Ils sont déterminés, compte tenu du rôle de l'UEO comme élément de défense de l'Union européenne et comme moyen de renforcer le pilier européen de l'Alliance atlantique, à placer les relations entre l'UEO et les autres pays européens sur de nouvelles bases en vue de la stabilité et de la sécurité en Europe. Dans cet esprit, ils proposent ce qui suit :

Les États qui sont membres de l'Union européennes sont invités à adhérer à l'UEO dans les conditions à convenir conformément à l'article XIV du traité de Bruxelles modifié, ou à devenir observateurs s'ils le souhaitent. Dans le même temps, les autres États membres de l'OTAN sont invités à devenir membres associés de l'UEO d'une manière qui leur donne la possibilité de participer pleinement aux activités de l'UEO.

Les États membres de l'UEO partent de l'hypothèse que les traités et accords correspondants aux propositions ci-dessus seront conclus avant le 31 décembre 1992. »

DÉCLARATION RELATIVE AUX VOTES DANS LE DOMAINE DE LA POLITIQUE ÉTRANGÈRE ET DE SÉCURITÉ COMMUNE

La conférence convient que, pour les décisions qui requièrent l'unanimité, les États membres éviteront, autant que possible, d'empêcher qu'il y ait unanimité lorsqu'une majorité qualifiée est favorable à la décision.

DÉCLARATION RELATIVE AUX MODALITÉS PRATIQUES DANS LE DOMAINE DE LA POLITIQUE ÉTRANGÈRE ET DE SÉCURITÉ COMMUNE

La conférence convient que l'articulation des travaux entre le comité politique et le comité des représentants permanents sera examinée ultérieurement, de même que les modalités pratiques de la fusion du secrétariat de la coopération politique avec le secrétariat général du Conseil et de la collaboration entre ce dernier et la Commission.

CHRONOLOGIE

1954

19 octobre : entretiens Adenauer-Mendès France à La Celle-Saint-Cloud.
23 octobre : accords de Paris et création de l'UEO.
22 novembre : discours de Mendès France devant les Nations unies.
décembre : adoption par l'OTAN des représailles massives.
26 décembre : décision de fait à Paris de préparer l'acquisition de l'arme nucléaire.

1955

29-30 avril : Antoine Pinay à Bonn.
8 mai : entrée de la RFA à l'OTAN.
mai : accélération du programme nucléaire français.
juin : Conférence de Messine et relance européenne.
30 juin : comité interministériel sur la coopération militaire avec la RFA.

1956

28 avril : remise d'un mémorandum au gouvernement allemand sur la coopération militaire.
4 novembre : entrée de l'Armée rouge à Budapest.

6 novembre : les Franco-Anglais sont contraints d'arrêter leurs opérations militaires en Égypte.

6 novembre : importantes conversations sur les questions de sécurité entre Adenauer et Guy Mollet, à Paris.

1957

17 janvier : protocole Strauss-Bourgès-Maunoury à Colomb-Béchar.

21-24 mars : rencontre anglo-américaine des Bermudes, rétablissement des liens nucléaires privilégiés entre les deux pays.

25 mars : signature des traités de Rome.

4 avril : *Livre blanc* britannique sur la défense.

15 mai : première explosion thermonucléaire britannique.

4 octobre : lancement du Spoutnik soviétique, premier satellite artificiel de la Terre.

15 novembre : réunion confidentielle du gouvernement français sur la coopération nucléaire avec l'Allemagne.

16 novembre : Maurice Faure à Bonn.

20 novembre : Strauss rencontre Chaban-Delmas à Paris.

28 novembre : protocole tripartite franco-germano-italien.

18 décembre : réunion à Paris du Conseil atlantique. On décide l'installation en Europe d'IRBM américains sous double clé.

1958

21 janvier : rencontre à Bonn des trois ministres de la Défense français, allemand et italien.

8 avril : réunion à Rome des trois ministres de la Défense et accord verbal sur la construction d'une usine de séparation isotopique.

1er juin : le général de Gaulle reçoit l'investiture de l'Assemblée comme président du Conseil.

17 juin : Comité de défense qui pose les bases de la politique stratégique de la Ve République (révision de l'OTAN et coopération avec l'Allemagne, mais suspension de la partie nucléaire du protocole du 28 novembre 1957).

7-8 juillet : Strauss à Paris.

14 septembre : rencontre Adenauer-de Gaulle à Colombey.

17 septembre : mémorandum adressé par de Gaulle à Eisenhower et Macmillan sur la réforme de l'Alliance atlantique.

10 novembre : ultimatum soviétique sur Berlin.

1959

31 janvier : conseil de Défense à Paris sur la réforme de l'Alliance en liaison avec le problème de la défense de l'Europe.

19 mars : conseil de Défense sur la coopération nucléaire avec les Américains.

25 mars : conférence de presse du Général (la France reconnaît la ligne Oder-Neisse).

mars : retrait de la flotte de Méditerranée du commandement de l'OTAN.

septembre : voyage de Khrouchtchev aux États-Unis et entretiens de Camp David avec Eisenhower.

3 novembre : discours de De Gaulle à l'École militaire sur la stratégie de dissuasion nationale.

1960

13 février : première explosion nucléaire française.

mars : le Conseil de défense décide un effort stratégique nucléaire purement national.

16 mai : échec de la conférence au sommet de Paris.

31 mai : allocution radio-télévisée du Général, évoquant pour la première fois une organisation de l'Europe pour la défense.

29-30 juillet : rencontre de Gaulle-Adenauer à Rambouillet.

25 octobre : accord de coopération militaire et logistique franco-allemand.

1961

24-25 janvier : premières conversations d'état-major franco-allemandes.

9 février : accord de Gaulle-Adenauer sur le principe d'une union politique de l'Europe.

11 février : à la suite d'une réunion des Six, décision de créer une commission d'études, plus connue sous le nom de commission Fouchet.

18 juillet : le sommet des Six à Bonn permet d'aboutir à un compromis sur le principe d'une union européenne « renforçant ainsi l'Alliance atlantique ».

1962

17 janvier : modification du projet français de traité d'Union politique (plan Fouchet) par le Général.

23 janvier : Strauss propose à son collègue français Messmer une coopération nucléaire entre les deux pays.
14 mars : note américaine à l'Union soviétique proposant une vaste négociation sur Berlin et l'Allemagne.
mars : mission du général Lavaud, délégué ministériel pour l'armement,
aux États-Unis.
17 avril : réunion des Six et échec définitif du plan Fouchet.
6 mai : discours de McNamara devant le conseil de l'OTAN à Athènes sur
la riposte graduée.
3 juin : rencontre de Gaulle-Macmillan au château de Champs.
28 juillet : visite officielle d'Adenauer en France.
4-12 septembre : visite officielle de De Gaulle en Allemagne.
octobre : crise de Cuba.
15-16 décembre : rencontre de Gaulle-Macmillan à Rambouillet.
21 décembre : rencontre Kennedy-Macmillan à Nassau.

1963

14 janvier : conférence de presse du Général.
22 janvier : traité de l'Élysée.
16 mai : ratification du traité par le Bundestag, avec un préambule.
juin : voyage de Kennedy en RFA.
septembre : accords militaires États-Unis-RFA.
16 octobre : Ludwig Erhard succède comme chancelier à Konrad Adenauer.
28-30 octobre : entretiens entre le général Ailleret et le général Foertsch.
décembre : Paris bloque l'adoption de la riposte graduée par l'OTAN.

1964

3-4 juillet : sommet de Gaulle-Erhard à Bonn.
23 juillet : conférence de presse du Général.
6 octobre : déclaration d'Erhard sur la MLF.
24 octobre : Paris avertit Bonn de son opposition à la MLF.
9 novembre : entretien de Gaulle-Adenauer à Paris.
22 novembre : discours de De Gaulle aux officiers à Strasbourg.

1965

4 février : conférence de presse du Général sur le système monétaire international et sur la question allemande.

22 février : de Gaulle demande d'étudier la substitution à l'OTAN d'une alliance bilatérale franco-américaine.

octobre : article XXX de *Politique étrangère* : « Faut-il réformer l'Alliance atlantique ? ».

1966

7 mars : annonce du retrait de la France du commandement intégré de l'OTAN.

20 juin au 1ᵉʳ juillet : voyage de De Gaulle en URSS.

21 décembre : échange de lettres Couve de Murville-Brandt sur le stationnement des troupes françaises en RFA.

décembre : Bonn renonce définitivement à la MLF, accepte le principe du traité de non-prolifération et obtient la création au sein de l'OTAN du Groupe des plans nucléaires.

1967

22 août : accords Ailleret-Lemnitzer.

1968

mai-juin : « les événements » en France.

20 août : intervention soviétique en Tchécoslovaquie.

novembre : crise du franc.

1969

15 juin : Georges Pompidou est élu président de la République.

21 octobre : Willy Brandt devient chancelier et lance l'*Ostpolitik.*

1970

23 juillet : le Conseil de défense étudie le problème du stationnement des Plutons en RFA.

12 août : traité de Moscou entre la RFA et l'URSS.

1971

3 septembre : accord quadripartite sur Berlin.
16-18 septembre : rencontre à Oreanda, en Crimée, entre Brandt et Brejnev.

1972

17 mai : ratification des *Ostverträge* à Bonn.
26 mai : signature des accords SALT-I à Moscou.
juin : publication à Paris du *Livre blanc sur la défense nationale.*

1973

11 janvier : rencontre Pompidou-Brejnev à Minsk.
mai : visite officielle de Brejnev en RDA.
21 juin : conversation Brandt-Pompidou sur le problème d'une défense européenne.
22 juin : accord américano-soviétique de consultation en cas de crise.
juillet : conférence des ministres des Affaires étrangères à Helsinki.
octobre : guerre du Kippour.
9 novembre : conversations Jobert-Scheel sur la défense européenne.
21 novembre : discours de Michel Jobert à l'UEO.

1974

avril : déclaration du Conseil atlantique d'Ottawa reconnaissant la contribution de la force de frappe française à la dissuasion occidentale.
16 mai : Helmut Schmidt est investi comme chancelier fédéral.
19 mai : Valéry Giscard d'Estaing est élu président de la République.
3 juillet : accords Valentin-Ferber.

1975

juillet : conférence d'Helsinki et Acte final.

1976

15 mars : le général Méry évoque dans un discours à l'IHEDN la dissuasion élargie.

1977

18 juin : discours du Premier ministre Raymond Barre au camp de Mailly.
28 octobre : discours du chancelier Schmidt à l'IISS de Londres.

1979

12 décembre : « double décision » de l'OTAN.
27 décembre : entrée des troupes soviétiques à Kaboul.

1980

juin : annonce par Valéry Giscard d'Estaing de la maîtrise par la France de
la technique de l'arme à neutrons.

1981

20 janvier 1981 : entrée en fonction du président Ronald Reagan.
10 mai : élection de François Mitterrand comme président de la République.

1982

25 février : déclaration commune Mitterrand-Schmidt sur la création d'une
commission franco-allemande de sécurité et de défense.
1ᵉʳ octobre : Helmut Kohl devient chancelier fédéral.

1983

20 janvier : discours de François Mitterrrand au *Bundestag*.
17 juin : annonce de la création de la Force d'action rapide (FAR).
27 juin : adoption de la cinquième loi de programmation militaire pour la
période 1984-1988.

1985

11 mars : Mikhaïl Gorbatchev devient secrétaire général du PCUS.
28 mai : rencontre Kohl-Mitterrrand sur le lac de Constance.

22 juin : Hernu évoque en RFA les « intérêts de sécurité communs » entre
les deux pays.
2 juillet : texte du PS sur la défense européenne.
2 octobre : premiers entretiens Mitterrand-Gorbatchev.

1986

27 février : déclaration sur le principe d'une consultation de la RFA en cas
d'utilisation de l'ANT française.
mars : publication de *Réflexions sur la politique extérieure de la France*,
de François Mitterrand.
8 juillet : rencontre Mitterrand-Gorbatchev.
11-12 octobre : rencontre de Reykjavik entre Reagan et Gorbatchev.

1987

24 septembre : exercice franco-allemand Moineau hardi.
9 juin : Kohl propose la création d'une brigade franco-allemande.
12 novembre : sommet franco-allemand de Karlsruhe.
8 décembre : traité de Washington sur la suppression des armes à portée
intermédiaire.

1988

22 janvier : création du Conseil de défense et du Conseil économique
franco-allemands.

1989

9 novembre : chute du Mur de Berlin.
6 décembre : rencontre Mitterrand-Gorbatchev à Kiev.
20 décembre : voyage de Mitterrand à Berlin-Est.

1990

30 janvier : Gorbatchev accepte le principe de la réunification allemande.
2 août : entrée des troupes irakiennes à Koweït.
3 octobre : réunification de l'Allemagne.

6 décembre : lettre commune Kohl-Mitterrand à leurs partenaires européens.

1991

janvier : *Desert Storm* (attaque alliée contre l'Irak).
11 avril : discours de François Mitterrand à l'École militaire.
16 octobre : lettre commune Kohl-Mitterrand à leurs partenaires européens.
novembre : Conseil atlantique à Rome.
9 décembre : conclusion du traité de Maastricht.

1992

22 mai : création de l'Eurocorps au sommet franco-allemand de la
Rochelle.

1994

septembre : document de la CDU favorable une évolution fédérale de
l'Europe.

1995

7 mai : élection de Jacques Chirac à la présidence de la République.
juin : annonce de la reprise des essais nucléaires français.
7 septembre : discours d'Alain Juppé, premier ministre, à l'IHEDN, sur la
dissuasion concertée.

1996

1er février : Jacques Chirac aux États-Unis.
février : annonce de la réforme des armées françaises.
3 juin : réunion du Conseil atlantique à Berlin.
4 juin : accord nucléaire franco-américain.
5 juin : sommet franco-allemand de Dijon ; annonce de la création d'un
groupe de réflexion stratégique.
24 septembre : la France signe le traité sur l'interdiction totale des tests
nucléaires.

SOURCES ET BIBLIOGRAPHIE

Sources

Ministère des Affaires étrangères français (MAE) :
        — Service des Pactes
        — Cabinet du Ministre, Entretiens
        — Secrétariat général

Archives nationales :
        — 5 AG 2, archives du cabinet du président Georges Pompidou

Service historique de l'armée de Terre (SHAT) :
        — 2 S 45
        — 2 S 47
        — 233 K 60 Fonds Ely

Archives de la Délégation générale à l'Armement (Châtellerault)

Archives du Commissariat à l'Energie atomique

Archives du ministère allemand de la Défense :
        — Documents déclassifiés dans le cadre du *Nuclear History Program* et conservés à l'université de Bonn, *NHP-Stelle*

Archives de l'Answärtiges Amt

Archives fédérales de Coblence
        — Papiers Blankenhorn

National Archives and Records Administration (Washington) :
— *Declassified Documents* de 1991 à 1995

Lyndon B. Johnson Library :
— *National Security Council*

BIBLIOGRAPHIE

Cette bibliographie ne prétend pas à l'exhaustivité, et pour plus de détails on se reportera aux notes infrapaginales. Il s'agit ici des ouvrages essentiels pour introduire le sujet.

Ouvrages sur les rapports politiques et stratégiques entre les deux pays :

Stephen A. KOCS, *Autonomy of Power? The Franco-German Relationship and Europe's Strategic Choices, 1955-1995*, 1995.

R. POIDEVIN, J. BARIÉTY, *Les Relations franco-allemandes 1815-1975*, Paris, A. Colin, 1977.

Ernst WEISENFELD, *Welches Deutschland soll es sein ? Frankreich und die deutsche Einheit seit 1945*, Beck, 1986.

Karl KAISER et Pierre LELLOUCHE (éds.), *Le Couple franco-allemand et la défense de l'Europe*, IFRI, 1986.

France-Allemagne. Perceptions et stratégies nationales, FEDN, [1988].

Henri MÉNUDIER (éd.), *Le Couple franco-allemand en Europe*, PIA, 1993.

IFRI, *Agir pour l'Europe. Les relations franco-allemandes dans l'après-guerre froide*, Paris, Masson, 1995.

France :

Jean DOISE et Maurice VAÏSSE, *Diplomatie et outil militaire*, Paris, Seuil.

Marcel DUVAL et Dominique MONGIN, *Histoire des forces nucléaires françaises depuis 1945*, Paris, PUF, coll. « Que sais-je ? »

Marcel DUVAL et Yves LE BAUT, *L'Arme nucléaire française. Pourquoi et comment ?*, SPM, 1992.

Wilfrid L. KOHL, *French Nuclear Diplomacy*, Princeton, 1971.

Lothar RUEHL, *La Politique militaire de la Ve République*, Paris, FNSP, 1976.

Georges-Henri SOUTOU, « France and the German Rearmament Problem 1945-1955 », *in* R. AHMANN, A. M. BIRKE, M. HOWARD (éd.), *The Quest for Stability. Problems of West European Security 1918-1957*, Oxford Oxford University Press, 1993.

—, « La politique nucléaire de Pierre Mendès France », *La France et l'Atome*, Bruxelles, Bruylant, 1994.

—, « Pierre Mendès France et l'URSS 1954-1955 », *in* René GIRAULT (éd.),

Pierre Mendès France et le rôle de la France dans le monde, Presses universitaires de Grenoble, 1991.

—, « Les accords de 1957 et 1958 : vers une communauté stratégique et nucléaire entre la France, l'Allemagne et l'Italie ? », *La France et l'Atome*, Bruxelles, Bruylant, 1994.

—, « Les problèmes de sécurité dans les rapports franco-allemands de 1956 à 1963 », *Relations internationales*, 58, 1989.

—, « Le général de Gaulle et le plan Fouchet », Institut Charles-de-Gaulle, *De Gaulle en son siècle*, t. V, *L'Europe*, Paris, Plon, 1992.

—, « Le général de Gaulle, le plan Fouchet et l'Europe », *Commentaire*, 52, hiver 1990-1991.

—, « De Gaulle, Adenauer und die gemeinsame Front gegen die amerikanische Nuklearstrategie », *in* Ernst Willi HANSEN, Gerhard SCHREIBER et Bernd WEGNER (éd.), *Politischer Wandel, organisierte Gewalt und nationale Sicherheit, Schriftenreihe des Militärgeschichtlichen Forschungsamtes*, Munich, 1995.

—, « L'attitude de Georges Pompidou face à l'Allemagne », *in Georges Pompidou et l'Europe*, Bruxelles, Complexe, 1995.

—, « La France et les bouleversements en Europe, 1989-1991, ou le poids de l'idéologie », *Histoire, économie et société*, 1994/1.

Maurice VAÏSSE (éd.), *La France et l'Atome*, Bruxelles, Bruylant, 1994.

La France et l'OTAN 1949-1996, Maurice VAÏSSE, Pierre MÉLANDRI et Frédéric BOZO (dir.), Bruxelles, Complexe, 1996.

Allemagne :
Geschichte der Bundesrepublik Deutschland, 6 volumes, DVA.

Catherine M. KELLEHER, *Germany and the Politics of Nuclear Weapons*, Columbia, 1975.

Johannes STEINHOFF, Reiner POMMERIN, *Strategiewechsel : Bundesrepublik und Nuklearstrategie in der Ära Adenauer-Kennedy*, Nomos, 1992.

Matthias KÜNTZEL, *Bonn und die Bombe*, Campus, 1992.

CECSE, *Sécurité et défense de l'Europe. Le dossier allemand*, FEDN, 1985.

Pierre GUILLEN, *La Question allemande, 1945 à nos jours*, Paris, Imprimerie nationale, 1996.

Renata FRITSCH-BOURNAZEL, *L'Union soviétique et les Allemagnes*, Paris, FNSP, 1979.

François-Georges DREYFUS, *L'Allemagne entre l'Est et l'Ouest*, Paris, Albatros, 1987.

Timothy GARTON ASH, *Au nom de l'Europe : l'Allemagne dans un continent divisé*, Paris, 1995.

INDEX

INDEX

Table des matières